管理學個案

研究與分析

Management Cases－Studies and Analysis

陳坤成 編著

序言

個案教學法是哈佛商學院首創的獨特教學法之一。回顧2000年個案教學受到全球商學院的推崇與熱愛，也是當時教育部在各大專院校如火如荼首推的教學方法之一。作者有幸於2010年獲亞洲大學派至哈佛大學學習個案教學方法，讓個人有機會踏進執世界牛耳的哈佛大學商學院殿堂學習，非常感謝亞洲大學給予該學習機會。

由培訓過程中，讓我了解到哈佛大學對商學院學生的訓練模式；該訓練模式是透過個案的研讀、分析問題、小組討論、上台分享心得等教學技巧，來培訓學生對問題的剖析能力、解決問題方法，以建構爾後在職場上面對問題時的解決問題邏輯、思路與能力，也與2019年教育部正在推動PBL（Problem base learning）的教學法是異曲同工之效。

但個案中所帶到的理論是需要哈佛學生事先自行去溫習與研讀，等上課討論時最後的十分鐘教授再點出該個案欲表達的背後理論，以加深學生在理論基礎學習的深刻印象，這樣的教學模式也就是之前教育部所推動的翻轉教學法（以學生爲主的教學模式）。所以，之前有人誤判個案教學不談基礎理論，與其該論述倒不如說個案教學法（Case study）是結合「翻轉教學+PBL教學法」的一系統性教學模式。

本書能順利完成，首先要感謝全華圖書公司團隊的全力支持，還有亞洲大學工作團隊的極力配合。這本書能完成要特別感謝：張祐誠老師、謝彩鳳老師、紀瑞蘭老師與玉蓉、宸瑞、昊餘等研究生的協助，犧牲假期休息時間，大力協助完成個案訪談、蒐集資料、資料彙整與編排等辛苦工作。

同時，也要感謝全華圖書公司的業務經理們、翊淳編輯與背後支持的團隊全力協助，使本書能順利與讀者見面。更感謝讀者以往的厚愛與支持訂購本書，雖然校稿中作者已盡全力來校正，但難免有疏漏之處，個人願以最大誠意受教。最後，要感謝我家人（內人劉校長、五個小朋友、兩個可愛的小外孫）的包容與支持，因爲忙於撰寫本書而犧牲陪伴家人的時間。謝謝大家！

陳坤成 謹識

於亞洲大學 2019年5月

目錄

第一篇　新創事業與營運策略

第二篇　行銷策略與市場區隔

個案4　下一步如何走？當我站在浪濤頂上——金弘笙汽車百貨

個案5　迎接電子商務平台再創市場新契機——禾邁系統家具

個案6　臺灣傳統產業第二代接班人的困境——大熊工業

第三篇　產業轉型

個案7　浴火鳳凰的中龍鋼鐵

個案8 傳統窯業轉型的困難——水里蛇窯

個案9 百年老店轉型抉擇的窘困

第四篇 文教事業與非營利組織

個案10 打造臺灣美語生態圈第一品牌——長頸鹿美語

個案1

真善美幼兒園突破之抉擇

「**培養眞正一流的孩子、讓幼兒有一個快樂學習的童年**」這是創辦人黃先生與夫人當初創辦真善美幼兒園的理想，也由於辦學的目標明確，使真善美幼兒園能夠贏得孩童的芳心及家長的支持。真善美的開辦，圓了創辦人黃先生夫妻的一個夢，這個夢因為家長的支持而開花結果，真善美每年仍然會投入很多心血與經費，目的就是為了讓幼兒園更好。甚至已到大陸開辦第二個真善美幼兒園，雖然新創事業初步有成，但市場開拓這條艱辛之路有待黃先生去解決。

作者：亞洲大學經營管理學系 陳坤成副教授

1-1 個案背景介紹

一、關於真善美幼兒園

眞善美幼兒園要給就給小朋友最好的，其經營理念爲**「凡事求眞、教學求善、品德求美」**，創辦人黃園長回憶著創立眞善美之初，緩緩道來：「**時間回到1986年的夏天，由於長子剛滿三歲，內人決定要送其上幼稚園（現幼兒園），就著手尋找草屯鎮內優質的幼稚園，赫然發覺小鎮裡幼稚園大都以讀、寫爲主的傳統教學，教學課程過於枯燥且占大部分時間，經及內人討論後，因我們兩位都是臺灣師大畢業且是國中小老師，所以相當清楚什麼樣的教學模式對小朋友是最好的。一方面爲實踐自我創業的理想、另一方面也是爲自己小朋友解決學習的問題，毅然決定自辦一所幼稚園，1987年七月，眞善美幼稚園於是誕生了。**」

創業之初百廢待舉，爲求能存活下來，眞善美必須走出自己的特色、追求卓越的教學方式、爲小朋友建造優質的學習環境。所以，黃先生四處參訪國內其他縣市一些辦學績優的幼稚園，並將大學所學的教育理論結合個人的創新點子，循序漸進地融入教學課程中。此時，黃園長陷入沉思回憶到：「**剛開始不惜成本投入大量資源，凡是覺得適合孩子學習的課程、活動或教具，在數年間都一一導入。首先導入在歐美已發展百年的「福祿貝爾教具」，每人一套可達充分操作，讓孩子的腦海裡深深印烙著立體空間概念；其次是蒙特梭利教學法，經過評估後也跟著引進，並修正一些與民族性較不相吻合的部分，使全套的蒙特梭利教具也順利進駐到專任教室中並融入教學。**」

也因爲眞善美首創引進一些先進國家的教學模式，使一些草屯地區有心給予幼兒最好學習環境的父母親，紛紛相互告知並將自己的小孩送來眞善美就讀，也因此讓眞善美的客群逐漸與其他傳統的幼稚園作市場區隔，並慢慢奠定眞善美的良好口碑與市場定位。1988年在偶然的機會下接觸「奧福音樂」，從此與音樂結了不解之緣，凡是眞善美的小朋友，音樂就是他一輩子的「玩伴」。

1991年左右，專項體能教學也在體能老師的有心帶領之下，有系統地教孩子如何翻、滾、跑、跳、攀、爬、拉、踢、運球、丟擲等技巧，讓小朋友不斷練習手足運動平衡。

眞善美的開辦，是園所有小朋友未來的一個夢，這個夢因爲家長支持，而開花結果。眞善美是屬於大家的，由於家長們的支持是眞善美永續經營的最佳動力，所以每年仍然會投入很多心血與經費，其目的是跟得上潮流，使此處永遠成爲小朋友學習的樂園。

二、101年新舊制前後建構幼兒園的背景陳述

改制前及改制後招生的人數、建築法令、師資要求標準，以及經費的限制，此四項將使幼兒園在新舊制間的發展產生差異，改制前與改制後的差別在於改制後政府不再增加補助費用。因爲名稱改過後，政府將援助幼兒園添購一些設備，而最大的補助對象是家長，另外弱勢族群、原住民及特殊幼兒也有補助。

改制之後幼兒園廣設的機會不大，而應該朝著有特色的教學才能生存，有特色的幼兒園不只是追求空間大。招收人數不到一百個小孩來就讀，經營恐會有困難，由於現在幼兒園供過於求，未達到一百位小朋友，很難達到損益平衡，所以持續增設的空間不大。但若是已經有特色的幼兒園，持續經營的機會反而會增加，此外建築法令、師資要求標準等，亦爲改制前後受到關注的項目，由於新制法規目前尚未明朗，但幼兒園未來的發展方向將與這些項目息息相關。

1-2 真善美幼兒園的創新經營

一、園所發展與教學介紹

黃園長提到，眞善美幼兒園在國內目前除了南投草屯爲主要園區外，於中國珠海地區亦有設置，對於國內與海外的幼兒園市場發展，大方向有所不同、部分又有所同。而孩童的健康是發展重要項目，這點海外比臺灣做得更具體，在大陸要求：

第一、每天喝一瓶鮮奶；第二、每天早上運動一小時；第三、每天午睡兩小時。其他經營模式大同小異，不過在臺灣發展，面臨的是沒有人才的壓力問題，而在大陸經營方向是爲了要去打奧運賽，目前大陸在二級城市都有人去經營，在大陸比資本主義更具顯著資本化，所以硬體投資能瞬間爆發起來，也可吸引各地的老師、資金、管理人才進來，所以面對的是全世界不同國家到那邊競爭，不是只有臺灣去那邊經營，包括中國國內、香港、新加坡、加拿大、美國都有人去那邊辦學，所以若在臺灣不具教學特色是沒辦法生存的，只靠廣告行銷是很容易就會被淘汰的。

二、園所的創新經營

在大陸地區學校硬體設備都做得不錯，而眞善美有計畫性地採用年輕有能力的老師當園長，這也是學校的重要計畫之一，是希望培養出孩子有足夠的能力，未來可在世界舞台上揮灑。黃園長對於幼兒園教育經營理念說到：「**對於學校的教育部分，並不會堅持哪一個學派，或是選擇哪一種教學法，只要對孩子有幫助的教學法，都可以把它帶進來，只要對孩子有益的就是最好的教學法，學校各式各樣的教學法都可以被包容接受，不侷限在哪一個教學法。在管理部分，認爲最好的管理就是沒有管理，這樣來講對老師是最可怕的管理，因爲園長太信任你了，事情沒做好會有人情上的壓力。同時常常跟大家分享，各個目前很有名的管理學者的想法，以利於學校的教學創新整合方式。**

1-3 真善美幼兒園市場經營策略

一、市場分析比較

針對眞善美於海內外的競爭者比較分析，主要還是分爲人、事、物及外在環境四個面向去探討：

(一) 人的因素

主要可分三點：

1. 領導者特性

幼兒園的領導者可能爲負責人或園長，對於事情的把關扮演很重要的角色，了解負責人或園長的背景及能力，將有助於瞭解其對經營策略方向的影響。眞善美幼兒園的負責人其學歷背景是國立臺灣教育大學工業教育系畢業，畢業後曾經在臺北市南港高工教書教了八年，因從事與教學有關的冷凍空調工作，所以對教育與工程方面有良好基礎，對於辦幼兒園可以很清楚看到什麼是對孩子有幫助的事。

2. 教師的特質及能力

教師的能力與特徵將影響幼兒的學習品質，專業性考慮的因素包括：資格、專業責任、專業知識、專業成長等，感受、想法及價值觀等特質也是重要考慮要項。眞善美幼兒園的老師們執行能力都非常好，老師的流動率並不高，這裡老師能力表現得洋洋灑灑，要出去當園長、當主任相信都沒問題，甚至有的老師被派去大陸當園長，過去眞善美大概有五位離開的老師去別的園所當園長，或自辦幼兒園當負責人，都經營得非常好。當然老師們持續地進修成長，一直是園所進步的主要因素之一。

3. 家長與幼兒的需求與特性

幼兒園的教育對象是孩子，而家庭則是幼兒成長的場所，故幼稚園可以透過幼兒家庭的背景、價值觀、需求、生活習慣、滿意度，建立起園所與家長的溝通管道。另外也應該注意近年出生人口數的變化，做爲幼兒園規劃經營方向的參考。眞善美幼兒園透過網站的架設與家長電子郵件傳達園所的訊息，亦使家長有機會更了解園所目前的經營面向，甚至採用家長的溫馨建議去擴張園所的設備規模。

(二) 事的因素

關於事的因素部分，主要可分成四項說明如下：

1. 組織結構與分工

幼稚園各項工作的推廣有賴適當的組織結構與分工，園務分配的合理性應考量工作的質與量的並重。在量的方面，合理的師生比、教師的固定事務量、輪值工作的安排、兼任的行政工作等爲建議參考的向度；在質的方面，除了有明確的工作範圍外，另建議參考向度爲能否適才適用，讓教職員皆可發揮自己的專才，以求工作的分工。眞善美幼兒園這方面的組織分工良好，每一個老師的風格不同，包括整個教學過程，或是動機的引發，都有良好的結構劃分。

2. 組織文化

組織內的所有成員長時間互動，進而形成幼稚園內共同價值與行爲規範因素，幼兒園組織文化的建議參考向度，爲成員的背景要項及其價值觀對其組織文化的影響。眞善美老師們工作態度都非常好，屬於正向的、積極的，碰到事情總是試著了解並解決問題，而按照園所預先設定好的目標，在規定的時間內把它執行完畢。有問題互相合作，園所內呈現一股不怕事多的風氣。

3. 課程與教學

幼兒園並無統一教科書，各園發展其課程時，應依據幼兒教育目標及未來發展方向，發展具有該園特色及符合幼兒經驗的適應性課程。眞善美幼兒園這方面除了體育、音樂、美語等才藝的培養課程外，亦有許多符合孩子學齡前後的數學邏輯幾何概念課程，多元化的課程設計有助於家長及孩子學習的選擇。

4. 行銷方式

幼兒園納入行銷概念的目的，旨在因應競爭激烈的生態環境下，藉由行銷傳達辦園的特色，進而提供家長充分的選擇資訊，讓家長及幼兒更清楚所提供的辦學內容，並有助辦學理念能滿足家長與幼兒的需求。眞善美所長對於行銷也很了解，學習幼兒這方面的知識，花很長的時間學管理行銷，所以對於如何找到自身幼兒園的優勢並廣爲推銷出去相當有利。

(三) 物的因素

關於物的因素部分，主要可分成三項說明如下：

1. 建築

建築設計的良窳將影響幼兒的學習環境，孩子活動及學習效率亦受其影響，眞善美幼兒園當初成立園所時已考慮適當的空間、安全的建材、妥善的設計、停車空間及順暢的動線規劃。這些因素都一一影響孩童的學習，與家長將孩童送至園所的意願。

2. 設備

幼稚園的設備，可依各園所需求，在量與質上有不同的考量，但必須符合法令規範，配合幼兒發展、健康與安全等需求，並注意其是否有汰舊換新的必要。眞善美幼兒園這方面的軟硬體設備兼具，並提供設備預算，對於必要的設備開銷毫不遲疑。

3. 教具

根據本身的課程設計與教學方法，評估教具的量與質。教學上來講，眞善美有一套教學的基本模式，在學校大部分是寫教案、準備教具、實際教學，然後實際教學至少有四個部分大概都會固定：(1)引起專注力；(2)實際上的教學示範；(3)讓孩子去操作；(4)對教學做評量或測驗。

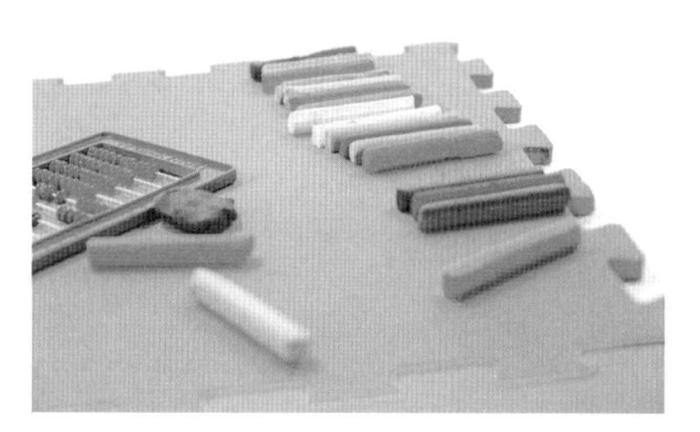

(四) 外在環境因素

關於外在環境主要有四項：

1. 政府政策

教育政策的方向，是影響教育機構經營的主要因素之一，其他政治相關因素尚包括幼教相關法規之修訂（例如：幼稚教育法及其施行細則、師資培育法、幼稚園課程標準等）、政府所提撥的幼教經費及補助、中央與地方教育主管機關的相關規定。

2. 經濟發展

國家整體經濟環境影響家庭經濟，家庭的經濟狀況直接影響幼兒的受教機會，其對幼教機構經營的型態與內容會產生相應之影響。

3. 社會文化

關於可能影響幼兒園經營的社會文化因素，可參考向度包括人口出生率、學齡前兒童數、社會對幼兒教育或幼兒就學的觀念、期許、需求與社會價值觀、輿論與媒體的造勢等。

4. 科技

科技時代的來臨，科技的運用已是幼稚園成員的應備基本技能，倘若幼稚園可以善用資訊科技，有助於提升幼稚園的經營效率，也可以透過幼稚園網站的架設，增加與家長、社區的溝通管道或收宣傳之效。

二、商業模式與科學化經營分析

(一) 商業模式

眞善美幼兒園在商業模式的部分，採取臺灣經驗、海外複製的實際經營模式，根深蒂固地在臺灣打好基礎後，持續在海外發展幼兒園事業版圖，目前於對岸廣州珠海市有設立園所，由於像這樣成功的幼兒園，似乎已經發展出一套「可複製的商業模式」，讓他們可以不斷學習成長，而不至於偏離軌道太多，浪費太多成本及資源，或增加不必要的建構組織。

知名的管理顧問祖克（Zook）和艾倫（James），2002年曾指出若要建立這種可複製的商業模式，第一個要素就是要在核心價值部分形成眞正的差異化。如果沒有在核心價值和競爭者之間拉開差距，贏了一次只是運氣，不太可能再有那麼多好運氣。隨著規模的擴大，要持續複製成功，還需要有一套不妥協的原則，幫助企業在面對不同環境時，有共同的指導原則。這套規則必須和第一線工作者連結，讓大家能夠清楚知道怎麼做事，此外，它要能夠釋放正面的力量，而可複製的商業模式並非是全面限制的嚴格規定，而是一種原則性的框架。

當幼兒園所上下都清楚知道界限在哪裡，反而可以在框架內自由發揮，盡情揮灑。面對高度不確定的年代，企業無法確保自己永遠處在顚峰上。因爲進步是移動的目標，當你達到了一個山頭，下一刻，目標已經又移動了。雖然這類的經營商業模式其結果是不能複製的，但透過可複製的商業模式發展過程，追尋成功的方法是可以學習的。

(二) 科學化經營

對於幼兒園扮演的角色，如果在行政上，或者以後的行銷上，這個資訊方面會比較多，因爲目前透過網站的架設，可以讓上網的父母選擇適合孩童的幼兒園教育，另外就是透過影像學習英文發音的部分，透過創新科技的力量，這是目前眞善美幼兒園所努力的方向。

在科技融入教學方面，黃園長指出：「**在此之前，眞善美曾經投入大量的資金成本去建構電腦教學，但效果不彰，且對於兒童的專注力會有影響，經過不斷的嘗試、教學課程的改進及經營策略的檢討後，對於科學化的經營，目前大部分所採用的方式爲：網站的架設與家長電子郵件的遠距離、無國界溝通管道的建立，並透過DVD教學的方式，讓家長能夠陪同小孩將學校所學的課程帶回，對孩童的基礎教學重複學習有一定的幫助。**」

眞善美幼兒園對於科學化經營方向，如果在行政上，或者未來的行銷上，這個資訊方面會比較多，但幼兒園教育，必須顧及幼兒心理及未來的發展角度，去減少相關的電腦操作或其他新科技的資訊實際操作教學，眞善美曾經調查過，即使不提供相關資訊給家長或小孩，他們也已經提供家裡小孩使用智慧型手機或平板電腦，其實這是會影響學齡孩童的專注力。

再者，玩電腦多的孩子在上課時普遍是不專心的，學習成效普遍不會那麼好，看書或是對於文字的理解，他們不容易進行，且往往對於字的意思會不懂，習慣看到較單調的畫面，也懶得去思考，他們也許在某些運作方面會反應比較快，但眞正要拿筆寫字時，可能還是比其他孩童寫得差。所以這方面的電腦教學對眞善美幼兒園而言，僅得做爲未來的補助教學之用。

1-4 真善美幼兒園當前面臨的困境

一、少子化帶來的衝擊

幼兒園的運作也會受到環境的影響，近年來國內的社會型態變遷及人口結構轉型，「少子化現象」成爲今日社會的一大問題，人口出生率及未來就學人口遞減的態勢，可能直接波及整體教育產業發展。

對於經營一個事業來講最主要的就是財務，工廠來講就是產、銷、人、發、財，眞善美在這方面就是有優點，由於幼兒園的收入主要來自於孩子的註冊等相關雜項費用，這邊老師的優點就是他們都是教育背景出生的，所以非常專注在教學上，加上眞善美教學軟硬體等設施完善，家長自然就把小孩送來，所以對招生而言，其焦點就是專注教學，注重品質，那孩子自然而然就來，財務上因此不是大問題，但因爲草屯這地方不大，能夠就讀的孩子有限，你把教學成效做好，自然家長願意把孩子送到這邊，這就是專注於本業，當然在這同時，臺灣有很多產業蓬勃發展，但創辦人一直沒有去接觸過，因爲他覺得這也是一種專注本業的學習。

比較有問題的財務狀況大概發生在2005年，當時政府的專題報告提到，孩子銳減，大概在第3年、第4年大家就有警覺到，孩子人數銳減，這對教育事業造成最大殺傷力，所以設立以後，人口從2001年的32萬到2010年的16萬8，那對經營者是一個很大的挑戰，當然，沒有人口這並非所有行業的問題，但有時候沒有人口對所有行業都會有影響，所以經營幼兒園的心路歷程比較大的問題就是人口的銳減。

二、政府教育理念的衝突

目前幼兒園最大的需要也最欠缺的就是師資，因爲目前所內有英文教育，撇開薪資，縱然學校有高的報酬，但眞正要找到好的教師並不容易，當然想經營好事業是沒有藉口的，尤其是英文師資方面來講；第二個可能是與政府教育目標不太一樣，所以可能要花很多時間去磨合，例如要配合政府做行政工作，但學校的重點是要把孩子照顧好，結果還要發文去政府，當然改制後會有更多問題，場地、合格師資的聘請，這可能變成學校要去努力的地方。

三、幼兒園科技教育的瓶頸

市面上有很多娛樂的學習或是電腦輔助的學習，利用電腦學數學、科學等，而眞善美認爲最有效的學習是利用那些電腦DVD，但僅能做爲輔助教學，而不是主教學，因爲其實最有效的學習是面對面的學習，你總是要讓孩子聽懂了，了解了，因爲聽懂了解不是代表他記下來了，同時在輔助孩子帶回DVD或者是輿論學習才會有成效，所以學校曾經也有利用資訊來學習，雖然眞善美起初也花很多成本在這上面，但後來眞善美也將它淘汰掉，因爲最有效的學習還是面對面的學習，所以最重要的是掌握如何規劃與管理的運用，這些電腦設備，娛樂的學習，以幼兒園來講，只能輔助教學，不能當作主教學。

其次因爲電腦的方便，你看完影片即可測驗，可以找出孩童的學習缺失，所以可能只能當作在沒有找到很好的老師之下，一個過渡期，或是一種廣告功能，且有很多教學，像體會這種事情，有時候你連很具體的示範孩子都未必聽懂，何況是在錄影帶裡面，所以這些科技教育僅適宜當作眞善美幼兒園的輔助教學。

四、真善美幼兒園的創新經營理念

(一) 經營上的創新

1. 孩子與家長的雙贏局面

眞善美對於教學上的堅持，黃園長說到：**「眞善美跟其他園所不同的地方，在於她們把孩子教學的成效學習達到好，讓他將自己帶得走的能力帶著走，用得到的能力，這個可能是跟其他園所不一樣的地方，可能是在設計上，就像要把小孩子的英文教好，關鍵點在於環境，那環境一定要做出來，那在課程規劃上，把這個關注具體目標訂在高標，這是長遠的想法。」**

由於眞善美是以專業讓家長覺得不錯，而決定要讓孩子來讀這所學校，眞善美跟其他幼稚園另一項不一樣的地方，在於眞善美沒有家長的壓力，所以家長的意思，希望你教什麼就教什麼，等於家長參與了教學，但眞善美會告訴家長，你們可以放心把孩子交給眞善美的專業，孩子交給眞善美後，眞善美會愛你們的孩子，就像愛自己的孩子一樣，所以家長放心把孩子交到這個環境，很多家長對這個學校有高信任的一面，你可能沒辦法隨波逐流，他們會信任你把孩子送到這邊來。會來這邊的家長素質都不太一樣，也是比較有特色，會來念這所學校一半以上都是當老師的，他們本身對教育會有一定的想法，且對孩子照料皆很用心。

2. 硬體與設備環境的健全

要使幼兒園的孩童運動健全的話，應該要有一個操場，就設備和硬體而言，除了操場，還需要有一間圖書室，需要有安全充裕的空間；軟體來講要有一流的師資，還有完整的教學規劃來達成目標，有這些條件才會達成他們想要的目標。

眞善美幼兒園目前建構有完善的校園環境與教學設施，包括孩子們的表演舞台、音樂教室、寢室、水生植物區、草藥植物介紹區及家長接待休憩區等，配合校園樓梯間及通道所設置之看板，介紹藝術大師與名畫的創作，於課間休息時間播放古典音樂，藉優雅自在的環境薰陶孩子，並對藝術與人文有初步之體會與理解。

3. 資訊與科技設備的輔佐

資訊科技共分爲三個部分，第一個是老師的部分，鼓勵老師接觸新的科技，不管是運用在教學課程上，以及應用在收集資料或教學輔助上；第二個部分在管理者，比如說行政人員，鼓勵運用新的科技來完成工作，包括行銷廣告，很多東西，可以不用紙的，可以在電腦上作業的，這是關於老師管理的能力在資訊科技的部分；第三個是針對學生的部分，很多設備都可以當作輔助的器材，利用資源，涵蓋範圍2歲～12歲都有。

2歲～6歲的學生，通常很少運用科技去教學，因爲需要讓這個階段的孩子去具體思考，所以必須要說得到、吃得到、看得到、聞得到、摸得到、操作得到，那可能太多的聲光效果，或太多科技的東西，對孩子來講，可能無法吸收太多。

另一個階段是7歲～12歲，可利用在教學上的部分比較多，分成三個部分，會依照需要的不同、用的人不同、涉略程度的不同，譬如說針對家長的資訊，可能用E-Mail跟家長連絡，同時也有網站訊息的分享，曾經想過班級做Blog的部分，可能運用FaceBook、Line等社群網站等，這些都是未來學校可以考慮的方向。

眞善美對於學齡前的孩子是比較希望實體上的操作，堅持不在幼稚園使用這些科技的東西，電腦科技越來越簡單，所以不需要提早學，舉凡手機、電腦，以前要按設定，現在只是一個滑動手勢，甚至你不用學就會了，這些科技的發明，會讓使用者越來越方便，也貼近人性化，孩子的童年就只有短短幾年，不應該把太多時間放在操作這些東西上。

但是對於大人在這方面的設計來說，僅當作用來享受的工具而已，工具的操作提早學就會，有時候孩子上網只會看圖片或玩遊戲，如果只是說你要學電腦繪圖那可以，可是在幼稚園的階段可能還都用不到這些，如果拿這些提供他在學齡前學習，也只是擾亂這個年紀的學習，這個年紀有更多東西要他去做的。

對於電腦教學，黃園長回憶到：「**電腦教學在35年前的臺灣各大專院校就有提到，且應列入輔助教學，現在電腦很方便，幾乎很多東西都在電腦上操作，孩子現在更方便，但孩子越慢接觸電腦，對他有越好的保護，因爲太早接觸，可能會使無法抗拒聲光誘惑的孩子上癮。所以盡量不會在學齡前讓孩子接觸太多的科技、電腦、手機這些東西，很重要的原因是考慮到孩子的身心發展，很多東西並不是提早學就很好，反而是揠苗助長，那太早接觸螢幕、智慧型手機對孩子的專注力也會有影響，已經習慣聲光，讓孩子回歸看書、看文字，他們可能就不會想要去做了，且對孩子的視力也不是很好的，他的動作也可能因此受到限制。**」

4. 延續學習的規劃管理

眞善美以孩子的學習成效來做規劃，就好比小孩子在九歲前的記憶是學得很快，但相對也忘得很快，所以眞善美在辦美語教學的時候，黃創辦人就很明確地跟家長講，孩子的學習不是只有到幼稚園告一段落，一定要延續到國小二年級以前，他所學的才能屬於長期記憶，才不會浪費掉太多的時間與金錢。

正當家長發現孩子學得不錯的同時，他就會考慮持續讀國小的ESL班或安親班，甚至到國中就上全民英檢班，因爲以英文這條路線的學習來講是可以看到成效的，他們幾乎在幼兒園就學完了，而英文甚至有的可超過一千個單字量、四百個句型，國小年級百分百都可以通過英檢初級，國小畢業百分之八十都可以通過中級，由於往年都有一些相關案例及資料成績保存，家長對這種學習模式是可以接受與肯定的，所以眞善美在學習管理的經營上就是透過幼稚園延續到國小美語，甚至於延續到初中來做全面性的美語學習規劃。

而眞善美這邊的孩子在學音樂或是其他才藝的時候也是一樣，他們也會在幼稚園學完以後繼續回來眞善美學習，音樂班有延續到大學的，最重要的是你要把孩子教得有興趣、有成效，家長才願意持續投入，儘量安排給他英文、音樂、直排輪等課程，眞善美可以提供相關的環境學習，家長也比較放心，像音樂、直排輪或是英文，如果交通允許，家長對學校信任就會自動把孩子送來，而眞善美把需要的課程規劃好，然後家長也願意，使得眞善美成爲孩子就讀時間最長久的學校，這也是家長對於園所的用心給予一定程度的肯定。

(二) 教學上的創新

1. 生活習慣帶動學習高效率

吃飽睡好，一天最好睡9小時，最基本要素就是生活習慣要處理好，吃飽睡好，這個生活習慣必須先弄好，當然這個並不是很好培養，而吃飽睡飽這個習慣沒有培養好，小朋友來學校什麼都沒有用，事倍功半，沒有效率。

眞善美必須找到一種對孩子和家長都有幫助的經營創新方式，家長在教育上並不是這麼的專業，怎麼樣的規劃才是對孩子有幫助，當大家認爲身體健康不是做爲學校教學的主要理念時，眞善美幼兒園認爲要把身體健康擺在第一位，所以孩子來到這邊都要運動，飲食上有均衡的營養，培養禮貌及守規矩的態度與生活習慣，因爲這個是他們一輩子帶得走的能力。

身體要很好、要有能力，能力當然是學習來的，也是工作上的專業能力，以後所培養的管理能力，不外乎孩子要有運動的習慣，也要養成好，此外，可能發掘未來孩子的天分在哪裡，要找出來，要用自己的專長去與他人競爭，自己的專長在哪裡這很重要，這是父母跟老師都必須長期去協助與要去了解的，用他的專長去跟人家競爭，因爲培養專長成爲興趣，這樣才能作的長久，所以良好的習慣才能激發孩子好的能力和專長，進而產生高的學習效率。

2. 激勵方式長期培養閱讀專注力

學校若是從小不要求孩子閱讀的話，孩子可能一輩子都不會想要親近書本，所以眞善美幼兒園花了很多的心血要求孩子看書，也告訴家長培養孩子從小閱讀的重要性，每年他們會花很多的時間、很多的金錢投注在孩子閱讀的這個部分。

養成閱讀做到很簡潔有力是不容易的，建議家長每天要陪孩子閱讀二十分鐘，而且至少要到小學五年級以上，孩子眞的養成以後才放手，目標很明確，會跟家長講這是孩子一輩子用得到、帶得走的能力，閱讀是要靠後天來養成的，不是先天就會的，所以我們這裡就很明確地列出來這樣的重心，列出來獎勵，好比你一學期讀一百本給獎金600元，讀兩百本給獎金1000元，讀三百本給獎金1200元的獎勵，或是送腳踏車當作獎勵，而且很明確地跟家長講，孩子是你的，你願意花時間而不是花錢而已

黃院長深思了一下說：「**閱讀的培養，靠後天來培養，這個是家長和老師要盡力的部分，閱讀的部分，老師很用心在推，家長、學校有責任來幫助孩子養成習慣，每天時間到就會閱讀看書，我們希望這也是目標，家裡的孩子知道他們每一學期看200本書**」。黃院長接著又說：「**心理學家提到，孩子9歲國小2年級以前沒看書大概會一輩子就不看書，看書是靜態的思考活動，若沒有從小培養，大概坐下來看書的機會不大，因為需要用到頭腦，是一種靜態的思考活動。**」

3. 強化音樂與體育能力來達到舒壓目的

重視體育是眞善美幼兒園持續保持的理念，不管讀書或做事業基本上一定要體力，要有很強的意志力、耐挫折能力，還有良好的情緒管理，而這些都是可以從體育裡面學來的，黃創辦人在規劃課程上將體育、音樂納入教學的主軸，希望孩子能夠將帶得走的、用得到的把他學好，因為這些課程有助於孩子紓解壓力，這是孩子一輩子無形中會帶著走的能力，用得到的能力，所以園所規定孩子畢業要跑1600公尺，知道這些以後對孩子會有幫助，這應該是跟其他幼兒園學校不太一樣的地方。

很多幼兒園學校都培養體能，可能是溜溜滑梯或玩玩氣球，而在眞善美的教育中這叫遊戲體能，眞善美幼兒園的理念，除了遊戲體能有些不一樣，還有一些技巧性的東西，這技巧可能培養團隊共識的能力，會有一些技巧性體育元素在裡面，這是課程上創新的部分，而音樂的部分，不只是唱唱歌、聽聽音樂而已，音樂課程部分代入音樂家的涵養，一進來幼兒園到大學畢業，都成人了還

是持續學音樂，培養孩子們漫長的路，因爲音樂的培養可產生抗壓，讓孩子得到適當的壓力宣洩，音樂可以紓解他們的壓力，當然體育也可以紓解壓力。

4. 文創學習的創意體驗

創意需既有的基礎架構，你一定要更新，然後還要持續發展，讓孩子在閱讀上能夠舉一反三、觸類旁通，現在幼稚園和國小到整個升學制度、補習、考試，眞的是考試最公平，但是卻把孩子的創意都抹煞掉了。創意的來源應該是讓孩子多看、多聽、增廣見聞，不一定是多閱讀書籍，可能要帶他們去看各種新的方法，讓他們什麼都去體驗，去做一些冒險但並不是很危險的事情。

以父母親來講，他們會希望孩子什麼都去探討，創意的來源應該是這樣，那另外一個問題是說，到底是不是眞的會去抹煞他，也許他眞的不會去讀書只會打電玩，那可能只會研發電玩，而父母親有沒有這樣子教養他的能力，現在雖然都在推廣多元教育，必須尊重各個不同的思維，可是以臺灣或其他國家而言，應該讓孩子接近主流比較不會讓孩子那麼辛苦，譬如說在臺灣的教育裡面，你就是好好地坐在位置上上課，可是如果他今天是一個從小就在玩，他眞的可能不習慣老師在課堂上好好地聽他講課，從小就跟他說你好好地去外面站著上課，你把功課寫好，他從小就已經被限制住了，可說他很厲害，但他離主流太遠了，那還是希望他在這個主流的環境裡面能夠融入，再去發展其他部分，不管他是資優或者創意、創新，都應該是這樣，否則他從小就是被壓抑或被否定，他可能從小就無法得到應有的教育機會。

黃園長提到在文創的部分：「**這個是眞善美幼兒園很重視的部分，舉例來說，每年的元宵節他們會教孩子如何做燈籠，請每個小朋友陪著媽媽到市場挑個白蘿蔔，那大家就拼命挖蘿蔔，還有各式各樣的燈籠，而有的孩子做了很多剪貼，就是做一個很漂亮的燈籠，又譬如像中秋節的時候一起去賞月，西洋萬聖節時讓每個孩子做角色扮演，然後利用社區資源，讓孩子們認識這塊土地的建築。**」

五、真善美幼兒園未來創新經營的困境

現在及未來，眞善美幼兒園在海內外經營上有個共同理念，也算是組織內的文化，就是老師有問題要趕快反應，這裡的同事或老師都很不錯，都很樂意來協助

你，有問題要立即反應，他們會立即協助你，主管不會隱瞞，同事也不會隱瞞或怕別人知道，這算是眞善美幼兒園的一股風氣，也就是教得很好也不會怕別人學習，因爲眞善美也一直在進步。

另外，管理方式也是目前一直在實踐的，即規劃、管理、績效要一致化，課程的規劃、老師去執行，還有績效驗收都要一致，就是所謂的三合一，例如：眞善美每個禮拜的活動就是要做盤點工作，最重要的工作必須紮實去努力執行，就是回去做作業，這也是最基本的，老師每天落實查核作業了解孩子到底懂不懂，其次就是這三部分怎麼做結合，第一個就是回去有作業，如果孩子不會家長可能會有疑問，那老師本身就要想辦法教會，所以教學的人必須先懂，其實做一個作業就是在管理，然後自己本身的管理就是每個禮拜都有規劃活動。

當然還有期中、期末評量的設計，也是在做盤點工作，當然最近幾年有畢業公演，孩子至少一個班都要花半小時以上在總盤點工作，所以在設計上，必須很明確地讓老師也知道這些現象，所以這裡就是說規劃、執行、績效，一定就是要把他做好設計，當然這裡的老師們工作態度都非常好，都屬於正向的、積極的態度，碰到事情總是尋求解決問題的方法。

最後是科技的部分，科技可能在幼兒園所扮演的角色，倘若在行政上，或者以後的行銷上，這個資訊方面會比較多，但幼兒園教育，目前可以做到的部分可能是透過3D或者是像英文發音，可以透過科技創新的方式去執行，以利於孩子的學習情境，這是幼兒園未來可以採用的部分。

雖然眞善美有以上諸多的優勢，但因每個小孩子的潛能難以估計，各自擁有獨特的人格特質與差異性，眞善美如何有系統地發掘孩子潛藏特質與想像空間，以激發未來學習成長的無限潛能，是眞善美全體教師與工作人員需突破的困難點。

1-5 理論探討

就教學上而言，本個案提供一個中小型企業創業的實際個案，並聚焦於文教機構的精實個案深入探討。近年來，由於少子化的影響不只是一般的中小學、大專院校等都面臨著生存的關鍵問題，當然幼兒園的教育機構面臨更嚴酷的考驗，而且是首當其衝。透過本個案可探索組織創新、創新經營等理論，由個案中也可了解經營一家幼兒園所面臨的困境、教師培訓與再充電學習以及如何拓展海外市場策略。本個案除提供給學員研讀上的敘事力，同時也可透過研讀進一步學習更多的理論基礎。

眞善美幼兒園正處在101年教育部頒發新制幼兒園獎勵辦法，眞善美幼兒園不只面對少子化的競爭，也需迎接新制度的嚴苛考驗，所以眞善美不管在組織上、經營策略、教學方法上都須做一番突破。歸納前述，本個案有三個學習目標：

1. 組織創新理論

因為眞善美幼兒園不只國內有設幼兒園教育機構，同時在大陸也有設立，為因應組織的成長與國內、大陸環境的差異化，組織必須隨時作創新的改變與調整。讓學員藉由個案的導讀與探討，深入淺出地了解組織創新理論。

2. 創新經營策略

因應外部環境的變化，眞善美幼兒園面對經營策略必須作滾動式的調整，在滾動式調整當下必須加入一些創新元素。因此，創新經營策略就顯得更加重要，透過本個案的研讀，可讓學員學習到創新經營策略的模式，並由分組討論與實務操作讓學員增進學習成效。

3. 教學上的創新

眞善美幼兒園面對國內外的激烈競爭，教學上除了如前面所提到的導入一些新的教學法與教具（蒙特梭利教具、福祿貝爾教具）外，更必須聚焦在教學工作執行上的創新。近年來，教育部正積極推動的翻轉教學法也是眞善美幼兒園正在思考導入的教學法之一，但因考量幼兒園因年紀較小可能有待進一步確認，但他們也注意到，設計思考教學法採用的可能性較高。但不管任何一教學法的創新必須與時俱進，透過本個案的研讀可讓學員了解到教學創新上的重要性。

本個案主要討論的問題著重於組織創新、創新理論、教學法創新，透過個案研讀了解設立一家幼兒園所面臨的困境，以及轉型過程中所需接受的挑戰，期間所引發的問題及所採取的變革及創新措施。透過個案的討論了解眞善美幼兒園當初創立的動機，如何在初創時期大力投資在一些硬體與軟體的設備上，同時當面臨一些環境因素的改變與衝擊，如何調整組織創新策略、經營策略與教學創新手法，並強化幼兒園本質以對抗競爭者；藉由個案探討了解幼教文化組織的轉型策略及因應之道。

1. 雖然黃園長當初創立眞善美幼兒園時有理想抱負、高瞻遠矚的眼光，在當時算是一所相當前衛性的幼兒園，同時也吸引草屯地區周遭的幼童來就讀，但隨著附近一些相類似的幼兒園也如雨後春筍般地開立，因此讓幼兒園進入所謂紅海競爭模式，迫使眞善美幼兒園面對一些組織創新的變革。

   (1) 當組織進行轉型或是對抗外在環境的競爭時，一方面必須調整經營步伐，另一方面也必須依組織特質進行組織變革。首先我們介紹「開放系統理論」，開放系統理論來自於Bertalanffy（1962）在所衍生之一般系統理論general system theory（GST）中，其主張任何一個組織或系統皆爲開放系統，具有彼此依存、相輔相成的次級系統。

   開放系統具有反饋作用及自我調適的能力，平常維持平衡穩定狀態，當大環境變動而失衡時，系統將藉其反饋作用及自我調適能力，恢復平衡穩定狀態，維持發展能力。其與封閉系統比較上的不同在於強調系統本身具有反饋作用的功能（feedback），亦即能從外界所給的回饋或是外界所帶來的壓力去調整系統本身的運作方式，以維持良好的競爭能力。採用開放式系統理論是眞善美幼兒園在隨著環境因素的改變而所依循的組織創新的首要原則。

   (2) 當眞善美幼兒園進行組織變革創新時，同時也必須考量知識的儲存與知識的轉換程序，才能使組織變革中讓創新的成果可持續下去。組織創新之研究在近幾年已漸漸成爲重要顯學。在高科技時代，組織必須不斷推陳出新，以維持市場競爭力。Nonaka和Takeuchi（1995）批判傳統的科學知識觀點，認爲其容易忽略價值、經驗等無法量化的隱性知識，並將之排除在組織規劃與資源的配置之外，卻不知價值與經驗乃是組織生存的重要利器。基於此，兩人即提出組織創新理論。認爲組織在創新的過程中，必先學習多方知識。

   Nonaka 和 Takeuchi 主張知識可分爲兩種，即隱性知識和顯性知識。二者彼此互動且有可能透過個人或群體人員的創意活動，從其中一類轉化爲另一類；亦即是新的組織知識是由擁有不同類型知識（隱性或顯性）的個人間互動產生的。這種知識轉化的過程構成四種知識轉換方式：①社會化（從個人的隱性知識至團體的隱性知識）；②外部化（從隱性知識至顯性知識）；③組合（從分離的顯性知識至統整的顯性知識），以及④內化（從顯性知識至隱性知識）才能持續下去。

(3) 在眞善美幼兒園組織創新分析中，依過去眞善美幼兒園發展的特色，而作全面性的知識轉化的分析與探討，其分析過程與要項見圖1-1。

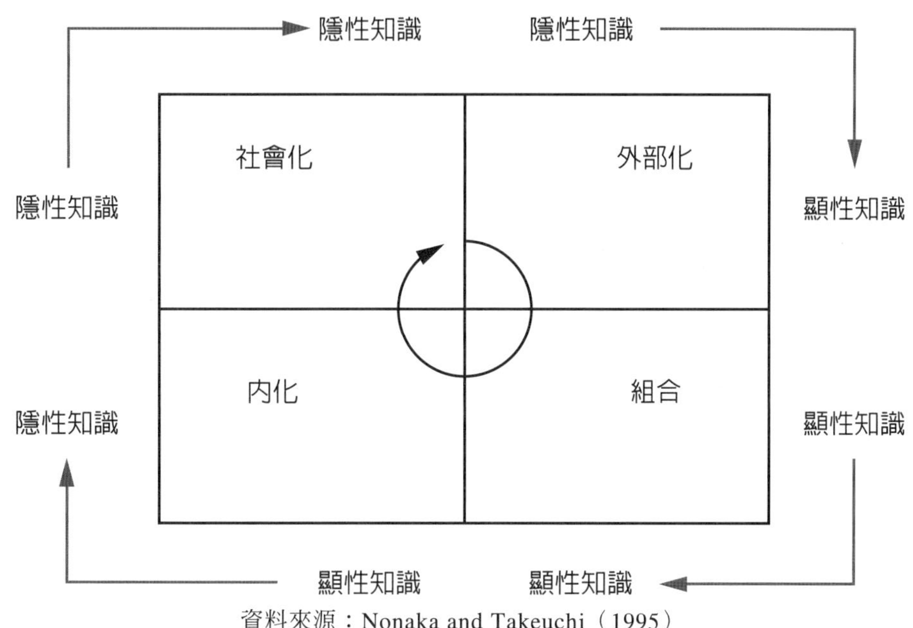

資料來源：Nonaka and Takeuchi（1995）

圖1-1　組織創新時知識的轉換程序

2. 當眞善美幼兒園渡過了新企業的草創期，雖然經營的腳步慢慢步上軌道，但外界的新幼兒園競爭者並沒有停息過，必須面臨另一波經營上的突破，才能使眞善美幼兒園繼續經營下去，其經營策略又如何呢？

   (1) 創造競爭優勢的創新經營要素與程序

   Hill & Jones（1995）曾提出之創造競爭優勢的創新經營要素與程序，將其運用於幼兒園創新經營，包括①整合資源；②提升創新能力；③尋找定位；④提升服務；⑤加強行銷；⑥降低成本；⑦提高產值等七項，經由創新的具體實踐策略與創新歷程的重要元素，提升競爭力。

   (2) 創造幼兒園競爭優勢的四種實施策略

   陳秀才（2000）曾提出創造幼兒園競爭優勢的四種實施策略，包括①防禦（defenders）：堅守幼兒園經營範圍，以組織架構及教保模式固守地盤；②擴張（prospectors）：幼兒園不斷找尋拓展分校，重視推出創新的教保環境及托育服務的革新；③分析（analyzers）：幼兒園密切注意同業間幼兒園的經營動向，採取模仿或跟進的策略；④反應（reactors）：幼兒園當經營環境變遷，雖然察覺，仍然採取觀望態度，直到萬不得已才有反應。

(3) 幼兒園的策略聯盟與連鎖加盟經營與模式

吳思華（2005）提出幼兒園的策略聯盟（Strategic Alliance）與連鎖加盟經營與模式，策略聯盟意指兩家或兩家以上之幼兒園，因環境或本身之需要，在一定的條件下，經由正式契約所形成的合作關係，以藉此結合彼此資源，增加競爭優勢，其型態依活動性質分爲技術發展聯盟、生產與後勤聯盟、行銷、銷售和服務、人事、財務、資訊與多重聯盟活動。

連鎖加盟經營與模式係由兩家以上的幼兒園，在統一的經營方式下，促使流通產業企業化；進一步地說，連鎖是以相乘方式展開，並經標準化、簡單化以及專業化的幼兒園連鎖經營策略，可以確保幼兒園具有創新獨特的企業形象、作業方法與系統，具有可成功運作的Know-How、可預期的未來獲利性、商標受到保護與建立完備的後勤支援系統等經營策略。

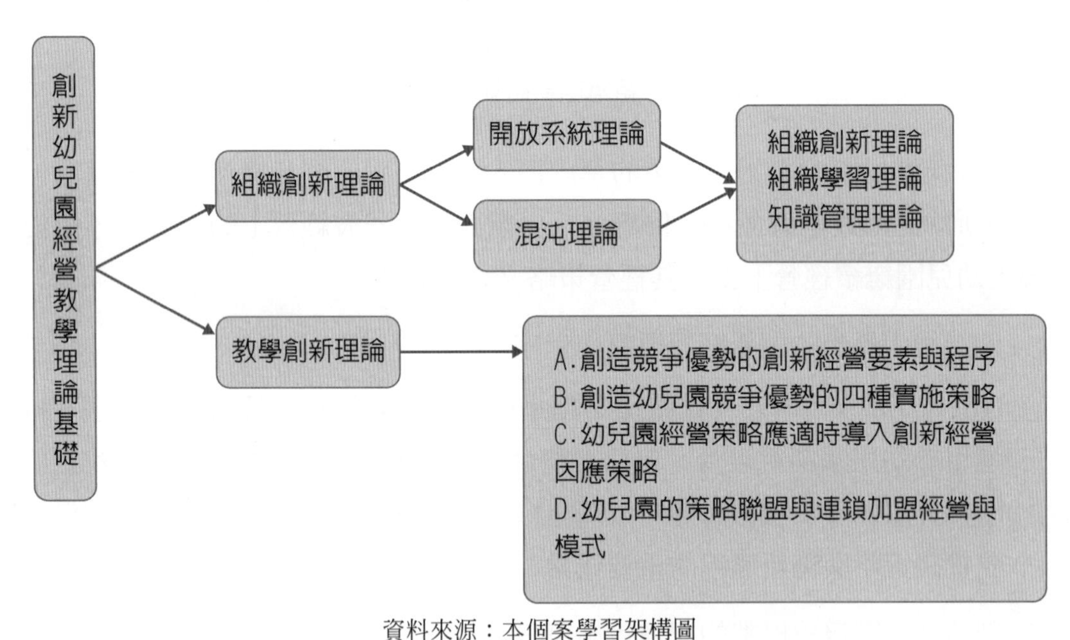

資料來源：本個案學習架構圖

圖1-2　幼兒園創新經營策略理論圖

(4) 孩子與家長的雙贏局面

眞善美跟其他幼兒園不同的地方，在於他們把孩子教學的成效學習達到最好，讓孩子將能力帶著走，這可能是跟其他園所不一樣的地方，要把孩子的英文教好，關鍵點在於環境，那環境一定要做出來，那在課程規劃上，把這個關注具體目標訂在高標，這是長遠的想法。

由於眞善美是以專業讓家長覺得不錯而決定要讓孩子來讀這所學校，眞善美跟其他幼稚園另一項不一樣的地方，在於眞善美是沒有家長的壓力，所以家長的意思，希望你教什麼就教什麼，等於家長參與了教學，但眞善美會告訴家長，你們可以放心把孩子交給眞善美的專業，孩子交給眞善美後，眞善美會愛你們的孩子，就像愛自己的孩子一樣，所以家長放心把孩子交到這個環境，很多家長對這個學校有高期望的一面，你可能沒辦法隨波逐流，他們會信任你把孩子送到這邊來。會來這邊的家長素質都不太一樣，也是比較有特色，會來念這所學校一半以上都是當老師的，他們本身對教育會有一定的想法，且對孩子照料皆很用心。

3. 眞善美幼兒園除了經營策略上的創新外，同時注意到在教學上、學生生活上也作一些有異於同業的創新教學模式，這些創新教學模式有哪些呢？

(1) 生活習慣帶動學習高效率

一天最好睡9小時，最基本要素就是生活習慣要好，當然這個並不是很好培養，而吃飽睡好這個習慣沒有培養好，小朋友來學校無法專心學習，事倍功半，沒有效率。

眞善美必須找到一種對孩子和家長都有幫助的創新經營模式，家長在教育上並不是這麼專業，怎麼樣的規劃才是對孩子有幫助，當大家認爲身體健康不是做爲學校教學的主要理念的時候，而眞善美幼兒園認爲把身體健康擺在第一位，所以孩子來到這裡都要運動，飲食上有均衡的營養，培養禮貌及守規矩的態度與生活習慣，因爲這個是他們一輩子帶得走的能力。

身體要很好，要有能力，能力當然是學習來的，也是工作上的專業能力，以後所培養的管理能力，不外乎孩子要有運動的習慣。此外，可能發掘未來孩子的天分在哪裡，要用自己的專長去與他人競爭，自己的專長在哪裡這很重要，這是父母跟老師都必須長期去協助與要去了解的，用他的專長去跟人家競爭，因爲培養專長成爲興趣，這樣才能作得長久，所以良好的習慣才能激發帶動孩子好的能力和專長，進而產生高的學習效率。

(2) 利用激勵方式，長期培養閱讀專注力

如果學校從小不要求孩子閱讀的話，孩子可能一輩子就不會想要親近書本，所以眞善美幼兒園花了很多的心血要求孩子看書，也告訴家長培養孩子閱讀有多麼重要，每年他們會花很多的時間、很多的金錢投注在孩子閱讀這部分。

(3) 閱讀習慣的養成

建議家長每天要陪孩子閱讀20分鐘，而且是希望至少要到小學五年級以上，孩子眞的養成閱讀習慣後才放手。加強閱讀能力目標很明確，會跟家長說明這是孩子一輩子用得到、帶得走的能力，閱讀是要靠後天來養成，不是先天就會的，所以眞善美就很明確地提出這樣的重心，列出來獎勵辦法，好比你看一學期讀一百本書獎勵600元，兩百本給1,000元獎勵，300本給1,200元的獎勵，或是送腳踏車，而且跟家長講，孩子是你的，要願意花時間而不是花錢而已。

閱讀，靠後天來培養，這個是家長和老師要盡力的部分，老師很用心在推閱讀，家長、學校幫助孩子養成習慣，每天時間到就會看書，這是他們的希望也是目標，這裡的孩子知道他們每一學期看200本書。孩子9歲以前若沒有看書習慣，大概一輩子就不會看書，看書是靜態的思考活動，若沒有從小培養，大概願意坐下來看書的機會不大，因爲需要用到頭腦，是一種靜態的思考活動。

(4) 強化音樂與體育能力，來達到舒壓目的

重視體育是眞善美幼兒園持續保持的理念，不管讀書或做事業一定需要體力，要有很強的意志力、堅定的防挫折能力，還有良好的情緒管理，而這些都是可以從體育裡面學來的，由於黃創辦人所規劃的課程將體育、音樂納入教學的主軸，希望孩子能夠將帶得走的、用得到的把他學好，因爲這些課程有助於孩子紓解壓力，這是孩子一輩子無形中會帶著走的能力、用得到的能力，所以園所規定孩子畢業要跑1,600公尺，知道這些以後對孩子會有幫助，這應該是跟其他學校不太一樣的地方。

(5) 學習文創、創意體驗

創意還是有既有的基礎架構，你一定要更新、然後還是要持續發展，讓孩子在閱讀上能夠舉一反三、觸類旁通，現在的升學制度中，考試眞的是最公平的，但是卻把孩子的創意都抹煞掉了。創意的來源應該是讓孩子多看、多聽、增廣見聞，不一定是多閱讀書籍，可能要帶他們去看各種新的方法，讓他們什麼都去體驗，去做一些冒險但並不是很危險的事情。

眞善美幼兒園很重視文創的部分，舉例來說，每年的元宵節他們會帶孩子做燈籠，請每個小朋友陪著媽媽到市場挑白胡蘿蔔，那大家就拼命挖蘿蔔，還有各式各樣的燈籠，而有的孩子做了很多剪貼，就是爲完成一個很漂亮的燈籠，又像中秋節的時候一起去賞月，萬聖節時讓每個孩子角色扮演來渡過，然後利用社區資源，讓孩子們認識這塊土地的建築。

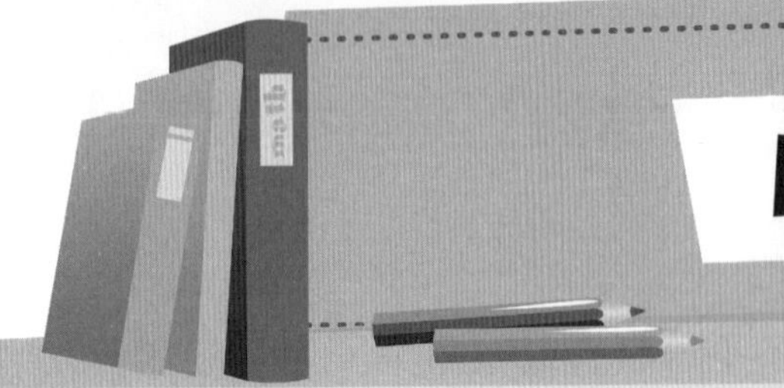

問題與討論

1. 請問一家幼兒園的創立須注意到哪些細節？又如何去籌備這些新創事業細項呢？
2. 臺灣因少子化的影響，讓許多學校面臨經營上的極大挑戰，請列出這些挑戰的項目，又如何來排除這些困難呢？
3. 許多中小企業都因人工的缺乏而前進大陸或其他地區作投設等工作，您覺得幼兒園是否應該去海外投設學校呢？
4. 教學方法必須與時俱進，請列出三種創新教學方法，並詳細說明之。

資料來源

1. Hill & Jones（1995）. Strategic Management Theory: An Integrated Approach, 3/e, Boston, Houghton Miffin, pp.102-124.
2. Nonaka, I., & Takeuchi, H.（1995）. The knowledge-creating company: How Japanese companies’ creating the dynamics of innovation. New York: Oxford University Press.
3. Winograd, T., & Flores, F.（1986）. Understanding computers and cognition: A new Foundation for design. Reading, MA: Addison-Wesley.
4. 吳思華（2005）。「2005 臺灣創新企業調查」-創新經營之創意、創新、創價三部曲。商業周刊與政大創新與創造力研究中心主辦。臺北：政大創新與創造力研究中心。
5. 潘品昇（2000）。企業實施知識管理與電子商務關聯性之研究。大葉大學資管理研究所碩士論文，未出版，彰化。
6. 秦夢群、濮世緯（2006）。學校創新經營理念與實施之研究，教育研究與發展期刊（第二卷第三期）。
7. 陳秀才（2000）。幼稚園經營的系統理論。臺中師範學院幼教年刊，12，47-57。
8. 蔡純姿（2007）。幼兒園創新經營之個案研究幼兒保育學刊，第五期，第35-58頁。
9. 謝琬倫（2004）。私立幼稚園應用 SWOT 分析於組織經營之研究。國立臺北師範學院幼兒教育學系碩士論文，未出版。
10. 如克・柯立思（Zook, Chris）、艾倫・詹姆斯（Allen, James），楊幼蘭譯，2002年，從核心擴張，臺北市：商智文化。

NOTE

個案2

傳產機械業的蛻變——見光機械工業

見光公司建立於1979年，至今已有四十年，公司經營理念主要強調「高品質、好的服務」，從早期維修及幫顧客進行機器的調貨，到製造第一台粉碎機至綠色機器的研發，見光秉持不斷的創新、研發，並以3R（Reduce、Recycle、Reuse）的環保理念，從廢料回收到整廠設備輸出為導向，堅持與地球永續發展及相依相存的經營理念，研發出不同型款的橡塑膠廢料回收機，其營運行銷也擴展至中南美、歐洲、亞洲、非洲等區域，也因為有企業的良好服務及穩定的產品品質，贏得諸多顧客一致的認同及讚賞。

作者：亞洲大學經營管理學系 陳坤成副教授

2-1 個案背景介紹

一、關於見光機械

2016年豔陽高照的炙熱午後，見光機械工業股份有限公司（以下簡稱見光）的侯景惠總經理正與國外合作經銷商、海外分區銷售人員，使用視訊科技進行銷售業務報告以及未來產業發展，如何開拓國際市場進行STP分析討論？這些業務行爲皆爲侯總經理及呂董事長每日的例行公事，可了解海外各分區的銷售狀況，並及時掌握國際市場動態、自家產品銷售狀況等。見光公司成立於1979年，已接近四十年頭的光陰，公司以「高品質的產品、生態圈的服務（Ecosystem Service）」的經營理念，帶領著見光公司全體同仁邁向國際化市場的經營目標。

見光剛創業前十年的營業目標是「深耕技術、提供射出廠周邊設備服務」；第二階段——二十年的營運目標「提供射出廠整廠輸出、立足臺灣」；第三階段——三十年營業目標「強化3R（Reduce、Recycle、Reuse）、提供海外整廠輸出技術」；2010年邁入第四階段——四十年的經營目標「資源整合、提供Ecosystem Service（ES）給客戶」。

從早期機器維修及幫顧客進行機器零件的調貨，到綠色機器的研發，見光秉持不斷的創新、研發，並以3R（Reduce、Recycle、Reuse）的環保理念，從廢料回收到整廠設備輸出爲導向，堅持環保愛地球、生態圈的服務，以綠色企業相依並存的經營理念，研發出不同型款的橡塑膠廢料回收機，其國際市場行銷也擴展至中南美、歐洲、亞洲、非洲等區域，也因爲有企業的良好服務及穩定的產品品質，贏得諸多顧客一致的認同及讚賞。近十年來，因綠色環保意識的抬頭，政府也積極鼓勵中小企業投入綠色產業，因此見光機械侯總經理開始積極籌劃投入廢料回收造粒整廠設備、仿木熱壓整廠設備、木材廢料回收粉碎機等綠色產品的研發。

近五年來，見光爲提供顧客更廣泛的服務系統，導入Ecosystem service（ES）的概念極力推廣養生茶來服務社會大眾，不只提供健康養生的茶文化，同時也提倡對水資源的珍惜與愛護地球的理念，配合原先的3R理念形成一生態圈服務系統（ES）。雖然見光在機械產業中不是規模最大的，但由於見光不斷地創新研發、力求成長、愛地球護環保等激勵元素，公司成爲明日之星是指日可待的。

二、公司發展歷史及公司現況介紹

見光機械工業股份有限公司，是由粉碎機、原料烘乾機和拌料機等起家的中小企業，起初由技術模仿到現在公司自行研究創新，從國內市場至今日行銷至中南美、歐洲、亞洲、非洲等區域，也因爲公司良好的服務及穩定的產品品質，奠定了早期見光公司的基礎，也贏得眾多顧客一致的認同及讚賞。

見光公司成立於1979年，早期以製作粉碎機爲主，公司早期成立的契機在於侯總經理的年輕時代，因爲家庭因素常會利用寒暑假到舅舅公司當學徒（當時舅舅公司名稱爲東光（TKS）機工廠，位於當時沙鹿鎭鹿仔工寮）。侯總經理的弟弟侯景星先生也在寒暑假到舅舅公司當學徒，而侯總經理的三弟侯景晏在國中畢業之後，就進入東光公司當學徒。由於侯總經理年輕時的學徒經驗，與學校所學習的機械相互呼應，而奠定對於機械深厚的專業素養。

於1979年，侯總經理退伍後，先在舅舅公司工作，但工作沒有幾個月東光公司就解散了。由於侯總經理對於機械作業流程和製造比一般人更加了解，於是在1979年成立見光機械，位於當時的沙鹿鎭埔子里。1979至1981剛成立的這幾年，因公司無足夠資金自行製造成品，主要業務以機器維修爲主，進行公司營運資金的累積。在那個時期被服務的廠商對於侯先生的服務態度印象深刻，因此對他非常信任，侯總經理在進行維修時眼見服務公司的機器老舊，也會提供意見及詢問被服務公司是否要進行機器的汰舊更新。

因此，在那期間侯總經理除了幫顧客進行機器的維修，同時也進行機器汰舊更新業務，接到訂單後轉調別家公司的產品賣給顧客，被調貨公司也會給予侯總經理介紹費，這個介紹費用可能是五千至一萬元。侯總經理除轉買機器給顧客外，同時也會幫忙進行維修服務，所以許多公司都很喜歡向侯總經理購買新機器，造成侯先生銷售得比原廠公司好，因此這些粉碎機製造廠就開始進行一些阻礙與刁難的行動，所採取的手法有：可能在銷售部分開始進行一些價格的調高，使侯先生的售價失去競爭力，或是供應商不再提供商品讓侯總經理進行販賣，供應商開始有一些抵制的動作出現。

那時候的見光公司也累積了一點資金，本身也具備接單能力，加上侯總經理的二弟（侯景星）加入公司的行列，於是開始自行製造「粉碎機」，自從粉碎機自己製造以後，漸漸地製造出更多類型的機種。後來因為公司業務問題導致一些紛擾發生，因而產生兄弟分家。見光公司由侯景惠總經理夫妻兩人來承接經營管理，後來遷廠到現址（臺中工業區34路）。

由於近年來綠色環保意識抬頭，政府也積極鼓勵中小企業投入綠色產業，因此見光機械侯總經理開始積極籌劃投入廢料回收造粒整廠設備、仿木熱壓整廠、木材廢料回收粉碎機等綠色產品研發。

三、見光機械過往與現今的資源基礎

侯總經理從早期服務於東光機工廠至1979年自行創立見光公司，回顧這幾十年之中，見光累積了服務品質能力及銷售業務能力等資源，早期公司設立時，侯總經理致力於參加國、內外機械展，也從參展中觀察到機械產業未來的發展趨勢，並也提升公司創新研發能力，建立不同於其他機械廠的研發基礎。

侯總經理從早期服務於東光機工廠至1979年自行創立見光公司，回顧這幾十年之中，見光累積了服務品質能力及銷售業務能力等資源，早期公司設立時，侯總經理致力於參加國、內外機械展，也從參展中觀察到機械產業未來的發展趨勢，並也提升公司創新研發能力，建立不同於其他機械廠的研發基礎。

2-2 市場發展及產品介紹

見光公司從早期的維修服務業務與顧客建立起良好的顧客關係，也使得見光公司在國內市場的擴展獲得非常好的成效，緊接著積極參與世界各大機械展覽，增加見光的產品曝光率，擴展國外市場也獲得卓越成效。見光產品線由早期的粉碎機、原料烘乾機和拌料機，一直到現在廢料回收造粒整廠設備、仿木熱壓整廠、木材廢料回收粉碎機，使見光公司的產品線更加完善，並提供顧客“One Stop Service”的概念。

一、見光機械產業創業資源及未來產業地位的奠定

見光機械在資源方面，從以前侯總經理年輕時在舅舅公司當學徒所學得的技術與學校所學機械知識進行交織，並將課本理論與業界實務結合，一方面加深了侯總經理對於機械製造的基本知識，另一方面減低學用落差的Gap。並同時奠定見光公司的技術資源基礎。

見光公司分家初期，財務部分可說是完全歸零，也可以說是負債情況，呂董事長回憶起分家時期說：**「以當時的財產分配部分，分家前我們也只領月薪，但公司財務是由婆婆管理，之前公司所賺的盈餘由婆婆拿走當兩位老人家的養老金，分家時是以公司不動產現值去分配，以四等分作分配（三兄弟加一個妹妹），每人可分配到機械設備等值兩百萬，原本想說給弟弟老三兩百萬讓他心裡較舒暢些，但因老三始終有怨言，所以我們就給他四百萬（加倍）。之前每個人月薪也才不過一萬元左右，所以當我們接手時，公司財務是負債的情況，加上之前薪資低沒累積創業基金。但是公司的營運不能停，傻傻地把公司接起來，也要想辦法讓公司正常運轉下去，說真的當時滿恐慌的。」**

呂董事長和侯總經理接下見光公司，背負了家人希望公司永續經營的寄託，在當時的時空背景下背負許多事情與責任。呂董事長回憶說起：**「接管見光公司之初，因我們沒有準備好第二代企業接班人的準備功課，當侯總經理的母親說了一些話，造成我們精神上莫大的壓力，若時間可以倒回，我寧願選擇自己離開。我參與接管見光公司事宜，因精神壓力太大而產生睡眠障礙。雖然分家之後還是有一些紛紛擾擾的事情，但現在與未分家時相較之下，目前我們比較有自主權，能自主決定及處理一些事情，較不會受到家族的壓力或限制。目前公司主要的一些重要投資決策，由我們兩人商討達成共識後即可下決策。」**

在接班後第二年，公司營運趨於穩定，有能力開始置產，至於公司財務部分由呂董事長進行管理。見光公司後期階段購買工業區廠房，因需要的資金較龐大，那時候與銀行也建立良好關係，所以購買廠房的大部分資金就轉向銀行貸款，作較長期的營運財務資金規劃。早期見光公司剛起步時是很慘淡在經營，由於當初侯總經理有遠見，沒有放棄任何一個對外參展的機會，而持續了二十幾年。

呂董事長回想當時公司到世界各地進行參展時說：**「侯總經理早期跟著機械業界到全球各地進行參展，也奠定了現在的基礎，所以在這一方面建立了許多同業之中較難建立的優勢，也是現在見光可以將商品銷售到海外許多國家的原因之一。我們公司主要競爭力來自於研發，除了對市場的敏感度，每一年如果有重要或特殊的機械展示會（如德國K-Show、臺北橡塑膠機展、日本JP-Show）都會參加，不管我們是去參展或是去參觀，主要是體會未來機械功能的發展趨勢，因爲來自全球各地的機械製造廠聚集在那裡，將該公司絞盡腦汁的研發成果在那裡展出，在會場上可體會到未來全世界在Recycle的方向發展，也可看到那些廠商在Recycle參展的產品，嗅出未來發展趨勢。所以如果沒當初的撒網，就沒現在的見光」**。

見光公司成立至今不只經歷了分家、資金調度困難，公司由無到有及現在的經營規模都是歷經千辛萬苦，其基礎建立經由：員工、呂董事長及侯總經理一點一滴建立起來，再加上帝的眷顧讓信上帝者蒙福，祂所賞賜的必滿足你所用、所吃。

其中的辛勞及心血難以用言語表達清楚，呂董事長也回想起公司剛成立之初說：**「我心裡常想，當時爲什麼要那麼辛苦接下見光，如果當初選擇完全離開這個產業，以我具有藥劑師執照和侯先生的專業機械知識來討生活，我們兩個應該有個不錯的薪水可以養活小孩，但是以當時的時空背景之下，背負了家人期望公司永續**

經營的寄託，如果不是這樣子，我們仍可不用背負這個沉重的責任，承接見光公司事業。當時接手見光之初陷入財務恐慌，爲讓侯總經理專注於研發創新與業務工作，財務部分我就不能讓侯先生煩惱。也因爲我媽媽生了八個小孩，回娘家向兄弟姐妹借錢、標會，最重要資金來源是利用標會的方式來取得，好在當時業務還不錯，也在公司成立的第二年開始有能力置產，所以公司的財務管理部分主要以我爲主。」

二、新產品研發與市場進入資源

見光機械公司因侯總經理有遠見，在早期經營狀況不是很良好之下，不但沒有放棄任何一個對外參展的機會，並積極參與世界各地的橡塑膠機展，增加公司知名度，也奠定見光公司現有的基礎，這是許多其他同業公司無法建立的優勢，也是目前見光可以將商品銷售到許多國家的原因之一。由於侯先生致力於參展而嗅出未來公司應如何走向，在市場策略佈局上，見光的業務很早就進入其他國家，由於在時間點上比其他公司還早佈局，所以也比其他同業有較多進入國際市場的機會。

呂董事長回想見光公司第一次去國外參展時說起：**「二十幾年前第一次到埃及去參展，參展時間共二十一天，因爲水土不服，所以侯先生把所有團員帶去的藥都吃完了。由中可了解開拓國外市場業務的辛苦，也因爲當初我們的堅持不放棄，見光從原本模仿別人的粉碎機做起，到現在公司有一定的規模和創新、研發能力，這些技術資源的基礎都是一點一滴慢慢累積起來。」**

見光公司主要的業務執行者都是以侯總經理爲主，公司生產機器有量產及客制化兩種方式，客制化部分主要由侯總經理與顧客進行溝通後，並在一切符合產品規則之下進行產品設計變更。

侯總經理在產品的創新設計與研發方面說：**「我們見光公司算是傳統產業的機械業，企業若要提升產業競爭能力，必須提升創新這一塊，在創新過程中，要如何加上時勢的脈動又能符合常態的創新？例如說，一台車子原本輪胎是圓的，你很有創意把它做成三角形，它不能走也不能發揮它的功能，所以在創新過程中，見光強調還要符合產品常規，生產製程需符合一定的品質水準，讓顧客使用得安心與滿意。」**

外部經濟環境的大改變，公司爲了要不斷成長，也面臨產業創新，因此，見光公司內部成立研發中心，對於現有產品進行不斷的創新及設計。早期見光以維修起家，也因服務的品質良好建立起顧客對於見光的信賴，所以見光公司新有的核心資源主要爲創新及研發能力，市場進入資源爲以往公司所奠定的業務能力及服務品質。

三、見光的創業組織能力及個人能力佈局

見光成立之初，主要是因侯總經理的遠見而成立創新研發小組，也會定期爲員工進行訓練，並且侯總經理會定期帶領員工參與國內、外重要的機械展，刺激員工對於未來產業發展趨勢及脈動的想法，這創新及研發觀念從早期侯總經理創立見光公司之初開始建立，侯總經理也說：**「希望我們能一直向前邁進不斷地突破。基本上，傳統產業的產品還是需要不斷創新，追求自我成長。我覺得競爭對手是自己，如果自己不爭氣，容易會被擊敗。說爭氣，其實都是心態的問題，只要自己爭氣，有很多陰影才跳脫得開，但是有很多地方還是需要突破。」**

見光在2008年得到經濟部所頒發的研發創新獎，主要以第二代的EVA廢料回收機整廠設備得獎，目前見光公司有計畫對於EVA廢料回收進行第三代的Recycle創新或研發。公司也在臺中縣沙鹿鎮（現臺中市沙鹿區）的埔子里設立公司的研究室及化工工作室，主要目地在於提供研發部針對顧客需求進行的客製化實驗，能提供顧客良好的服務品質，以達到顧客的滿意度。

侯總經理對於化工材料實驗室的成立說了：**「目前公司與同業不同之處：見光有成立材料實驗室，並可由實驗室的加工部門直接提供小量製造產品給客人。而實驗室裡面的機械由公司提供，加上公司本身對於基本的化工知識，同時建立自己的資訊平台，因爲在走向量產時可能需要一些IT平台協助及製品配方的know-how的應用擴散。」**

見光公司目前的銷售市場除了臺灣之外，也包含中東地區、英語區、西班牙語區、華人區，而四個區域主要是依公司目前的外銷業務狀況進行市場區隔，每個區域有專責的代理商，見光公司在業務負責區域上並沒有很明顯的劃分，主要原因可能爲每個區域性的負責人，會因業務需求而去支援其他區域的業務。

侯總經理針對公司的業務部分說：**「關於業務範圍，可能A先生主要負責巴西區，但他也可以負責其他區域性的業務。在舊客戶方面，公司有跟地區負責代理商**

做明確的協調，代理與直營雙軌進行。譬如有些客戶可能是感覺的問題，他想跟我們直接做生意而不願意透過代理商。雖然我把這個區域交給他，可能在這個區域他就負責A部分的顧客群，而B部分的顧客群是公司原本合作的客群，那麼這個區A、B群的顧客都由他負責，原本B群顧客由他來幫忙服務照顧，也會在代理商負責談成功的case中給他一些業績津貼。所以業務部分採取較彈性的手法，有一些銷售管道是顧客本身會自己願意找我們，一部分是透過代理商銷售。另一部分是原本的顧客用了一段時間後，願意做我們的代理商，所以在銷售策略上我們是不會拒絕任何可以幫忙公司銷售產品的機會（動態銷售策略），但至於售後服務部分都還是由公司去做，以減低代理商培養服務工程師的開支。」

見光公司在業務部分除了由本身的代理商及舊有的客群幫忙銷售，其實在銷售方面，見光認為如果你有能力並在所約定的正常規則下，只要你願意，都歡迎來幫見光銷售業務，但主要的產品售後服務還是由見光來負責。見光公司除了在銷售部分有別於其他公司之外，還有幫助代理商和顧客相互成長的社會責任。

侯總經理講到這裡，回憶以往說起：**「早期有一個顧客在埃及，他早期是做『皮箱』，在機械展示會場上認識他，他要進入機械這個領域但他不熟，所以來臺灣見光學習，最早期的時候我承諾他，公司先出一個四十尺貨櫃給他，但他也要出部分費用，這個金額當然也是我和他兩個可以承受和負擔的金額，而不用擔保品讓他販售，但是需要求某一期限內要銷售完，這也是提供優惠的服務讓顧客有所成長」**。

由於中國大陸機械業的興起，有許多顧客對於價格上的認知有所不同，顧客會選擇比較便宜的機器或可以賺取較多利潤的廠商合作，因此以現在來看，在顧客的忠誠度上有許多顧客不是很好。但侯經總理對於價格差異部分說：**「有許多顧客目前跑到中國大陸進行機器的購買，但是我覺得，中國大陸雖然機器便宜，但是在機器品質上並未能像我們公司有品質保證，我們主要生產高品質、效率好的機器，做比較高檔的顧客。在之前金融風暴時，公司也持續成長，也做一些技術的提升、新生產加工設備的引進，讓顧客能了解我們的用心及永續經營的決心。」**

見光公司在呂董事長及侯總經理帶領之下，與員工們共同成長奮鬥，未來由下一代接棒後，希望公司有所成長並把員工們照顧好，並願意將自己所得的一部分，用來關懷弱勢團體。侯經理說：**「因爲我們是神所祝福的企業，神的眷顧讓我們才有現在的成就，所以希望能幫助更多的人。而企業的存在能提供一個優質的平台讓更多人來分享，從那裡享受到幸福快樂，見光本身也是從無到有，從泥濘小路走到比較穩定的大道路上，所以覺得分享很重要。」因侯總經理有照顧弱勢團體的愛心，所以有與財團法人千禧龍青年基金會合作照顧青少年中輟生，讓該些中輟青年能重回職場，找到自己的興趣所在並服務社會、大衆。」**

見光公司由一家規模很小的公司，茁壯成至今算稍有規模的中小型企業，這個歷程除了辛苦之外，只能說要不斷地努力及付出，呂董事長說了：**「希望藉由公司的個案，能讓現在的小朋友了解創立一家公司的心路歷程與啓發是很重要的。雖然在創業道路上，父母沒有留給我們很多資產，但是許多企業都是從零開始，一步一腳印到現在，這種機會在現在可能比較沒有。但並非不是完全沒有，只要你願意付出還是會有機會的。像之前侯總經理經常說的：「出門的時候星滿天，回家的時候滿天星。」就很明白地說明早出晚歸的心路歷程及辛苦。」**

這也是探討創業家精神很好的個案演練，雖然不一定每位年輕人都必須去創業（因爲創業成功機率非常低），但如果每個年輕人都能發揮不屈不撓的精神，相信在個人從事職涯工作上必有一番轟轟烈烈的展現。

四、見光公司的產業利基與核心競爭力

見光機械公司成功的主要關鍵因素在於服務品質，由於早期創業由機器維修做起，建立良好的服務品質形象及與顧客進行溝通，並依顧客需求進行機器設備的修改，以讓顧客能在使用機器上可依自己的產業特性或需求進行修改，並帶給顧客使用上的便利性及強化公司整廠運作的順利性，若機器產生問題時，見光公司也會立即派遣員工進行狀況的了解及維修，這也是一直以來見光公司所堅持的經營理念：「見光堅持製造好品質的機器，不斷突破、創新在研發工作上。」

因此，過去二、三十年的辛苦經營之下，已打造出自己獨特的口碑，見光公司除了提供有形的產品服務，對於從與顧客進行產品銷售接洽開始，至產品銷售成功及後續的售後服務，都提供完整的保固，並以最快速、直接與貼心的理念服務顧客。

參展是侯總經理過去的堅持，不管公司目前的經營是否有一定的規模或成效，都應致力參與重要的國內、外機械展，除了從各機械展場中了解各國、各廠商對於未來的機械發展及創新趨勢，也能培養自己及員工對於創新及未來發展方向的敏感度，增加公司競爭能力，也了解公司不斷追求成長的過程中，創新是很重要的因素之一。

侯總經理說：**「我們公司主要的競爭力來自於產品研發，爲培養對市場的敏銳度，每一年如有重要或特殊的機械展示會都會派人參加，不管見光是參展或只是去參觀機械展示也好，參展主要目的是體會未來產業發展趨勢，因爲會場上來自全球各地的機械製造廠聚集在那裡，將公司的研發成果在那裡展出，從中我們學習到其他國家、廠商的研發成果與產品創新，他山之石可以攻錯」**。

參展回來，也持續對於公司現有的機器進行修改，並引領下一世代產業機器的研發。對於未來見光公司的經營也朝向多角化進行，從原本的塑膠機械業，將經營觸角伸展向其他機械業，未來公司的經營策略發展往食品、中草藥與農業界機械業，並由早期的粉碎機、攪拌與烘乾等技術帶入食品、中草藥及農業機械業等面向。

見光公司由粉碎機、破碎機、滾輪機到廢料回收整廠設備輸出等起家，由於早期見光就開始製作回收機器與綠色產業有所接觸。臺灣周遭環境也因受到嚴重的破

壞而影響整個生態圈，各國政府也紛紛加強環保概念，加上我國政府也非常重視綠能產業及環境保護，這幾年提出許多關於綠能政策及整個國家、企業、居家等環境與生活圈的改善。

因此，見光公司最近幾年也積極投入綠能產品的創新與研發，在2008年見光機械榮獲中小企業第十五屆創新研發獎，主要得獎的機器爲第二代的EVA廢料回收整廠設備，該機械設備主要可幫舊太陽能基板EVA背板回收粉碎，再配合重新製粒而成爲EVA海灘鞋的主要原料，這也是見光在愛護環保、救地球所盡的一份心力。

近年來，國內因生活水平提升、壽命延長，對於養生保健領域也日益重視。見光也因爲第二代都從國外讀書回來，侯先生的第二個女兒侯小姐由於對於養生茶業非常有興趣，經過兩年專心投入茶文化的研究，從契約茶園、種茶、製茶與泡茶都下了非常大的功夫，慢慢體會出一些心得，並創立了"MOSA Tea"品牌，同時也積極參加一些茶藝展，把臺灣最棒的茶文化推廣給社會大眾。見光將導入Ecosystem service（ES）的概念，相信短時間內將可見到"MOSA Tea"爲大家帶來服務。

五、市場策略

見光的市場策略除了以多角化方式經營，並將經營觸角以多元化及國際化方式爲主要的概念，在現有市場分析中，目前見光公司在Recycle的塑膠機械業中所佔領的地位爲第三，而主要競爭者是鳳記、富強鑫，他們的主要產品是吹袋機、塑膠機，有部分產品與見光產品有衝突，但在這些相同產品中，見光公司利用本身優良的服務品質及銷售能力，提升公司的競爭優勢及利基，而贏得顧客信賴及增加公司的銷售力。

六、見光公司內、外銷市場分析

見光公司銷售市場以外銷爲主，外銷市場2013～2016年度所占比例請見表2-1，目前主要外銷地區分爲四大區域（華人區、英文區、中東區、西班牙區），外銷銷售機種以攪拌烘乾機、粉碎機、製粒成型機三種爲主，2013～2016年度外銷各地區機種銷售情形請參考表2-2。出口地區與國家所占的比例請參考表2-3。見光公司在開拓外銷市場也不是想像中的順利，一開始開拓外銷市場就面臨一些困境。

圖表2-1　見光公司歷年銷售情形

年度	主要外銷產品				主要外銷客戶		外銷金額		
	單位：台				單位：百分比		單位：仟元		
	產品名稱	總產量(A)	外銷數量(B)	比重(B/A)	客戶名稱	比重	營業淨額(A)	外銷總營業額(B)	比重(B/A)
2013	攪拌烘乾機	51	40	78/100	1. Crocs Ltd. 2. Crocs Mexico S. De R. L. De C.V. 3. 蘇洲騰泰鞋業有限公司	33.60% 14.56% 10.35%	127650	88091	69/100
	粉碎機	40	28	70/100					
	製粒成型機	34	23	68/100					
2014	攪拌烘乾機	56	39	70/100	1. Crocs Mexico S. De R. L. De C.V. 2. Freetrend Industrial Limited 3. S. Freetrend (Vietnam) Co., Ltd.	20.80% 9% 7.98%	138244	93580	68/100
	粉碎機	40	27	68/100					
	製粒成型機	37	26	70/100					
2015	攪拌烘乾機	30	23	77/100	1. Calcados Azaleia Nordeste S/A 2. Finans Finansal Kiralama A. 3. Syarikat Perusahaan Jooi Bersaudara Son Bhd.	19.56% 8.65% 7.41%	129699	91145	70/100
	製粒成型機	27	19	70/100					
	粉碎機	25	18	72/100					
2016	攪拌烘乾機	40	38	95/100	1. Crocs Mexico S. De R. L. De C.V. 2. Finans Finansal Kiralama A. 3. Calcados Azaleia Nordeste S/A	21.1% 11.5% 22.1%	109682	92320	84/100
	製粒成型機	50	38	76/100					
	粉碎機	35	30	86/100					

圖表2-2 外銷各地區各機種銷售情形

單位：台

出口國家	機種名稱	2013年輸出機種比例	2014年輸出機種比例	2015年輸出機種比例	2016年輸出機種比例
巴西	攪拌烘乾機	3	5	7	5
	粉碎機	2	6	5	15
	製粒成型機	1	0	0	9
墨西哥	攪拌烘乾機	5	6	2	3
	粉碎機	2	5	1	2
	製粒成型機	6	10	0	2
多明尼加	攪拌烘乾機	4	3	3	3
	粉碎機	5	3	2	2
	製粒成型機	0	1	1	0
西班牙	攪拌烘乾機	3	4	3	3
	粉碎機	2	2	2	2
	製粒成型機	0	0	0	2
中國	攪拌烘乾機	10	2	7	9
	粉碎機	5	5	8	9
	製粒成型機	9	1	4	8
越南	攪拌烘乾機	6	3	2	10
	粉碎機	3	3	4	5
	製粒成型機	3	2	6	2
馬來西亞	攪拌烘乾機	3	9	3	2
	粉碎機	2	3	2	3
	製粒成型機	2	10	0	2
印度	攪拌烘乾機	4	2	3	3
	粉碎機	3	1	2	2
	製粒成型機	2	0	1	4
喀麥隆	攪拌烘乾機	2	3	2	1
	粉碎機	1	0	1	0
	製粒成型機	0	0	1	1

表2-3　外銷地區銷售情形

單位：百分比

出口地區	出口國家	2013年產品比重	2014年產品比重	2015年產品比重	2016年產品比重
中南美洲	巴西	5.12%	2.16%	23.1%	25%
	墨西哥	18.9%	20.8%	4%	3%
	多明尼加	3.5%	1%	4.55%	2%
歐洲	西班牙	1.2%	1.3%	4.55%	5.1%
亞洲	中國	24%	27.78%	22.76%	30%
	越南	18.26%	18.26%	29.6%	28.2%
	馬來西亞	4%	2%	11.96%	12.1%
	印度	5.5%	2.1%	8.38%	2.0%
非洲	喀麥隆	2.3%	2.2%	4.84%	1.5%

2-3 見光所面臨的困境

見光公司過去為中小型企業，能見度在參展會場中並未能像其他機械大廠一樣高，由於新人建議提升公司的形象及能見度，目前在行銷方面著重於平面廣告、網路、展場。每年的行銷預算都會有所不同，從以前到現在，見光主要的行銷花費都在展場部分，不同的展場也會有不同的行銷方式。

總經理特助侯小姐，針對展場行銷說：**「我們會依不同的展場地點進行所需的行銷預算評估，例如：K-Show、JP-show、臺北橡膠機械展。如K-Show是每三年一次，大前年公司派五個人參展，廠長、經理、研發部門的人一定要去參展，並取得最新的產業資訊回來。今年就沒有花那麼多預算在展場部分，我們就採取另類的型錄方式去做展示，不只要展示型錄也要有實質回收，所以公司與普拉瑞斯公司進行合作，這家合作公司主要在做橡膠塑廠形像的維護，他們事後也會做報告給我們，我們再做following up，這就是花費比較多的地方。」**

見光在平面廣告部分，主要與雜誌社合作（例如：亞洲機械網、久大資訊），除了本身製作的型錄外，也跟許多協會合作（例如：貿協、展場協會等），透過平面廣告的刊登來強化公司曝光率。最後是網站的隨時更新，主要為了提供更便利的服務及增加外銷業務量，銷售國家數也在逐漸增加中，過去公司網站只有繁體中文、英文兩部分，但不足以應付中南美洲的顧客，中南美洲使用西班牙語更加頻繁，網站所增設的西班牙語以服務中南美洲客群。

主要負責行銷計畫的總經理特助侯小姐說：**「目前建立西班牙語的網頁比較困難，其實有許多客人是位於東歐、非洲、伊拉克，這些國家都位於中東地區，現在許多中東的客戶看得懂英文，因此有英文即可應付大部分客戶群，但是中南美洲部分公司本身有懂西班牙語的業務人員，所以西班牙語系的建立是目前最關鍵的一部分。」**

除此之外，在網路行銷方面，見光加強「關鍵字」的部分，目前關鍵字有與政府合作，政府針對老舊工業區設有補助案，這個補助案可協助更新硬體及軟體，而公司選擇補助軟體部分，而硬體部分其實也有爭取到一些補助費用。目前關鍵字也與久大資訊進行合作，因為久大是目前與政府合作的廠商中最大的。然而，久大的關鍵字只在臺灣與中國操作，像是Yahoo的搜尋引擎。事實上，關鍵字搜尋最重要的平台是Google。我們還有與阿里巴巴合作，主要加強在中國的部分。

由行銷這方面來說，推行一系列不同的行銷手法，主要目的是提升公司的能見度、推廣公司通路及形象，公司在形象的建立上也有公司名片、型錄等部分，塑造更多形象的東西。

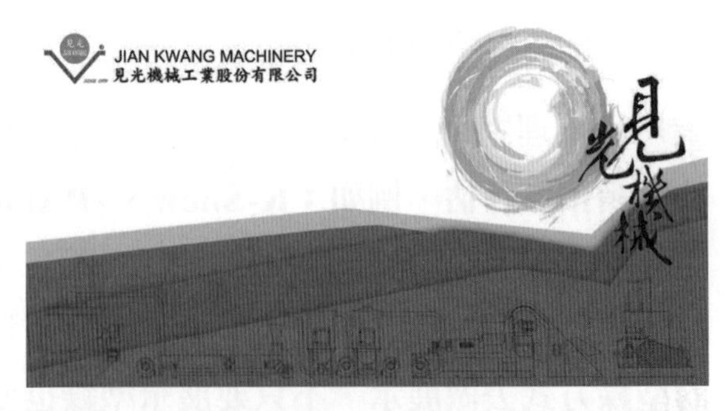

總經理特助侯小姐說：**「公司形象不只針對『有形』方面著手，也增加了許多『無形』方面的部分，例如：目前公司也開始建立CIS概念，而我們想要營造一個故事性，但本身的故事性沒有像消費產品那麼強烈，以我們的logo為出發點，不管過去的二十五年或三十年，經過世代的傳承到未來企業經營與產品的穩定性，產品會帶給顧客永續經營的感受。在公司logo和形象影片中，介紹了我們的logo是以阿里山為概念，太陽代表旭日東昇，象徵著希望和穩定，也是期望給顧**

客信心。所以，形象與產品的結合也慢慢在蛻變，像過去的logo只有三角形和圓形爲代表，但未來可能會結合一些軟性的訴求在裡面」。

一、舊有產品利潤逐年降低

見光公司原有機器產品線種類較多，但目前產品線市場成長占有率較低的商品有鞋底生產機及雙色塑膠文具板押出設備，因爲該類塑膠機械屬於另一類型的機械，另有一群專業製造廠商。目前見光所採取的策略爲繼續以型錄展出或是介紹現有製造同業的機械，不排斥訂單的接洽，但不主動推銷。

公司爲了避免造成守舊心態的產生，因此會定期進行員工訓練及管理階層的進修，並提升自己的專業知識。公司爲保持每年都成長，所以積極開發新的機械系列，例如：Recycle 的機器、食品機器、中藥加工機與農業機械等。

二、見光公司研發技術困難與問題

見光公司建立的時間剛好是臺灣整個經濟成長的時期，呂董事長回憶見光創業之初說：**「早期創業者只要願意辛苦付出，成功的機率都很大，資金也不需要太多，見光在創業之初期，不管是新開發的機器加入，或向別人調貨自己生產粉碎機，那段時期都很順利地度過了。也可能是因爲我們比較保守，因此危機事件也比較少，所以才順利度過那個時期，從以前到現在，一步一腳印走來始終如一，早期粉碎機及壓出機的製造都是向別人調貨，但在調貨過程中產生了：調不到機器或在於技術上不能達到顧客要求的品質，我們進行了技術指導，但還是出現一樣的問題，所以最後公司選擇自行開發。」**

但因目前見光規模仍是處於中小企業狀態，創新研發能力還是相當有限，呂董事長對於見光的創新研發能力說：**「雖然見光公司的研發能力還不錯，但是還是希望能藉由與外界的合作提升本公司的研發能力，彼此也能透過合作，產生一些創新與研發的新想法與契機，提升企業的進階研發能量。所以，過去見光也有與附近一些大學做產學合作；與工研院、金屬發展中心做新技術的研發合作。畢竟見光的研發能力再強，目前也只有幾位同仁進行研發創新工作，若能借助外界的人才一同合作研發，能更加速提升見光公司的成長。」**

2-4 見光進入綠色產品的抉擇

一、進入綠色產品的契機

見光公司未來以3R（Recycle－Reuse－Reduce）做爲企業經營走向與願景，這也是時代潮流必經之路，因爲目前環境受到嚴重的破壞，公司除了企業責任，也需盡企業倫理的責任，我們應對地球進行保護，現在做這些可能較晚了一點，但還是需要執行，因爲做3R可緩和目前地球被破壞的速度與危機。由於公司過去也對回收這方面進行了機器設計，所以建立了公司進入綠色產業的契機。侯總經理說：**「其實不管做綠能或回收，都只是名稱改變，其意義是相同。像以前收破銅爛鐵也算是資源回收的一種，現在是使用科技讓回收產品的再使用率更加提升，能達到完全利用及減少浪費。所以公司目前努力減少地球破壞和農業污染。」**

目前見光在綠能這方面也有接到case，就是太陽能板裡面的EVA，EVA是在太陽能板裡面吸收能量的，在那個模組裡面的EVA會老化，公司就針對老化的EVA進行回收，將回收回來的EVA進行評估是否還可以重新再製使用，如果可以重新再製，我們會用於下一等級的產品應用上，因爲可能運用於太陽能板上的EVA，原有的效能有100%，但老化的EVA回收之後可能只剩下80%或70%左右的效率，見光公司可以回收做再製，然後用於其他的產品上，效能可達100%。

譬如：可將回收的EVA製成鞋子材料或是做一些保護器材，目前這項技術已經在執行當中，機器產品也在臺灣測試好，機器產品已在大陸開始執行回收工作，每個月都有一百萬頓的EVA回收量，就將EVA回收回來再發泡加工，做成布希鞋。見光公司目前在大陸業務部分，主要有兩項：第一個是生產技術指導服務客人，第二個是做太陽能板裡面的EVA回收，因爲太陽能板裡面的EVA質量很好，所以可將回收回來的EVA製作爲另類塑膠產品的原料。

二、綠色產品發展策略模式

見光過去有與塑膠中心進行中小型企業創新研發計畫（SBIR），而這個計畫爲經濟部的研發補助方案，主要在於提升公司的研發能力及開發新機種。此外，在專案計畫資金應用問題上，本公司希望將計畫補助資金扣除基本開銷外，將剩下來的錢作爲雙方配合研發，利用這個資金提升公司的研發能力，原來的研發能力都在公司內部，希望透過外部資源的合作提升公司的研發能力。在與塑膠中心合作上，鎖定開發未來綠色產品走向，由於目前公司的研發腳步可能還是很慢，因此透過與塑膠中心合作，加快本身的研發腳步與前瞻技術。

三、進入綠色產品的困難

見光在過去的歷程裡，都很順利地度過了，不管是一開始公司向別人調貨到開發新機器的那段時間。呂董事長現今回顧那段時期還很擔心，好在沒有產生任何危機。公司剛創立階段，那是見光最慘的時期，那時候的見光公司沒有幾個人。呂董事長回憶說：**「當時還懷著小孩，也是自己下去現場幫忙組裝、噴漆，因爲機械明天就要出貨了，所以不管如何，提著燈籠也要完成工作，剩下小貓二三隻也在做。當時公司員工人數較理想時，是在民國74年，屏東故鄉的小孩子來這邊做工、當學徒，公司培養他們，那時候大概有十個左右，晚上就去唸書，我也煮三餐給這些小朋友吃，就當成自己的小孩在照顧。在民國74、75年時，因爲個人在臺北還有藥局業務，有時候會臺北、臺中兩地跑，但眞正完全在臺中定居是76年。當這些小孩去當兵之後，有些人覺得這個工作太辛苦了，就回去故鄉或接掌家中的農務而沒有再回來。」**

由於臺灣的經濟發展，現代人生活更加安逸，也隨著經濟環境不斷地轉變，由農業時代、傳統產業時代到現今知識經濟的時代，傳統產業的人才不斷流失，主要原因除了現在的產業環境趨勢改變，人們對於工作的態度也與過去的前輩們有所不同，大家比較不願意尋找粗重、黑手的工作，因此造成目前傳統產業人才的缺乏。

呂董事長說：**「公司創立時期還留到現在的小朋友只有二位，一位是阿觀（72年進來），這位資歷是最完整的，目前擔任廠長職位。阿忠（76年進來），目前任職爲經理。他們從民國七十幾年到現在，有二十幾年的資歷了，公司對於現在人力部分的尋找產生問題，也面臨到產業人才的斷層，技術培育相當困難。」**

對於公司未來要進行綠色產品，若只單依公司的研發人才是不足夠的，爲了讓公司能永續成長，藉由與外界共同研究提升公司競爭能力，目前見光在與塑膠中心合作過程中，或多或少產生些許的磨擦，在這些磨擦過程中，公司與外界如何進行溝通協調以減少衝突的產生，呂董事長說：**「在與塑膠中心合作所面臨的問題，在於學術及實務上的落差。塑膠中心都是學術方面的人才，在實務方面的接觸並未有很多經驗，所以合作上難免會產生一些溝通上及觀念上的落差。但是希望能藉由合作讓兩方同步成長，所以合作上需要做許多的溝通，我們也會不厭其煩與塑膠中心進行溝通。」**

見光公司與塑膠中心雙方都還在嘗試之中，未來一定能達到公司預期的目標，因爲學術上與實務上是有落差的，並在合作過程中發現，目前學術上對產品的了解並未比公司還多，希望藉由相互學習，能讓塑膠中心跟進，也讓我們能跟塑膠中心學習一些機器的理論基礎，塑膠中心並能給我們一些建議，讓公司尋求未來之新目標。

四、由點到面的生態服務系統（Ecosystem Service, ES）

侯先生的第二個女兒在海外學成歸國，剛回國時，侯二小姐思考是否要像大姊一樣承接父母的機械事業，但機械對她來說太生硬且興趣不大，加上目前大姊已準備承接父母的工作，也進行得非常順利，每個人的觀點、意見會有所不同，避免將來因個人意見的不同而產生衝突，破壞姊妹的感情就不好了。經過一番思考及與雙親商量的結果，還是走出自己的一條路出來。

因臺灣的生活水平已從GDP 350美元的農業經濟時代進入了GDP 20,000美元的已開發國家的時代，人民不只求溫飽，更是追求養生保健的階段，何況臺灣人民的平均壽命，女性已達81歲、男性已達79歲，臺灣人口已進入老年化時代，那也代表更多的老人更注重養生保健，使在生命的最後階段身體更健康、生活品質更提升。侯小姐觀察到這一趨勢，再加上個人對於茶藝文化有濃厚興趣，經與家人研究後就選擇茶藝文化事業來發展。

侯小姐說：**「臺灣的烏龍茶、紅茶品質都很好，但我們都缺少推廣的成效，而使臺灣的茶產品無法在國際舞台上發光發熱，是一件非常可惜的事情。臺灣是茶的故鄉，在這裡有一群勤奮的茶農非常辛苦工作，在製茶工藝上也有一番突破與創新，但我們的茶卻只能銷售到臺灣、中國大陸、東南亞國家等華人地區，這是非常可惜的地方。」**

世界的茗茶立頓（Lipton）品牌是來自印尼，雖然印尼的產茶並非世界首屈一指，但由於Lipton專業化生產茶包，行銷手法成功而成爲歐美各國所歡迎的茗茶。近年來，臺灣對於茶文化也有許多社福團體在大力推廣，尤其是南投農會的比賽茶已經歷多年，並打出相當響亮的名號，而且每年比賽的冠軍茶都被瘋抬價格幾十倍，幾乎是一般社會大眾無法接受的價位，這樣的操作已將茶文化過度扭曲。

侯小姐說：**「如果一項產品已成爲奢侈品或無法平民化，那已不適合當日常生活必需品，也無法眞正照顧到一般社會大衆，而"MOSA Tea"將透過大量生產手法，將臺灣的茗茶推廣出去，讓全世界看到臺灣也是一個茶的故鄉。」**

侯總經理接著說：**「見光公司希望透過"MOSA Tea"的品牌將原來公司的3R串聯起來，將來見光也將投入一些保護生態環境的產品，使見光公司成爲一Ecosystem service（ES）的服務系統，來爲大衆服務。」**見光的未來成長，見光的ES服務系統，請大家拭目以待。

2-5 理論探討

本個案主要討論的問題著重於創業家精神、資源基礎理論、創新理論，透過個案研讀了解企業在面臨轉型過程中，引發的問題所採取的改革及創新措施。透過個案的討論了解企業在面臨危機時會有哪些處理方式，並強化企業本質以對抗競爭者；藉由個案探討了解我國中小企業的轉型策略及因應之道。

1. 見光公司由一家幫顧客作機械維修的小公司轉型爲橡、塑膠機械周邊設備製造工廠，轉型過程中遇到什麼困難點？如何突破？

   (1) 當企業進行轉型或是對抗外在環境的競爭，最重要的是需了解企業目前的資源有哪些，而進行相關資源策略制定及提高企業的競爭能力，面對全球化及競爭激烈的商業環境，企業依靠單一資源是很難獲得競爭優勢，必須透過資源有效整合才能提升企業競爭能力。

   因此，企業需針對於企業內部資源基礎（resource-based）進行評估規劃，以了解企業核心有形資源及無形資源，並針對於資源的價值性、稀有性、獨特性、替代性進行核心資源的探討，以核心資源進行企業能力策劃；能力部分由企業的資源基礎探討企業資源及能力，以發覺潛在的能力成爲企業競爭能力。

   (2) 資源基礎理論主要探討基本架構，包含從企業的資源、能力、競爭優勢、策略中探討，並從資源基礎探討企業核心能力，成爲公司的核心競爭能力。本個案希望透過資源基礎理論來分析見光公司的資源所在，以及公司轉型中如何善用資源基礎，讓資源最佳化配置，可協助見光公司順利轉型成功。

   (3) 在見光公司資源基礎取向的策略分析中，依企業過去發展至現今進行資源及能力進行探討，其分析重要項目見表2-4。

圖表2-4　見光公司資源基礎與能力分析表

時間	1979年前	1979至1981年	1986至1990年
關鍵事件	舅舅公司東光（TKS）機工廠	1. 侯總經理退伍到舅舅公司工作 2. 1979年設廠：臺中沙鹿鎮 3. 自己創業但資金不足	1. 與學校建教合作 2. 研發T.P.R.複合材之押造粒成整廠設備，投入鞋機製造行列 3. 研發製造生產全自動塑膠廢料回收整廠設備
項目		設廠、生產	建教合作、研發製造
轉折事件		舅舅經營公司解散	1. 家族壓力分家 2. 調貨廠商無法生產出見光公司所需品質及數量機械，而進行研發製造
資源	於東光公司當學徒	1. 侯總經理於年輕打下的技術根基 2. 公司位於屏西路到鎮南路北勢國中附近射出成型廠都成為見光潛在顧客	1. 侯總經理機械知識素養 2. 1979至1981年所經營維修而累積資金進行研發設計 3. 呂董事長娘家支援公司營運資金
能力	提升未來創業技術能力	1. 機械作業流程和製造比一般人更加了解 2. 服務態度 3. 銷售能力	1. 設計研發計術 2. 良好服務及銷售能力
競爭優勢		對於機械製程技術的了解	創新研發能力及業務能力
關鍵人物	1. 舅舅 2. 侯景晏（總經理） 3. 侯景星（老二）	侯景晏（總經理）	1. 侯景晏（總經理） 2. 呂董事長（藥學背景）
策略		1. 維修為主，進行資金的累積 2. 服務品質良好 3. 幫顧客進行舊機汰舊換新	參與國際展覽，提升公司能見度

時間	1993至2000年	2001至2006年	2007至2009年
關鍵事件	1. 研發製造一微生物可分解塑膠設備、仿木熱壓成型整廠設備、EVA複合材料製造設備、PVA環保背膠淋膜設備、雙色雙比重塑膠板押出成型設備 2. 研發製造一廢棄香菇包之回收設備獲得專利權	1. 擴大生產大型破碎機 2. 投入環保行業研發 3. 成立研發奈米機械團隊 4. 強力粉碎機系列通過CE認證 5. 廢棄物粉裝置申請新型專利核准	1. 遷廠至臺中工業區 2. 研發EVA廢料回收整廠設備、通過專利與CE認證 3. EVA廢料回收整廠設備，榮獲「第15屆中小企業創新研究獎」
項目	研發製造、專利	企業轉型、參展、研發製造、國際認證	遷廠、研發製造、專利與國際認證、參展、教育訓練、獲獎
轉折事件			大女兒學成歸國
資源	侯總經理機械技術	侯總經理機械技術及研發技術與團隊	1. 侯總經理機械技術、研發技術與團隊 2. 新血加入進行改革
能力	1. 設計研發技術 2. 良好服務及銷售能力	1.設計研發技術 2.良好服務及銷售能力	1. 設計研發技術 2. 良好服務及銷售能力
競爭優勢	創新研發能力及業務能力	研發能力	創新研發能力、業務能力、參展累積公司知名度
關鍵人物	侯景晏（總經理）	侯景晏（總經理）	侯景晏（總經理） 侯雅婷總（經理特助）
策略	1. 創新研發及申請專利 2. 參與國際展覽，提升公司能見度	1. 創新研發及申請專利 2. 參與國際展覽提升公司能見度	1. 創新研發及申請專利 2. 參與國際展覽，提升公司能見度 3. 行銷策略

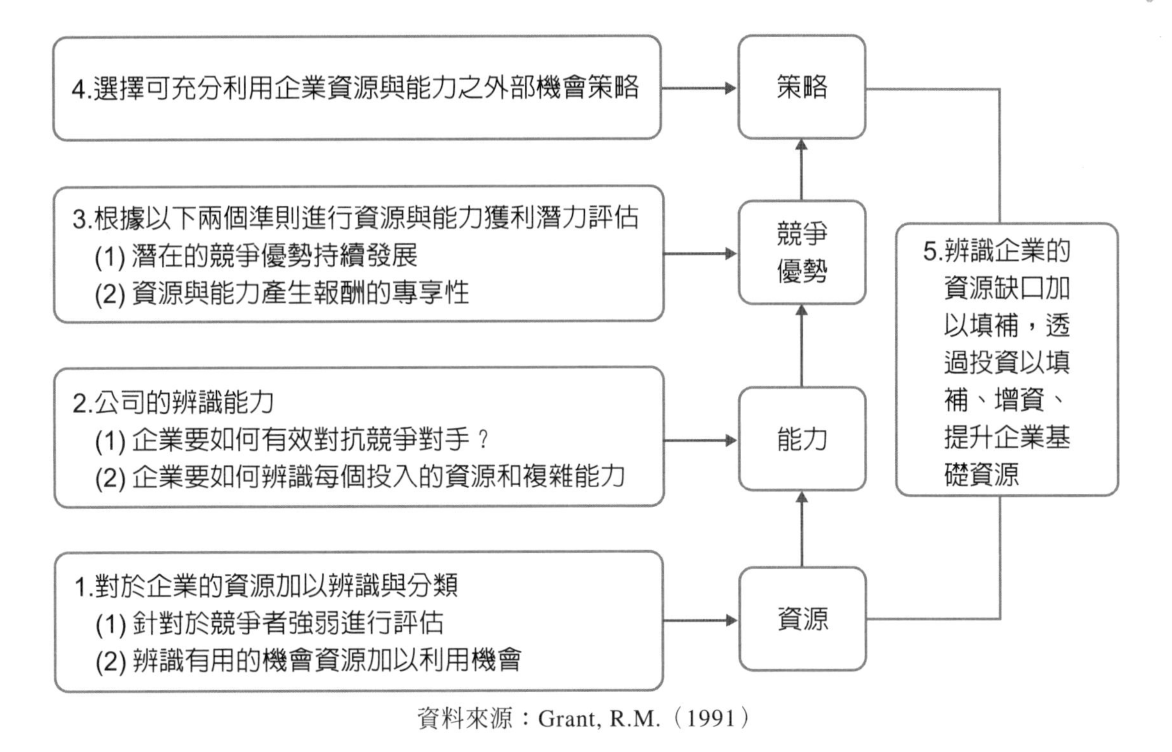

資料來源：Grant, R.M.（1991）

圖2-1　資源基礎取向的策略分析：一個實務分析架構

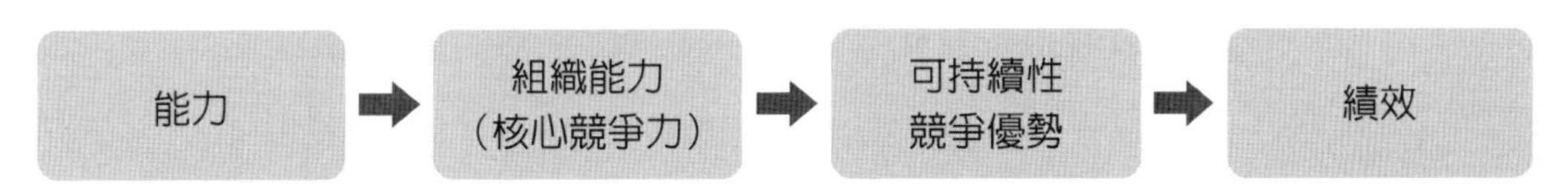

資料來源：Grant, R.M.（2007）, “Contemporary Strategy Analysis”,Blackwell Publish.

圖2-2　資源基礎理論概念圖

2. 見光公司在轉型研發過程中，如何整合公司內部R&D、大學或其他外部研發機構進行產學研合作？

(1) 競爭激烈的環境之下，企業的競爭呈現紅海廝殺，而產品研發的生命週期也逐漸趨於越來越短的現象，企業不能只靠單一的自行研發及製造，由傳統企業所包辦的生產、銷售、人力資源、研發設計、財務管理等一切的經營流程不再是現在經營的優勢，面對動盪的經濟環境，企業需整合內容R&D資源與外部研發機構進行合作，以增強企業新產品研發能力與企業競爭力。

(2) 本個案探討企業如何利用開放創新（open innovation）概念結合外部研究機構進行研發合作，之前諸多企業都以封閉式創新（closed innovation model）爲主（如圖2-3所示），即公司的創新研發都以內容資源爲主，很少與企業

外部的企業、學校及研究機構進行合作，封閉式創新的缺點是研發所需時間較長，所能應用的資源也相當有限。而開放式創新典範（open innovation paradigm）（如圖2-4所示）創新研發不再都來自於企業內部資源，亦可以透過委外、合作研究、技術移轉等方式來取得所需技術與知識。同時，企業的創新成果也不一定要由企業本身來使用，企業可以採取技術授權、技術轉讓、內部創業等方式，透過此創新方式可幫企業賺取及回收利潤。

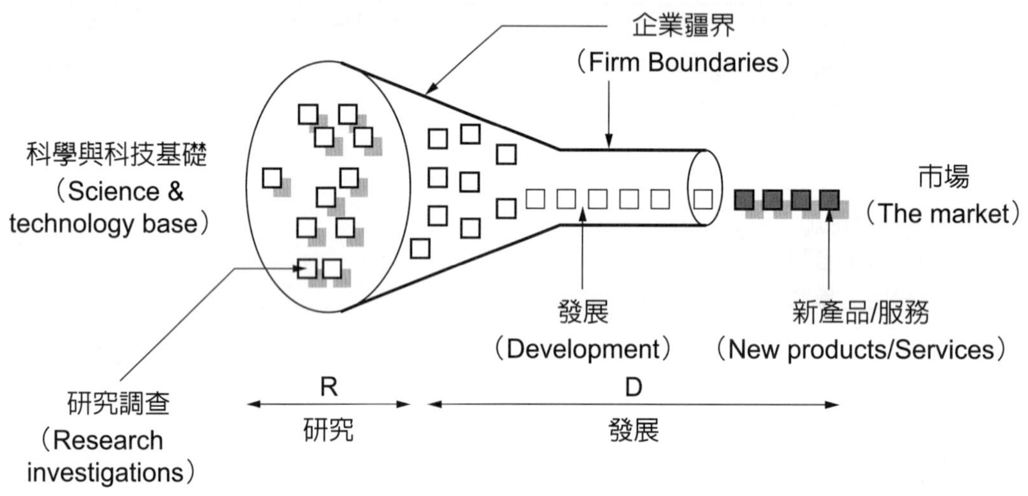

資料來源：Chesbrough H., Vanhaverbeke W., & West J.（2006）

圖2-3　封閉式創新典範

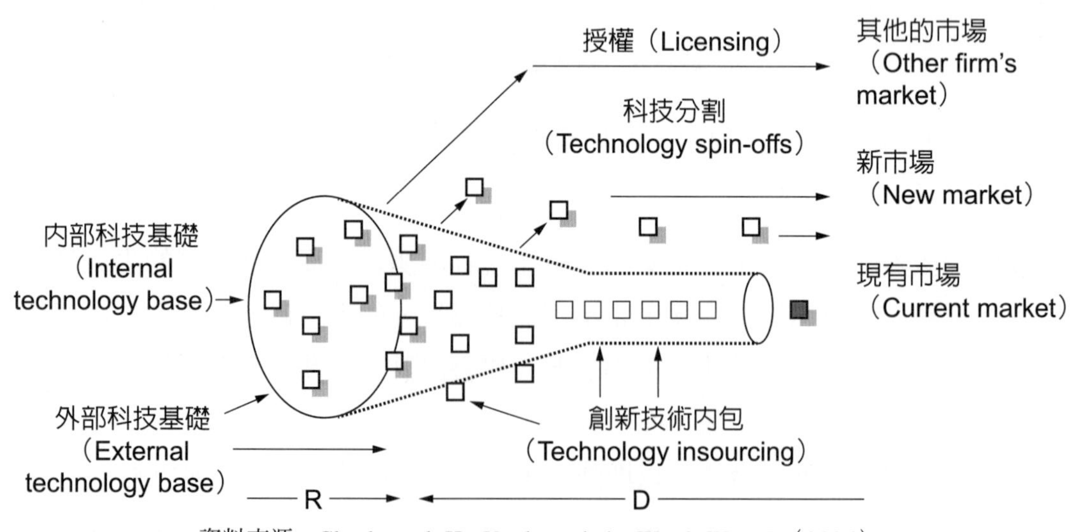

資料來源：Chesbrough H., Vanhaverbeke W., & West J.（2006）

圖2-4　開放式創新典範

(3) 藉由開放式創新探討見光公司目前所採取的相關合作，可由生產、銷售、創新研發進行探討，以了解見光公司去除企業的疆界與外部機構進行合作與研究，將敘述說明如下。

① 生產與創新研發的開放式創新機制

見光公司所採取的創新機制，有與外部研究機構、公司與顧客的合作案例。見光過去有與朝陽科技大學、亞洲大學產學合作案；與工研院、金屬發展中心進行新技術的研發合作案；在98至99年與塑膠中心進行小型企業創新研發計畫（SBIR），主要原因有鑑於公司創業初期本身雖有創新研發能力，但畢竟公司的規模還處於中小型企業，在創新研發能量還是有所不足，需借助外部的人才一同進行研發工作，以增進產業與學界的相互合作與成長。因見光公司本身有設立創新研發部門，並設立實驗室進行相關EVA回收生產技術研究，所以見光也提供研發服務與顧客相互成長。

② 行銷委外與銷售區域分工合作的開放式概念

見光公司在行銷與銷售方面所採取的行銷委外與區域分工，先以行銷機制進行探討，行銷部分目前採取平面廣告、網路、展場等三部分進行，並與外部廠商進行合作，行銷目的為提高公司能見度（如圖表2-5所示）。

在於銷售部分目前見光公司分為中南美洲、歐洲、亞洲、非洲區等四區域，這四個區域都有專責銷售的人員，銷售體制一部分透過貿易商進行銷售，另一部分為見光顧客幫忙進行銷售，雖然有劃分銷售區域，銷售人員可以在不同區域銷售產品，但在於產品服務部分都由公司派服務人員來執行。

圖表2-5　行銷開放式創新機制

行銷手法	平面廣告	網路	展場
行銷內容與目的	透過平面廣告刊登	1. 網站網頁語言： 因銷售顧客集中於中南美洲，所以使用西班牙語的業務更加繁重，但網站語言版本只有中、英，缺少西班牙語，目前在建置中 2. 關鍵字的建立	1. 內容：人員參與或型錄展示 (1) 人員參加重大的機械展場，參加人員為廠長、經理、研發部門等 (2) 較不重要的展場會採取型錄展示，透過合作廠商進行展場型錄發放及展場資訊蒐集 2. 目的： 建立企業形象、增加公司能見度
合作廠商	1. 雜誌社： 亞洲機械網、久大資訊 2. 協會： 貿協、展場協會	1. 與廠商建立合作案（老舊工業區補助） 2. 關鍵字： (1) 久大資訊：加強臺灣與中國部分 (2) 阿里巴巴：加強中國部分	普拉瑞斯 （除了負責展場也針對於公司的形象建立）

3. 見光的核心資源（價值/稀有/獨特/替代）及能力（組織/個人），以何種資源來支援企業轉型？

見光公司主要的成功關鍵因素在於服務品質，早期創業由維修起家，建立出良好的服務品質形象，常與顧客進行良好溝通，並依顧客需求進行機器設備的修改，使顧客可依自己的產業特性或需求進行機器修改，並帶給顧客使用上的便利性，以增進公司整廠運作的順利性。

若機器產生問題時，見光公司也會立即派遣服務人員進行狀況的了解及維修，這也是一直以來見光公司強調的經營理念：「見光堅持製造好機器，不管得或失，我們堅持創新好機器」。也因此，歷經三十幾年的經營，在市場上打出自己獨特的口碑，並有一定的市占率。

見光公司除了提供有形的產品服務，從與顧客進行產品銷售接洽開始，至產品銷售成功，以及後續的售後服務，都提供給顧客完整的保固服務，並以最快速、直接、貼心顧客的理念服務。

表2-6 核心資源價值

資產	有形資產	實體資產	土地廠房、機器設備
		金融資產	現金、有價證券
	無形資產		品牌/商譽、智慧財產權（專利權、商標、著作權、已登記註冊的設計）、執照、契約/正式網路、資料庫等
能力	個人能力		專業技術能力、管理能力與人際網路能力
	組織能力		業務運作能力、技術創新與商業化能力、組織文化、組織記憶與學習

資料來源：郭文彬（2001)，公賣局啤酒資源條件競爭優勢個案分析—資源基礎理論與應用P50-51。

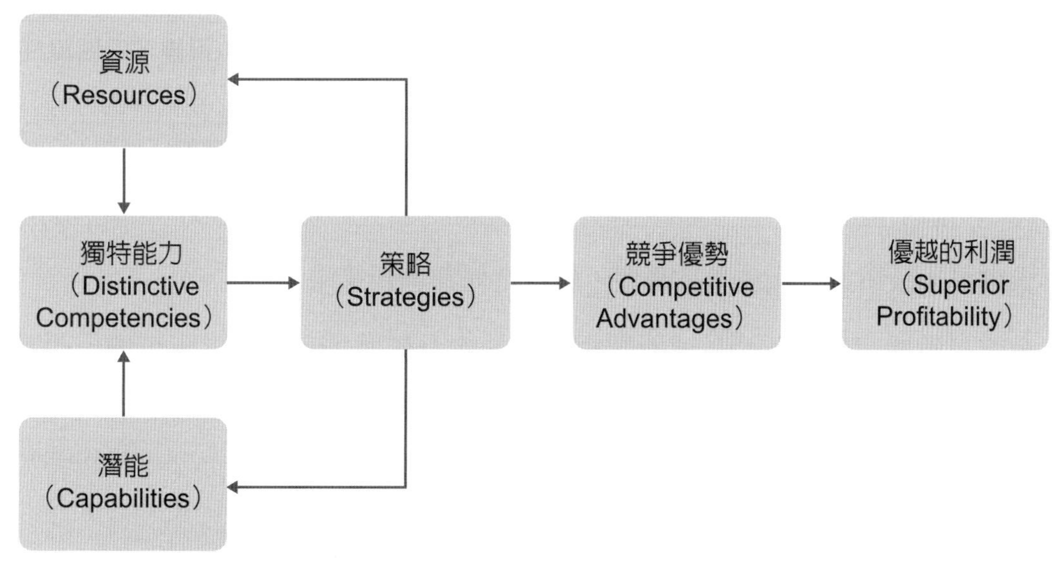

資料來源：Hill and Jones（2007）,Strategic Management Theory 7ed

圖2-5 資源基礎理論架構

諸多學者認爲成功的企業經營者所擁有的核心資源，爲該企業關鍵成功因素（key success factors）中的優勢資源（見圖2-5）。在變動環境下公司必須擁有強而有力的核心競爭力，才能掌握環境演變之機遇，見光公司因經濟環境的改變，爲追求不斷的成長，也必須面臨企業不斷的創新。因此，見光公司內部成立研發中心，對於現有產品進行不斷的創新及研究。早期見光因以維修起家，也因服務的品質良好建立顧客對於見光的信賴，所以見光公司的核心資源主要爲創新及研發能力，以及過去所奠定的業務能力及服務品質。

圖表2-7　資源基礎理論整合表

Grant（1991）	當外在環境處於不斷變化的狀態時，公司本身所擁有之資源與能力，會為公司特性之定位提供一穩固基礎，亦即是指以資源力量創造收益
Penrose（1959）、Wernerfelt（1984）、Prahalad and Hamel（1990）、Baney（1991）	在組織所擁有之資源中，「無形資源」為組織本質上的驅力並且決定績效
Itami（1987）、Aaker（1989）、Hall（1992）	無形資源的重要性可作為支持競爭優勢之來源
Grant（1996）	無形資源是組織競爭優勢以及績效的關鍵性要素
Carmeli and Ashler（2004）、Vicente（2003,2006）	無形資源對組織績效有顯著影響

4. 未來見光公司進行綠色產品轉型，該擬定何種創新策略？

企業以發展突破性新產品或新製程技術，並且較競爭者早點進入市場，而其技術本身是一種重大突破或提供給顧客新技術的使用，都有助於成長階段的企業競爭力。所創造的競爭優勢的方式有兩種，就是「最佳化」（optimization）和協調（coordination），通常反映出企業取得整體性時的成效。

產品生命週期（product life cycle）也可稱爲S曲線（S-Curve）。S曲線橫軸爲時間，縱軸爲產品普及率或銷售量，根據S曲線劃分，每種產品生命週期包括導入期（introduction stage）、成長期（growth stage）、成熟期（maturity stage）與衰退期（decline stage）等。由於產品不同階段所面對的內外在環境不同，因此採用之策略（包括市場策略、行銷策略、組織策略與管理策略）均有所差異，對於創新策略亦然。

從產品生命週期各階段來看，導入期最常見到的便屬於技術創新（technological innovation）；在成長期，因爲市場快速成長，應以建立品牌以及提升客戶忠誠度爲主要的競爭策略；在成熟期的初期，如何透過標準化擴大產能及市場影響力，以擴大市場占有率爲主要的目標；到了成熟期的中後期，組織內部將面臨到組織再生工程（re-engineering）以及組織創新（organizational innovation）的壓力，組織外部則將面臨到競爭者的強力挑戰，而必須提出更強勢的產品/服務創新（product/service innovation）策略。

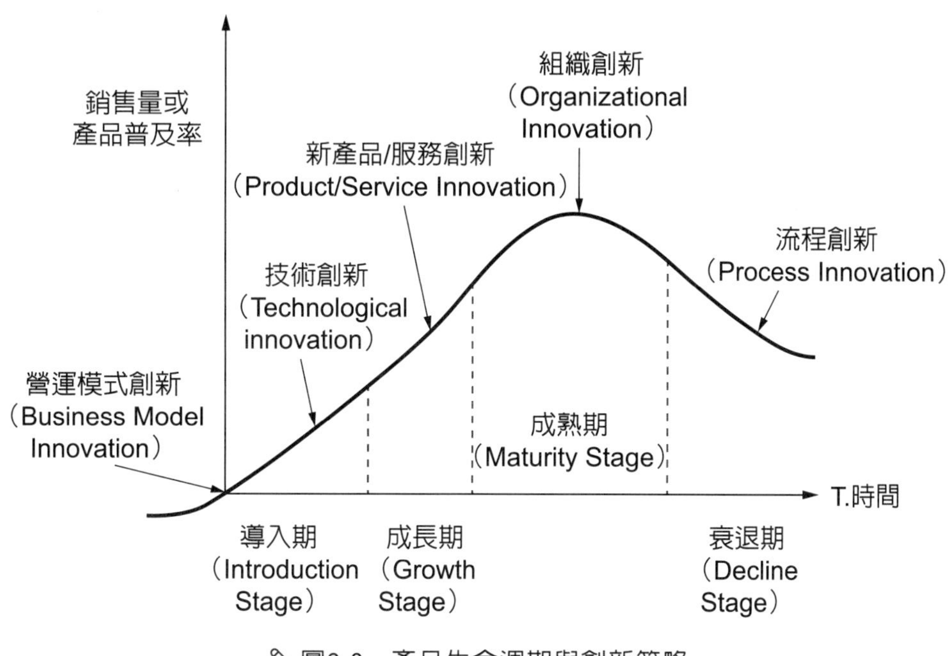

圖2-6　產品生命週期與創新策略

成熟期也是策略轉折點，如果能夠順利轉型成功，則企業將開創下一階段成長的動能；若無法轉型成功，則將進入衰退期，企業仍可在此階段思考以流程創新（process innovation）來減緩衰退期的傷害或是以降低成本的手段作爲主要的競爭優勢。把產品設計開發過程，結合管理系統與產品製造程序或技術，在綠色產品策略主導下推展開來，並在設計階段就將其環境衝擊予以降低，如此，將可提升企業的創新能力，及所提供產品和服務績效的整體表現。

故建議見光公司必須具備足夠的創新力，組織中必須厚植創新性的人力資源，才能夠強化創新力，並經由個人、團體及組織的共同努力形成產品或管理的創新策略，在整個創新活動的過程中，累積特殊的組織能耐，結合企業既有資源，形成特定的核心能力（core competency），創造企業持續性的競爭優勢。

5. 什麼是創業家的精神？創業家精神的內涵？

(1) 創業家：是指尋找新資源或結合現有的資源以促進新產品的發展、商品化，思考如何打入新市場，以及對於新產品之新顧客服務的執行者（Ireland et al., 2001）。

(2) 創業家精神：是一種會想去獲取新市場機會和改善經營方法的意圖，因爲具備創業家精神的領導者必需具備高的成就慾望，有種強烈企圖心及成就慾望的特質來達成組織目標。也就是說，創業家精神即爲突破創新、獲取新市場機會、不屈不撓、改善經營方法的一種意念（Betz Frederick, 2002）。

(3) 創業家的人格特質：透過諸多學者對於創業家的心理探討，歸納出創業家七項人格特質，詳列如下：（袁建中、王飛龍、陳坤成，2006）

＊渴望主導和超越

＊喜好因決策所帶來的好結果

＊成就感的需求

＊一種預先計畫的嗜好

＊渴望擔當決策者的責任

＊可妄想成爲別人的老闆

＊偏好風險的決策

(4) 另有諸位學者從創業與策略，創業與領導兩方面來探討整合的意義：在整合創業與策略（integrate entrepreneurship with strategy）方面，認爲對資源配置決策之主導邏輯思維（dominant logic）是重要的（Morris, Kuratko, & Covin, 2008; Kuratko and Audretsch, 2009)。例如，創業可以促進策略聯結能力、彈性，創造力與連續創新，進而對創業機會的辨識、新資源之找尋與產品或程序之創新，能獲得更佳之成長與獲利。

問題與討論

1. 見光公司由一家幫顧客作機械維修的小公司轉型爲橡、塑膠機械周邊設備製造工廠，轉型過程中遇到什麼困難？見光公司又如何突破呢？
2. 見光公司在轉型研發過程中，如何整合公司內部R&D、大學單位或其他外部研發機構進行產學研合作？
3. 見光公司的核心資源及能力是什麼呢？見光是以何種資源來支援公司轉型成功呢？
4. 在未來進行綠色產品轉型時，請問見光公司如何擬定創新策略？其進行的轉型程序又如何？

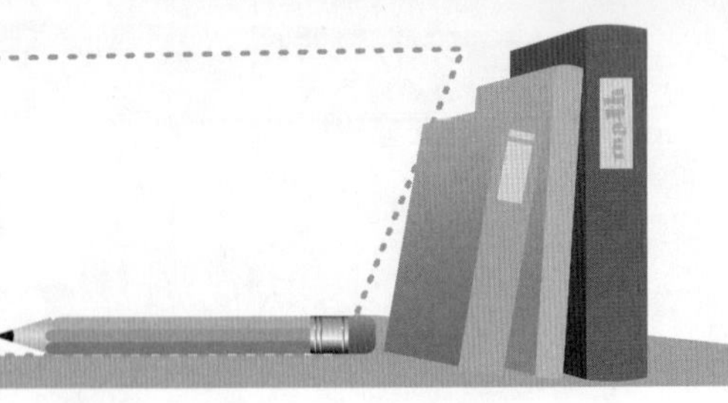

資料來源

1. Aaker, D.（1989）. Managing Assets and Skills: The key to a sustainable competitive advantage. California Management Review, 31(2): pp. 91-105.
2. Ansoff, H.（1998）. The New Corporate, John Wiley & Sons, Inc. p.83.
3. Baney, J. and Firm, B.（1991）. Resource and Sustained Competitive Advantage. Journal of Management, 17(1): pp. 99-120.
4. Carmeli, A. and Ashler, T.（2004）. The relationship between intangible organizational elements and organizational performance. Strategic Management Journal, 25(13): pp. 1257-1278.
5. Chesbrough, H., Vanhaverbeke, W. and West, J.（2006）. Open Innovation-Researching a New Paradigm, New York, Oxford University Press Inc.
6. Frederick, B.（2002）. Managing Technological Innovation: Competitive Advantage from Change. John Wiley & Sons, Inc. Press.
7. Grant, R. M.（1991）. The Resources-Based Theory of Competitive Advantage: Implications for Strategy Formulation, California Management Review.
8. Grant, R. M.（1991）. The Resource-Based Theory of Competitive Advantage: Implications for Strategy Formulation, California Management Review, 33, Spring, pp.114-135.
9. Grant, R. M.（1996）. Toward a knowledge-based theory of the firm. Strategic Management Journal, 17: pp. 109-122.
10. Grant, R. M.（2007）. Contemporary Strategy Analysis”, Blackwell Publish Press.
11. Hall, R.（1992）. The Strategic Analysis of Intangible Resources. Strategic Management Journal, 13, pp. 135-144.
12. Itami, H.（1987）. Mobilizing Invisible Assets, Boston: Harvard University Press.
13. Ireland, R. D., Hitt, M. A., Camp, S. M. and Sexton, D. L.（2001）. Integrating entrepreneurship and strategic management actions to create firm wealth, Academy of Management Executive, 15(1): pp. 49-63.
14. Kuratko, D. F. and Audretsch, D. B.（2009）. Strategic Entrepreneurship: Exploring Different Perspectives of an Emerging Concept. Entrepreneurship Theory and Practice, 33(1): pp. 1-17.

資料來源

15. Morris, M. H., Kuratko, D. F. and Covin, J. G.（2008）. Corporate entrepreneurship and innovation. Mason, OH: Thomson/South-Western Publishers.
16. Penrose, Edith T.（1959）. The Theory of the Growth of the Firm, Oxford: Barsil Blackwell.
17. Prahalad, C. K. and Hamel, G.（1990）. The Core Competence of Corporation. Harvard Business Review, 68(3): pp.79-91.
18. Vicente, A. L.（2006）. An Alternative Methodology for Testing a Resource-Based View Linking Intangible Resources and Long-Term Performance. Irish Journal of Management, 27(2): pp. 49-66.
19. Wernerfelt, B.（1984）. The resource-based view of the firm. Strategic Management Journal, 5(2): 171-180.
20. 袁建中、王飛龍、陳坤成（2006），科技創新管理一由變動中贏得競爭優勢，華泰文化。
21. 經濟部中小企業處，育成中心如何與區域產業結合，帶動創新經濟活動。

NOTE

個案3

全家便利商店未來展店之抉擇

在高溫炎熱的夏日午後，「歡迎光臨全家」伴隨著開門的叮咚聲此起彼落，迎面吹拂沁涼的空調頓時讓惱人的暑氣消了一大半。寬敞明亮的空間，商品整齊地擺放在貨架上，有父母親帶著孩子們隨性地閒逛，更多專程前來購物的年輕族群，正仔細挑選著欣悅的物品，這是在全家便利商店經常會出現的場景。

作者：
1. 亞洲大學經營管理學系 陳坤成副教授
2. 亞洲大學休閒與遊憩學系 張祐誠老師
3. 亞洲大學經營管理學系 李昊餘研究生

3-1 個案背景介紹

一、關於全家便利商店

「五步一間，十步一家」是臺灣便利超商的一大特色，全家便利商店自1988年獲得日本全家地區加盟權成立迄今，隨著國人的生活及消費習慣改變，24小時的經營型態已成慣例，但近年來大環境的經營環境不佳，各家競爭日益激烈，但全家在員工全體、消費者、加盟者及通路廠商的一齊努力下，卻能維持穩定且持續的成長，目前的全家便利商店亦以中國爲跳板展開全球布局邁進。

這十多年來便利商店的發展，在2000年時達到高峰，當時正好有預購、代收等新服務導入，該年度便利商店總體淨增加店數高達八百家，五大系統業者總店數約爲四千三百家，之後便利商店持續發展，隨著銷售品項越來越多，展店的動作也未見停歇，每年淨增加店家至少都有五百家的規模。

以「全家就是你家」爲口號的全家便利商店，在董事長潘進丁喊出三年開五百家連鎖店的目標下，2009年淨增加77家店，和整體便利商店總店數下降、市場龍頭——統一超商首次出現負成長的情況對比，不得不讓人注意到全家便利商店異軍突起的表現。

由於大眾消費習慣的改變、年輕消費族群的日益增加與上班族爲求生活的便利性，迫使傳統家庭用品店與便利商店成彼消我長的明顯對比，依據歐、美、日先進國家的發展來看，未來便利商店的發展只有越來越蓬勃發展的趨勢。全家在臺灣本島便利商店的市場列居第二順位的市場占有率，下一步是仍然當市場的老二或是往市場的老大邁進呢？

二、全家發展歷史

全家便利商店股份有限公司，成立於民國77年8月，由日本引進臺灣，前身是日本全家與國內禾豐集團合資成立經營之便利商店，後來加上國內食品飲料大廠泰山與光泉，以及三洋藥品等大廠轉投資，分店數超過2700家。主要競爭對手包括統一超商、萊爾富及OK等連鎖便利商店業者，僅次於統一超商連鎖便利商店，爲國內主要連鎖便利商店體系之一。

全家經營Family Mart便利商店，至2011年7月底，全臺有2,720家門市，市占率爲28.5%，排名第二，與統一超商的4,780家門市，市占率50%有一段差距。該公司主要大股東爲日本全家持股43.34%、日商伊藤忠3.9%、泰山占21.9%、光泉占5.3%、三洋藥品占1.5%。2013年度總店數目標近3000家。新型店面規劃由2012年的946家提升至2013年度的1,446家。2014年總店數達2,940家。2015年7月底，全家總店舖數達2,954家，市占率29%。2016年9月，臺灣全家總店數已達3,038家店，較2015年底增加52家店；中國總店數達1,719家店，較2015年增加220家店。

2004年，全家即與日商全家便利商店、日商伊藤忠、頂新集團合資設立上海滿福家便利有限公司，共同進軍大陸便利商店市場，全家的持股比重爲18%。滿福家已在上海開設近170家門市，於2007年才開始經營廣州、蘇州，全家在大陸地區——上海、蘇州、廣州的福滿家公司各持股18.3%，2009年上海滿福家展店目標定在100家。

全家董事會加碼投資上海福滿家（306.9萬美元）、蘇州福滿家（91.5萬美元）、廣州福滿家（134.6萬美元）。同時公司表示，截至2009年底，全家在中國約有300多家門市，2010年的目標會增加超過110家；而上海全家在鮮食與流通基礎布建完成後，展店速度會加快。全家2010年底在上海、蘇州、廣州自2009年底的316家擴展至530家以上，其中有420家位於上海，2011年度可再增加250家，總店數目標可望達800家。受惠於大陸「十二五規劃」，公司規劃沿長江三角洲，在南京與杭州等地新增據點，2011年總店數擴展至1,000家。而截至今中國總店數達1,719家店。

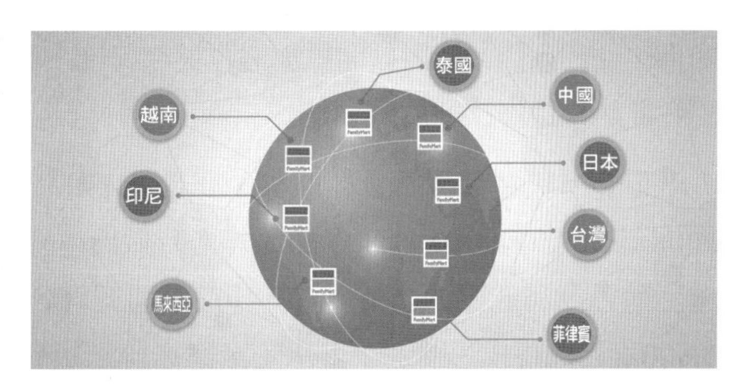

臺灣全家目前在國內約有3,038家店，因外食人口增加，提高鮮食的銷售比重，引進360度島型鮮食櫃；規劃2011年鮮食營收占比15%。2010年12月，全家增加在南臺灣使用率最高的交通卡片「一卡通」

加値服務，成爲首家南北捷運加値的通路。2011年2月，公司表示，將投資15億元藉由改店、移店及展店發展35坪以上的新店型，其中35坪以上店型500家及北部興建物流中心。

公司規劃跨入餐飲市場，結盟引進日本DON株式會社旗下VOLKS牛排，DON爲日本最大牛排企業，目前已廣受日本消費者的歡迎，希望引進臺灣後也能爲消費大眾所接受。但餐飲業在臺灣早已百家爭鳴，一些赫赫有名的餐飲店（王品台塑牛排、我家牛排、貴族世家等），早已占領各自的市場與客群，要從他們手中取得客源非常困難，這也是全家便利商店兩難之處。但全家爲了突破現在業績的成長，勢必得想辦法來拓展相關營業項目，或是繼續朝展店方面來發展。

3-2 市場結構分析

一、全家擴展策略

便利商店面臨競爭日益激烈的市場，每一家便利商店必須有一套市場競爭策略來面對外部嚴酷的挑戰，全家便利商店也無法例外。全家的市場競爭策略概述如下：

(一) 擴大市占率

截至今日，全臺便利商店已經超過10,000家大關，比起十年前多了一倍以上！平均約2,400人就有一家便利商店，密度高居全世界之冠。不過這兩年的展店數明顯趨緩，2010更首度出現負成長，對此，統一超商總經理徐重仁就坦言，便利商店的展店已經接近飽和。除了市場競爭激烈、趨近飽和，2008年爆發的金融海嘯讓消費者緊縮荷包，也是便利商店家數減少的原因之一。大環境不佳，不僅加盟者意願降低，便利商店業者對於開放加盟也更趨保守，而一些體質不良、經營不善的門市更在此時慘遭淘汰。

但也有人在危機中看到機會，「**景氣不好正是加速展店好時機！**」潘進丁在2008年12月，全家便利商店20周年慶時做出這樣的宣示。爲了證明這不只是精神喊話而已，潘進丁更進一步立下「**三年開五百店**」的目標，預計在2011年，達到2,800家店的規模。潘進丁表示，全家比統一超商晚十年進入市場，要在店數上超越已經不太可能，也沒有必要。但位居市場老二、站在競爭者的立場，還是要有相當的市占率，全家希望達到30%的市占率，藉以維持並發揮一定程度的規模優勢。

至2016年7月，全家市占率已達29%，正符合公司的經營目標，但未來的路仍是艱辛！

(二) 增加商品線

全家除了立下「三年開五百店」的目標外，同時擴展產品線的廣度，便利商店除販賣一般性的生活消費性產品外，更在各種節慶時期增加販賣產品的種類、項目。譬如中秋節時增加月餅的銷售，一方便可帶給消費者送禮時的便利性，同時可增加商品線的廣度，其他節慶有端午節、清明節、媽媽節、爸爸節等，都推出應景的商品來提供消費者所需，經過一段時間的試賣後發現所得效果相當不錯。

全家正思考在商品線突破傳統思維，增加一些商品的新穎性，但必須架構在消費者日常生活必需品的範疇內。全家由於過去相當保守，所以在商品線的發展上往往輸給第一名的統一，譬如：統一御飯糰未推出前全家也有類似的構想，但因擔心一些周邊因素遲疑不決時，讓統一搶得頭彩，而全家變成市場跟隨者。

二、全家產品發展策略

(一) 同中求異強調特殊性，全家獨賣締造佳績

流通業具有各種不同的業態，百貨業是一種業態，量販是一種，便利商店也是一種，對消費者來說，不同流通業態，各家所提供的服務也不相同，而便利商店是以提供方便性或趣味性的商品和服務為主。全家今年前三季的營收表現能無畏景氣衰退的衝擊，並且較同業逆勢成長的最大原因，即在於他們能不斷提供創意行銷，與廠商合作，每週都推出一日促銷的win-win（雙贏）活動，持續創造新鮮感、讓消費者對全家的商品有所期待，進而帶動銷售量。

舉例來說，夏天是冰品的銷售旺季，我們會針對消費者喜愛的品牌冰品，在一週內選擇一日做「買一送一」的促銷活動，看起來只是簡單的價格促銷，卻可以刺激出消費者的期待需求，因為全家會事前在店舖內告知，加上活動商品都是銷售第一品牌，因此，每逢到了促銷當日都會造成搶購風潮。

記得有回全家以小美冰淇淋的黃杯商品做活動，而黃杯是全家的經典及長銷型產品，在促銷單日竟賣出高達四十六萬杯的成績，相當成功。對於廠商來說，全家的win-win活動被視爲是廣告支出，他們可以同時在超過2700家店舖內打廣告，廣告效益可想而知，而促銷日只有一天，不會破壞市場行情，因此大多數廠商都樂於與全家做策略合作。

除此之外，他們也刻意營造全家的「獨賣性」，亦即消費者一定要到全家才能買到的商品；例如：全家取得日本獨家授權，推出的蠟筆小新周邊系列商品，以及結合臺灣傳統藝術的霹靂系列DVD商品。便利商店不再只是利用單純的價格促銷就能引起消費者的共鳴，必須將創意及創新概念導入通路，增加商品或行銷的趣味性，且最好是只有全家通路有，別人沒有的創意產品，而蠟筆小新與霹靂系列DVD就是屬於此類產品，推出迄今都有不錯的銷售成績。

(二) 社群網站經營

社群網站當紅，全家便利商店不落人後，在全球最大社群網站Facebook上成立了專屬粉絲專頁，運用網路的無遠弗屆，每天更新塗鴉牆（類似留言板功能），將近期促銷、當季特殊活動、特色店面、營運狀況等資訊介紹給大眾，並藉由分享廣告花絮、製作心理測驗、占卜測驗、舉辦抽獎活動等來吸引網友瀏覽，並設有專人爲消費者提出的問題解答。除了打響知名度、推銷商品及服務外，全家也藉此收集消費者的反應與建議，作爲改進的參考依據。

(三) 集點活動

全家便利商店也於2006 年推出集點送「神奇寶貝樂園磁鐵」的活動，加入這場行銷大戰，但效果和7-ELEVEn 的Hello Kitty 磁鐵相較之下，效果並不彰，直到2007年推出「拜請！好神公仔」，此款公仔正中臺灣人求神拜佛的深厚信仰，且利用廣告將「好神舞蹈」深植觀眾的心，在這之後也陸續推出RODY 跳跳馬上夾磁鐵公仔，更請來五月天當代言人，還有海綿寶寶FUN 文具、醜比頭小植栽、皮克斯造型膠帶組等推陳出新的創意商品。

(四) 廣告與創意標語

每當有新產品推出或是新活動開始時，便利商店最常用來宣傳的手法即是電視廣告、網路行銷。而全家廣告的成功就在於「全家就是你家」這句琅琅上口的廣告標語。「全家就是你家」這句標語在 2000 年推出後，成功打開全家的知名度，讓全家之名快速傳遍大街小巷。直到現在，全家在各支廣告中仍沿用這句標語。

(五) 折扣與促銷

折扣與促銷是一般常見的行銷手法，全家便利商店也經常使用。最典型的如飲料第二件六折、冰品買一送一等。而特別的是，全家實施促銷手法的頻率頗高，促銷商品上也多選擇銷售第一的品牌。例如：在 2009 年全家即於每週中選擇一日，推出特定商品促銷活動，希望藉此持續創造新鮮感，讓消費者對全家有所期待，進而帶動銷售量。這種手法看似簡單，卻能有效增加商品的銷量。

以全家某次推出的小美冰淇淋經典黃杯買一送一為例，促銷當天即創下單日賣出四十六萬杯的佳績。而針對特別節日、季節、產品旺季等，全家也會適時推出相關促銷折扣，如在冬季推出的關東煮本鋪食物三個八折、巧克力大賞、夏季的芒果霜淇淋等活動。

(六) 伯朗咖啡館、超麵包

現在便利商店賣的產品同質性很高，全家則在同中求異，除了行銷產品的特殊性外，也致力開發自有品牌的鮮食，特地引進日本具百年歷史的神戶屋來教授全家專屬工廠製作麵包，推出與日本口味及品質完全一樣的熱狗麵包、可樂餅麵包等差異化產品。另一方面，全家也借力使用，打出聯合品牌（co-brand）行銷，像這次與國內最大咖啡豆進口商金車集團伯朗咖啡合作，推出「全家．伯朗咖啡館」，在全省1,200家店舖內設置咖啡機就是一例。

全家便利商店請來羅志祥拍攝廣告，舞步不只超經典，更是配合「超麵包」超Q、超軟、超有料、超愛餡，展現出亞洲舞王的經典功力。超極餡麵包有香草卡士達、紅豆奶油、香草奶露、濃情巧克力和草莓煉乳等五種口味，另有可樂餅堡酥脆可樂餅，沾上和風醬汁，混合著綿密的雞蛋沙拉，有著日式內斂的美感，顛覆了年輕一代消費族群對麵包傳統制式的感覺。

(七) FamiPort

FamiPort多功能事務機被視爲全家便利商店的第二層店鋪，虛實整合，以「享樂生活 e 指搞定」爲口號，提供消費者從生活需求到休閒娛樂的多樣服務。其中包括紅利點數兌換商品、預購商品，還有獨特的訂花服務，可宅配到府，方便情人送禮。另外也有電信預付卡、遊戲點數卡、網路點數卡購買服務。全家在 2009年 12 月推出「彈性點數自動儲值」功能，讓玩家可自由儲值五十至五千元內的任意金額點數，大受好評。其他尚有遊樂園、溫泉/住宿、電影票、展演、演唱會等票券販售，以及罰單、信用卡補單的繳費服務。

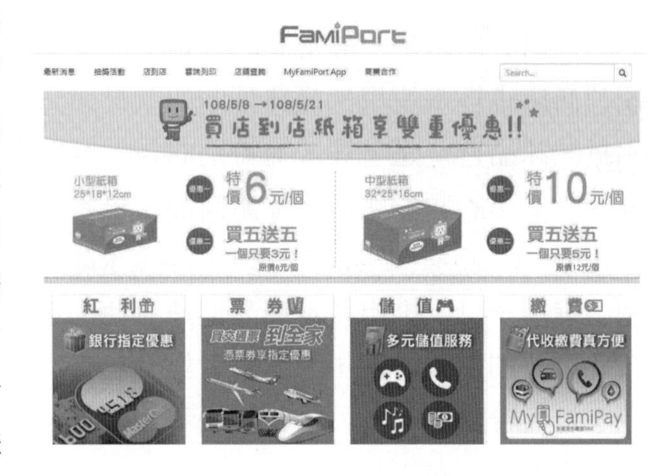

爲了行銷 FamiPort 多功能事務機，全家在推出事務機的同時也創造了同名代言玩偶 FamiPort。有著和事務機一模一樣的綠色外型，FamiPort 方方正正的身影偶爾也會出現在全家的電視廣告上。

(八) 行動便利商店

在便利商店展店數趨於飽和的臺灣，各家便利超商無不思考著「消費者在哪裡？」、「消費者需要什麼？」全家對此也積極找尋應對之道。全家首先找到了一個利基市場——「行動便利商店」。

全家觀察發現，近年臺灣市場展覽、主題活動商機驚人，帶動大量人潮與商機，然而便利商店受限於沒有空間開設店舖、活動期間太短等因素，流失許多臨時性活動的龐大商機，全家看中這點，便研發出「行動便利商店」。這種店易組裝、易移動、可再使用，拆裝只要三小時，十三坪大小即可開店，大大提高了展店彈性，讓全家成功拓展了短期展覽活動以及極小型商圈的商機。「行動便利商店」首家店面在 2007 年成立於兆豐農場，瞄準春節假期的大量人潮，讓全家開始蠶食流動攤販的生意。

(九) 獨賣商品

全家也將創新創意的概念融入商品販賣中。除了單純的價格促銷，全家致力經營「獨賣性」，也就是消費者一定要到全家才能買得到的商品。全家推出許多特色商品，如日本獨家授權的蠟筆小新周邊系列商品，還有結合臺灣傳統藝術的霹靂布袋戲系列商品，其中不僅有公仔的銷售，更推出前所未有的 DVD租片服務。

在預購方面，全家也以超越同業的創新思維推陳出新，與金門酒廠合作推出「30公升金門高粱酒」全家預購專案。這一款售價高達25,000元的高價酒品，在預購首日即銷售 170 罈。這些別人沒有的「創意」，讓全家漸漸展現出自己的獨特性。

便利商店的行銷是一波接一波，要想達到預期目標，營業現場的配合相當重要。全家的總公司內部有二個團隊：一個是商品團隊，他們必須去找到好的商品，同時推動創意行銷；一個是營業團隊，主要負責2,300多家店舖的業務管理與支援。這二個團隊就好比車子的兩個輪子一樣，即使擁有好的行銷創意，但沒在店舖內確實執行，效果會大打折扣。全家是以加盟型態展開的連鎖便利商店，不像直營店，可以一個口令、一個動作，你如何讓旗下加盟主都能凝聚共識，營業團隊的責任很重要。

三、採老二經營哲學的全家

全家雖然目前位居市場的老二，但營業團隊要能清楚告訴所有加盟主，每一個行銷活動可以爲這個店舖帶來多少實質效益、帶來多少客人、創造多少營收及獲利，說服這些加盟主能全力配合所有的行銷活動，因此全家在每七至八個店會設一個營業擔當（地區小組長），每七至八位營業擔當之上再設立一個營業所（所

長），而平均每五至六個營業所會設置一個營業部（經理），層層架構的最大目的在於能與加盟店做充分溝通、支援店舖現場。

而在總部的營業本部會有副總、協理負責擬定整套的作戰計畫，因此，在總公司體制內就會有營業與商品團隊的互動會議，在年度的五十二週商品開展循環中，不斷進行企畫、執行、檢視與修正。

此外，公司總部也會不定時派員至現場關懷，了解加盟主的需求，以及消費者的實際反應狀況。加盟其實是知識型產業，全家如同一個店舖顧問，賣的是供應鏈（supply chain）上的專業know-how，這個營運模式在過去二十年以來的定位非常清楚，因此全家雖然市占率不是最大，但加盟比率高達92%，則是業界之冠，不少加盟主都是接連加盟二家、三家、五家，甚至達九至十家，等於自己開了家公司，但相關的設備投資、會計處理等，背後則有人打理好，全家把加盟主當事業夥伴，追求雙方共同的最大利益，這突顯出全家已經把加盟連鎖業的品牌口碑經營起來。

加盟者的服務態度會影響到消費者的回購率，也可視為品牌認同度的一項指標。如果你進到店舖買東西，感覺到店員的服務態度是親切的、氣氛是和悅的，就會增加你回到這家店舖購買的機率，但便利商店的店員大多是工讀生，欠缺組織向心力，要如何才能讓他們自發地友善互動，店長的態度就很重要，必須給予一些福利，如員工旅遊、聚餐、獎金等，讓工讀生願意提升服務品質。而要這些加盟店店長願意多付出心力，凝聚店員的向心力，則又取決於總公司對加盟主的態度，此時，加盟店就等同是全家的顧客。

為了推動這樣的意識，全家在公司內部實施「one專案」，原意是希望強化全家品牌的特殊性，全家則把它視為組織大改造，可以活化組織力，這在日本全家推行很成功；臺灣實施了三年，成效也逐漸顯現。

在第一線接觸客戶的是店員、店長，他們最能知道客戶需要什麼，如果他們的想法可以具體落實，總公司就能給他們支援。例如：去年有個成功案子，有個加盟店舖在自己所屬的社區內推出廢電池回收活動，只要消費者帶著廢電池來店裡，就能兌換指定的點心，由於結合了時下大家關心的環保訴求，這個活動執行的狀況非常好，總部看到了，便在今年初擴大成為全臺店舖的共同活動，這就是由店舖直接回饋至總部的idea；雖然不是商品活動，但它展現店舖的創意，也讓全家品牌能夠與社區環保活動做結合。

事實上，像上述的霹靂系列DVD，也是由下而上發想出的創意成果，它主要是全家專案小組中的品牌領袖（brand leader）所激盪出來的idea，因為布袋戲的戲迷很多，導入便利商店來販賣，方便大家租售，所以發想出來這項活動。類似霹靂的案例會愈來愈多，全家現在有一百個brand leader，主要用意是鼓勵大家去提案、想像、試煉，不要怕失敗，這也突顯全家品牌獨特性的思維，就是長期、持續性的改造工程。

今年Family Mart家族在泰國舉行的全球高峰會，就把品牌再造納入討論議程，要塑造出高親和力的品牌印象，這必須要從總部做起，不能官僚，然後再導引出底層的力量，這項組織再造工程知易行難，但是Family Mart家族的目標，並要在二年內將全球展店數從目前的15,000多家，增加到20,000家。

3-3 全家的經營困難點

一、全家面臨的困難

在買方市場的今日，通路仗持著與消費者的親近，展現了龐大的勢力，在未來的銷售世界中，通路的手更是柔軟，而形體更是巨大，力量更將影響深遠。翻開通路演變的歷史，早期從工廠、經銷商、盤商、批發商到零售點，經過層層管道剝削，消費者想要買到廉價商品並不容易，但是隨著交通、科技的進步，加上競爭的催化，通路也產生了革命性的變化，銷售頂端的經銷商及最末端的零售點，兩個極端的方向各自演變——經銷商以其進貨的低價，將倉庫打開讓消費者購買，最後發展出大包裝、量販出售的量販店型態；零售點以其親近消費者的特性，涉入餐飲、銀行、旅遊與教科書市場，發展出便利的連鎖店型態。無論量販店、零售店都直接向生產者進貨，中間的通路商幾乎已無生存空間，而漸漸消失殆盡。

通路的變化可從製造端以及市場端兩個部分來看：由製造端演變而來的大型量販店，是以低

價爲最高原則，而市場端演變而來的便利連鎖店，則是要求以便利爲第一原則，這兩項也正是通路生存的原則，如今的便利商店，不僅可繳費、傳眞、影印、賣便當、提款、網路購物、宅配，甚至於訂車票等，一般人生活上所有繁瑣但必要的事便利店都可處理，即使平常健忘也無所謂，只要臨時想起時，跨出家門就可以完成就是便利，而且24小時服務。

便利商店彼此競爭，商品促銷也是重要手段，例如：全家便利商店主打第二件商品6折、7-ELEVEn的統一商品兩件79折，都形成更大的銷售推力，但是更多的便利服務才是便利商店通路最重要的成功關鍵，一般便利店的商品力都極高，只要是來店的顧客，幾乎很少空手而歸，所以提供更多便利的服務，上門的客人也會越多，也就意味著更多的銷售。

二、全家的強勢、弱勢與內部、外部環境威脅分析

企業SWOT分析，最早由Weihrich （1982）對一般產業提出：

(一) 適用狀況與分析效益

SWOT分析，一個相當經典且常用的分析構面，常用以分析組織或個體所處現狀的優勝劣敗，以提供清晰的組織現狀，供經營者做當下決策、現狀分析或未來進展的思考基礎。

(二) 分析構面

圖表3-1　SWOT分析

優勢（Strengths）	組織或個體所擁有的長處與專才
劣勢（Weaknesses）	組織或個體所缺乏之短處與缺憾
機會（Opportunities）	外部環境所提供的機會與未來發展
威脅（Threats）	外部環境所存在的威脅與未來生存壓力

1. 優勢（Strengths）

(1) 具備完備組織：對於企業內部有新的動作、新產品、新創意以預估方案，有專業人員可加以分析、預測、改變策略，以減少行銷風險。

(2) 愼選加盟者與加盟地點：全家便利商店對於加盟者的條件、加盟地點相當謹愼，這樣可以降低開店失敗的可能性，並保持公司聲譽。

(3) 店內擺設一致：全家便利商店對於加盟店有一套商品擺設制度，會定期變更擺設，保持熱賣商品的，也會將銷售不佳的產品下架，以提高商品的流通性。

(4) 具有風潮敏感度：臺灣近兩年來有一股哈日風潮，而全家便利商店內部組織敏銳地察覺到，並在風潮開端即推出日式商品，廣告也走日本風。

(5) 店舖管理流程穩定度高：無論是成本管理或人員管理，全家便利商店內部都已制定一套固定的管理流程，此套流程可提供管理人員依循流程完成工作。

(6) 配合行動力足夠：一年內有許多節日，全家便利商店都會依節日的到來推出應節商品。

(7) 食品鮮度高：食品全程保鮮，店中設置18度保鮮櫃，這些做法都是爲了食品保鮮。

(8) 品質要求嚴格：會定期從總公司派人巡視，如有問題會監督改善，以維持全家便利商店的服務品質。

(9) 加盟者無現金週轉壓力：一般零售業者都會有現金週轉壓力，但全家便利商店訂貨貨款是由總公司交付供應廠商，加盟者無訂貨貨款的週轉壓力。

2. 弱勢（Weaknesses）

(1) 商品價格略高：全家便利商店商品如麵包、御飯糰等，比麵包店及早餐店中的食物價格高上許多。

(2) 店數接近飽和狀態：臺灣是全世界便利商店展店密度最高的國家，可能一個小巷子就有數家便利商店。

(3) 地區分配不均：比較熱鬧的地方有許多家全家門市，如台北，可是較偏僻的地方，卻沒有全家便利商店，如金門。這種現象可能和配送不便有關。

(4) 員工安全無法顧及：便利商店所標榜的就是24小時服務，而晚上店員只有一人，常會成爲歹徒犯罪的對象。另外，不可否認這是所有便利超商的缺點。

(5) 決策皆是由高層決定：各家分店並不會參與決策制定過程，有一些基層的聲音無法影響決策過程。

(6) 有業績壓力：預購市場競爭激烈，總公司會給各分店業績壓力，達成有獎金，未達成會有懲罰。

(7) 鮮食損失自行負擔：鮮食部分若有過期需自行負擔損失，但如果是長時間保鮮產品過期，可以退回總公司，由公司回收負擔。

(8) 分店有訂貨壓力：有時因爲產品銷售狀況不佳，分店會傾向於不訂購此商品，但總公司會要求分店訂購此產品，有時會造成分店的損失。

3. 機會（Opportunities）

(1) 品牌優勢：「全家，就是你家」的鮮明印象深植人心，具有品牌優勢。

(2) 國民所得提高：雖然全家便利商店的產品訂價略高，但是隨著國民所得的提高，一般民眾寧願選擇鄰近的便利商店。

(3) 多元的服務項目：在講求便利與效率的現代生活中，全家便利商店始終秉持著提供消費者一個24小時、體貼入微的便利環境爲最高使命。目前全家便利商店在各社區中有極高的密度及滲透度，已成爲消費者生活中不可或缺的據點，因此全家積極地發展各項生活便利服務，包括：代收各種公共事業費用、宅配通、UPS國際快遞、照片沖洗、影印傳眞等服務，透過眾多的服務，順勢吸引許多顧客來店消費。

4. 威脅（Threats）

(1) 同業競爭：其他同性質便利商店的出現，也就是主要威脅，消費者在沒有比較下，哪家便利商店對他而言都是一樣的。

(2) 供應商的議價：由於各便利商店的產品都是來自供應商的供應，所以供應商在議價同時，都會向商店提出要求，如果不能達成共識，供應商可能會提高所供應的商品價格，甚至停止供應商品給便利商店，造成貨源不足，銷售量可能因而會下降，導致營業利潤下降。

(3) 顧客群的關係：雖然便利商店賣的都是必需品，但是也是要經過精挑細選，人們才會常去，印象不好或是狀況不好的店家自然會被淘汰，倘若失去了與顧客群之間的良好關係，那麼市場將會被其他商店所占去。

(4) 潛在威脅：便利商店最大的隱憂大概就是新型商店代替它，就好像它取代了雜貨店，隨時都有可能會被替代掉，例如：超商、量販店等。雖然條件還不足替代便利商店，難保消費型態一改變，便利商店消失的速度可能會比雜貨店還要快。

(5) 市場飽和度高：市場已經呈現出一條街上同時有好幾家不同品牌的便利商店的情形，會導致大者恆大、小者恆小的現象。所有的業者都會面臨利潤下滑的狀況，業者必須走出自己的路，與其他品牌有差異，這樣顧客才會上門消費。

透過SWOT分析，我們可以看出，統一超商以外的四大業者在各方面都擁有相對劣勢，無法與7-ELEVEn抗衡，為了因應未來趨勢，四大超商應該採取投資策略，投入資源改善弱勢能力、爭取機會，藉由現在的同業聯盟模式，降低營運成本，積極增加服務項目，更可整合行銷資源，做更有效的全店行銷。

目前四大超商的普遍問題是差異性不大，並且消費者未產生品牌忠誠度，若四大超商展店策略跟進現代複合式商店的新趨勢，融入書店、咖啡廳等元素，創造出自己的品牌特色，並可進駐新商圈，開發新市場，對於增加市占率及品牌形象皆有很大的幫助。

三、全家的下一步

(一) 發展自有品牌與創意公益精神

自有品牌的興起，無論是量販店或是連鎖便利店，以其大量銷售的優勢，因而能夠主導與製造商談判協商的條件，而這些賣場為博取消費者的歡心，提供更佳的服務與產品品質，在包退包換的服務下，消費者不論是購買任何商品，幾乎都不用擔心品質問題，因為賣場本身必須先替消費者做好品管的工作。像是在美國的威名百貨（Wal-Mart）購物，無須任何理由，只要有收據或發票，都可無條件退款，因此也贏得消費者的信賴。

於是乎，另一場品牌革命已悄然發生，人們對既有的商品品牌漸漸疏離，通路品牌開始取而代之。消費者在賣場買的衣飾、日用品等，幾乎都是沒聽過的品牌，或是通路商直接向製造廠商下訂單，要求代工生產的自有品牌。例如威名百貨經營自有品牌為例，其與製造商的合作模式從OEM逐漸走到ODM方式，就算ODM廠商所提供的10款設計中，僅有2款獲得青睞，也會比Wal-Mart自行研發設計來得划算，藉此省下了大筆的研發設計費用。

與通路爭戰，掌握產品優勢，在一般市場中，掌握通路就等於擁有市場，幾乎是企業堅信不移的經營鐵則，可是事實上如此的說法，是只有在某些條件下才會成立的。2002年7月才上市的愛之味「鮮採蕃茄汁」產品，就讓此一通路法則面臨破功。僅僅4個月的時間，該產品出貨銷售量已高達60萬箱，奪下臺灣番茄汁市場6成以上的占有率，也改寫了番茄汁市場的排序生態，打敗了盤據臺灣番茄汁龍頭寶座32年的可果美產品。

接著又與「臺灣良心」美譽之稱的義美食品打開通路，當時擁有3,000個門市的通路霸主統一超商7-ELEVEn，在政策的考量下，長期以來只銷售特定品牌番茄汁，在鮮採番茄汁掀起這股令人驚異的紅潮後，也不得不將這個熱門的商品上架銷售。由此可知，正確的通路法則是，當商品的同質性太高時，通路就能決定誰是生存者，如果產品有其優勢，或是與其他商品有明顯的區隔時，市場的需求自然會引動吸納的力量，即使是通路也難以片面予以掌控。

全家的創意公益精神與企業社會責任——美國心理學家Erikson曾說，青年期是人生發展階段的關鍵期，也是最容易受到外在影響的階段，如果青少年在這個階段自我統合成功，就會找到未來人生發展的目標與方向。

(二) 逆風大步走，幫弱勢青少年圓夢

想一想你的青少年時期是怎麼度過的？拼學業、談戀愛，還是在打工？相信很多人都有在便利商店打工的經驗，對許多人來說，這樣積少成多的工讀薪水，可是支撐學費、生活支出的重要來源。而在全省超過2,700個據點的Family Mart全家便利商店中，不乏許多歷經艱辛奮鬥才擁有自己店面的店長，還有更多半工半讀的青少年員工，因此Family Mart全家便利商店對青少年群族的公益關懷更能感同身受，也體會到協助弱勢青少年圓夢的迫切性。

弱勢青少年的就業升學需求不能只靠青少年機構與政府的力量，企業的協助才能眞正幫助他們就業升學。因此Family Mart全家便利商店提出了「逆風少年大步走，公益零錢捐」的構想，扮演起商品供應商、社會善心人士與社會公益團體之間的平台，搭起一座「給愛一個家」的橋樑，集合社會大眾與愛心公益團體的力量，讓弱勢青少年藉由培訓課程，提升他們的就業能力，並提供就業機會，讓弱勢青少年的夢想能一步步實現。

(三) 公益零錢捐的愛心故事

其實Family Mart全家便利商店在店舖進行零錢捐的活動，已邁入第8年。過去與許多公益團體配合時，還發生了許多令人感動的小故事呢！話說有一天，突然有位神秘愛心人士到Family Mart全家便利商店的店面要捐款一百萬元，只是全家設置的零錢捐箱子原先設計只接受零錢捐款，這一百萬元根本塞不進去，而且如果把一百萬元都塞進去，也未免太引人側目了。因此，店長趕快打電話回總公司詢問該怎麼處理這筆捐款，而Family Mart全家便利商店公共關係暨品牌促進室公關經理林翠娟在接到電話後，也立刻和中華育幼機構兒童關懷協會聯繫，與這位神秘的愛心人士再三確認捐款對象有沒有搞錯，畢竟一百萬元可不是個小數目。

令人感動的是，這樣一個零錢捐的公益活動，竟然眞的吸引到一次就捐款百萬的愛心人士！這件事讓原本就熱心公益的全家便利商店相當振奮，他們發現社會上其實有很多有愛心的民眾，只是缺乏管道奉獻他們的愛心管道，正好全家具有「立地形式」的企業特質，每個全家便利商店都可說是當地社區的好鄰居，且全省的店面家數超過2,700家，如果能扮演著愛心人士及組織之間的平台，將可發揮更大的公益力量。

(四) 用實際行動輔導弱勢青少年就業

Family Mart全家便利商店發展出「逆風少年大步走」的公益品牌，已經不只是店內零錢捐的愛心平台。全家希望，關注所有逆著風的青少年，全家企業本身投入就業力的計畫裡，實際用行動參與未來輔導弱勢青少年就業的過程。全家不只是大家的好鄰居，更希望透過一些愛心公益、社會關懷活動能爲整個社會盡一份心意。

3-4 全家展店策略

一、打破老二哲學的迷失

「便利商店競爭程度愈來愈激烈，猶如高科技產業只有老大全部通吃，沒有老二、老三存在的空間。」

2000年7-ELEVEn全年的廣告總支出還不到二億元，2001年3月，便當的廣告預算就高達一億元，爲的就是將御便當成功地介紹給消費者，而全家便利商店也在2001年7月跟隨著7-ELEVEn推出定便當，另外7-ELEVEn在1998年推出御飯糰、三明治、涼麵，而全家便利商店也在1999年跟進，分食這塊被炒熱的大餅。

在7-ELEVEn強打鮮食產品廣告的時點後，通常全家便利商店也會以鮮食產品做爲強打商品，只要跟在7-ELEVEn後面推出產品就能被消費者接受，這種跟進的行爲我們將它定義爲「老二主義」。

「全家便利商店」成立於1988年8月，迄今已經有30年的歷史。於2002年2月25日完成股票上櫃作業（櫃買中心股票代號5903），目前其市場占有率已位居全臺第二大連鎖便利商店的席次，僅次於「統一超商7-ELEVEn」。2007年7月21日全家便利商店與「福客多便利商店」於2007年7月20日簽訂合作意向書，宣佈福客多旗下300家門市將分別以「法人加盟」和「營業讓與」的模式，轉換爲全家的加盟店，預計年底全部換上全家“Family Mart”的招牌。

全家董事長潘進丁估計：「福客多300家門市若換上全家“Family Mart”的招牌，將有助於雙方商品開發，同時導入全家的行銷資源，300家門市也將會陸續導入全家的商品訂購系統，完成門市整合」，全家在2006年時，全臺店數尙處於2,012家，2011年8月23日，全家臺灣網站標示之門市總數已達3,038家。

根據7-ELEVEn和全家便利商店入口網站，2001年店家數統計結果分別爲2,967家和1,101家，由此可知，7-ELEVEn長期以來一直位於其他業者之上，7-ELEVEn首先打破傳統雜貨店的經營模式，接著又與多家不同性質業者合作，提供消費者更多元的服務項目，多項創舉也爲7-ELEVEn帶來驚人的利潤，其他便利商店不讓7-ELEVEn獨占鰲頭，紛紛仿效7-ELEVEn的經營手法，而其又以全家便利商店最爲一枝獨秀，短短幾年的時間，便躍升全國第二名，雖然其規模不及7-ELEVEn，但卻會讓消費者考慮7-ELEVEn或是全家便利商店，而不再像往常大多只有7-ELEVEn單一選項。

不過因2008年6月金融海嘯，經濟狀況急轉直下後，超商展店情況略有下修，多修正經營策略目標爲「檢視現有店舖體質，轉化新經營型態」。在這波不景氣、金融危機與消費緊縮的市場現況與短期經濟惡化的前題下，超商經營層面應思考的是「如何提高來客數與增加忠誠度」及「充份發揮立地的便利服務效應」兩大策略。在此之下，應搭配的執行方向爲「精耕商圈」、「差異化商品策略」、「忠誠方案吸引力」及「實體虛擬便利服務多元化」四項。

「精耕商圈」部分，全家便利商店董事長潘進丁先生建議可以社區經營方式確保來客，由馬路轉角間明顯處退往巷內，透過導入加大休息空間及舒適的購物環境強化競爭力。

「差異化商品策略」可由不同商圈屬性的差異化選擇導入部分不同商品迎合需求，另外，對於性別客群差異，亦可導入不同商品組合區，吸引不同性別族群方便購物、滿意服務，以全家便利商店來說，發現消費者多爲女性，故決定引進烤蕃薯、小型油炸品、串燒等新機台，搶攻下午茶、宵夜市場，並在全臺200多家店試賣，讓客人在店內DIY操作。

「忠誠方案吸引力」一直以來都是百貨公司及量販店業者促銷的手段之一，對便利商店來說，強化本體是競爭優勢的來源之一，亦是忠誠顧客的實質效益，因此忠誠方案的提供與回饋機制的建立已不是百貨公司及大型量販店的專利！接下來全家將透過總管理處營運策略團隊的集體創新、創意，將一些新的行銷點子導入全家行銷策略中，全家也準備好迎接即將來臨的便利商店市場龍頭老大之戰。

二、物競天擇的信條

目前國內許多通路的投資、經營，都來自特定的製造廠商，例如7-ELEVEn就是統一企業集團所屬，全臺4,700多家7-ELEVEn商店內，幾乎清一色都是統一所生產的飲料、食品，且產品項目範圍仍不斷地擴大，競爭廠商也一個個被逐出7-ELEVEn零售領域外，例如，在價格上有明顯優勢的康師傅速食麵、在消費者認爲第一品牌的林鳳營鮮乳也無法在7-ELEVEn上架。

萊爾富便利店則是國內知名食品集團光泉企業所屬；OK超商屬豐群企業集團，是臺灣第一家量販店萬客隆的母公司。以製造商身分兼營通路，一旦此一通路逐漸強勢時，通路商不再以銷售量爲考量，讓自家集團商品佔據貨架空間，即使有不錯的商品也會被通路商先行淘汰，最後形成商品的壟斷，也使得一些傳統製造廠商，面臨難以生存的困境，倒是兼營通路的製造廠商，以不公平競爭的方式，日漸壯大。

劣品逐良品的通路發展，如今的通路商勢力龐大，大賣場、連鎖超市，佔據著買方市場的關鍵點，製造商不僅每項產品都要繳上架費，初期如銷售不佳就要強迫下架，與通路商的產品利益衝突就不予販售，通路商可說是掌控了產品的生殺大權。

因此，考慮限制製造商兼營通路的條件，以維持市場公平自由的機制運作，才能有不斷的產品更迭所帶來的競爭活力，也才是眞正的造福消費者。這也是今後臺灣通路發展所必須面臨的課題，全家便利商店則是臺灣唯一無自行製造商兼營通路，專注於本業的便利商店業者，在市場公平交易上已立下最佳的典範，但另一角度來看仍有其困難點存在，譬如：一些製造大廠因掌握大量的訂單，在出貨順序上，有時便利商店受到排擠或難以掌握具有競爭力的商品，當製造廠商同時銷售兩家品牌的便利商店，就會產生類似產品的相互競爭，壓低價格無利潤可言。

三、全家傳統展店的窘困

國內兩大超商競爭進入白熱化階段，股價表現也不相上下。7年前搶先佈局中國市場的全家便利商店，近來受惠兩岸加快交流利多消息，股價也跟著水漲船高。展望今年發展策略，中國全家將從原有的500餘店大幅拓展至850店，至於臺灣全家雖然僅小幅展店200家，但也大動作改造500個門市成爲大型店，並積極開拓不一樣的消費戰場。臺灣的便利商店市場已趨近飽和，國內2大超商龍頭無不絞盡腦汁開發新戰場牟利，臺灣全家便利商店宣布，將鎖定全臺400萬人次的「一人樣」獨處消費客群，推出全新品牌政策。

全家總經理張敦仁表示，曾徹底改造日本經濟生態的「一人樣」獨處消費模式已在臺灣成形，該族群每週到便利商店消費的頻率高達9次，平均消費的客單價達100元，高於一般民眾消費客單價60-70元。對此，全家根據「一人樣」趨勢策略推出的商品也較前年多出3倍。臺灣全家目前約擁有3,000店，預期今年將小幅展店

200家，其中也會將500個門市改造爲大型的新店型（稱爲NF-1店型），預期將可吸引來客數。

法人預估，今年營收至少可成長8%，毛利率仍可維持在30%以上。全家展店狀況與展店策略，採調整店質策略，將提升店質及推出新型態商店列爲營運重點、展店180 家與改裝新型態經營、投入美食街商場經營，如：陽明山文化大學、臺中東海大學投資金額超過爲10億元。

3-5 未來市場發展趨勢

一、那一雙操控市場無形的手

依據臺灣經濟研究院資料，「便利商店」是歸屬於「超級市場及其他綜合商品零售業」之一環，凡從事提供食品零售、家庭日用品，而以生鮮及組合料理食品爲主之行業；或從事提供便利性商品，如速食品、飲料、日常用品以及服務性商品，以滿足顧客便利需求，而以連鎖型態經營之行業，均爲便利商店產業的範圍。所謂的便利商店必須符合以下標準：

圖表3-2　便利商店的定義

賣場面積	15~70坪
產品結構	以廣義的食品為主，且食品營業額佔50%以上
產品品項	至少1,500種
營業時間	每天14小時，每年340天以上
服務設備	具有收銀機、防盜設備及追求效率化的基本設備

資料來源：臺灣經濟研究院，寶來證券投資處整理。

圖表3-3　連鎖便利商店與傳統零售店之差異比較

	連鎖便利商店	傳統零售商店
營業坪數	20坪至70坪之間	小於20坪
商品結構	食品至少須占全店銷售品項的50%以上，速食品、日常生活用品，並提供服務性商品（代繳費、店到店取貨、影印等……）	以民生必需品：柴、米、油、鹽、醬、醋、茶等為主
產品別比率	商店所販賣之任一商品，超過全店營業額之50%稱為專門店，因此便利商店以速食商品為主	產品比率較不平均
銷售方式	消費者自行挑選	消費者自行挑選
保鮮程度	較新鮮且乾淨	較為不新鮮，時有過期品未下架
行銷活動	定期推出各類行銷活動，新穎且多樣化	無任何行銷活動
營業時間	24小時全年無休	依附近住家而定，跟隨居民休息時間開張閉店

資料來源：陳志樺，2009。

臺灣食品通路的未來發展方向，統一超獨霸超商市場，「全家」、「萊爾富」、「OK」及「福客多」策略聯盟，兩大勢力相互抗衡，早期國內便利商店多爲單店經營，在汰弱留強競爭後，目前便利商店主要有五大連鎖系統，總計市占率在2002年即超過91%，由於大型連鎖便利店具有聯合議價的優勢，使小型便利商店難以生存。國內目前主要五大連鎖便利商店系統包括「統一超（7-ELEVEn）」、「全家」、「萊爾富」、「OK便利商店」及「福客多」等。全家便利商店董事長潘進丁以「流通業發展趨勢」爲題，分享流通業新話題及臺灣流通業的過去與未來。潘董事長指出，目前流通業發展趨勢逐漸走向以下幾個方向：

(一) 虛實整合

比方在網路上購物，但是可以到便利商店結帳取貨，把虛擬的網路世界和實體的商店結合，顯現便利商店不只是賣東西，同時也可以透過密度很高的網絡來提供服務。而且現在的便利商店擁有很強的代收服務，不論是稅金、學費、罰單、信用卡、手機帳單等，都可以到便利商店繳付；例如2007年全家便利商店代收的金額超過新臺幣900億元，證明有很強的市場需求。

(二) RFID的應用

屬多元化的給付工具，由於RFID為非接觸式，能同時讀取多品項，讓供應鏈整體能夠提高效率。例如美國零售廠商Wal-Mart，已開始積極推動RFID應用作業，而未來這些功能可能會整合到手機等個人通訊裝備上，必然會改變購買的消費行為，且消費者也不需要再帶許多現金在身上；相信此種小額支付的機制一定會持續展開。

(三) M&A

併購是許多大型連鎖崛起的原因或方式，在臺灣不論是新光三越、遠東SOGO、頂好超市、大潤發、家樂福等，都曾透過併購的方式來擴大經營面向。便利商店透過併購策略來擴大經營版圖也是一種經營手段，未來全家如果想爭取龍頭老大的地位也可以透過M&A策略來迅速擴充市占率。

(四) 業態創新"New Format"

另一個重要趨勢為「業態的創新」。曾經有哈佛的學者指出，零售業的壽命約為30年，不創新就會被淘汰。因此美國Wal-Mart現正研究便利商店，從大賣場走向便利商店，以新的業態出現。譬如：全家目前在臺北101大樓的35樓就有新型態的便利商店產生，亦即對於101這樣一個封閉的商圈，這家店不能對外營業，主要的消費者來自大樓內的上班族，所以在這家店裡有各種不同的生鮮食品，在種類和數量上都和一般的全家便利商店有很大的不同。這樣的新業態有可能也是未來要走的新方向。

(五) 朝更大型、連鎖化發展

潘董事長認為，未來因應整體市場變遷、IT技術普及化等，流通業將走向大型、連鎖化的經營。過去臺灣的流通業在1988年前後，有許多外資的重要品牌（TOP-PLAYER）進入臺灣，帶來的不只是流通業生態的變遷，同時也引進一些國際化品牌的作法與觀念，國際品牌在與本土品牌經過數年的合併與市場競爭機制後，目前的品牌逐漸趨向穩定發展狀態。

未來大型、連鎖化經營包含層面很廣，不論是在全球化或在地化的發展，都要有一個明確的戰略，像中國大陸的崛起也是一個新興市場，目前全家便利商店相關的基礎建設已逐漸完成，準備進駐，這是一個know-how的移植，但是臺灣的流通產業要提升競爭力與輸出，需要先有產官學平台的建立，不論是教育體系或人才培育都需要符合未來發展的市場需求，同時政府也需要對中小企業有一定的輔導政策，才有可能眞正提升商業的素質與能量。

二、尋求市場契機

過去全家的產品行銷廣告，都是邀請A咖明星，像是飯糰屋由五月天代言、關東煮本舖則由周渝民代言等，在廣告中直接介紹產品，同時搭配促銷活動做宣傳，讓市場上的銷售有明顯的成效。但全家便利商店公共關係暨品牌促進室部長林翠娟，不諱言的提到，顧客對於全家便利商店的印象雖然具體，但過於平凡，即使顧客常常來消費，不表示他們對全家就有認同感與喜愛。因此，全家改以偶像劇的方式做溝通，希望可以藉此貼近消費者，並把詮釋權交到觀眾手裡，去思考全家在自己心目中的位置。

2011年5月，全家便利商店破天荒開拍了一部偶像劇，到底是爲什麼？而九把刀爲什麼願意爲全家跨刀，編寫品牌內容？到底背後有什麼令人意想不到的故事？「永遠都想你管我」這是戀人間的絮語，還是品牌對顧客最親密的保證？全家便利商店首次結合小說家九把刀拍攝短片，打造默默守護的保證。這個在短時間內創下170萬的YouTube點閱率、超過27萬人按「讚」的品牌內容，背後有怎樣令人意想不到的故事？

全家偶像劇【永遠都想你管我】1-6全

品牌內容化的時代已經來臨了，當廣告主不顧消費者的感受，強行地將品牌大刺刺置入節目中，只會讓消費者認爲這個品牌爲什麼這麼愚蠢。品牌想要吸引消費者的注意，應該用有趣的故事、好看的內容，吸引消費者願意一看再看。全家選擇九把刀擔任編劇，看中的不只是九把刀的高人氣，更看中九把刀擅長用幽默、無厘頭的語言和年輕族群溝通。九把刀笑說，便利商店的便利程度對自己來說已經到了無法察覺的地步，因此決定爲全家寫一段默默守候的故事。

在印象中便利商店的廣告，永遠都是乾淨明亮的店面，店員們擁有陽光般的笑容、親切的問候，但這樣的手法似乎沒辦法再吸引觀眾的目光。因此，九把刀認爲，要讓觀眾知道這是企業花錢製作的，卻仍然有想要觀看的衝動，就必須打破所有對廣告的印象。當決定用偶像劇的方式呈現時，就知道故事的內容是最重要的。

因此，如果對故事內容都有疑慮，就失去找作家來的意義了。所以，在每一集的劇情中，不主打商店中任何一項產品，單純地讓便利商店成爲浪漫偶像劇中的一個場景，打破我們印象中對便利商店店員永遠都只有制式化服務的看法，透過新銳導演程孝澤運鏡的手法，自然地呈現出顧客在便利商店中的一舉一動。

同時爲了讓每一幕情景都自然不做作，全家還邀請到音樂才女李欣芸，爲廣告打造專屬配樂，輕柔、浪漫的曲調引起網友們的一片讚好。結合文學界、音樂界和電影界共同合作打造出這部浪漫迷你偶像劇，不論是劇情、畫面，甚至是配樂都讓人印象深刻，**「內容爭認同，品牌放最後」**。

連鎖便利商店販賣的便當、微波食品往往被消費者定位不健康，但當颱風天、半夜兩點肚子餓，其他店家都深鎖大門的時候，便利商店卻成爲唯一歡迎每一位顧客的地方，便利商店就是如此平凡卻貼心的存在，而在每個城市角落都隨處可見的便利商店，卻令身在異鄉的她覺得格外熟悉，成爲她寂寞挫折時最好的堡壘。迷你偶像劇所反映的成果，不只是網友的點閱率。

透過廣告讓原本許多隱性粉絲浮上水面，不論是產品以及對公益的關懷都獲得許多粉絲大力讚賞。出現在廣告場景中的新型態店舖，也因此開始獲得許多加盟主的支持。全家用迷你偶像劇的手法，打造專屬於自己的品牌內容，反而獲得觀眾的喜愛。同時創造出來的媒體效益，更較原預算高出四倍以上，也創造了品牌、作家、消費者的三贏。

三、全家人力資源的發展

➡ 新進員工：透過儲備幹部培訓課程，逐步習得店鋪經營管理實務。

新生訓練（四天） → 門市職員在職教育訓練OJT1 → 「候用副店長」甄試 → 副店長在職教育訓練OJT2 → 「候用店長」甄試 → 後勤營業管理幹部（營業擔當）教育訓練

➡ 資深員工：透過「全家企業大學」的概念，獲得專業管理知識。

中高階主管個人職務能力課程規劃 → 結合理論與實務進行六階段的培訓課程 → 成為全家企業大學EMBA獲得職級與加薪等鼓勵

➡ 兼職員工：S.S.T.（Store Staff Training）三階段服務品質認證制度，習得最專業的服務態度。

初階認證、中階認證 → 實地檢證、高階教育以及高階認證 → 實地檢證 → 口試認證

全家篤信優質的服務來創造優質的學習，而企業要永續經營，必須透過人員培訓，鼓勵員工精進學習，不但可讓員工學習新知、提升員工素質，還有助於企業策略的發展，同時也是留任人才的好方法。

此外，不論是新舊員工，都可透過全家數位學習網隨時隨地汲取新知。

✎圖3-1　全家便利商店人力資源培訓流程

(一) 人才招募

目前全家約有90%的加盟店，10%的直營店，所以大多數的人力需求多半落在加盟店上，直營店員工以前透過報紙廣告、人力銀行應徵，就有許多新人願意投入，但是便利商店產業工作時間長、負擔重，人才招募越來越吃緊，所以公司與設有行銷流通相關科系的大學，如高雄第一科技大學等學校進行三明治教學，與學校課程及企業實習搭配進行，現在與學校進行產學合作，以增加合作績效。

店長平日業務繁雜，原則上，門市店舖所有大小事如門市營運、人員管理、商品組合管理、帳務系統、商品訂購、上架補貨、收銀服務、店內清潔維護、顧客服務管理等等是平日的工作，遇到特殊節日或新檔次之產品促銷時，如：禮盒預購、年菜預購，就必須做店舖陳列擺設，且各店須背負銷售業績壓力。

因此，以直營店來說，新鮮人大致從儲備幹部做起，歷經門市職員、晉升副店長至店長、營業督導、課長、襄理、地區經理（學歷限制爲大專以上）。以加盟店來說，或由工讀生做起，並逐一通過初、中、高階考試，即可成爲門市職員再晉升至副店長、店長。

(二) 工作文化

臺灣全家便利商店移植日本的管理風格，以內部暢通晉升管道的方式，建構儲備幹部優質的培訓過程，並透過內部輪調制度，增加個人多元化的職能學習機會，提升個人價值。隨著全家事業規模不斷擴大，個人學習成長空間更爲廣泛，個人的升遷路徑更加遼闊，全家願意讓有能力的儲備幹部，有更佳的揮灑空間，「**加入全家，讓你成爲人生的贏家**」。

(三) 薪資福利與獎勵制度

「以顧客的第一信念，提供最完善的服務」除任職本薪外，另有以下幾項福利：1.享勞保、健保、勞退金提撥、公司團保；2.年度聚餐；3.國內旅遊；4.社團活動；5.年度年終尾牙、摸彩；6.出國旅遊補助；7.婚喪喜慶補助；8.子女教育補助；9.人文學習補助；10.年節禮券；11.生日假、生日禮券；12.年節獎金、考績獎金、績效獎金；13.全家企業大學；14.全家圖書館；15.全家數位學習網；16.托兒服務（吉的堡、何嘉仁美語）；17.年度年終尾牙摸彩活動等，爲了嘉許辛勤的工作者，全家提供員工優厚的績效獎金與考績獎金，並視企業獲利給予員工分紅配股。

(四) 充沛的教育資源

人才是企業成敗的關鍵，全家便利商店早在9年前就開始打造企業大學，在競爭激烈的零售通路產業中，預先對經營需求規劃布局，做好準備。「全家內部設有企業大學制度，鼓勵員工進修並給予薪資鼓勵，此外全家圖書館則提供員工吸取新知、自我充實的機會。」針對企業未來發展來架構培訓制度，以及讓成員能夠自動自發學習，是所有企業成立企業大學最主要的兩大核心價值。對全家便利商店而言，他們希望的，就是每位員工都能獨當一面，成爲經營零售通路的高手。

全家早從2002年開始就著手創設企業大學，把教育訓練的層級，由一般訓練平台，拉高至企業「人才庫」的位階，每年投入將近新臺幣3,000萬元的金額（約占企業年度總營收0.5%），讓人才成爲集團發展的強力後盾。

(五) 打造整體性訓練平台

剛開始全家仿照實體大學的概念，設計各種訓練科目（例如經濟學、行銷學），整個學程唸完需時三年，目的是訓練總部的幹部。後來從第六屆（2008年）開始，教育系統漸漸融入人才庫的概念，將所有課程、時間、空間通通打散，企業大學成爲一套制度。這樣的轉變，是因爲全家意識到，如果企業缺乏明確的目標，沒有整體性的規劃，也沒有評量學習績效的辦法，那企業大學充其量不過是將過去的訓練中心換個冠冕 堂皇的名稱，實質幫助不大。

除了原來的管理職能學院之外，全家陸續整理出原有的儲備主管專班、主題學習班、數位學院、加盟專班，在零售通路產業的需求基礎下，設計企業大學的架構，提供物流、電子商務、軟體開發、鮮食等全方位的職能訓練內容。

(六) 員工生涯規劃與加盟主學習發展計劃

全家尊重每一位員工的基本特質，讓員工掌握自我學習發展目標及規劃。員工可與直屬主管共同討論，並訂定個人發展計劃，以達到持續發展與終身學習的目標。由於全家是連鎖加盟經營產業，所以加盟者的素質，能直接影響集團未來的發展。全家的加盟專班讓加盟者來上課，兩年要自行負擔新臺幣五萬元的學費，在推行之初，日本跟韓國的全家都不看好，因爲臺灣全家不但要忙碌的加盟者每個月乖乖抽兩三天上課，而且還要回過頭來跟他們收費。

數位學院的設計就解決了許多加盟者的進修問題，針對遠距教學，全家的數位學院有品保、鮮食、總務、ER（E-retail事業部虛擬商流的產品，如票券案例、預購商品、代收業務）等學院。

對加盟主而言，有的業者自己擁有好幾家分店、擁有自己的員工，透過加盟者專班與遠距學院，他們就可以利用平台做爲媒介，建立自己的課程訓練員工，其他的加盟者看不到，形成專屬的人才核心優勢，這是爲什麼他們願意自費學習的原因。全家便利商店員工可透過公司內部的輪調機制，進行多元化以及不同單位的學習歷練，透過不斷的充電過程，爲個人的職場能力再加分，完備的人員培訓致力使全家成爲流通業之優良企業，並爲貫徹「**共同成長，顧客滿意**」的經營理念，近年來投資於員工及加盟者之教育訓練費用高達2,000餘萬。全家便利商店的教育訓練概分爲四大部分，包括新進訓練、職能訓練、在職訓練及啓發訓練。

1. **新進訓練部分**：提供新進員工、加盟者基礎的店鋪營運教育。
2. **職能訓練部分**：分別針對營業及機能單位人員，設計一系列相關之在職訓練級幹部培訓課程，以培養員工成爲專業及具有領導潛力的人才。
3. **在職訓練部分**：分別針對基層員工、中階主管及高階主管設計不同的課程，以達到充電、腦力激盪的功能。
4. **啓發訓練部分**：首重「內部講師制度」及「全員學習」的推展，「內部講師」必須經過嚴格的訓練及認證過程方能取得講師資格，而透過這一批專業的內部講師，提供豐富多元的課程讓所有的員工選修，達到知識分享的目的。另有不定期舉辦講座、研習會等。

此外，爲擴大員工視野，每年均依需要採取派外訓練或海外訓練。並建置「全家企業大學」以期培育流通業人才，於淡水成立大型研修中心，並導入「全家數位學習網」推動知識經濟學習課程，讓全家所有同仁具有更多元化的學習管道，也期望藉由這樣的訓練架構，培育全員的學習風氣，建立系統性思考，讓全家往學習型組織邁進。已達到「共同成長」之目標。

四、全家拓展商場的抉擇

過去國內房地產行情高漲，想要擴大經營，店面一店難求且成本過高，不過如今卻有很多素質佳的商圈店面釋出，讓全家有更多的機會去選擇，也進一步去達成擴張計畫。

此外，99年整體環境不佳，全家的營業額和獲利卻都是新高，潘進丁說：「**這給我們很大的啓示，也告訴我們危機即是轉機。一直以來專注本業經營的全家，資金非常充足，對我們而言，現在絕對是個好時機！**」他表示，回顧過去一年來的表現，也證明了當初的決策是正確的。「**市場看起來已經飽和，其實還有很多空白的區域！**」潘進丁說，對便利商店需求超高的繁榮商圈，以及還沒有便利商店進駐但其實消費潛力足夠的鄉鎭，都是全家未來展店的機會所在，「**只要有機會、有潛力，我們就會進去插旗……**」（完整內文請見《今周刊》685期）。

「服務業零售業態的生命週期約爲30年，如果沒有創新，消費者很容易離開，譬如去年全家嘗試新店型的改裝，獲得不錯的反響。」全家拓店是將原來的店面改裝加新、拓展新加盟店，或開拓商場的新商業模式呢？這些都是全家下一步必須思索的課題。

五、邁向下一個便利商店的盟主的全家

連鎖通路都一樣，要落實執行力，總部與門市的溝通橋樑扮演關鍵角色，尤其全家的高加盟比例，溝通更是成敗關鍵。全家有綿密的營業組織系統，由總部到門市的聯繫方式是：總部→地區營業處→營業所→營業擔當→門市。其中，營業擔當要負起與門市溝通的重責大任。困難的是，營業擔當的年紀可能比加盟者小很多，所以要兼具溝通力與情報力。首先，溝通的方式不能讓加盟者感覺不舒服。但公司的營業政策要落實，這時就必須有情報力，用經驗值和數據向加盟者佐證接下來的經營方向。

整體而言，臺灣的便利商店約有9,000多家，平均不到2,400個人就可擁有1家便利商店。因此，便利商店有別於超市、量販，屬於小商圈的經營，其中經常重複消費的熟客經營致勝環節。像是臺中豐原互助店，爲了加強商圈民眾的好感度，與當地小學合辦「**小小店長體驗營**」活動，讓小學生到店體驗如何經營一家便利商店。另外，爲了增加顧客黏著度，也有店長自行推出拿舊電池換茶葉蛋的活動，最後還延伸爲全公司的行銷案，**「全家有很多的ideas是從第一線店長來的。」**

除了店長，營業部地區主管的判斷也會影響來客數的升降。大甲媽祖出巡遶境時，中途經過的40幾個全家門市，都在店門口掛上「恭迎媽祖、歡迎信徒……」的紅布條，並把原本在其他門市僅做預購的媽祖圖騰帽子、T恤直接擺在門市，結合當地民俗活動做行銷的方式。可見，要落實「服務力NO.1」的企業核心價值，絕不能只靠總部的力量，因此，全家總部經營會議上，特地保留時間聆聽現場主管的意見。

展望未來，全家正積極進行「品牌再造工程」。潘進丁直言：「**有人說企業的壽命只有30年，全家已經過了20年**。」一定要從改變內部意識，找回草創期的衝勁，才能延伸到外部門市革新。雖然在臺灣，全家是老二，然而潘進丁對戰局的定義，絕不只在臺灣市場，他放眼更大的大中華疆域，希望全家能登上下一個便利商店盟主的寶座。

3-6 理論探討

一、市場占有率

便利商店產業目前四大系統業者占居連鎖超商大部分市場供需，至2018年11月底止，包括統一超商有5,336家門市，店市占率50%；全家有3,296家門市，店市占率29%；萊爾富約1,290家門市，店市占率13%；OK便利商店約900家門市，店市占率8%（見表3-4），這也顯示大者恆大的趨勢。

全家總經理張仁敦預計可突破3,050家店，預估新店型年底將會達到620家店，換言之，約每5家全家店鋪門市就有一家新店型，預期將可吸引來客數，並將帶動營運穩定成長。直至2018年，全臺便利商店總數已經高達1萬822家，從下表便利商店門市統計比例來看，統一超商的密集程度占了絕對優勢，根據統計，平均每7平方公里，就會有一間統一超商，儘管如此，「全家」在臺的市占比例也正逐漸提高，相信在未來幾年，就會和統一超商形成抗衡。

圖表3-4　臺灣便利商店門市統計

便利商店業者	門市店數(家)	店市占率
統一超商7-ELEVEn	5,336	50%
全家便利商店Family Mart	3,296	29%
萊爾富超商Hi-Life	1,290	13%
OK超商CircleK	900	8%
合　　計	10,822	100%

（統計至2018年11月）

市場占有率是企業戰略管理和營銷學中的一個重要概念。其定義爲某一時間，某一個公司的產品（或某一種產品），在同類產品市場銷售中占的比例或百分比。市場占有率可以銷售金額或銷售產品數量來定量衡量。所謂同類市場需要根據具體情況定義，例如企業制定有針對性的營銷計劃時，可以只考慮其在特定地區市場或某個檔次市場等的占有率。

市場占有率是判斷企業競爭水平的重要因素。在市場大小不變的情況下，市場占有率越高的公司其產品銷售量越大。同時由於規模經濟的作用，提高市場占有率也可能降低單位產品的成本、增加利潤率。

值得一提的是，公司的市場占有率並不一定總與利潤率正相關。公司爲追求增加市場占有率的手段反而會得不償失，降低利潤率。例如：大規模廣告促銷需要額外支出；減價促銷犧牲了短期利潤卻不一定換來客戶對本品牌的忠誠；從專門經營利潤率高的高檔產品擴展到低檔產品市場，也可能減低總利潤率。

市場份額根據不同市場範圍有4種測算方法：

1. 總體市場占有率（又稱絕對市場占有率）。企業的銷售量（額）在整個行業中所占的比重。
2. 目標市場占有率（客戶占有率），指一個企業的銷售量（額）在其目標市場，即在它所服務的市場（客戶）中所占的比重。企業的目標市場的範圍小於或等於整個行業的服務市場，因而它的目標市場份額總是大於它在總體市場中的份額。
3. 相對於三個最大競爭者的市場占有率（又稱相對市場占有率），指企業的銷售量和市場上最大的三個競爭者的銷售總量之比。
4. 相對於最大競爭者的市場占有率（相對市場占有率），企業的銷售量與市場上最大競爭者的銷售量之比；若高於100%，表明該企業是這一市場的領袖。

絕對市場占有率：

企業某種商品的市場占有率=

（本企業某種商品銷售量/該種商品市場銷售總量）×100%

二、經營理念

(一) 潛伏於領頭者之後靜觀其變

傑克・韋爾奇（通用前總裁）曾說：「GE（美國通用電氣）的每一個下屬公司，都必須在其領域內數一數二，否則，我們就會賣掉或關閉它。」而臺灣企業經營管理的概念中，有一種叫「老二哲學」的說法，就是不做第一，不做第三，而只是緊緊跟在排名第一的後面做老二，瞄準機會再衝刺第一。也就是說，事實上沒有一家企業願意永遠甘居第二的，只是個過渡期。

許多創業者以爲第一個推向市場的創新產品或經營模式，就具備了領先創新的競爭優勢，便能成爲未來市場的領導者。事實證明，最早進入新市場並不一定是最後的贏家。而領先創新者只是時間與速度上略勝一籌，除非這個創新產品具有很高的技術難度，或能夠持續創新，否則很難形成有力的阻進屏障，如此，跟隨者必將瓜分市場，甚至會借助先入的巨人的肩膀而獲得更豐厚的利潤。

美國國際商務機器公司在開發新產品上總是遲人半拍，幾乎沒有在市場上推出過位於新技術前列的產品，他們總是讓其他公司領跑，而自己尾隨其後，從別的企業成功與失敗的經驗中尋找適合企業開發新產品的最佳謀合點，他們生產的商業機械在世界各地經久不衰，取得了巨大成功。義大利派克公司在其競爭對手推出新產品時，派出工程師和營銷人員到用戶家中探詢其產品的優點和缺點，並從用戶端掌握第一手資料，在市場生產中揚長避短，使用戶滿意，公司收益大增。

(二) 步步為營打穩馬步再尋求發展

一個產業，10年以後的前景被描述得非常好，事實上確實也不錯，問題是：如何能讓企業挺過創業之初那兩三年？答案是生存比發展重要。在創業階段，企業生存的需要可能遠遠重於發展的需要。至於企業已經步入正常發展軌道還不採取措施上檔次，那也就不能造就企業家了。但是，不得不注意的是，大躍進式的盲目發展是導致初創業快生快滅的主要根源。在探討中國企業成長史時，一些數據頗能讓人震撼：中國企業平均壽命七年左右，民營企業平均壽命只有三年，中關村電子一條街5,000家民營企業生存時間超過5年的不到9%。

不少企業領導認爲開發新產品應採取先人一步的戰略，此種先發制人的行銷戰略無可厚非，但大多數中小企業根本無法達到先人一步的能力，並拼命地往前衝，結果常使企業處於困境。「先人一步」必須具備了一定的實力方可行事，而「慢人半拍」也非無能，尤其對那些技術力量單薄、資金不雄厚、技術人才缺乏的初創企業，企業當家人更應三思而後行。

對於創業者來說，在開發新產品時，創造較好的經濟效益關鍵不在於是先人一步，還是慢人半拍，而是在於抓準了、抓住開發新產品的時間差，打出好的落點，從別人產品中汲取優點和長處，不斷改進自己的缺點和不足，揚長避短，在市場上同樣能唱出後發制人的好戲來。

(三) 老二哲學應有的態度

對於創業者來說，不僅是技術創新，即使品牌戰略，也要學會做「老二」。老二應心明眼亮，對自身品牌在市場上的地位以及在顧客心目中的位置要了然於胸，針對老大的品牌戰略，走差異化的品牌路線，具備了相當的實力後，再確定其品牌戰略目標，瞄準老大相對較弱的環節，開發有足夠攻擊力的產品。並在服務、渠道上進一步創新，並實施整合廣告營銷傳播，向老大發起一場卓有成效的品牌競爭戰役，趕上甚至超過老大品牌的認知度、美譽度及客戶忠誠度，從而贏得顧客。

創業者學會做老二，並不是目的，而是手段。創業者學會做老二，是一種現實的選擇，是生存的需要，畢竟資金有限，實力捉襟見肘，技術及人才資源不足，若被雄心勃勃、豪言壯語、大幹快上的創業激情衝昏了頭，無疑是不自量力的，以卵擊石。「學會做老二，是一種經營謀略，在跟隨之中從老大身上汲取寶貴的經驗，吸取老大的失敗教訓，最後揚長避短地成爲老大。」

全家除了立下「三年開五百店」的目標外，同時擴展產品線的廣度，便利商店除販賣一般性的生活消費性產品外，更在各種節慶時期增加販賣產品的種類、項目。譬如：中秋節增加月餅的銷售，可帶給消費者送禮時的便利性，同時可增加商品線的廣度，其他節慶有端午節、清明節、母親節、父親節等，都推出應景的商品來提供消費者所需。

經過一段時間的試賣後發現所得效果相當不錯。全家正思考在商品線突破傳統思維，增加一些商品的新穎性，但必須架構在消費者日常生活必需品的範疇內。全家由於過去相當保守，所以在商品線的發展上往往輸給第一名的統一，譬如：統一御飯糰未推出前全家也有類似的構想，但爲擔心一些周邊因素遲疑不決時，讓統一搶得頭彩，而全家變成跟隨者。

臺灣部分，中期計畫是要在民國一百年前投下逾四十億元，進行相關店舖的設備更新及投資，並新增五百家店舖。表面上看，臺灣四大超商合計將達10,233家店，整個便利商店的市場已趨於成熟、飽和，很難出現高成長，但全家的市占率僅30%，且在許多鄉鎮地區的網路密度仍有不足，如何在這些空白地區增設店舖，正是全家目前努力的方向之一。雖然現在大環境景氣不佳，但全家將有機會取得過去高租金的據點，俗話說，「危機正是轉機」，整個超商產業的成長性雖然飽和，但全家的成長性不會飽和，且正持續展開中。

三、創新服務

「通路的變化可從製造端以及市場端兩個部分來看：由製造端演變而來的大型量販店，是以低價爲最高原則，而市場端演變而來的便利連鎖店，則是要求以便利爲第一原則，這兩項也正是通路生存的原則。如今的便利商店提供各種的服務，不僅可繳費、傳眞、影印、賣便當、提款、網路購物、宅配，甚至於訂車票等等，一般人生活上所有繁瑣但必要的事都可處理，平常即使健忘也無所謂，只要臨時想起時，跨出家門即可完成就是便利，而且24小時服務。」

服務創新（service innovation）的定義非常多，特別是服務創新的研究領域已經逐漸擴大到90 年代，有兩個重要的變化在服務方式和服務創新被察覺。首先，事實證明服務確實發揮在創新的過程中，往往實質性的作用已被越來越多認可。其次，在創新和工藝創新的非技術因素的關注開始增長，轉向注重服務創新（吳秀玟，2015）。各行的研究，如對服務的特殊性或在服務管理及互動與客戶，對新服務的現有要素重組的必要性（Henderson & Clark,1990），服務創新已脫穎而出；服務創新同樣適用於製造企業，因爲這些企業越來越多使用創新的服務功能和特性來區分他們的產品。此時對於服務創新已經有初步的定義，創造讓消費者能感動的體驗。

Betz（1987）最早提出技術是創新的核心。並依不同技術應用，將創新區分爲：(1)產品創新；(2)製程創新；(3)服務創新三大面向，並指出服務創新並非僅是將新技術導入生產流程的流程創新，也不是產品的創新，而是在競爭的市場中，導入以技術爲基礎的新服務。

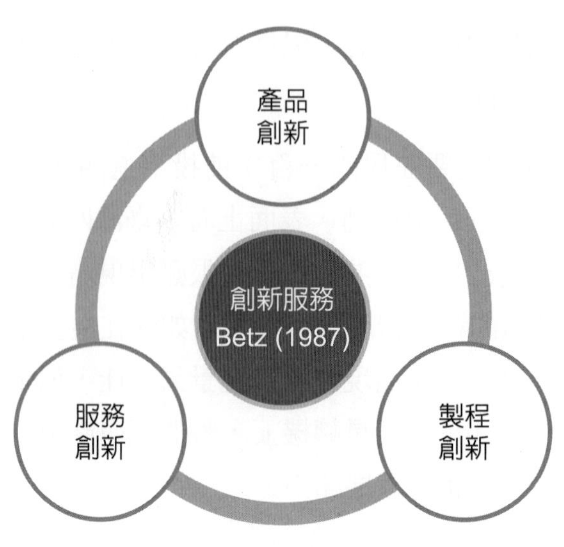

圖3-2　Betz創新服務三大面向

Chase（2000）and Srivastava（1998）提出將服務創新分類下列五種：

表3-5　創新的分類

創新的分類	定義
產品創新	對市場而言屬於全新的服務，可能造成原有市場細化現象
流程創新	引入新的製造或服務流程，創造出不同於過往的服務傳遞過程和方法
組織結構創新	導入新的組織要素，造成服務的改善或是引發新的服務
技術創新	由技術導入或是改善所引發的創新，但不一定是全新的技術，只要能滿足消費者需求即可
管理創新	組織結構或管 程序的創新，是以企業學習能力為基礎所引發的效果

另外再加以公司的經營資料及深度訪談等方式，調查分析業者經營的創新或獨特事項。最終將服務創新方式大致歸類爲下面八項：

1. 經營管理創新（如運用IT、電腦、資訊處理、網際網路等技術）
2. 行銷手法創新
3. 新商品或新品牌開發創新
4. 服務內容創新（精緻化、多元化或客製化）

5. 市場區隔與定位創新
6. 多元通路與配送服務創新
7. 資源整合或組合不同的服務內容產生綜效
8. 服務流程創新

服務創新的定義爲「是一種有形或無形之服務之改變，透過此改變讓體驗此服務改變之使用者獲得更好的體驗。」因此服務創新可以是非常主觀的，只要體驗的使用者認爲獲得了更好的體驗，即可主觀地判斷爲服務創新的一種。當然，服務創新並不代表成功，企業仍必須注意要符合消費者的偏好，亦即服務創新必須滿足消費者的潛在需求才能有效幫助企業發掘更多商機。

流通業具有各種不同的業態，百貨業是一種業態，量販是一種，便利商店也是一種，對消費者來說，不同流通業態所提供的服務也不相同，而便利商店是以提供方便性或趣味性的商品和服務爲主。全家今年前三季的營收表現能無畏景氣衰退的衝擊，並且較同業逆勢成長的最大原因，即在於我們能不斷提供創意行銷，與廠商合作，每週都推出一日促銷的win-win（雙贏）活動，持續創造新鮮感、讓消費者對我們的商品有所期待，進而帶動銷售量。

在便利商店展店數趨於飽和的臺灣，各家便利超商無不思考著「消費者在哪裡？」、「消費者需要什麼？」全家對此也積極找尋應對之道。全家首先找到了一個利基市場——「行動便利商店」。

全家觀察發現，近年臺灣市場展覽、主題活動商機驚人，帶動大量人潮與商機，然而便利商店受限於沒有空間開設店舖、活動期間太短等因素，流失許多臨時性活動的龐大商機。全家看中這點，便研發出「行動便利商店」。這種店易組裝、易移動、可再使用，拆裝只要三小時，十三坪大小即可開店，大大提高了展店彈性，讓全家成功拓展了短期展覽活動以及極小型商圈的商機。「行動便利商店」首家店面在 2007 年成立於兆豐農場，瞄準春節假期的大量人潮，讓全家開始蠶食流動攤販的生意。

四、創新管理

「全家尊重每一位員工的基本特質，讓員工掌握自我學習發展目標及規劃。員工可與直屬主管共同討 ，並訂定個人發展計劃，以達到持續發展與終身學習的目標。由於全家是連鎖加盟經營產業，所以加盟者的素質，能直接影響集團未來的發展。全家的加盟專班讓加盟者來上課，兩年要自行負擔新臺幣五萬元的學費，在推行之初，日本跟韓國的全家都不看好，因爲臺灣全家不但要忙碌的加盟者每個月乖乖抽兩三天上課，而且還要回過頭來跟他們收費。

數位學院的設計就解決了許多加盟者的進修問題，針對遠距教學，全家的數位學院有品保、鮮食、總務、ER（E-retail事業部虛擬商流的產品，如票券案例、預購商品、代收業務）等學院。」

創新的目的乃在協助組織解決發展的相關問題，進而使企業的願景與經營目標得以實現，提升企業的競爭力。因此，創新應基於爲企業增加其競爭優勢、解決目前或將來所會遇見的問題、創造一個新的管理模式與觀念或是在產品、服務上有突破式的改變（林源祥，2014）。

創新管理（Innovation management）則是指組織形成一創造性思想並將其轉換爲有用的產品、服務或作業方法的過程。也即，富有創造力的組織能夠不斷地將創造性思想轉變爲某種有用的結果。當管理者說到要將組織變革成更富有創造性的時候，他們通常指的就是要激發創新。

1. 經濟學家約瑟夫・熊彼特（J. Schumpeter）於1912年首次提出了「創新」的概念。通常而言，創新是指以獨特的方式綜合各種思想，或在各種思想之間建立起獨特的聯繫。能激發創造力的組織，可以不斷地開發出標準流程以及解決問題的新辦法。

2. 吳思華（1998）認爲創新應對企業有具體層面的影響，所以將創新分成四種構面：

   (1) 組織創新：建立國際化概念，擁有國際性行銷能力並提升國際性品牌、配銷通路等經驗及能力。

   (2) 策略創新：給予產品新的定位、用途以及價值鏈。

(3) 產品創新：專利權數、產品開發與設計之能力、新產品推出或商業化的速度、對顧客需求或市場趨勢之了解。

(4) 製程創新：有關產品生產良率、品質，能快速反應市場且具有彈性之製程、降低生產成本的能力。

管理創新是指企業把新的管理要素（例如：新的管理方法、新的管理手段、新的管理模式等）或要素組合引入企業管理系統，以更有效地實現組織目標的創新活動。管理創新則是指組織形成一創造性思想並將其轉換爲有用的產品、服務或作業方法的過程。也可以解釋成，富有創造力的組織能夠不斷地將創造性思想轉變爲某種有用的結果。當管理者說到要將組織變革成更富有創造性的時候，他們通常指的就是要激發創新。有三類因素將有利於組織的管理創新，它們是組織的結構、文化和人力資源實踐。

(1) 從組織結構因素看，有機式結構對創新有正面影響，擁有富足的資源能爲創新提供重要保證，單位間密切的溝通有利於克服創新的潛在障礙。

(2) 從文化因素看，充滿創新精神的組織文化通常有如下特徵：接受模稜兩可，容忍不切實際，外部控制少，接受風險，容忍衝突，注重結果甚於手段，強調開放系統。

在人力資源這一類因素中，有創造力的組織積極地對其員工開展培訓和發展，以使其保持知識的更新；同時，它們還給員工提供高工作保障，以減少他們擔心因犯錯誤而遭解雇的顧慮；組織也鼓勵員工成爲革新能手，一旦產生新思想，革新能手們會主動而熱情地將思想予以深化、提供支持並克服阻力。

創新管理之元件：

1. 觀念創新

管理觀念又稱爲管理理念，一定的管理觀念必定受到一定社會的政治、經濟、文化的影響，是企業戰略目標的導向、價值原則，同時管理的觀念又必定折射在管理的各項活動中。

2. 組織創新

企業系統的正常運行。因此，企業制度創新必然要求組織形式的變革和發展。它主要涉及管理勞動的橫向分工的問題，即把對企業生產經營業務的管理活動分成不同部門的任務。而結構則與各管理部門間、特別是與不同層次的管理部門之間的關係有關，它主要涉及管理勞動的縱向分工問題，即所謂的集權和分權問題。

3. 制度創新

制度創新需要從社會經濟角度來分析企業系統中各成員間的正式關係的調整和變革。產權制度是決定企業其他制度的根本性制度，它規定著企業最重要的生產要素的所有者對企業的權力、利益和責任。

4. 技術創新

技術創新是管理創新的主要內容，企業中出現的大量創新活動是有關技術方面的，因此，技術創新甚至被視爲企業管理創新的同義詞。

5. 產品創新

產品是企業向外界最重要的輸出，也是組織對社會作出的貢獻。產品創新包括產品的品種和結構的創新。品種創新要求企業根據市場需求的變化，消費對象的分析、調查，根據消費者偏好的轉移，及時地調整企業的生產方向和生產結構。

6. 環境創新

環境是企業經營的土壤，同時也制約著企業的經營。環境創新不是指企業爲適應外界變化而調整內部結構或活動，而是指通過企業積極的創新活動去改造環境和環境永續共存，去引導環境向有利於企業經營的方向變化。

7. 文化創新

現代管理發展到文化管理階段，可以說已經到達頂峰。企業文化通過員工價值觀與企業價值觀的高度統一，通過企業獨特的管理制度體系和行爲規範的建立，使得管理效率有了較大提高。

對加盟主而言，有的業者自己擁有好幾家分店，擁有自己的員工，透過加盟者專班與遠距學院，他們就可以利用平台做爲媒介，建立自己的課程訓練員工，其他的加盟者看不到，形成專屬的人才核心優勢，這是爲什麼他們願意自費學習的原因。全家便利商店員工可透過公司內部的輪調機制，進行多元化以及不同單位的學習歷練，透過不斷的充電過程，爲個人的職場能力再加分，完備的人員培訓致力使全家便利商店成爲流通業之優良企業，並爲貫徹「共同成長，顧客滿意」的經營理念，近年來投資於員工及加盟者之教育訓練費用高達二千餘萬。全家便利商店的教育訓練概分爲四大部分，包括新進訓練、職能訓練、在職訓練及啓發訓練。

不定期舉辦講座、研習會等。此外，爲擴大員工視野，每年均依需要採取派外訓練或海外訓練。並建置「全家企業大學」以期培育流通業人才，於淡水成立大型研修中心，並導入「全家數位學習網」推動知識經濟學習課程，讓全家所有同仁具有更多元化的學習管道，也期望藉由這樣的訓練架構，培育全員的學習風氣，建立系統性思考，讓全家往學習型組織邁進，以達到「共同成長」之目標。

問題與討論

1. 請說明什麼是市場占有率？全家便利商店利用什麼策略來提升該公司的市場占有率呢？
2. 請說明什麼是老二經營哲學呢？老二經營哲學的優缺點又如何呢？什麼時候採用老二經營哲學會較有利於企業呢？
3. 請說明創新服務的定義。如何應用創新服務在一般商業行爲上呢？
4. 請說明創新管理的定義。如何應用創新管理在一般公司的營運上呢？

資料來源

1. 2011-02-23 時報資訊【時報／記者沈培華／臺北報導】。
2. 2011-08-03【經濟日報／記者邱馨儀／臺北報導】。
3. 〈臺灣超商龍頭爭霸戰：全家、7-ELEVEn、萊爾富〉，預見雜誌，2015-07-31。
4. 臺灣行銷科學學會個案研究發展中心（2014），連鎖超商產業——全家便利商店的老二競爭策略。
5. 高福良（2008）。便利商店贈品特性對消費者再購買意願之影響——消費利益與顧客滿意度為中介變數。國立臺北科技大學商業自動化與管理研究所，碩士論文。
6. 施振榮（2010）。品牌，笑一個——施振榮給不同企業的品牌策略。臺北市：天下雜誌出版社。
7. 陳志樺、宋美琳、許齡心、陳思 、潘靖霓（2009），便利商店集點兌換促銷活動對消費者行為之影響——以臺中地區7-ELEVEn為例。
8. 林源祥（2014），多層次傳銷產業的創新經營模式探討-以N公司為例，東吳大學EMBA高階經營碩士在職專班碩士論文。
9. 吳思華（1998），策略九說，臺北市：臉譜文化。
10. 陳識傑（2010），以經營模式探討服務創新分類，國立中正大學企業管理研究所碩士論文。
11. MBA百科：管理創新。http://wiki.mbalib.com/zh-tw/%E7%AE%A1%E7%90%86%E5%88%9B%E6%96%B0
12. MBA百科：市場份額。
    http://wiki.mbalib.com/zh-tw/%E5%B8%82%E5%9C%BA%E4%BB%BD%E9%A2%9D
13. 張小明，創業者的「老二哲學」
    http://big5.51job.com/gate/big5/arts.51job.com/arts/02/221783.html
14. 吳秀玟（2015），以服務創新經營模式研究企業升級發展——以太陽能產業為例，國立高雄第一科技大學運籌管理系碩士論文。
15. Betz, F.（1987）. Managing technology competing through new ventures, innovation, and corporate research. New York: Prentice Hall.

NOTE

個案4

下一步如何走？
當我站在浪濤頂上——金弘笙汽車百貨

弘笙汽車百貨批發於 1991 年創立，至 2012 年連鎖門市突破 7 家，登上全臺最大汽車百貨連鎖店。1996 年由傳統汽車百貨門市批發的結構，轉型為大型量販門市，不僅在商品數量上日趨多元，從一般維修保養至改裝配件、車用油品百貨、專業輪胎、鋁圈、音響等均有專業涉足。公司名稱也由「弘笙汽車百貨批發」、「金弘笙汽車百貨」到 2003 年更名為現在的「金弘笙實業有限公司」，呈現其產品領域及自我定位的轉變。

作者：亞洲大學經營管理學系 陳坤成副教授

4-1 個案背景介紹

一、關於金弘笙

「2019年初當歐洲各地正下著繽紛的靄靄白雪時刻，位居東亞的臺灣還濕潤在一片陽光普照的暖冬情境，陳董事長站在金弘笙汽車百貨市政店的二樓玻璃窗台邊凝視著市政路上的車水馬龍，正在思考金弘笙汽車百貨的下一步。」臺中市市政路上的「金弘笙汽車百貨」正迎接前來光顧的大批人潮，因市政店是金弘笙的旗艦店，它不只是金弘笙幾家連鎖店的標竿，更是臺中市區大眾購買汽車百貨的首選。

「金弘笙汽車百貨」經過創業者陳大雄先生與夫人的共同創業及努力下，近三十年來不斷地求新求變、茁壯成長，「金弘笙汽車百貨」已在臺灣汽車百貨市場占有一席之地，自1992年「金弘笙」導入汽車百貨批發門市，至今已有二十七個年頭，1996年於臺中市五權路成立第一家門市部，已發展至今全省包括有桃園經國店、新竹竹北店、彰化金馬店、臺南永康店、高雄巨蛋店、高雄九如店與臺中市政旗艦店共七家店，以銷售汽車百貨爲主，並成立汽車保養、維修服務等業務。

雖然「金弘笙」在汽車百貨業界已頗具規模與市場的領導地位，但汽車百貨是一技術門檻、資金密集度較低的行業，也就是說一些汽車百貨背景者、略通汽車相關零件技術者，只要他們具備足夠的資金隨時都可以介入開業。所以，近年來也出現一些類似型態的競爭者，譬如：旭益汽車百貨、九九汽車音響百貨、大買家汽車百貨、車麗屋汽車百貨、安托華汽車百貨等在同一市場區塊中競爭經營。

臺灣的汽車數量從1990年之後，隨著經濟起飛，數量成長率大幅增加，也帶動不少汽車周邊產業的經濟，例如：輪胎業的南港輪胎、汽車百貨的生產製造商。汽車百貨的市場也隨之蓬勃起來，在臺灣各個鄉鎮市都可以看到汽車百貨店的蹤跡，根據監理單位2018年的統計，臺灣保有車輛數達到750萬輛，超過八成的購車行爲是「換購」或「增購」，顯示國內汽車市場早已進入成熟階段，對於汽車用品、保修需求不少，造就汽車百貨業的蓬勃發展。

也由於商機龐大，吸引不少業者投入並持續擴充規模與據點，連鄰國日本的Autobacs、Yellow Hat等知名汽車百貨連鎖品牌，也紛紛渡海來臺拓點。

雖然陳大雄對於過去的努力已有些顯著成果，稍稍覺得安慰。但因外界的競爭者不斷地湧入，同業者削價競爭、創新服務等商業行爲日趨激烈，如說短兵相接，不如說肉搏戰的開始更加貼切。因此，接下來「金弘笙汽車百貨」下一步如何走？是陳大雄最傷腦筋的議題！

二、金弘笙汽車百貨的誕生

陳大雄初期創業如其他創業者一樣，並不是一帆風順，陳大雄在創立「金弘笙汽車百貨」之前就已在傳統市場經營五金買賣的生意，雖然五金店生意規模不是很大，但也因該生意讓陳大雄跨入傳統市場的經營行列，傳統市場的生意不是很好經營，但它是開店很好的一個試金石。

金弘笙實業有限公司從弘笙汽車百貨批發開始，歷經傳統門市、批發、連鎖門市，經過幾年的奮鬥才有今日已具有汽車百貨業龍頭的實力。陳董事長回憶說：**「過去我們是在傳統市場做家庭五金的買賣，但因傳統家庭五金的地域特性非常明顯（區域性經濟），也就是這鄉里或區域的居民，當他們有需求時，會尋求住家附近的五金店或賣場去購買所需的五金零組件，較少跑到別地區或市中心去買家用五金。我們分析與探究，大致上有兩個原因：第一個是買的客人以家庭主婦或上了年紀的爺爺們爲主，他們所需要的東西都不大，可能是釘子、門後鉬或廚房用品等小東西，不需要勞師動衆跑去很遠的地方買；第二個原因是有些老爺爺他們不會開車，跑遠的地方對他們來說非常不方便，所以就找離家最近的家庭五金店購買，解決及時居家生活的需求。也因爲這樣的關係所以我們店的營業額一直無法擴大，只是在渡日子罷了。**

在1990年某一次餐會上巧遇一位熟識的朋友，他在經營汽車五金百貨的外銷業務，生意做得非常好，尤其當時的日本市場經營得非常成功，每年的營業額也不少，在朋友的鼓勵下想說同樣是經營五金買賣生意，差別只在家用與汽車用而已，所以就鼓起勇氣去做跨行業的經營，於是在1991年成立「弘笙汽車百貨批發」，開始在臺中市試營運，哪知道才是惡夢的開始。」

或許一般人會覺得同樣的五金買賣，難道使用標的改變就會有很大的差別嗎？緊接著再請教陳董事長其中有什麼差異呢？陳董事長深吸一口氣喃喃道來，他說：**「基本上這兩種市場差異性還滿大的，一個是在路上跑的車子，其配備零組件必須要有耐震、耐寒、耐酸雨與耐紫外線等功能，而家庭用五金除了屋外的裝修零組件外，大都是在室內的用途，也就是外圍有一層厚厚的牆壁或屋頂來保護它們，所以在環境測試要求上比較不是那麼高。最簡單的例子，就像一個女孩子平常在家的化妝與到海邊或戶外活動的化妝是有差異性的，她們對於化妝與保養品的使用條件要求是完全不同的。**

所以，當我們介入了汽車百貨業的零組件才發現它們之間的差異有如一座山介於其間，而且這座山還滿高的，就像臺灣的中央山脈一樣。從零組件產品特性、功能性、批發通路、消費群等等，都必須重新學習。所以一開始我們公司還繳交了不少學費，舉一個簡單例子，如果家用五金零件品質出了問題，一般客戶會覺得反正是小錢再換一個就好了，如果換了還是很快壞掉，那以後就不買該品牌的東西就算了；但如果是汽車輪胎零組件，因為品質有問題而發生車禍，就不是簡單可善了的，可能客戶會要求賠償，或訴訟官司還無法善了的。」

由以上陳董事長的說明可略知其兩者的差異性，這是對於汽車零組件與家庭五金零組件初步表面的認知，但對於汽車百貨的商業模式與創業之初所面臨的困境完全不知道。

三、金弘笙汽車百貨的發展歷程

(一) 創立期（1991～1995年）

陳大雄先生在思考轉行到汽車百貨批發之前，因對汽車百貨不是很了解，因此特別到暉達實業擔任業務員，從事汽車油品的買賣工作。因日常業務上的接觸機會與近水樓台的關係，與當時暉達公司的會計曾小姐，由認識、戀愛，到攜手走向紅地毯的那一端結成夫妻。兩人結婚後不久離開暉達公司，於1991年創立弘笙汽車百貨(位置坐落於臺中進化北路，約30坪門市)；上班時間於門市保養服務外，清晨與假日又在傳統市場販賣海鮮，才有辦法維持一個家庭的開支，眞是創業維艱、勤儉持家，同時也累積不少販賣技巧及一些資金。

由於金弘笙實業有限公司早期創業經歷過多次更名（弘笙汽車百貨批發、金弘笙汽車百貨、金弘笙實業有限公司），因此本個案以表列式敘述如下。

表4-1　創立期(1991年)

年度	事件	說明
1991年	創立弘笙汽車百貨批發，為獨資傳統型汽車百貨	由陳大雄董事長親手創立，營業項目為一般汽車簡易保養

這個時期仍以汽車簡易保養爲主，還談不上眞正的販賣汽車百貨，由於1991年的汽車百貨五金還不是很風行，當時的社會大眾生活水平不是很高，所以擁有一輛車子已經是相當不錯了，開進口車的人數也不多。因爲大家還不是很有錢換車，所以對車子的保養與換機油還算重視，目的就是能延長一台汽車的使用壽命，所以汽車保養的生意還算不錯，因此許多家庭式的汽車保養廠出現，也讓原本汽車保養的市場競爭情形更加顯著。

談到創業初期的心路歷程，陳董事長有感而發地說：「**因市場的競爭激烈，加上公司營業額不大，相對獲利也相當有限，所以下班後必須到別地方兼差來補貼家用，因此到了學生註冊時間，也是大雄最頭痛的時刻。但我個人要感謝老天爺，因有創業初期的艱辛，讓接下來的創業生涯雖然也遇到幾次的金融風暴，但都能安然渡過，因爲創業初期已打了預防針。**」由以上陳董事長的回顧，驗證了所謂吃苦就像吃補般，每一艱辛的過程也就是累積金弘笙汽車百貨跨越下一次障礙的養分。

金弘笙汽車百貨好不容易創立成功，但爲了開拓市場，陳董事長開始思考如何突破目前的困境，陳董事長深深吸一口氣接著說：「**在90年代汽車百貨市場可說是一片處女地，雖然有其他業者在經營汽車百貨的批發，但大都是停留在一般傳統家庭五金的店家批發型態，只是他們販賣的產品都是集中在汽車用品，相對較全方位的汽車百貨可說是沒有。於是我就思考做一些與別家有差異化的行銷策略，一開始我們就鎖定以汽車潤滑油爲主，從潤滑油再慢慢延伸商品廣度。因爲我們有保養廠，而汽車保養最必備的就是更換機油、引擎潤滑油、煞車油等等。而且好的潤滑油可確保引擎與機件的壽命，所以我們特別重視它。**」

(二) 批發期（1992～1995年）

探討批發期1992～1995年間的發展歷程，以表4-2簡扼呈現如下：

圖表4-2　批發期(1992～1995年)

年度	事件	說明
1992年	導入批發市場	創業維艱，鄰臨門市發生火災損失慘重，重新裝潢後，陸續導入批發市場（OMEGA油品系列、KONS廣角鏡、環通排氣管、SPORTLINE矽導線、愛鐵強油精等）
	批發單位成立	陸續加入批發業務專業人才，批發月營業額突破1,000萬新臺幣
1994年	自創品牌商品費拉迪系列（美國進口）	因經銷品牌有多家批發，造成削價競爭，於是親自洽商生產工廠為自創品牌的商品鋪路

弘笙汽車百貨批發靠著保養服務的熱忱，逐漸累積本身實力。但不知是上天要給這棵小樹苗更大的考驗或是許多企業創業初期都會面臨類似的嚴酷考驗呢？金弘笙好像也是逃脫不了世俗的魔咒，當公司的業務慢慢穩定與開始茁壯時，卻發生了門市大火，所有辛苦與努力在一夜之間化爲烏有，値得慶幸的是人員平安，公司堅持「屢敗屢戰、堅持到底、永不放棄的精神理念繼續奮鬥」。

陳董事長有鑑於創業前對批發商品極感興趣，門市重新裝潢後，在之前配合廠商大力支持之下，除了原有的30坪門市外，漸漸開始採用品牌批發，以ABS機械式剎車系統、黑金剛馬力提升器、OMEGA油品、KONS廣角鏡、環通排氣管、SPORTLINE矽導線、愛鐵強油精等等知名品牌爲主力產品的汽車用品，並且擴大人員編制，適時加入業務人員、送貨人員及會計人員，批發月營業額突破1,000萬，在當時這是一項非常難以達到的目標，但金弘笙卻做到了。幾年之間所批發的商品逐漸成爲熱銷產品，取得市場領導地位。

陳董事長回憶說：「**市場是大家共有的，誰有競爭力誰拿走市場主導權。弘笙汽車百貨在市場蓬勃發展之下，陸續出現新的批發商，造成與弘笙汽車百貨批發的產品線重疊、遭遇價格戰等情況層出不窮，在缺乏市場競爭的利基下，公司爲永續經營，決心與生產工廠合作爲自創品牌的商品鋪路。**」弘笙汽車百貨於1994年3月，憑藉著多年與相關配合上游廠商的默契，開始生產費拉迪自有品牌系列（SUPER A機油精、汽油精、排氣管），一方面繼續經營國際大廠油品批發角色，以破壞式創新的價格站穩市場領導者腳步；另一方面逐步爲自有品牌道路邁進，將來可奠定品牌優勢與提升毛利。

(三) 轉型期（1996～1999年）

觀察轉型期1996～1999年間的發展歷程，以表4-3簡扼呈現，並詳細逐一說明之。

表4-3　轉型期(1996～1999年)

年度	事件	說明
1996年	成立第一家汽車百貨大型門市——臺中五權門市	當年度經濟景氣，批發業務倒帳風波頻傳，在上游廠商支援下，由批發轉型為大型量販零售

網際網路泡沫（又稱dot-com泡沫，是指由1995至2001年間與資訊科技及網際網路相關的投機泡沫事件）所產生的整體經濟大蕭條，使得傳統汽車百貨倒閉事件不斷增加。1996年於臺中五權西路成立五權門市（佔地約600坪），由傳統汽車百貨門市批發的結構轉型爲大型量販門市（原臺中進化北路批發門市遷移至五權門市），不僅在商品數量上日趨多元化，從一般維修保養跨足至改裝配件、車用油品百貨、專業輪胎、鋁圈、音響等業務均有專業涉足。

陳董事長不假思索地說：「**五權門市產品線的延伸對金弘笙汽車百貨來說，是汽車百貨門市店的試金石，也是公司轉型的重要關鍵時間點（mile stone），過去的金弘笙只聚焦在銷售汽車的潤滑油與汽車保養，慢慢擴大門市店面，由保養廠轉型爲汽車百貨賣場，也就是我們將市場的面打開，以前我們的客群只有來做汽車保養的客人，現在擴大到可能是一些家庭式的保養廠、愛車或玩車的雅皮族及我們的潛在客群，所以才有辦法讓我們每月的營業額突破1,000萬臺幣。**」金弘笙雖然有初啼的成功，但爲進一步擴大市場占有率，必須有更進一步的市場行銷策略來推動才行。這個動念一直在陳董事長的腦中迴盪著。

一家初創公司要在短短幾年轉型成功與做突破性成長，必須有一套對的行銷策略，同時也必須有一位非常有魄力的領導者來帶領團隊成員前進，才能達到成功的轉型。弘笙汽車百貨公司剛好有一位具有寬弘的心胸、大器的敢給及獨特眼光的領導者陳董事長，陳先生本身從地攤批發起家，所以非常清楚一些基層員工的辛苦與期望以及內心想法。

陳董事長回憶說：「**當你要帶一群基層員工，首先你必須與他們豁在一起，與他們吃路邊攤、喝啤酒屋、唱卡拉OK，講他們聽得懂的語言，自然而然他們就會相信你、願意與你配合、跟著你走。但如何吸引人才進來呢？道理很簡單，一般基層業務員因為家庭經濟情形不是很好，他們出外工作除了求得給家人三餐溫飽外，也希望能多賺一點錢給家人，將來買個房子遮風避雨，讓家人有安全感。因為我看到員工基本的需求，所以公司在獎賞面除原來薪水外，在業績上有所突破就給豐厚獎金當作獎賞。也就是當你有錢了**「錢出去，人就會進來」**，所以金弘笙汽車百貨在成長的過程雖然也遇到許多困難，但在人力資源上倒還算順利。**」

接著陳董事長說：「**公司逐漸轉型朝向大型量販門市領域時，除了要重新擬定公司的市場定位，也面臨汽車百貨市場大破大立的行銷策略。首先，為吸引大量的顧客上門，首創業界先例，以衆多汽車潤滑油主流品牌為主，直接以批發價來破壞市場零售價格（破壞式創新），更於開幕期間全部均一價99元，造成整個汽車百貨市場大震撼，除了吸引顧客搶購以外，包括同行門市、保養廠、輪胎行以及上游的經銷商，也來大肆搶購，創造出開幕2天營業額破千萬，整個五權西路四線道車流量大癱瘓，一直到今天為止，尚未有任何一家汽車百貨業者可以突破這個單日銷售額紀錄。**

另外，因為是第一家以批發價消除市場暴利，許多同行間對上游供應商施壓與傳遞謠言，如相同產品威脅廠商不可以交貨給金弘笙、向供應商傳遞金弘笙做不起來（在洗錢），且削價競爭會收不到貨款、金弘笙在做買空賣空欺騙供應商與消費者，不久就會倒閉等等的謠言，所以為了要消除供應商的疑慮，所有的貨款一律都月結現金給供應商（汽車百貨業與供應商之間的結帳方式都是月結3個月票期，現金扣5%），經過幾個月的努力與顧客的肯定下，逐漸在這個市場上站穩腳步，因而聲名大噪。」

金弘笙汽車百貨渡過了風風雨雨的轉型期，這段期間雖然曾面臨過數次的驚險，但在陳董事長的掌舵下都有驚無險地安然渡過，這期間也讓公司累積一些有形資源與商場的信譽，如果沒有陳董事長當初的膽大心細地規劃破壞式的創新手法，也沒有今日公司的快速成長；緊接著金弘笙汽車百貨開始進入成長期階段。

(四) 成長期（2000～2012年）

成長期是金弘笙汽車百貨由一家普通的汽車百貨批發商店，轉型成全國有好幾家汽車百貨批發聯盟店的重要里程碑。由於公司的經營策略正確，加上公司同仁的同心協力，以及整個臺灣汽車百貨正處成長期階段，而造就金弘笙汽車百貨門市一家一家地開，讓金弘笙汽車百貨在短短幾年內成為臺灣汽車百貨批發業的龍頭。金弘笙汽車百貨在2000～2012年間的發展歷程，以表4-4簡扼呈現，並詳述之。

表4-4　成長期(2000～2012年)

年度	事件	說明
2000年	成立第二家汽車百貨大型門市——高雄九如門市	南部會員所占的比例大幅提升，為加強南部地區的服務，特別成立分店
2003年	成立金弘笙實業有限公司	為統合各分店門市的集團公司
2003年	成立第三家汽車百貨大型門市彰化金馬店門市隆重開幕	剛好有一家同行汽車百貨要頂讓，且彰化地區的客源也很穩定，所以成立金馬店
2003年	變更POS系統	因應成長期的快速成長及系統需求，於2003年9月轉換新的POS系統
2004年	成立第四家汽車百貨大型門市——臺中市政門市	多年來五權店來客數大增，以及為配合市政府要將五權西路整頓為臺中市的示範道路，遂積極於臺中市七期重劃區建立旗艦店，準備將五權店移至市政店
2005年	自有品牌P&P油品上市	與國內大型進口油商配合，從德國引進優質的汽車潤滑油，包裝成P&P自由品牌，來服務廣大的顧客
2005年	五權店與市政店合併為一個旗艦門市	為配合市政府要將五權西路整頓為臺中市的示範道路，及店租到期，遂將五權店與市政店合併
2006年	高雄九如店擴大營業落成	原本舊址的九如店不堪負荷衆多的會員數，於原址旁重新建設大型旗艦店，來擴大營業，服務所有的顧客
2006年	通過ISO9001：2000服務品質認證系統	為確保服務顧客的承諾，由協誠管理公司張老師輔導通過ISO認證
2008年	自有品牌ER-1油品上市	為加強保養場的服務，與國內大型進口油商配合，從德國引進優質的汽車潤滑油，針對定期保養的顧客提供更優質的保養服務，於是自創ER-1系列油品，來服務廣大的顧客

年度	事件	說明
2009年	成立第五家汽車百貨大型門市——桃園經國門市	為加強服務北部客群，剛好有家同行門市要頂讓，於是重新裝潢整修
2010年	成立第六家汽車百貨大型門市——臺南永康門市	一直在臺南尋找適合的門市，剛好有一家販賣新車的公司要遷移，在多次交涉後，終於確認
2010年	通過ISO9001：2008服務品質認證系統	ISO規章變更，通過2008年版ISO認證
2011年	成立第七家汽車百貨大型門市——新竹竹北門市	為服務衆多新竹科學園區的顧客，於新竹縣體育館旁，成立門市
2011年	準備於臺灣股票市場上櫃	與元大證券配合、資誠管理顧問公司輔導上市櫃事宜
2012年	成立第八家汽車百貨大型門市——高雄巨蛋門市	12年來，九如店深耕大高雄區，已不敷顧客保養需求，於高雄巨蛋附近再新增一家門市，主要客群為北高雄

隨著五權店業績不斷擴大與南部市場的會員比例日益增加，爲了更有效地服務南部顧客，金弘笙汽車百貨於2000年在高雄市成立金弘笙九如店（佔地約800坪）。此時延續價格破壞及整箱油品爲單位的規模經濟，在當地應聘大批服務人才，持續對當地汽車百貨量販市場投入一顆震撼彈（日式的路士達汽車百貨及台式的八百屋汽車百貨業績萎縮）。

金弘笙利用市場價格破壞在短短的12年間，憑著臺中五權店與高雄九如店取得全面行銷的成功推力下，陸續成立了彰化金馬店（佔地約1000坪）、臺中市政店（佔地約1800坪）、桃園經國店（佔地約1200坪）、臺南永康店（佔地約1500坪）、新竹竹北店（佔地約1300坪）、高雄巨蛋店（佔地約1800坪）等多家大型汽車量販門市，其規模更是達到全臺灣汽車百貨業界的龍頭地位，也使金弘笙於1996～1999年的1億元臺幣年營業額，躍進2000～2016年的快速成長期，由1億提升到16億元臺幣的年營業額（見圖4-1）；這樣卓越的業績也面臨再往上突破的瓶頸。

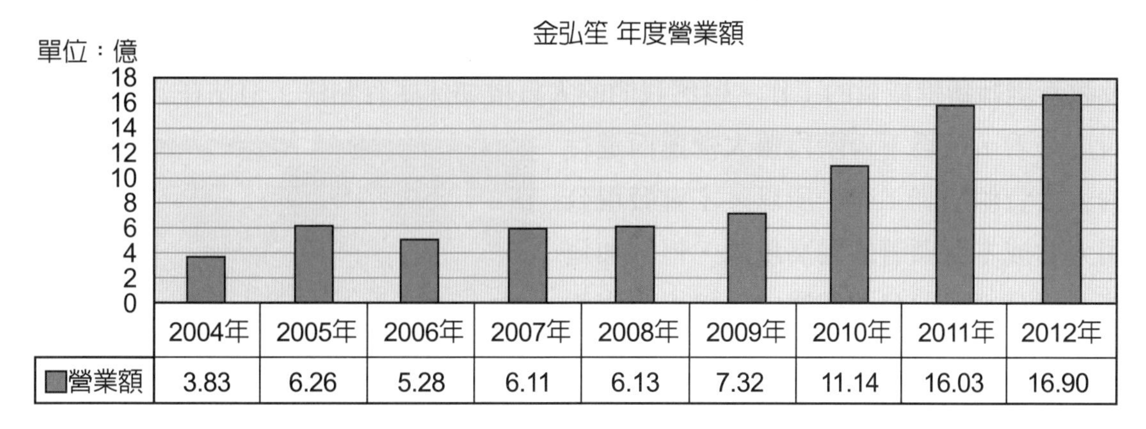

	2004年	2005年	2006年	2007年	2008年	2009年	2010年	2011年	2012年
營業額	3.83	6.26	5.28	6.11	6.13	7.32	11.14	16.03	16.90

註：因應成長期的快速成長及系統需求，於2003年9月轉換新的POS系統，所以資訊從2004年開始提供。

圖4-1　快速成長的金弘笙汽車百貨

陳董事長回憶說：「**成長期的金弘笙汽車百貨，由於破壞式創新商業模式的成功達陣，再加上同仁全心協力的合作，讓公司渡過危險的飄盪期，雖然我們業績有明顯的高度成長，但公司獲利情形未見有大幅改善，這是我們下一個努力的目標。**」這樣卓越的業績也面臨再往上突破的瓶頸，也是陳董事長面臨下一階段的挑戰目標。

4-2 進行紮根工作、準備蓄勢待發能量

金弘笙汽車百貨經歷高度的成長期，雖然公司營業額有明顯成長，但卻無法改變公司低獲利的窘境。陳董事長緊接著說：「**公司營業額有高度的明顯成長，對一位經營者來說應該是一件喜事，但隨著營業額的加速成長，我們也發現相對地產生一些問題，譬如：我們的人事成本也相對成長得嚇人，工作效率卻不見提升，所以我們就在思考一定有些環節出了問題，如果能逐步來改善工作，是否能眞正提升公司獲利情形？**」，回顧金弘笙汽車百貨經營策略的發展歷程，可歸納爲以下幾個發展模式。

(一) 擴大營業項目商業模式

陳董事長沉思了一下接著說：「**1996年，公司由原本只注重汽車潤滑油品、保養爲主，逐漸擴大到汽車改裝品、輪胎鋁圈、車用音響等營業項目。也就是將產品線做有效的延伸，這樣的經營策略不只將營業額大大提升，同時也將客群層**

面大幅地擴展開來。但爲帶給客戶最佳的服務品質，所以公司加強專業人才的招聘及教育訓練新進成員的工作。雖然我們的人員增加速度有點快，但站在公司成長期角度來看，是爲下一階段擴大營運而進行的人力資源培訓工作。所以，才會發現公司人力成本有顯著的偏高現象，但增加這些人力是否能對公司整體成長與人力資源發展有發揮眞正的成效（留著眞正人才、工作績效）呢？這才是我們必須思考的重點所在。」

由於國內汽車市場的限制，以及其他汽車百貨的競爭者如雨後春筍般冒出來，讓這個原本已經競爭很激烈的島內市場變得更加艱鉅，這也是陳董事長一直在思索突圍與解決問題點所在。

(二) 踏出本島尋求海外資源

陳董事長接著說：「**由於國內市場競爭程度更加激烈，讓金弘笙的經營面臨前有敵人後有追兵的困境，因爲服務業的競爭障礙較低，當我們採取價格破壞式創新的行銷策略成功後，後面追隨者馬上採取模仿的模式進行市場爭奪戰，因爲該商業模式也無法以專利或其它智財權方式來保護之。因此，我們只有繼續往前跑，讓追隨者與我們之間有一個Gap來保障我們的獲利情形。**」

雖然說起來好像輕鬆容易，但在實戰中並非如此簡單，因該階段已進入肉搏戰，如果一不小心可能就會陣亡在沙場上。至於如何來突圍前有勁敵後有追兵的困境呢？陳董事長昂頭長思一番說：「**經過長期觀察市場動態後，我們決定跨出本島尋求海外的資源，因爲國內市場資訊非常充分與透明化，一般只要市場上鋪貨完成後，你的競爭對手馬上會追查到你貨品的來源甚至進價，市場資訊透明程度非常高，所以我們需要往海外地區尋找貨品的來源，或是尋求海外廠商的合作，可讓我們的商品保有特殊與唯一性。**」

經過公司同仁的集思廣益，最後金弘笙汽車百貨決定前往歐洲、中國大陸等地區尋找生產工廠合作，採用OEM的方式請國外廠商幫忙代爲生產金弘笙品牌的商品進來國內市場銷售。

在這樣的品牌行銷策略方針下，於1994年創立費拉迪品牌，首度得到消費者的愛護與支持，並獲得市場好評。接著，陸續於2005年起持續推出自有品牌P&P油品系列、ER-1油品系列、CYCLON油品系列、油路安油泥清潔劑、YOYO百貨商品系列、ORDER雨刷、ORES雨刷、ORES避震器系列、KIZNO避震器、ER-1矽導線等自有品牌行銷做法，也掀起汽車百貨同行跟進，畢竟在破壞主流商品價格的同時，更需其他商品的較高毛利來補足營運獲利需求，這些貨品混和行銷模式的成功，都歸於金弘笙汽車百貨能迅速發現市場變化，快速調整本身商業模式所致。不但提供了破壞價格的主流品牌商品，也提供了自有品牌的品質與毛利。

雙品牌的行銷策略，讓金弘笙汽車百貨在商品行銷策略上，操控得綽綽有餘，這也是金弘笙汽車百貨幾年運作下來的心得，這個行銷上的小小know-how 也慢慢成爲金弘笙汽車百貨的核心競爭力所在。但隨著外部競爭環境的激烈程度加劇，金弘笙汽車百貨所面對的挑戰接踵而來，正等著陳董事長高度的智慧來解決。

4-3 站在浪濤頂上，面對下一步的抉擇

金弘笙汽車百貨經過近30年的努力，慢慢在汽車百貨的領域展露光芒，但這些成就無法讓陳董事長強烈的事業企圖心獲得滿足。在2010年初因爲經營成果有些展現，受到當時大陸汽車百貨業界的青睞，大陸某省的汽車百貨業者有組團來臺灣考察，特地指定金弘笙汽車百貨爲拜訪的重點對象，當時有大批媒體跟隨報導，也讓金弘笙汽車百貨成爲地方報紙的頭版新聞。

陳董事長回憶說：「**當時的確有某省一些汽車百貨業者來考察臺灣汽車百貨的經營型態，因爲當時大陸汽車百貨業正値萌芽期，他們對於臺灣的汽車百貨的銷售模式有高度興趣，希望來臺考察、學習，將知識帶回大陸，做爲下一步經營方針的參考。因爲金弘笙在大陸也有OEM廠，及一些自有品牌商品在香港、大陸地區銷售，因此吸引了當地企業的注意。當時雙方也有談到進一步合作的關係，但大陸市**

場實在太大，陸方企業所提出的計畫大餅可讓人垂涎三尺。雖然我們無法給予該計畫達成的可能性下定論，但經內部開會討論後，我們的結論是金弘笙目前的規模太小，無法一下滿足陸方企業所提出的宏大計畫，也就是說如果雙方進行合作有如小孩騎大車般的高風險，不只我們無法去做控制，甚至帶來無法預知的風險，這樣的不確定經營風險也不是我方可控制的範疇。所以，基於種種因素考量，我們決定放棄與陸方合作的機會，繼續朝我們自己的目標前進。」

企業經營有如逆水行舟般的困難，不進則退，目前金弘笙汽車百貨的情形有如站在浪濤的頂頭上，金弘笙的下一步將朝著股票公開發行的上市道路前進，前方面臨著種種困難與障礙，正需要陳董事長的高度智慧來帶領金弘笙汽車百貨。

4-4 理論探討

一、行銷策略

行銷是指創造出個人或團體中間交易而進行的一連串活動計畫進程，此過程包含企劃、定價、促銷等。行銷是一種組織及一套創造人與人之間企業與消費者溝通和傳遞價值的過程，目的是了解消費者的需求，使彼此都能受益。

行銷（marketing）的來源眾說紛紜，有學者指出來自十七世紀的日本，也有人稱是十九世紀的美國。但行銷其實在早期由於基本組織還沒形成，全部的理念都還處於模糊的狀態；一直到1960年代，密西根州立大學的傑洛姆·麥卡錫（Jerome McCarthy）教授提出行銷組合（marketing mix）的概念，也就是所謂的4P之後，行銷的基本觀念才算定下來。

根據美國行銷協會（American marketing association）對行銷所作的定義如下：「行銷乃是一種商業活動，主要的目的在於把生產者所提供的產品或服務，引導至消費者的手中。」這段定義的意思，似乎是行銷的領域比較偏向商業交易的部分；事實上則不完全如此。扣掉以營利組織外，非營利機構（例如：政府組織、公益團體）也必須借用行銷的協助，才能完成目標。在這講究包裝的時代，例如：選舉、求職等活動，沒有一個不運用到行銷的觀念，由此可見行銷的重要性。

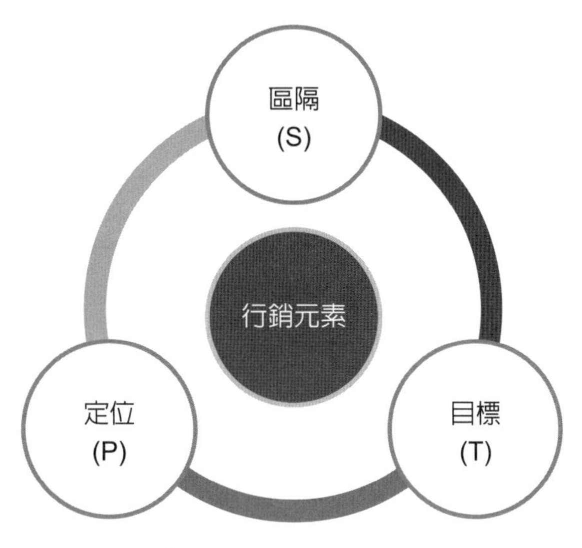

圖4-2　行銷三元素

(一) 區隔行銷（Segment marketing）

市場區隔是由有相同需求、購買力、地點、消費態度或購買習性的人所組成的。因每人需求不同，公司的產品或服務都擁有彈性，包含「解決方法」及「隨意選擇」兩大部分：前者所要的要素是能滿足區隔內的所有人員，後者所要的是能滿足某些團體的特殊偏好。例如：飛機經濟艙的旅客皆可享用免費汽水，但想喝酒的旅客則需另外付費。

(二) 利基行銷（Niche marketing）

「利基」指的是一個要求跟別人不一樣而未能被滿足的市場，包含的範圍較小。利基市場的競爭者較少，公司可透過「專精」來得到利益和成長效益，因為這區域市場的顧客大都也願意付出較高的金額，來滿足自己的特殊需求。

(三) 地區行銷（Local marketing）

意思是特定地區消費者的需求，進而發展下來的特殊行銷方式。地區行銷導致了另外的行銷趨勢——草根行銷，以靠近消費者。此行銷方式的意義是「體驗式行銷」，除了提供產品和服務之外，甚至有傳遞獨特、難忘的消費經驗。運動用品大廠耐吉（Nike）早期成功的原因之一，就是贊助學校校隊的衣鞋與設備，與學校運動員作最親密的接觸，讓這些運動員願意使用Nike的產品，也減輕該些運動選手在服裝與鞋子上的負擔，有朝一日他們成名後便成爲Nike的最佳廣告代言人。這樣的行銷策略使Nike 奠定下在運動器具市場的成功行銷方針。

二、市場目標定位（STP）

市場區隔（Market segmentation）的概念是美國營銷學家溫德爾・史密斯（Wended Smith）在1956年最早提出，此後，美國營銷學家菲利浦・科特勒進一步發展和完善了溫德爾・史密斯的理論並最終形成了成熟的STP理論——市場區隔（Segmentation）、目標市場選擇（Targeting）和市場定位（Positioning）。該理論是戰略營銷的核心內容。

STP理論定義在於選擇確定目標消費者或客戶，或稱市場定位理論。根據STP理論，市場是一個綜合體，是多層次、多元化的消費需求集合體，任何企業都無法滿足所有的需求，企業應該根據不同需求、購買力等因素把市場分爲由相似需求構成的消費群，即若干子市場，這就是市場細分。企業可以根據自身戰略和產品情況從子市場中選取有一定規模和發展前景，並且符合公司的目標和能力的細分市場作爲公司的目標市場。隨後，企業需要將產品定位在目標消費者所偏好的位置上，並通過一系列營銷活動向目標消費者傳達這一定位信息，讓他們注意到品牌，並感知到這就是他們所需要的。

STP理論是指企業在一定的市場細分的基礎上，確定自己的目標市場，最後把產品或服務定位在目標市場中的確定位置上。具體而言，市場細分是指根據顧客需求上的差異把某個產品或服務的市場逐一細分的過程。目標市場是指企業從細分後的市場中選擇出來的決定進入的細分市場，也是對企業最有利的市場組成部分。而市場定位就是在營銷過程中把其產品或服務確定在目標市場中的一定位置上，即確定自己產品或服務在目標市場上的競爭地位，也叫競爭性定位。

行銷策略三大骨幹，簡稱爲STP：

1. **市場區隔（Segmentation）**：是指根據顧客需求上的差異，把某個產品、服務的市場逐一細分的過程。
2. **目標市場（Targeting）**：是指企業從細分後的市場中，選擇出對企業最有利的標的，決定進入的細分市場。
3. **市場定位（Positioning）**：是指在行銷過程中，把其產品、服務確定在目標市場中的某一定位，讓品牌具有辨識性。

(一) 市場區隔

市場區隔需要通過深入的市場研究，依據消費者各方面的差異，把某一產品、服務的市場，劃分爲若干消費市場，常見的分析維度如下：

1. **地理**：國家、地區、城市、農村等。
2. **人口**：年齡、性別、職業、收入、教育、家庭人口、宗教、社會階層等。
3. **行爲**：生活方式、使用頻率、忠誠度等。

藉由如此，企業可以依據每一個細分市場的購買力、滿意度、競爭情況等，做爲企業切入市場的基礎，也可供創業者進行可行性評估以及市場調查。

(二) 目標市場

一般中小型企業的市場策略上，建議以少數幾個細分市場作爲目標，對目標市場做深入的瞭解，成爲該領域的佼佼者，以此提高市占率；描繪清楚目標客戶，能集中團隊力量，有利於企業發展，降低成本，提高企業和產品的知名度。但如果目標市場過於狹隘，消費者的需求和愛好發生變化，就可能遭遇重大危機。選擇目標市場一般運用下列三種策略：

1. **無差別性市場策略**：企業把整個市場作爲自己的目標市場，只考慮市場需求的共同性，而不考慮其差異，運用一種產品、一種價格、一種推銷方法，吸引更多可能的消費者。
2. **差別性市場策略**：差別性市場策略把整個市場細分爲次要子市場，針對不同的子市場，設計不同的產品，制定不同的營銷策略，滿足不同市場的消費需求，因應差異化的市場需求。

3. **集中性市場策略**：在細分後的市場上，選擇二個或少數幾個細分市場作爲目標市場，實行專業化生產和銷售。在個別少數市場上發揮各自的優勢，提高市場占有率。採用這種策略的企業對目標市場有較深的瞭解，這是大部分中小型企業所採用的行銷策略，而且獲得不錯的行銷成果。集中性市場策略也是中小企業如何在有限資源下，進行對自己本身有較高獲利的市場行銷策略之一。因此，普遍性受到諸多中小企業主的偏好，而所採用之。

因此，企業主必須時時觀察市場內部和外部環境的變化，透過市場觀察和預測，掌握市場脈絡與競爭對手的威脅。採取靈活的市場策略，以維持企業追求長久利益。

(三) 市場定位

企業針對目標顧客的心理，留下獨特品牌印象，從而取得競爭優勢。就如說到「敏感性牙齒」，我們都會聯想到「高露潔牙膏」，他們當初就是發現這塊領域的市場定位，沒有競爭者，所以強力主打這一品牌形象，以此建立起具有高度辨識性的定位。

傳統的觀念認爲，市場定位就是在每一個細分市場上生產不同的產品，實行產品差異化。事實上，市場定位與產品差異化儘管關係密切，但有著本質上的區別。市場定位是通過爲自己的產品創立鮮明的特性，從而塑造出獨特的市場形象來實現的。一項產品是多個因素的綜合反映，包括性能、構造、成分、包裝、形狀、質量等，市場定位就是要強化或放大某些產品因素，從而形成與眾不同的獨特形象。產品差異化乃是實現市場定位的手段之一，但並不是市場定位的全部內容。市場定位不僅強調產品差異，而且要通過產品差異建立獨特的市場形象，來贏得顧客的認同。

需要指出的是，市場定位中所指的產品差異化與傳統的產品差異化概念有本質區別，它不是從生產者角度出發單純追求產品變異，而是在對市場分析和細分化的基礎上，尋求建立某種產品特色，因而它是現代市場行銷觀念的體現方式之一。當你在貨架上看到十幾種同類商品時，誰能在消費者腦中留下印象，就能奪得先機。市場定位是通過爲自己的產品創立鮮明的特殊性，從而塑造出獨特的市場形象，贏得顧客的認同。

因此，市場定位中的產品差異化是一種從眾相似的產品系列中，透過特殊手法使自家產品的差異性獲得客戶的認同，該認同的面向有可能是品牌、特殊功能性、符合特別消費族群等，譬如：某些廠牌的汽車特別強調獨特操控性功能，有些特別強調啓動加速的敏感性，有些強調汽車的安全性。而這樣的市場策略往往使該產品的市場定位更加鮮明化，或使某一方面的特殊功能性變成該品牌的專屬領域商品。

三、關係行銷

關係行銷指在行銷過程中，企業還要與消費者、競爭者、經銷商、供應商、政府機構和公眾等發生交互作用的行銷過程，它的結構包括外部消費者市場、內在市場、競爭者市場、經銷商市場等，核心是和自己有直接或間接行銷關係的個人或群體保持良好的關係。

Berry（1983）是最早提出關係行銷名詞的人，他針對服務業的特性，將關係行銷定義爲：「在多重服務組織中，吸引、維持並強化與顧客間的關係，而服務業要做到與顧客維持良好的關係，必須了解個別顧客的需求提供附加服務與個別定價」。關係行銷（Relationship marketing）是說明現有顧客的價值，認爲現有顧客能爲企業賺多少利益。此外，企業必須持續性地提供服務，以維持現有顧客的忠誠度。

Kotler（1967）也曾提出，「關係行銷是與重要的團體如顧客、供應商、配銷商等建立長期滿意的關係，以維持雙方固定的合作與業務往來，同時產生雙贏的局面」。而關係行銷的最終結果，便是建立一種獨特的公司資產，即行銷網路（Marketing Network）。只要能與關鍵的成員建立良好的關係網路，則公司將能持續開發市場機會並創造利潤。

關係行銷是從1960年代的「直接應答式行銷」發展起來的一種行銷形式，出現於1980年代，他強調與客戶建立長期的關係，而不是一次性的交易。這涉及到按照客戶的生命周期理解客戶的需求。它強調將一系列的產品和服務在現有的客戶需要時提供給他們。

綜合上述，我們可以知道關係行銷，是指企業爲了滿足長久的效益，和消費者進行持續且長期的關係。企業承認現有顧客的價值，並吸引、維持及強化與顧客間長久關係的維護，用以創造更多的獲利情形。換句話說，就算是企業與重要的團體如顧客、供應商、配銷商等建立長期的滿意度關係，以維持雙方固定的合作與業務往來，同時產生雙贏的局面。

關係行銷已成爲現代主流行銷方式之一，雖然每家公司的關係行銷都有一些差異性，但實施的企業會依公司的特色、資源、市場區隔等要素，來尋求對公司最有利的關係行銷手法，而且該關係行銷手法也會因企業內部業務的人格特質、顧客關係程度而展現不同的行銷成果。

雖然業務人員都在公司資源全力的支持下運作，但每個人所發揮的成效還是有所差異，這樣的差異常因業務人員的投入時間、專注程度的不同，所得到的效果也會有差異性，這也是爲什麼一些公司的老業務員也必須定期接受一些新的行銷技巧專業訓練的問題所在。因時代激進、外部環境的瞬息萬變，許多過去的關係行銷手法已不足以應付外部環境的激變。因此，許多前瞻企業幾乎一段時間後就必須把所有業務人員拉回總部或訓練中心，加強培訓某方面的行銷技巧，使得他們在競爭的市場上可得心應手地完成公司所交付的行銷任務。這樣的常規集訓可確保企業內部行銷人的素質與關係行銷品質。

圖表4-5　三階段顧客關係

階段	行銷目標	決定因素
初始階段	創造潛在顧客對企業及其產品或服務的興趣	產生興趣
購買過程	將興趣轉變為實際銷售（第一次購買）	接受承諾
消費過程	創造再購買及長期顧客關係	認知服務品質

關係行銷的基本模式，分別說明如下：

(一) 關係行銷的中心——顧客忠誠

在關係行銷中，怎樣才能獲得顧客忠誠呢？發現正當需求、滿足需求並保證顧客滿意度、營造顧客忠誠，構成了關係行銷中的基本三步驟：

1. **企業要分析顧客需求、顧客需求滿足與否的衡量標準是顧客滿意程度**：滿意的顧客會對企業帶來有形的好處（如重覆購買該企業產品）和無形好處（如幫忙宣傳企業形象）。有行銷學者提出了導致顧客全面滿意的七個因素及其相互間的關係：欲望、感知績效、期望、欲望一致、期望一致、屬性滿意、信息滿意；欲望和感知績效生成欲望一致，期望和感知績效生成期望一致，然後生成屬性滿意和信息滿意，最後導致全面滿意。
2. **從模式中可以看出，期望和欲望與感知績效的差異程度是產生滿意感的來源，因此企業可採取方法來取得顧客滿意**：提供滿意的產品和服務；提供附加利益；提供足夠信息通道。
3. **顧客維繫**：市場競爭的實質是爭奪顧客資源，維繫原有顧客，減少顧客的叛離，要比爭取新顧客更為有效。維繫顧客不僅需要維持顧客的滿意程度，還必須分析顧客產生滿意度的最終原因。從而有針對性地採取措施來維繫顧客滿意度。

(二) 關係行銷的構成——梯度推進

貝瑞和帕拉蘇拉曼歸納了三種建立顧客價值的方法：

1. **一級關係行銷（頻繁市場行銷或頻率行銷）**：維持關係的重要手段是利用價格刺激目標公眾增加財務利益。
2. **二級關係行銷**：在建立關係方面優於價格刺激，增加社會利益，同時也附加財務利益，主要形式是建立顧客組織，包括顧客檔案和打入正式的、非正式的俱樂部以及顧客協會等組織團體。
3. **三級關係行銷**：增加結構紐帶，同時附加財務利益和社會利益。與客戶建立結構性關係，它對關係客戶有價值，但不能通過其它來源得到，可以提高客戶轉向競爭者的機會成本，同時也將增加客戶脫離競爭者而轉向本企業的收益。

(三) 關係行銷的模式——作用方程式

企業不僅面臨著同行業競爭對手的威脅，且在外部環境中還有潛在進入者和替代品的威脅，以及供應商和顧客的討價還價的較量。企業行銷的最終目標是使本企業在產業內部處於最佳狀態，能夠抗擊或改變這五種作用力。作用力是指決策的權利和行為的力量。雙方的影響能力可用下列三個作用方程式表示：

「行銷方的作用力 < 被行銷方的作用力」

「行銷方的作用力 = 被行銷方的作用力」

「行銷方的作用力 > 被行銷方的作用力」

引起作用力不等的原因是市場結構狀態的不同和擁有信息的不對稱。在競爭中，行銷作用力強的一方著重在主導作用，當雙方力量勢均力敵時，往往採取談判方式來影響、改變關係雙方作用力的大小，從而使交易得以順利進行。

四、產品創新

根據創新對原消費模式的影響，產品創新可分爲如下幾種：

1. **連續創新**：此種模式下的創新產品同原有產品相比，只有細微差異，對消費模式的影響也十分有限。消費者購買新產品後，可以按原來的方式使用並滿足同樣的需求。

2. **非連續創新**：是指引進和使用新技術、新原理的創新。它是創新的另一個極端，要求消費者必須重新學習和認識創新產品，徹底改進原有的消費模式。

3. **動態連續創新**：是指介於連續創新和非連續創新之間的創新，它要求對原有的消費模式加以改變，但不是徹底打破原來的形貌。

在產品創新的具體現實中，主要有自主創新、合作創新兩種方式。自主創新是指企業不是對外有技術被動依賴與購買，而是通過自身的努力和探索產生對技術突破，攻破技術難關，達到預期的目標。合作創新是指企業間或企業、科技研發機構、高等學院之間的聯合創新行爲。

當今全球性的技術競爭不斷加劇，企業技術創新活動中面對的技術問題越來越複雜，技術的綜合性和集群性越來越強，即使是技術實力雄厚的大企業也會面臨技術資源短缺的問題，單一企業依靠自身能力取得技術進展越來越困難。合作創新通過外部資源內部化，實現資源共享和優勢互補，有助於攻克技術難關，縮短創新時間，增強企業的競爭地位。企業可以根據企業自身的經濟實力、技術實力選擇適合的產品創新方式。

產品創新策略分爲以下幾種：

(一) 搶先策略

是指在其他企業尚未開發、尚未開發成功，或者開發後尚未投入市場之前，搶先開發、搶先投入市場，從而使企業的新產品處於領先地位。敢於採用搶先策略的企業，一般要有較強的研究與開發能力，還要有足夠的資金、物力和人力，並要勇於承擔較大的風險。

(二) 追隨者策略

當企業發現市場上出現了很有競爭力的新產品，或發現剛投入市場的暢銷產品時，不失時機地進行仿製與改進原產品的缺點，並迅速將仿製的產品投入市場。採用這種策略的企業，一是要能夠對市場信息收集迅速、處理快、反應快，並具有較強的應變能力和一定程度的研究開發能力；二是要有一個高效率的研究與開發新產品的機構。追隨者策略的採用還受到專利技術及知識產權保護的制約，其適用的對象和時間有限。這是追隨者必須慎重考量的地方，而且必須迴避智產權訴訟的風險與困擾。

(三) 最低成本策略

是指採用減少產品成本的手段，以降低銷售價格，來爭取用戶，擴大產品市場占有率。減少產品成本的主要途徑是在製造程序、原材料利用及生產組織等方面挖掘潛力，加以突破困境實現之。

(四) 擴展產品功能策略

這種策略是在原有產品的基礎上，賦予其新的功能、新的用途，使老產品能繼續獲得產品生命週期S曲線的起死回生，重新塑造消費者的購買風潮。譬如：Apple公司從iPhone 4一直推出到iPhone 8就是類似的新產品研發手法。

(五) 周全服務策略

實施更全面、周到的銷售服務，取得用戶的信任，以達到提高市場競爭的目的。周全的服務包括幾個環節：一是售前工作，包括廣告宣傳、技術培訓、允許試用等；二是銷售中的工作，包括檢查產品質量、配齊備品配件、裝箱發貨，以及必要時分期付款等；三是售後工作，包括安裝試機，指導操作或使用，登門檢修，提供配件，通過電話徵詢意見等，讓顧客感到窩心的服務，甚至超過顧客的預期服務程度，讓顧客衷心地感激，進而增進顧客滿意度。

(六) 挖掘用戶需求策略

用戶的需求可分為當前的需求及潛在的需求兩類。一般地，產品創新是開發那些能滿足用戶當前需求的產品。但有遠見的企業家，也應注意捕捉、挖掘市場潛在的需求，開發出新產品，引導新的消費需求，吸引消費者購買新產品。

(七) 降低風險策略

依據降低風險所採用的措施或手段不同，降低風險策略可分為如下幾種：

1. **轉移風險策略**：為轉移新產品開發的部分風險，常可採用兩種具體的措施。一是在新產品投入前與用戶簽訂供貨合同，以減少企業因市場銷售不暢所承擔的風險；二是在企業開發和生產新產品所需成本基礎上，再加一定比例作為銷售價格，使企業用於產品創新的費用由用戶承擔。

2. **降低投資風險策略**：即儘量利用企業現有設備和技術力量，以減少設備投資，降低產品創新投資風險。

3. **減少資源投入策略**：指產品創新的一些實驗和試製等工作，通過外面單位進行或委託其他單位進行，使產品創新投入的資源降為最小。

4. **試探風險策略**：是指從別的國家、地區或企業，引進本企業準備開發的新產品，但使用本企業的廠名、商標和銷售渠道，試探市場需求情況。必要時再投入力量批量生產，以減少盲目性地投入過多研發經費，而形成極大的風險。當然公司也可透過事先的市調再進一步分析投入研發資源，以確保原公司新產品研發風險保障性。

(八) 聯合策略

生產企業與科研、設計單位聯合，或者同行業企業或不同行業公司聯盟、協作，共同進行產品創新，可以充分發揮各自的優勢，加快新產品開發的進程，提高創新水平。但聯合策略是否成功必須建立在雙方良好的信任基礎上，如果基礎不穩則容易產生虎頭蛇尾、效率不彰的情形，甚至會破壞雙方既有的友誼基礎，所以在進行聯合策略時不可不小心。

問題與討論

1. 公司的未來營運方向，是要維持原來汽車百貨、汽車維修等業務呢？或是發展其他商業面向？
2. 如何增加公司的服務創新？是以汽車百貨爲主題呢？或發展與汽車相關的服務創新？
3. 往後仍然固守臺灣國內市場或跨越臺灣海峽到大陸發展？繼續發展中國市場或發展國際市場呢？
4. 金弘笙汽車百貨是否朝股票上市之路發展會是最佳選項？如果要往股票上市發展仍須具備哪些條件才足以應付股票上市所需條件呢？

資料來源

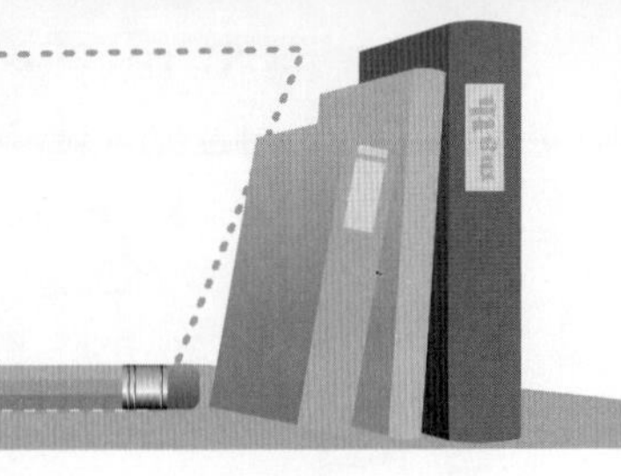

1. McCarthy E. Jerome（1960）. Basic marketing, a managerial approach. Homewood, Ill., R. D. Irwin, 1960.
2. Smith W. R.（1956）. Product Differentiation and Market Segmentation as Alternative Marketing Strategies. Journal of Marketing, 21(1), 3-8.
3. Berry, L. L.（1983）. 'Relationship marketing' in Emerging perspectives on services marketing, L. Berry, G L Shostack and G D Upah, eds. : American Marketing Association, Chicago, 25-28.
4. Kotler, Philip（1967）. Marketing Management: Analysis, Planning and Control. Englewood Cliffs, N.J.: Prentice-Hall.
5. 黃昱豪、徐翊軒、許晉瑋、朱國鑫（2014），探討臺灣A汽車百貨成功關鍵因素，亞洲大學實務專題報告。
6. MBA百科-STP理論：
   http://wiki.mbalib.com/zh-tw/STP%E7%90%86%E8%AE%BA
7. 創作有感-Tron：https://creatgood.com/stp/
8. MBA百科-關係行銷：
   http://wiki.mbalib.com/zh-tw/%E5%85%B3%E7%B3%BB%E8%90%A5%E9%94%80
9. MBA百科-產品創新：
   http://wiki.mbalib.com/zh-tw/%E4%BA%A7%E5%93%81%E5%88%9B%E6%96%B0

個案5

迎接電子商務平台再創市場新契機——禾邁系統家具

禾邁創立於 2012 年 4 月，開始營運至今約有七年多的時間，走近工廠大門口，從廠區內部傳來機器切割板材的吱吱聲，雖然乍聽之下有點像中分貝的機械噪音，但當停下腳步，靜下來慢慢地去欣賞它時，卻發現它是一種非常有規律的頻率，有點像古銅樂器的低分貝器材所演奏的一首行軍進行曲，非常有節奏感地進行著。這時，從工廠的另一遠處角落，傳來已切割、包裝好的家具準備裝載上卡車的吆喝聲，和員工們互相搭配的討論聲，就像一群飛過頭上的加拿大雁，呱！呱！呱！井然有序地相互打氣，看起來是多麼充滿活力的一群工作伙伴。

作者：亞洲大學經營管理學系 陳坤成副教授

5-1 個案背景介紹

一、關於禾邁系統家具

禾邁系統家具的兩位創辦者是周昆萬與周煌順先生，他們是就讀彰化師大附設高級工業學校夜校的同班同學，並在當時學校進行工廠實習時，被分發到平板類家具業工作，之後兩人對家具業做出興趣並以此爲正職。他們退伍後就在柏昀企業股份有限公司工作，並是股東的合作關係，經過幾年合夥下來，發現與柏昀的老闆在經營理念上截然不同，做事風格漸離漸遠，偶爾對於事情的看法有所差異，因而產生輕微的摩擦。基於大家都是好朋友、好聚好散的原則下，後來他們決定離開柏昀公司自行創業，同時也結束這段入股的股東生意。但由於兩位周先生本身對家具加工有股濃厚的興趣，也想接受更多的挑戰。因此，在結束這段股東關係後輾轉到臺中市霧峰區丁台路現址創立禾邁系統家具公司。

禾邁生產的主要商品爲系統櫥櫃和系統廚具，其生產模式是由設計師跟客戶討論後，設計圖面再與客戶作確認，再向生產工廠下訂單。禾邁本身就是專業生產加工廠，生產流程如下：

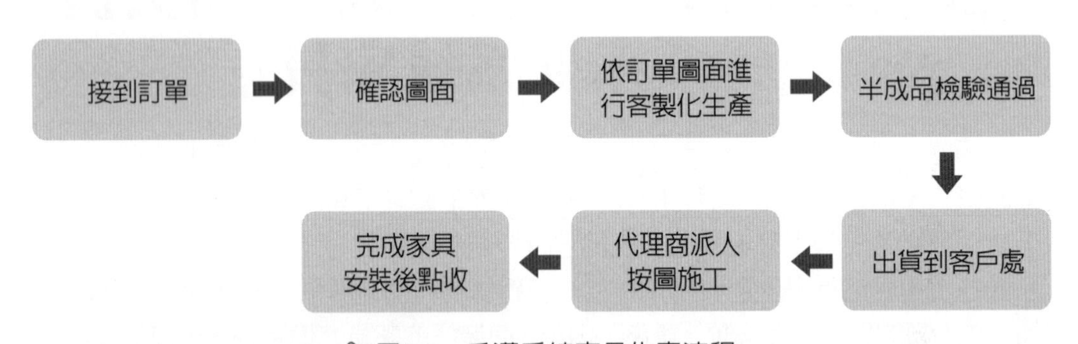

圖5-1　禾邁系統家具生產流程

因此，禾邁的訂單是以多樣少量的方式生產，必須具備彈性大、變化性高、機動靈活的生產模式，一般的家具生產工廠如果沒有類似的生產經驗，會給公司在生產上帶來極大的困擾，但因禾邁一開始就鎖定該市場區塊，經過幾年下來也駕輕就熟，已習慣該種多樣少量的生產模式。這也是爲什麼，這幾年下來一些系統家具業訂單都逐年下滑，而禾邁卻是逆勢成長的最大原因。

有些競爭對手也想改變生產模式接受多樣少量的訂單，但可能是員工生產習慣改變的困難，以及老工廠生產成本較高而無法調整成功，最終宣告放棄。這幾年下來，禾邁的訂單都一直維持在成長的狀況。周董事長說：「**我們必須趁現在還年輕，再衝幾年看看，想辦法擠進臺灣系統家具生產工廠的No.1**」。因此，目前禾邁該以現況爲滿足，或是需進一步再擴廠生產，正待周董事長下一步的睿智抉擇！

二、創業之路

從古至今，人類生活離不開食、衣、住、行四大類型必需項目，這些項目在每一天的生活中都一定會碰到它，人類的歷史也就是食、衣、住、行進程的發展史；其中「住」通常是代表人們的生活居家環境，家是提供人們一個能夠遮風避雨的場所，居家要舒適、安怡，自然就離不開家具的擺設與使用便利性，這代表家具在我們的生活中發揮了多麼重大的影響力，也因爲家具跟人們的居住場所息息相關，所以家具業也有著一段很長的發展歷史。

家具業者在臺灣已有好幾百家，但每一家的生產方式、主打商品和經營模式都會因市場區隔而有所差異，所以家具業經營者會盡量找到屬於自己的市場優勢，使得自己能在這一片市場上保有競爭優勢。

(一) 新創事業

禾邁系統家具是周昆萬和周煌順兩位先生共同創辦的，兩個人是就讀彰化師大附設高級工業學校的夜校同學，並一起在平板類家具工廠實習，兩位在當完兵後也依然繼續從事家具類工作，且在這段工作期間內對家具業產生了極大的興趣。也因爲他們對家具工作的熱愛，所以在出社會後也自然而然地從事這類工作，他們一開始是在柏昀企業股份有限公司內工作，因表現良好而受邀入股，並成爲該公司的股東之一；但在往後的經營過程中漸漸地與老闆的經營理念有所差異而產生了摩擦。最後，因爲雙方理念不合，兩位周先生毅然決然結束這段工作與股東關係，離開柏昀企業走上新創事業之路。

對於爲何選擇開創新事業？周董事長回憶說：「**這個就是我們每天在工作的東西，熟悉之後就會了解，了解之後就會有興趣，當有興趣之後對其他的事物就會想要去挑戰，因此我們兩人經過一番商討與獲得家人的同意後，毅然決然投入創業之途。**」

青年人創業，往往因對創業的未來充滿著期盼與憧憬，且「創業成功 = 榮華富貴、衣錦歸鄉」受到許多社會顯達人士、學者的美麗包裝，就像已被披上華麗的外衣，看起來很美好，也因爲一些創業成功的案例，吸引著更多年輕人的嚮往。兩位周先生也是在類似的情形下踏上「創業之路」，他們希望將來如果創業成功，能給家人帶來較好的生活條件，同時可依自己的所好與專長來發揮工作職能。但是當眞正踏入創業之門，所面對的困難與挑戰不是想像中那麼容易。

(二) 創業家精神

周董事長回憶說：「**當初一股衝勁踏進新創公司之路，但當眞正踏入後發現與過去我們擔任專業經理人是完全不一樣的，譬如：過去只要將自己份內的工作做好就沒事了，但創立新公司所面臨的事情是多元、複雜的，一開始我們的訂單在哪裡？資金的缺乏、人力哪裡來？往往好不容易接到一張訂單，但後面資源是十項缺八項，因此必須一項一項地來解決它。**」

周董事長沉思了一下，接著又說：「**創立公司之初，百廢待興、披荊斬棘、摸石頭過河，創業之初，一天工作12-16小時是家常便飯，當然也必須犧牲與家人相處的時間，經過1-2年後公司才慢慢穩定下來，總而言之，創業之路是辛苦的、艱辛的，但你去面對它、排除它，當通過難關後會讓人有一股很強大的成就感**」；「**或許因有這樣的刺激感、成就感，才使我們的創業之路不退縮，勇往直前，我想這也是許多年輕人前仆後繼地投入創業之路的致命吸引力**」。這時的周董事長嘴角微微上揚，露出一股樂在其中、陶醉的模樣。這也是一位創業者的創業家精神的最佳表現。

5-2 經營模式

一、客製化生產服務系統

2012年4月，禾邁系統家具在霧峰區丁台路現址開始正式營運，他們所生產的產品以客製化的系統櫃和系統廚具爲主，而基本的平板類家具他們都有幫顧客代工製造，其中客製化的生產服務爲公司的發展特色，因他們能夠針對客戶需求的不同，提供使顧客滿意的完善服務，其不論是板材顏色的搭配，還是封邊顏色的變化、門板的設計樣式，甚至是五金配件等等，禾邁都可以爲顧客提供一多元性、獨特性的選擇。而禾邁目前客製化生產所提供的服務對象主要爲專業設計師與公司行號，他們會先和設計師商量如何製造與設計想要的產品，並再根據設計師的設計圖要求來生產客製化商品。

禾邁的生產模式就像周老闆說的：「**禾邁隨時在創新、隨時在做研發，不然公司的競爭條件是不夠的，因爲我們不是只針對設計師一個人，而是針對所有的客戶群，他會對每個客戶所需要的方便去做更改，那你說要歸納出哪些創新和做法，事實上是隨市場做變化，那反而會比制式化還要來得快很多。**」至於一般的消費者想要跟禾邁訂製的話，可主動尋找配合的設計師訂購產品，或向禾邁的合作夥伴聯繫訂購事宜。

至於禾邁工廠的生產流程，一開始跟客戶確定好產品設計後，由生產管理部門運用ERP系統進行生產排程規劃，以確保產品能如期交貨至客戶手中；再來由拆料人員與客戶進行設計圖圖面的再確認，確保接下來所要生產的產品符合客戶要求規格；之後拆料人員會拆解正確且精準的生產尺寸交付現場開始生產步驟，而且在專業軟體的輔助下，生產的效率與準確性都會有所提升；緊接著運用精密且精準的裁板機進行裁切，以此生產出有著正確尺寸的板材，並減少板材的耗材率；再來使用熱風型封邊機幫裁切好的板

材進行精密的封邊，除了保護板材外，還能使板材同時兼顧美觀和防止銳角傷人；最後操作機器進行鑽孔和造型加工後，就可以進行出貨前品檢與清點，沒問題的產品透過貨運公司送到客戶手上。

周董事長回憶說：**「過去家裡、辦公室空間的裝潢，必須至現場與顧客討論，完成初稿圖經客人確認後開始買進一些板材，在現場實地施工，做客製化加工，但其施工期間往往時間長，又製造一些污染與噪音，尤其是當家裡、辦公室已有人員進駐，往往造成極大的不方便。系統家具因可避免以上這些噪音與污染的困擾，才在最近幾年廣受大衆的歡迎。其實認眞來說，系統家具往往是單一大量的生產方式，所以業者必須具備高彈性的配合度、靈活度高、應變性強等特質。」**

禾邁的板材進口來自歐洲，設備和加工品質都有著超一流的水平，這也是禾邁能在業界獲得高度的肯定、訂單情形比其他業者更好的原因之一。

但當請教周總經理禾邁廣受到業界好評的秘密武器是什麼呢？這時周總經理有點靦腆地說：**「其實禾邁最大的資產是我們有一群年輕的工作夥伴，他們平均年齡才30歲，因他們對於工作全心全力地投入，加上反應快、可以隨時做好訂單需求的應變。剛開始他們對於客製化的生產方式有點抱怨，但向他們說明這是客製化生產方式的基本要求，隨時變動是無可避免的，一段時間後他們已習慣這樣的生產方式。因此，他們不僅可接受這樣的挑戰，而且錯誤率也降到最低，這也是其他業界較難超越我們的原因之一。因爲其他業界有些是老公司、老工廠，員工平均年齡都超過50歲以上，在應變能力上的確有點困難。」**

禾邁因有一批靈活度高、配合度良好的優質員工，再加上公司執行精實管理，所以禾邁的訂單與客戶極爲多樣化，客戶包含了公司行號、設計公司、建築商、醫院、個人消費者等，該公司的顧客群分佈極爲廣泛，不管市場的面向、縱深的表現都很棒。

二、工欲善其事，必先利其器

禾邁深知「工欲善其事，必先利其器」的道理，所以當初公司內部所採用的設備和板材原料都是經過精挑細選的廠牌與外國供應商，以求能提供顧客一流的服務水平。禾邁的生產工廠裡所使用的機器設備是世界知名的德國HOMAG集團所製造的產品，該品牌在全世界板類製造商中算較先進的，而禾邁向他們訂做的機器有裁板機、熱風型封邊機、複合式加工設備和數據鈷孔機等，任何一項產品從裁板開始到封邊、鈷孔等都是由人員操作電腦進行精準控制，使其精準度達到最佳化，而人員也在旁邊檢查是否有瑕疵，也讓生產的每一個步驟都能夠嚴格控管，保證每一個生產產品的品質。

三、品質保證系統

禾邁所使用的板材原料也是經過精心挑選、自國外廠商進口的再生林板材，像EGGER、KAINDL等歐洲知名板材供應商，他們所提供的板材質量和品質都無可挑剔，貨源穩定且安心，價格也極爲公道，這些對於把消費者的感受放在第一位的禾邁來說，是最佳的板材材料；此外，這些廠商所使用的板材原料皆取自環保的再生林，並全面生產安全防潮、防火及無毒低甲醛標準的環保健康板材，能夠讓消費者安心使用並無後顧之憂。

除此之外，禾邁所使用的封邊條或是五金元件等，也都是使用國外進口的供應商所提供的，不管哪一項產品都是高品質、高規格的，讓製造出來的家具能夠在使用上更爲穩定、更爲堪用，使顧客對於家具的使用能有多一份的安心感。禾邁從工具機、板材等主要物件開始，一路到封邊條、五金配件等零件，每一項物品都是採用最高級品質、顧客滿意的原物料，再加上生產時工人的用心和精湛技藝，這讓禾邁每一項生產產品都可以有著高水準的品質保證。

關於禾邁的品質保證系統，周總經理回答說：**「品質是產品的生命，沒有品質的保證，產品的品質將會起伏不定，甚至到最後可能會落入『江河日下』的窘境。當初我們兩人會離開柏昀企業也是在使用板材、封邊條等原物料的品質觀點與原來老闆有不同的看法，我們堅持使用最好的材質、品質保證的零件，但柏昀的老闆認爲品質達某一水準就可以，成本是一大考量因素。但有一些零組件可能一開始品質還好，但穩定性不高，一段時間後常常出問題，雖然該原料只是小小的零組件，但最後影響的是一塊大產品的品質，譬如：封邊條本來只是一個小面積的裝飾條，但當封邊條損壞後，可能會影響大面積板材的表面翹曲，或產生脫落的情形。但當貨已到客戶手中，或是已使用1-2年的時間，這些問題都非常難處理，而且已造成公司品質掉漆的不好形象。」**

因此，**「當我們一成立禾邁就是要求最高品質，雖然有一些零組件品質比客人預期的高出幾倍，也相對會增加我們的生產成本，但我們可以給顧客一個最佳品質保證的產品，客戶使用安心、信心度高。其實我們有分析過，這樣的品質要求可以減少許多的客訴或整修的成本，對公司長期而言，反而是獲益更大。同時，在系統家具業，禾邁算是一位市場新進入者，由於禾邁對品質的堅持，好的口碑在業界慢慢地傳開來，禾邁很快地在短短3-4年中可以站穩系統家具的市場地位，並迎頭趕上一些市場先驅者。這也是當初我們兩位對品質的堅持、強化品保系統，而誤打誤撞的另一項成果。」**

這一切的一切，都是爲了確保給所有的顧客提供最優質的系統家具；也爲了顧及消費者的感受，只要生產過程中有一點點瑕疵，都會打掉重做，這種把消費者看在第一位的做法，就是禾邁能夠成功的因素之一。

四、生態圈服務系統概念

(一) 經營追求獲利，不忘做環保、愛護地球

「人類」是目前已知地球上唯一擁有知性、智慧、感性和自我認知的種族。雖然以生物學的角度來說，人類比許多其它的物種脆弱，但是人類靠著優秀的頭腦，運用各式各樣由前人所累積下來的知識、經驗，創造出許多創新器具的發明，以此克服先天上的劣勢，即使人類沒有利爪也可狩獵；即使沒有魚鰭也可造船隻、飛行器穿越海洋；即使沒有翅膀也可在空中飛翔。

也因爲這樣，時至今日人類的足跡幾乎遍及地球上所有的大陸。人類雖是一個極具高度智慧的種族，擁有著高度的創造力和想像力，卻也同時藏有著極大的破壞能力，爲了許多事物，譬如：金錢、種族、勢力、權力、宗教等問題，人類能夠毫不猶豫地侵略別國、破壞環境、泯滅良心，做出許多不計後果的事情來。而到了現在，人類雖然還是稱呼自己爲智性種族，卻依然極爲愚蠢地在破壞自己所居住的星球——地球。

雖然驚醒晚了點，但人類開始驚覺到了自己的愚蠢，人們終於發現如果再繼續破壞下去，最後先滅亡的將會是人類自己，連累了其他地球上大多數的生物而帶來浩劫。因

此，世界各國的政府或民間團體，才會疾呼愛護環境和讓地球永續發展的議題。這些議題，近年來不斷地被提及與倡導，這一切就是爲了讓我們人類的後代能繼續在這個地球上生存發展，而不是到最後，人類被自己所終結。

環保意識目前已經被大多數企業所認同，而禾邁系統家具也深知環境保護和地球永續發展的重要，所以在當初尋找板材材料供應廠商時，就極爲認眞地去了解他們樹木的來源和製造過程，以此來確認他們的上游合作廠商是否有做到環保。而他們的上游板材供應商幾乎都是使用再生林來做他們的板材材料，所謂的再生林，是由人爲去進行計畫種植後而砍伐的樹種，由於其爲計畫栽種後再進行伐木，所以對生態環境的破壞能夠降到最低甚至幾乎沒有，還可以增加森林的光合作用和森林的永續發展。

周董事長對於再生林有做過研究，他說：**「再生林的想法是歐洲在二次世界大戰後就開始廣泛流行，因爲早期工業革命時代、一次世界大戰和二次世界大戰對環境造成了許多破壞，所以歐洲對於環境保護可說非常重視，也因此再生林的循環生長和永續發展極爲受到青睞；而人工計畫種植的再生林多爲單一樹種，所以其樹種材料比從一般的森林中直接砍伐的雜質還要少，其品質有著一定的保證，也因爲他們是按計畫砍伐的，所以其生產量極爲穩定，且再生林這種不斷循環的生產方式受到世人的肯定，所以許多人會特別向他們訂購品質好、產量穩定的健康環保板材。」**

也因爲禾邁的上游板材供應商使用的是再生林，所以禾邁生產出來的家具品質和來源都不需要擔憂，環保實用也沒有健康問題，所以消費者在使用上能無後顧之憂。

(二) 碳足跡策略

近年來，碳足跡已慢慢受到先進國家政府的重視，禾邁是一家系統家具生產工廠，需要使用大量的電力、原物料資源來執行專業代工的生產項目，其過程也會排放一些廢棄物及二氧化碳等，尤其近年來政府提倡非核家園，爲降低核能發電廠的使用量與不再蓋新核電廠；相對須利用其他原油、天然氣、媒碳等材料來燃燒發電，容易造成空氣汙染、碳排放量的增加等情形。

這一點周董事長也有相當的認同感，也想著如何彌補碳足跡的問題，周董事長說：「**近年來，我知道一些大企業已朝著減少碳排放量在努力，因生產東西需要用到電，就會有碳足跡的情形發生，所以一些先進國家已開始實施碳足跡的罰鍰政策。雖然目前臺灣尚未立法要求製造廠商確實執行減碳足跡量的對應措施，但生產出來的產品要求須標示碳排放量。因此，減緩碳排放量是必行的一條路，所以最近禾邁也在思考如何向有種植森林的大戶購買減碳量的樹木面積、顆數，以備將來需求有一應對的措施。**」

所謂有備無患，相信周董事長有這樣的構想與準備，在不久的將來如果政府強制實施碳足跡政策時，禾邁已做好最佳的準備迎接新政策的來臨。

5-3 行銷從實體走向虛擬情境

古人曾說過：「唯一不變的東西就是變」，世間上的人、事、物無一不是在變動的，幾乎沒有任何東西是處於永恆的，任何萬事萬物都有著從展現的舞台退出的最終宿命論。「變」這個現象從宇宙開闢以來就不斷發生，而有關「變」的觀點在很早以前就已經出現了，這個概念眞的非常適合用來形容現代的科技社會。

我們現在所處的是一個科技快速發展的時代，而這科技發展的速度讓人感到不可置信。互聯網（網際網路）的發明在1970年代就已經出現，到了1990年代就有了世界上第一個網頁瀏覽器和網頁伺服器，到了2010年網際網路已經是全世界普及的資訊科技；而人類的第一支智慧型手機是在2007年問世，發展至今日早已是人手一支；Wi-Fi更是在近十年內快速發展，到了現在已是大多數的人可以使用手機在任何時間、任何地點進行上網的時代，也因爲網際網路的便利性和未來發展的主要趨勢，人類的生活早已與網路息息相關，並從中延伸出許多運用網路達成便利生活的新技術。

一、虛擬通路

這些科技技術的發展都是近20年才開始推出的，現在已經爲人類的生活帶來巨大的變革，這在人類的歷史上是前所未見，未來，網際網路依然會是人類發展的重心所在。由於網際網路的普及化和便利性，使得網路的用戶每一天都在增加中，有許多人看出這些網路的用戶會是一塊龐大的市場，所以有許多產業都會運用網路來進行新的服務，譬如：網路行銷、網路拍賣、網路訂購等，運用網路可以增加他們的營收項目，也可以迅速擴大他們的產業面向，也因此電子商務這個領域在近幾年內快速崛起。

禾邁自然也看出了網路銷售所能替公司帶來的商機，禾邁也不想錯過這場另一市場模式的競爭，所以也積極在進行準備中。周董事長說：「**雖然我們也體認到要在虛擬的網路上販售家具有許多問題點要克服，如家具的大小、體積、架構等，很多人依然喜歡到實體店面去看、去摸這些家具類產品，比較有切身感；但這並不代表禾邁要放棄網路市場這塊餅，現在有許多家具業者都已經展開在網路上的銷售平台，禾邁對自己的產品有信心。**」

周董事長接著說：「**雖然我們不是第一個在網路上做家具銷售的公司，可是我們希望能是業界第一個運用網際網路科技，在線上提供客製化服務的系統家具公司，因爲只要有買房子的人，都會用心去了解家具產品這一塊市場資訊，所以禾邁依然有機會去進行所謂虛擬的通路。**」因此，發展電子商務平台將是禾邁下一步必須克服的問題。

禾邁爲了要做好電子商務平台，特別另外成立一家公司「雅客家具」來處理虛擬介面，然而想要發展電子商務平台，自然也需要做好足夠的準備工作，禾邁本來就有在使用ERP企業資源規劃系統，並有專門的科技人才負責程式窗口和軟體的修整，該系統可以幫助公司對所有的人、事、物、資源進行合理且有效率的規劃，像是能在物料不足時即時補貨，或是規劃出具有效能的生產排程，讓產品能夠準時出貨，也可以幫忙計算需要多少存貨等事項。

總之，有了ERP系統後可以迅速應對各種管理上的要求，以及減少、矯正失誤的發生，並及時提供資訊讓決策者做出正確的決擇，這對於禾邁未來在進行電子商務上，ERP系統可發揮相當大的輔助功能，也是必不可少的一環。

二、外包（outsourcing）

由於禾邁的股東們對於網路科技這領域不是很熟，因此周董事長就說：「**老實說我們兩位對資訊類的領域並不擅長，也因爲公司規模並不算大，所以沒有辦法培養資訊類的人才，但這並不會阻止禾邁建設電子商務平台的決心；禾邁在清楚知道自己的弱項後，決定把這些事物轉交給專業人士處理，也就是所謂的外包（outsourcing）。**」

外包作業在市場上可以說是非常常見，畢竟沒有任何人或任何公司是能做到完美無缺的，將自己不擅長或沒有工作效益的事物發包給外面廠商，可以使公司的效率和效益都達到最高，公司本身雖然需要支付額外開銷，但其所能帶來的經濟和時間效益卻都比自己動手做還要來得龐大，也因此眾多公司會以外包的方式來達成公司的目標。

禾邁也是如此，以禾邁公司的狀況來說，與其花費時間和金錢來培養科技平台的人才，直接外包給擅長這方面的公司才更具有效益；所以禾邁特地請了有建設電子商務平台經驗的顧問公司來負責平台建立、廣告行銷和美編製作，而禾邁自己則負責產品的製造、行銷和公司的經營，藉由機會成本的概念，每一個人都能負責最擅長的部分，並在各自專長做最佳效率的發揮。

這個從實體走到虛擬的改變，將讓禾邁的行銷和經營模式有所改變，周董事長接著說：「**現在系統家具屬於被動市場，必須要等客戶上門來才會有生意，可是當我們能在網路上互動的話，就可以進行主動出擊，能夠主動讓消費者去了解產品，之後就可以直接進行詢價、訂購，這與過去業務模式比較不一樣；而我們的銷售方式也會有差異，因爲消費者在了解產品之後，他就可以直接下單，下單的話我們就會少掉跟設計師溝通和協商這塊，這樣我們的互動模式就變成是B2C了。爲了迎接電子商務平台的客群需求，我們會提供有設計規劃能力的成員，在平台上提供圖面規劃與溝通的服務功能，這樣可使禾邁更進一步貼近消費者。**」

這些改變能讓禾邁逐漸跟上現在市場的主流，朝向虛擬通路的世界前進，至於之後他們在電子商務上的表現則得要看禾邁未來的努力了！

5-4 未來發展

願景是引導公司向前邁進的一大方向，一家公司就如在汪洋大海中航行前進的船隻，而公司願景就如引導公司前進的燈塔，有了燈塔才不至使公司在航行中迷航。而目標即是要達到彼岸的一項指標或方法，所謂「目標正確，路就近」。

禾邁的願景與目標是否清楚就顯得格外重要，周董事長最後說：「**講到禾邁的目標和願景，就是把生產的產能跟營業額繼續衝高，讓它達到一定的經濟規模，最好是幾年內能成爲臺灣系統家具的龍頭。達到一定的經濟規模後才有辦法跟國際市場競爭。因爲臺灣市場不大，如果沒有一定的經濟規模，就沒有辦法支撐起這整個生產製造業，當有了一定的製造規模後才有辦法跟其他國家的同業競爭，目前是用這種方式來做爲公司的願景。目前公司的目標是設定每年有15-20 %的營業額成長，3-5年後禾邁在系統家具業不只營業額最大，也希望占臺灣系統家具業產值的50%以上。**」

周董事長思索一下，繼續說：「**禾邁的眼光並不只侷限在臺灣，公司在設立目標時，就已經決定向國際市場邁開自己的腳步；我們也看到東亞、東南亞等地區的開發中國家，隨著本國內經濟的起飛，生活水平也跟著提升，年輕人想要建立一個舒適的家，或有能力改善居家生活環境時，他們就會考慮引進組裝方便、美麗大方的系統家具，所以國際市場還具有非常大的潛力與空間。**」

5-5 有夢最美，築夢踏實

「有夢最美，築夢踏實」，人類在建立夢想時本來就應該盡量選一個偉大的夢，人因爲有夢想才會有動能向前邁進，之後才來一步步完成所有的步驟，築夢途中一定會遇到一些困難或障礙，於是排除路上的一些困境，一個接著一個的問題被解決後，回過神來時自然就已經抵達最終

的目標。而且果實是如此甜美、過程是驚滔駭浪，雖有刺激、有危險，但你已經一一克服這些問題，並獲得莫大的成就感。

當話題帶到公司的未來走向時，周董事長平靜且充滿自信地補充說：「**談到公司未來的發展方向，禾邁還是會以經營製造爲主；那是因爲現在有很多的設計師或是製造業的工廠，會因爲製造的利潤太薄而想尋求其他的收益，也因爲設計師或行銷這方面利潤比較誘人，導致很多製造業的工廠都跑去做一條龍的產業，就是連設計、製造、行銷都一起做；以禾邁公司目前的營運方式，並不考慮這方面，我們依然考慮專攻製造、加工這一塊，也就變成提供設計師一個較強而有力的生產後盾。不然設計師變成跟工廠競爭的話，也不是一個良好的競爭模式。**

所以，禾邁是提供這樣的商業模式讓設計師來下單，要不然設計師以後的競爭對手絕對不會是同業設計師，而是跟工廠；雖然這樣一條龍的生產模式利潤極爲誘人，但製造業如果想到那一塊的話，人事與做法就必須要改變，假如人事與做法改變的話，工廠的經濟規模就沒有辦法擴充到相當程度，所以短期內禾邁並不打算做這樣的發展計畫。」

的確現在有許多的公司或工廠會進行上下游整合，以此來擴充自己的事業版圖或增加利潤；而禾邁雖然有能力進行整合，但周董事長經過深思熟慮後依然不爲這些利益所動，決定專心擴增自己的生產製造業規模，這是一條與多元化發展完全不同的方向，禾邁打算以單一專業化向多元化發展的工廠進行挑戰，因此，前面專業生產、加工的道路還有種種障礙，需要兩位周先生同心協力去克服它！

5-6 理論探討

一、系統化家具

禾邁系統家具公司如字面上一樣，是專門販售系統家具的，儘管他們只是一家小企業，但運用系統家具闖出了一片天，相信很多讀者會好奇這系統家具究竟是什麼呢？它們跟傳統的家具業又有哪些方面不一樣？

首先要先回答何謂「系統」。「系統」是指有著高度相容性且彼此可以自由組合搭配的模組化元件。而系統家具則是由工廠大量製造的各種制式組件組裝而成的家具，許多各部分組件透過工廠的「系統化」大量生產，並且彼此之間可以互相搭配組合，主要元件可包含：門片、板材、五金，有些家具像電視櫃，還可以再搭配像是檯面等元件；通常會由設計師畫好設計圖後，確定好所需要的材料元件，再由施工人員到現場親自進行組裝，由於板材和五金的部分，之前已經在工廠事先裁切好了，到了現場只需組裝即可，並不需要進行施工（通常由工人到府服務，當然如果較簡單也能親自動手DIY），可以避免切割時粉塵亂飛的問題，且節省了許多的時間。

通常系統家具或系統櫃會比一般的家具有著更多的優點。首先因爲其板材已經在工廠裁切好了，所以運送到家裡只需要組裝就行了，比起一般需要進行裁切的家具，它反而不會有粉塵汙染；系統家具材料是已經材切的，也不需要貼皮、上漆，所以施工時間比一般木作家具還要短；再來如果之後需要搬家、送人或是想要進行重組時，系統家具可以輕易地進行拆卸並在之後進行組裝，但是木作家具卻無法如此簡單拆裝從組。

至於價格方面，一般木作家具會因爲師傅的等級而有價格差異，而所使用的材料也會因爲品質而有價格高低，加上油漆費等，整體下來會比同樣規格的系統家具還要貴，而系統家具則會因爲板金零件和板材的材料而有價格差異，除非是使用了較高級的材料，要不然整體來說系統家具會比同樣規格的木作家具還便宜；至於保固期和家具使用年限的部分，系統家具都會比普通木作家具還要來得持久耐用；由以上這幾點來看系統家具比一般木作家具在未來家具業中較有競爭優勢，當然也不乏有喜歡使用傳統木作家具的人，但系統家具在未來市場需求絕對會成爲主流。

圖表5-1　傳統木作家具與系統家具之比較

項目	木作	系統家具
1. 施工時間	木作需貼皮、上漆等工序，因此施工時間比較長	在工廠統一裁切製作，現場組裝，無須上漆，省時省工
2. 環保議題	大部分需要貼皮、上漆，雖然目前已有環保塗料可選擇，但其黏著劑是否環保較受質疑	2008年起臺灣的塑合板（系統家具的板材）都必須是E1級的低甲醛材質
3. 粉塵汙染	必須現場施工，因此粉塵汙染嚴重	在工廠製作，現場組裝，無粉塵汙染
4. 五金搭配	五金選擇因人而異	有系統化的五金配套可搭配
5. 拆裝重組	通常無法拆裝重組	可以拆裝再組合
6. 量身訂製	可量身訂製	可量身訂製，但部分產品受限於尺寸須與其他工種結合
7. 造型變化	可以做出3D立體造型	透過設計，可做出厚度不同的2D造型變化
8. 使用年限	20年以上（若無防蟲處理，可能減少使用年限）	20年以上（有防蟲效果）
9. 保固服務	一般木作裝修提供一年保固	一般系統供應商提供5～10年保固

資料來源：設計家https://www.searchome.net/article.aspx?id=22022

系統櫃從訂製到組裝完成，其步驟流程大致如下：

1. 步驟一：空間丈量

客戶如果是想要自行訂購的話，可以先自己丈量空間，以此來確認自己的需求與需要的系統家具尺寸；若是委任設計師或者廠商做整體規劃的話，對方就會派出專門人員親自到府丈量空間。

2. 步驟二：規劃平面與立面的空間

設計師或廠商會先到現場討論客戶的櫃子所需要具備的功能與尺寸，並於現場丈量完後再回去製圖。設計時任何櫃體，都需要思考整體空間尺寸，包含門、窗、牆面以及天花板等尺寸；還需要考慮到電線插座的位置、動線的安排、顧客平時的使用習慣及需求等。至於已經在家放置的一般衣櫃、書櫃等櫃體，在丈量櫃體與整體空間的時候，通常都要注意面寬與高度，這些都得要預留尺寸與整體考量。

3. 步驟三：訂購板材、五金與配件

當雙方都確認好櫃體所需要的功能、外觀、板材或裝飾都沒有任何問題後，設計師或廠商會再將規劃好的設計圖送給工廠，他們會根據圖上所準備的板材和設計進行製作與裁切，以此來將模組材料生產出來。

4. 步驟四：運送到府

之後廠商會將材料送到客戶家中，會在那邊進行家具的組裝；當模組材料進駐時，通常要注意板材的大小是否能夠進出客戶家的電梯或樓梯，以免造成材料和客戶家中的耗損。

5. 步驟五：現場組裝

到府安裝的家具組裝時間，通常會因為數量多寡和組裝的複雜程度而有所不同，若是以30 35坪（三房兩廳）的住家裝潢來說，施工期可能會是三天到五天不等；完成後的系統家具，多半會以矽利康膠來加強櫃體的固定。

禾邁系統家具採取的是客製化的系統家具服務，通常顧客會在事前跟設計師下訂單，由設計師這邊根據各種顧客要求，來規劃出適合的家具設計圖，之後再由禾邁系統家具根據設計圖來準備所需要的材料和板材，並依據需求事先進行加工處理，最後在約定好的日期把家具模組零件帶到客戶家中，並幫助客戶進行組裝，在之後驗收沒問題了才正式結束。

禾邁系統家具就是靠著這樣的模式來為他們增加營利，而他們的木頭板材是使用歐洲自栽種的再生林，其樹種質地非常好，而其所使用的各種機具也是由歐洲進口，品質可謂極為優秀；工廠也有通過ISO的認證，讓消費者使用時能夠放心；也因為他們是屬於客製化，這也使得他們不斷創新、不斷研發，只有這樣他們的技術才能跟得上，也只有這樣他們才能完成各式各樣的顧客要求；最後其價格也絕對不會比一般的木作家具還貴，品質好又可以讓消費者安心購買和使用。

二、專業分工

禾邁系統家具看準未來網際網路將會是一個巨大的市場，所以打算運用電子商務開啓他們進行網路貿易的大門，但他們的規模屬於中小企業，所以並沒有辦法培養網路資訊類的人才來負責建構和維護網站，也沒有專門的行銷人才去幫他們負責網路行銷，就算真的花錢跟時間去培養人才，他們究竟要如何突破這樣的困境呢？

所謂的分工是指個人、團體、公司甚至國家，各自去做自己所專長的事，並從中使整體的利益能有所提升；通常專業分工是會選擇做自己機會成本較小的事，這同時也加快了每一個人的工作效率，雖然分工也會因爲生理條件和社會經濟而有所差異，不過最主要的目的依然是加快生產的效率，使得整體實力能夠迅速提升，分工也是人類經濟能夠進步的重要關鍵。

對各個產業來說產業的專業分工是極爲重要的，畢竟每一個產業都期望能夠讓自己的利益最大化，能夠做自己機會成本較小的事，自然是能增加利益的，這還除了增加生產效率外，也能使自己在該領域更精益求精，而專業分工也可使互相合作的夥伴效率與利益能夠有所提升，並互相補足自己所缺乏的事物。

資料來源：http://www.tlsh.tp.edu.tw/~t127/industrytaiwan/indu12.htm；本個案自行繪製

圖5-2　國際分工的方式（以NIKE運動鞋為例）

禾邁系統家具本身並沒有設計電子商務網站的專業人才，也沒有專門的行銷人才來負責行銷推廣。所以當他們要進行網站架設與網路行銷的時候，就決定將這些事務交給專業的公司，這樣雖然要付出金錢，但比起他們花時間跟金錢來自己培養這樣的專業人才，雇人來幫忙所花費的代價小了許多，禾邁他們不用煩惱這些事情後，可以花更多的時間和精力在自己的專業上，以機會成本的角度來說他們這樣子所得到的利益絕對是較大的。

這樣的案例在中小企業中屢見不鮮，它們通常不像大公司有能力在擴展新業務時，還能一邊培養新的專業人才，通常中小企業都是跟其他廠商合作或以外包爲主，較能夠節省成本。透過分工合作來完成預完成的工作項目，因此在電子商務平台的建置上，禾邁將透過尋求外包商合作，利用其專業的能力可以在較短的時間內完成禾邁所預期的工作進度，創造雙贏的局面。

三、工業生產專業化

禾邁系統家具規模並不算大型企業，大型家具業都有著龐大的工廠跟生產規模，可以爲他們帶來大量的家具產量與無數的利潤，這使得市場上充斥著許多大型家具業者的產品，像禾邁這種規模較小的產業，必須在這一片市場中生存下去，他們究竟該如何做呢？

所謂的專業化，就是部門中根據產品生產的過程而對其加以分類，並從中找出各自部分的業務；而工業生產專業化是指從事工業生產活動的企業、個人，不斷精進同類型或專業生產的過程，可說是一種生產集中模式。

19世紀時隨著科學技術不斷的進步，生產已經逐漸往專業化發展，甚至出現能壟斷市場的企業，20世紀末，產品專業廠已劃分爲主機廠、製造廠或組裝廠，通常一個廠只要負責產品的關鍵零部件的製造或是零組件的裝配即可。

工業生產專業化有以下幾種作用：

1. 降低生產成本。
2. 利於讓產品和技術更新。
3. 增加了勞動生產的效率。
4. 使得生產管理更容易標準化和制度化。

但工業生產專業化也是有缺點的，不斷重複做相同的生產活動很容易讓工人感到無聊因而降低熱情；專業化的關係，使得許多工人只掌握少數技能，使其工作流動較爲困難。當然這些缺點可以藉由跨部門的輪班制加以改進，雖然有可能會有交接不適應或生產效率降低的問題，但可以改善以上狀況。

工業生產專業化的形式有以下幾點：

1. **部門和行業專業化**：指特定從事該部門或行業的專業化生產。

2. **產品專業化**：該企業只以一個或少數幾個產品爲主要生產對象。

3. **零部件專業化**：主要以產品零件爲主要生產對象，通常一個企業指專門生產產品中的一個或數個零件。

4. **輔助、服務生產專業化**：也稱技術後方專業化，是把某些服務性以及輔助性生產分化出來成爲專門化工廠。

5. **工藝專業化**：是將各種專業工廠中有著同類工藝的聚集起來，以便組織專業化生產，通常只負責產品的部分工藝。

工業生產專業化可以集中且大量生產同類型的產品和零件，以此產生龐大的經濟規模；而採用先進的專業化設備跟專業的技術人員能夠增加生產效率，以及方便進行生產管理；而在專業化的過程中也可以帶動產品或是製造零件的技術提升，甚至能在過程中創造新的產品。

禾邁系統家具並沒有像大型家具工廠那樣大量生產各式各樣的家具，他們最主要生產的產品爲系統廚櫃和系統廚具，並專門製造平板類家具；雖然因爲其爲客製化家具所以不會有超大訂單，但他們不斷對其系統廚櫃、廚具、平板類家具進行專業化生產，由於只有專業生產這幾樣產品，使其可以運用這些來賺取利潤；並因爲他們是專門生產客製化家具的關係，必須不斷完成各種顧客要求，所以他們每一天都在進行創新與創意，以此來滿足該市場的顧客需求，能滿足市場的顧客需求，就是專業化生產成功的關鍵。

四、客製化服務

目前市面上許多的家具業都像罐頭工廠生產罐頭一般，在生產線上不斷生產同一類型的產品，以此生產出龐大的產量，這些制式化家具，能夠帶來龐大的經濟規模和生產專業化，但禾邁系統家具卻不採用這種生產方式，而是改成使用客製化家具來進行生產，究竟客製化有什麼樣的魅力呢？

長久以來不管是什麼行業，他們都志在爲顧客提供最好的服務，隨著科技的發展，各種生活品質逐漸提升，對顧客的服務自然也不斷在進化，時至今日企業在提供各種服務時，會選擇兩種策略，一個是「標準化服務」，另一個則是「客製化服務」。標準化服務乃是考慮到大多數顧客之需求，以此來設計一常態標準之服務；至於客製化服務則是針對各別的個體，特別爲其量身訂做所想要的價值或服務。

許多人對客製化或標準化的定義並不相同，但他們通常分屬兩邊，企業在爲顧客服務前，會先考慮要提供什麼樣的服務，在不同的市場環境下他們會考慮究竟該採取偏向標準化還是偏向客製化的策略，通常這些策略依據偏頗程度大致可以分成五類。

1. 完全標準化（pure standardization）

通常該商品設計是以購買量最多的客戶爲主，不太會因爲不同的顧客需求而有所區別，其生產模式通常會大量製造標準的零組件，並有著一套標準的生產流程，商品通常能大量生產且價格便宜。例如：日常用品。

2. 部分標準化（segmented standardization）

會根據顧客屬性而有著不同的市場，他們會根據差異設計出不同系列之標準規格商品，使得不同要求的顧客可以買到符合他們需求的標準規格商品。例如：同一種的速食麵但有著不同口味。

3. 客製標準化（customized standardization）

該項的設計與製造仍採標準化，他們會大量製造數十個標準模組，並讓顧客在有限的零件中進行組合，所以組裝是屬於客製化，又被稱爲模組化（Modules）或是結構化（structured）製造。例如：Subway的潛艇堡可以讓顧客從他們所有的麵包、生菜、主菜上去進行搭配。

4. 訂作客製化（tailored customization）

此處的製作方式是提供顧客多種標準設計的選擇樣式，然後會依據顧客的個人化需求或是喜好來加以調整，生產者僅保留初始的設計概念。例如：名片的訂製或是室內設計等。

5. 完全客製化（pure customization）

完全客製化通常是在接單後才進行生產商品的流程，顧客能夠完全依照自己的意思進行設計、製造、裝配與運送，可以說是完全個人化的商品。例如：像房屋的建築師完全按照顧客的要求來蓋房子。

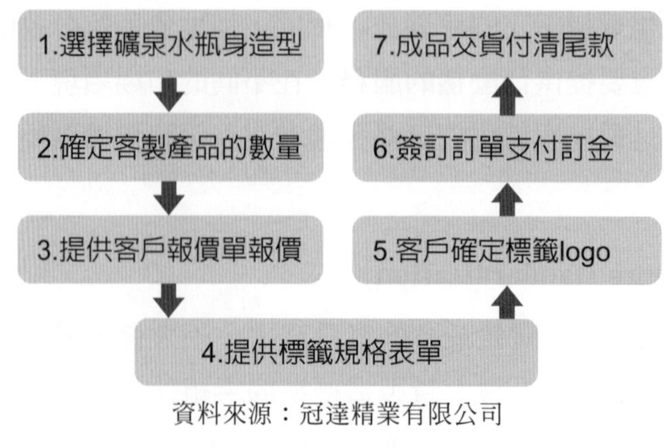

資料來源：冠達精業有限公司

圖5-3　客製化流程說明

目前遵從顧客的要求和隨著市場進行改變，已經逐漸變成現在市場上的主流，不管其生產模式是偏向客製化還是標準化，都必須要對其產品、服務和生產技術進行不斷的創新以及開發，如果企業想要能夠永續經營的話，不斷的創新與研發是極爲重要的，如果停滯不前的話，很容易就會被競爭者給追上，所以必須以此來保持自己本身的競爭優勢。

禾邁系統家具的生產模式較爲偏向客製化，他們從設計師手上拿到設計圖，再根據設計圖進行生產、製造和組裝，並運送到客戶家；因爲其使用的原料板材爲國外進口的，品質非常好，而且能夠客製化，再加上禾邁所販賣的價格不會比市面上販售的家具還貴，所以能夠在市場中站穩腳步；而禾邁系統家具因爲是客製化家具業，所以得要能夠完成客戶與設計師的要求，這也使得他們不斷地創新、不斷地研發，可以說是順應著市場去做改變，這使得他們能夠在市場中跟著別人競爭，並從中生存下去。

五、電子商務

目前電子商務是許多公司致力發展的主要項目，不管在哪裡都可以看到他們對電子商務的投入，禾邁系統家具當然也打算跟上這股風潮發展電子商務的商機，但他們在這之前對此完全沒有接觸，而這讓大家瘋狂跟隨的電子商務到底是什麼？禾邁又要如何發展電子商務呢？

電子商務又簡稱爲電商，狹義的電子商務通常是指利用網際網路從事商務活動；廣義的電子商務則是指使用各種電子工具從事商務活動，這些電子工具包括電

報、電話、廣播、傳眞、電視、電腦、網路等現代系統；商務活動指的是各種平常就很常見的販售、交易、服務、洽商等；簡單來說電子商務就是把現在很平常的傳統商務活動搬到網際網路上來進行，以此來達到增加便利性、交易速度、節省時間、增加顧客群與擴大商業模式等。

電子商務通常會有許多相應的技術來對其進行支援，使得整個商務流程能夠更爲順利，這些技術包括網路行銷、線上事務處理、電子貨幣交換、電子交易市場、供應鏈管理、電子資料交換（EDI）、企業資源規劃（ERP）、存貨管理和自動資料收集系統。以上這些也會使用到許多的資訊科技，包括網際網路、電子郵件、行動電話、個人電腦、資料庫和各種商業系統等。

而在電子商務的發展下許多商業貿易的模式已經改變了：

1. 因網際網路的便利，地理空間已經不是限制，這使得顧客可以足不出戶，在任何地點、任何時間進行交易。
2. 因網際網路的發達，許多人可以自由地進行貿易，能夠大大加深商品的曝光度，也有人從這之中開發了許多潛在顧客，但也因爲過於自由和容易的關係，所以未來B2B、B2C，甚至C2C的交易會變得更頻繁，且競爭更爲激烈。
3. 隨著電商發展現金交易，在未來也會逐漸被電子貨幣所取代，線上的交易與金融活動會變得更加頻繁。
4. 資訊的價值會提高，能主動提供顧客周全的資訊服務者，較有可能成爲贏家。
5. 在網路稱霸的世界中迅速改革已經變成王道，網路世界的變化速度很快，時常讓人來不及反應，如果依然使用逐漸改革的做法，會來不及搶佔先機，只有快速的全面變革做法，才能快速佔領市場。
6. 人力資源的定位將會被重新分配，在電子商務的時代，許多的事務都可以由資訊科技來進行協助，自動化設備更能加速生產效率，一些附加價值較低的工作可能會被機器取代；而擅長資訊科技或是擁有知識經濟的人才可能會逐漸受到重視。

企業要進行電子商務時，並不只是單純把目前實體商務的東西丟到網路上賣，也並非一定要在實體世界，在虛擬世界也可以做得到；實體與虛擬的營運模式絕對不相同，可絕對不能完全用相同的做法來進行，而是需要網路人才與實體人才合作，才能成功推動電子商務。而在推行電子商務時虛擬與實體要各自佔多少比例，則需要各公司設定好其願景、使命、目標後，並從中分析公司達成目標所需的最好方法，在分析完公司的處境和產業模式後，才能以此來制訂電子商務的策略。

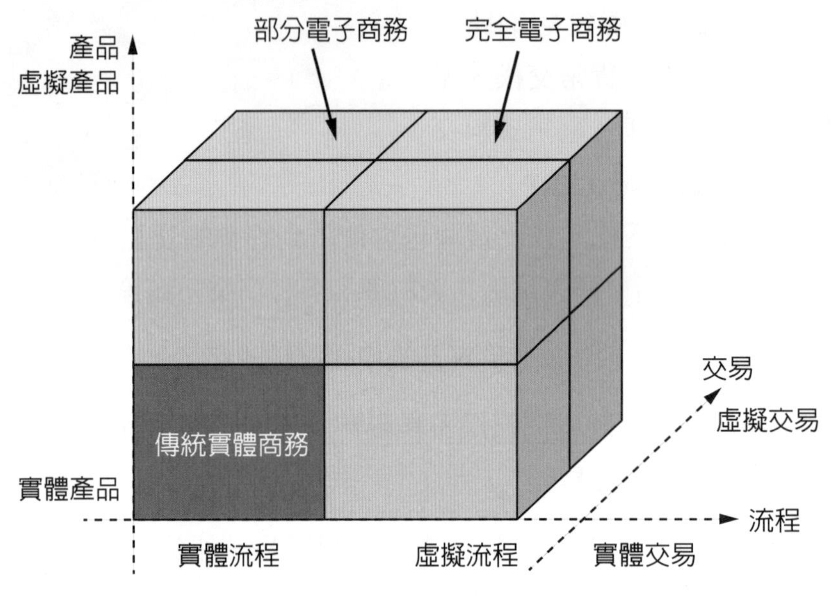

圖5-4　實體與虛擬電子商務之營運模式

禾邁系統家具看出了電子商務在未來所具備的優勢，所以也打算讓自己能夠參與其中，他們為此另外成立了一家新的公司，專門進行電子商務的業務和營運，雖然他們不是第一家運用網路販售家具的公司，但他們希望能是業界第一個使用系統櫃在線上做客製化服務的公司，這同時也是他們的願景。

當然他們也知道自己在資訊科技這塊領域涉獵不足，也因此他們特地去找了一家資訊科技公司來幫助他們創建網路平台和解決許多資訊技術上的困難；至於網路行銷方面則交由行銷公司來負責處理這一塊。他們將不擅長的部分交由其他公司幫忙，自己則專心提出實務上的產業經驗跟產業中的各種營運模式，之後根據實體的經驗配合網路上的運作和行銷模式，從中規劃出一個最適合該公司的電商平台營運模式，也只有在實體與虛擬雙方相互合作與彙整下，推廣出來的電商平台才會成功。

問題與討論

1. 請說明何謂系統家具？系統家具在目前社會氛圍下是否爲一項居家生活上的最佳選擇方案？
2. 請問何謂專業分工呢？專業分工對目前產業分工進一步細分，讓每一區塊的廠商，可以透過專業分工發揮本身企業的強項，降低成本結構，過去國外有許多產業已有專業的分工程序？
3. 何謂客製化的服務？客製化的服務系統有何優勢？個案中禾邁公司的客製化服務系統有何特色呢？
4. 何謂電子商務呢？在E化的時代，電子商務有何競爭優勢？個案中禾邁公司爲何要發展電子商務呢？

資料來源

1. Lumpkin, G. T. and Dess, G.G. （1996）. Clarifying the entrepreneurial orientation construct and linking it to performance, Academy of Management Review, Vol. 21(1): 135-172.
2. Martin, M. J. C. （1994）. Managing Innovation and Entrepreneurship in Technology-Based Firms. Wiley publisher company press, 1994.
3. 系統家具的採購裝潢維基百科－設計家 Search home

   https://www.searchome.net/wikientry.aspx?entry=%E7%B3%BB%E7%B5%B1%E5%AE%B6%E5%85%B7%E7%9A%84%E6%8E%A1%E8%B3%BC#toc_1
4. MBA智庫百科

   http://wiki.mbalib.com/zh-tw/%E5%B7%A5%E4%B8%9A%E7%94%9F%E4%BA%A7%E4%B8%93%E4%B8%9A%E5%8C%96
5. MKC-管理知識中心

   http://mymkc.com/article/content/22447
6. 維基百科

   https://zh.wikipedia.org/wiki/%E7%94%B5%E5%AD%90%E5%95%86%E5%8A%A1

個案6

臺灣傳統產業
第二代接班人的困境——大熊工業

「大熊工業股份有限公司」由李偉剛先生與章自強先生於 1975 年創立。從事橡膠製業，主要營業項目為汽車風扇帶、V 型三角傳動膠帶、並聯膠帶及膠帶機器設備。大熊公司秉持著「領導市場冠軍企業，品質、效率、給顧客最好的」願景，「好，還要更好」向來是大熊公司所追求的理想。

近年來，由於第一代創業者年事已高，而第二代接班人理念的不合而造成經營管理上的衝突，導致交棒出現困境。如何讓公司順利交接與永續經營，是大熊公司目前所面臨的嚴峻考驗。

作者：亞洲大學經營管理學系 陳坤成副教授

6-1 個案背景介紹

一、關於大熊工業

「在仲夏豔陽高照的炙熱中午，李董事長[1]舉步維艱地走在38℃高溫的廠房中，正巡視著他一手打造出來的眞正黑手工業的『三角皮帶製造工廠』。三角皮帶是傳統機械傳動的必備零組件，是一般機械工業、汽車工業不可缺少的零件。這次巡視廠房，距離上次時間倏忽已兩個月，也是李董事長生了一場重病後第一次巡視廠房。

那十分熟悉且親切的打招呼聲『董事長好！』一路此起彼落，而當每一次豐厚、富有磁性的聲音傳到他耳中，他總是露出那招牌式的微笑自然地回應。即使身體仍感覺有點不舒服，與一股莫名的重擔壓在肩膀上，但那些與他奮鬥三、四十年的革命夥伴，正是讓他挺身昂首走進廠房的動力。」

近年來，國際原油價格持續飆漲，連帶一些工業用周邊材料也跟著上漲；事實上，零組件與機械產品卻無法眞正反應成本的增加，促使許多生產製造業面臨極大的成本壓力。有些產品甚至需要以利潤、工資來彌補該部分的差價，而導致每家製造生產工廠硬撐硬幹、苦不堪言。

不忍創業維艱的事業劃上休止符，上下戮力同心、苦心孤詣地執著經營，懷抱著「寒冬已過，春天還會遠嗎？」的心情，看出很多臺灣中小企業翹首盼望從景氣寒冬邁向經營的春天。

大熊公司[2]身爲傳統產業中的一環，這些經營困境當然也無法避免。前一陣子當李董事長躺臥病床上時，正思考是否該關閉經營三十幾年的公司。這念頭不只出現過一次，然而每一想到那段披荊斬棘的歲月時，心中充滿著不捨，再加上那一群並肩打拚過來的事業伙伴，將面對中年失業叫他們情何以堪。然而人算不如天算，歷經一場大病下來，也讓李董事長深深感覺到該是退休的時候了。

---

1 本個案人物已虛擬化

2 本個案公司名稱已虛擬化

二、大熊公司的源起

「大熊工業股份有限公司」由李偉剛先生與章自強先生於1975年創立。從事橡膠製業，主要營業項目爲汽車風扇帶、V型三角傳動膠帶、並聯膠帶及膠帶機器設備。大熊公司秉持著「領導市場冠軍企業，品質、效率、給顧客最好的」願景，「好，還要更好」向來是大熊公司所追求的理想。許多臺商企業在大陸張貼著標語「今天不努力工作，明天努力找工作」。在這精神提振下，個個員工哪不兢兢業業拼業績？

大熊公司憑藉著「全員參與、品質至上、顧客滿意的服務」與愛護地球，節能減碳之企業責任方針，在「全員參與、污染預防、節能減廢、符合法規、持續改善」之最高經營指導原則之下，讓公司業務持續蓬勃發展中。

爲拓展事業，1992年進入大陸市場，與當地企業透過合資成立「常熟大熊公司」，運用策略事業部單位在1994年成立「上海上熊公司」。廠區營運於1995年成立「佳熊貿易公司」，負責營運大陸市場的接單與銷售，2008年更取得經濟部補助。獲得政府補助，是對大熊公司在橡膠產業方面努力的肯定。數十年來，大熊公司始終是穩定的經營狀況，隨著時間的飛逝，遇到了殘酷的現實考驗，大熊公司第一代的經營者屆臨年邁體衰、接近該頤養天年的時候。

這期間，公司準備交棒給第二代，戲劇化的過程充滿著曲折的抉擇與組織變革上的衝突。譬如：老一代與新一代工作價值觀認知的差異，無形中，在公司經營決策上產生極大的衝突，需要談判協商；國際市場的競爭日益激烈、產品獲利大幅降低，眼睜睜看著部分訂單毫無利潤可言、該訂單是否承接等類似問題層出不窮；又如因公司成立已有39年歷史，一些黨國元老從公司創立之初即進入公司服務，這批人員曾經爲公司立下汗馬功勞，然隨著時空的推移、個人體力的衰退，難免工作效率不佳、單位成本增加，形成公司人事成本居高不下的窘困。要留下這批老員工或讓他們優退？老一代珍惜過去一起打拼事業的情感鄉愿，與現代管理思維的新一代產生鴻溝，諸如此類的決策衝突，都是新一代接班人章先生必須百鍊鋼化爲繞指柔的。

三、公司現況介紹

大熊工業股份有限公司創立於1975年10月，由李偉剛先生、章自強先生和兩位股東共同創立。李先生擔任董事長，章先生擔任總經理；李先生負責生產用機器維修和改良，章先生負責原料配方、產品製程、營業銷售及廠務管理。

兩位創辦人年紀大，有意培養接班人；又逢2010年李董事長生了一場大病後，增加了退休的念頭。經股東會決議，由第二代接任經營事業，暫定李董事長的兒子李大偉接任董事長特助，從事機械改進和產品研發；總經理章自強的兒子章吉祥接任總經理特助，從事業務開發和廠務管理。

經過兩年多的培訓，正要進入交接時，剛好碰到全球經濟衰退及歐債風暴，驟使大熊公司業績大幅衰退。新一代對於開拓業務和管理理念的不同，綜合一些個人的因素，李大偉猝然拒接董事長一職，也要老董事長一併離開公司；在2012年2月底李大偉先離開公司，接著父子相繼退出經營團隊。事出突然、令人匪夷所思，造成公司營運產生莫大挑戰，於是在2012年3月初，召開董事會全面股東改組，由章吉祥先生接董事長兼總經理，肩負起公司未來走向的重責大任。

章吉祥先生回憶當時的情景說道：**「原先廠內的一些生產設備都由老董事長李先生在負責，生病期間慢慢交由李大偉來處理。公司對於過去的一些生產數據資料沒有保存完整，大多是在老師傅個人的腦海裡，或憑個人的經驗値在操作機器。可想而知，當2月份李先生父子兩位猝然地離職，使生產線上遭受到很大的困擾，公司必須請廠商重新提供操作機器的數據資料，儘速地將生產的數據一筆一筆地建立起來。慘不忍睹的是，有些機器的控制已老舊，也沒有留下機器生產時所需的操作資料，必得要重新建立資料，需花比較長的時間，等到資料建立完成時，控制器也是即將淘汰的時候。爲此，利用這次機會順便汰舊換新，換成新的PLC控制器，光這部分就讓公司額外透支新臺幣幾百萬元的開支，迫使一些生產訂單受到延宕。」**

章吉祥先生迎接突來的股東結構改變，沒想到原本只需扮演好業務經理的角色的他，短時間內接踵而至的生產、行銷、人事管理、公司決策諸如此類的事情，都必須由他來運籌帷幄；早先一批與李董事長於公於私、相交甚好的幹部與員工也頻頻思索他們父子突然離去的原因，而產生心理徬徨不安的情結，內心的澎湃大至解讀為章先生趕走他們，而產生與組織對抗的心理糾結。每時每刻、迎面而來地處理這些人事問題，點點滴滴、日積月累下來，讓章吉祥先生焦頭爛額、心力交瘁，疲憊倦怠感油然而生。

這時章先生嘆了一口氣說：**「每當下班回到家已經精疲力竭，留有一絲說話的力氣似乎也是一種奢侈，不自覺的，常常引起太太的抱怨，為何回來都不跟她說說話。事實上，我也了解太太一個人悶在家裡，很希望晚上先生下班後可以與她分享公司的一些事務，但一方面礙於第一代創業者立下了『內人不干涉公司事務』的先例，另一方面也覺得公司這些瑣碎的事務，倘若常常向太太訴苦，只是徒增她的擔心，也無法幫公司解決一些問題，眞是千山萬嶺我獨行、有苦難言。」**

想到小孩們都已長大，或到外地或出國讀書，章先生了解太太需要有人陪伴她聊聊天，潛意識裡，總是覺得那對他來說也是一種負擔。章先生仰望著天花板說：**「以前當業務經理時縱然有辛苦的一面，也還不至於像現在那種心力交瘁的感覺，最起碼回到家後暫時先忘掉公司的事情，可以好好陪陪家人；如今對他而言好像是一種奢望，我想這就是一個企業經營者的酸甜苦辣吧！」**

6-2 組織架構與扮演機械工業的幕後推手

1975年創立，初期是以國內五金行和機械組裝廠為主，剛開始因資金並非充裕，於是在臺中縣海線地區設立第一座廠房，面積也不大，剛好足以生產現有產品使用。

章自強先生回憶說：**「當年因股東資金也不是很充裕，於是就在附近的中部海線地區買了第一塊廠區的土地，當時附近到處是農田，種植一些水稻。到了傍晚，當日落西山、夜幕初上時，到處可聽到蟲鳴蛙叫聲；而旁邊一些沒有栽種的農地，已是雜草叢生，連走路通過都有困難，必須除掉一些雜草開闢一條小道才可通行，篳路藍縷、披荊斬棘的景象，眞可謂創業維艱、萬事起頭難哪！」**

60年代剛好政府大力推動基本建設，章自強總經理有鑒於此，積極參與政府機關採購招標或軍方採購招標。章總為要取得招標資格，必須具有相關工會會員資格，乃毅然加入臺灣區橡膠工會會員。

在兩位創辦人經歷了無數艱辛與努力，業務蒸蒸日上，於1980年1月成爲臺灣區橡膠工會一級會員。在已奠定好的根基上，產品品質精益求精，在原料進貨、生產流程及廠務管理都嚴格實施品管制度，使得產品品質愈趨穩定，並於1980年5月通過中央標準局品管甲等正字標記認證。

公司產品已獲得正字標記認證，產品愈發得到客戶的信賴，業務不斷地擴張，顯得舊廠房已不敷使用，很幸運地、很順利地就在公司旁邊購買土地擴建廠區，在1981年2月第二廠房落成啓用，並增加一些新的設備提高生產效率。產品品質得到肯定和產能的增加，順理成章也很有效率地積極開發外銷市場，無論核心能力、客戶關係、消費者目標群體……等的營運模式步上軌道，踏實地提高了公司營運量。

大熊公司爲迎接業務量的擴充，在組織上作了一番變動改革，以適應時代所需。其組織架構圖如下。

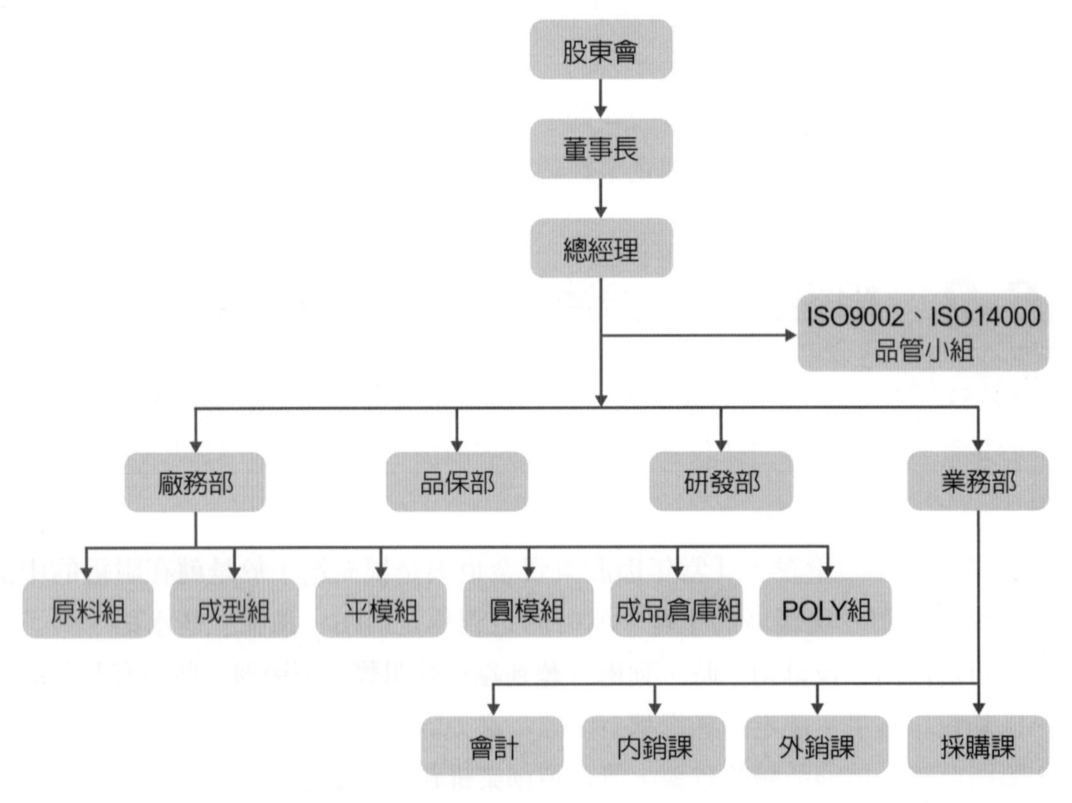

圖6-1　大熊工業股份有限公司組織圖

一、公司早期的設立

1975年創立初期是以國內五金行和機械組裝廠爲主。60年代剛好政府大力推動基本建設，章自強總經理有鑒於此，積極參與政府機關採購招標或軍方採購招標。

章自強略有所思地回憶道：**「回顧60年代百業蓬勃發展，可說工廠生產什麼、市場上就有顧客購買，尤其我們的三角皮帶是許多產業機器都會使用到，順應著政府正推動十大建設政策，需要非常大量的機器設備來加入建設行列；凡此，只要能生產出來、品質沒問題，銷售絕不成很大問題。**

凡事順其自然，那段期間著實搭著市場景氣的順風車，大熊的訂單絡繹不絕，也奠定了大熊在產業的基礎。盱衡全局，我們也看到軍方市場是一長久且穩定的生意，政府規定要取得招標資格，必須具有相關工會會員資格，爲此我們義無反顧加入臺灣區橡膠工會會員，以取得參加軍方採購招標之廠商資格。」

章自強先生又回憶說：**「產品品質是大熊的第一生命，基於這信念，我們始終恪守『一流品質、快速服務』的使命，讓大熊的品牌在黑手界受到肯定與信賴。**

以前生意往來，向來較老實也講信用，有時候貨還沒有出，就把貨款寄到公司來，這對新廠剛剛落成、需要營運現金可說幫了很大的忙，讓大熊的營運周轉金都沒有什麼問題；相對的，我們可以與原料供應商議價到較符合經濟利益的價格，對我們產品在市場上的競爭力可說幫忙很大，並奠定往後的基礎。」

講到這裡，章先生的嘴角微微往上揚，露出滿意的微笑。公司產品的品質得到認可和產能的增加後，下一步大熊準備積極開發外銷市場，提高營業額。

二、產品介紹與市場推廣

大熊公司主要產品爲V型三角傳動膠帶、汽車風扇帶、V型三角並聯膠帶、橡膠零件及其它橡膠製品，並專營膠帶機械整廠輸出。三角皮帶是產業機械的一根小小螺絲釘，舉凡機械的轉動必須透過三角皮帶的傳動才得於發揮其生產力，故許多工業機器都必須使用到該零件。

大熊公司產品的品質與生產技術不斷提升，均獲得國內外客戶青睞，內銷市場遍及全臺灣，於北部、中部、南部、東部設有經銷處，深獲好評，行銷網路深入基層工廠及大小五金行，除各經銷網路外，並積極與大型企業組織建立長期性合作機會，例如：與台塑、南亞、中鋼、國內各大家電廠、各機械廠等配合，積極開拓國內市場。

外銷方面，配合國貿局的外貿廣告、外銷雜誌廣告拓展外銷市場，也和貿易商配合，建立合作關係。目前銷售的國家有泰國、越南、馬來西亞、菲律賓、中國大陸，還有一些中東地區等國家。

三、公司成立初期的組織架構

初期公司的組織架構非常簡單，就是廠務部、品管部和業務部三個部門，每個部門主管都需兼任很多工作，例如：送貨——各部門相互支援，董事長和總經理還需跑業務和送貨，眞是「校長兼撞鐘」。

公司草創之初百廢待興，李董事長負責廠內的機械生產，還得分心力求改善一些生產技術上的困難，使在大量生產時能更順暢。而章自強先生則負責外面業務的拓展，即使大熊有穩定的客戶群，而且他們對公司的品質也非常有信心；不可避免的，在80年代後，一些新的競爭者紛紛出現，這些市場新進入者，爲取得訂單使出渾身解數，希望從大熊的手中搶走一些客戶，每思慮及此，偶爾章總經理也必須去中盤商那裡拜訪，除了寒暄問好、洽談商務之外，當然應酬也是少不了的商場禮節。

章自強先生回憶說：**「當時的時空背景因素，許多客戶喜歡吃吃喝喝，他們可利用機會好好享受一下美食饗宴，飯局中一定要喝兩杯才算是朋友。其實以前的人也不是只一味地想占便宜要你請客，反而是下次聚餐他們要出錢請客。基於這層的關係，一個月三十天，幾乎是50~60攤飯局；回頭想想啊，年輕時身體還可以應付，一旦到了年長時，倒是把身體都吃出問題來，尤其是天天喝酒，眞是會把身體搞壞。還好我們董事長也算是能喝酒的人，李董事長可幫忙擋一些酒攤，不然早就回天家報到了。」**

有的是這份革命情感，無論歷經多少風暴，原始創業者李先生與章先生可說親如兄弟，遇到在生意決策上雙方有不同意見，或許有爭執，但總是會相互尊重對方的意見，尤其是對外生意上的問題，李先生會尊重章先生的意見作爲決策依據，或乾脆就請章總經理去作決策。平心而論，兩位創業者可說合作無間、非常愉快，很少有衝突的事件發生。

他們的密切搭配不只爲公司決策模式立下典範，也在業界傳爲佳話。2012年2月發生李大偉先生驟然離職的事件，的確讓章自強先生感到不可理解與難過。環顧時空，公司總是要繼續走下去，當機立斷，就定在當年三月馬上召開股東會議，遴選通過章吉祥先生爲董事長兼總經理，繼續帶領大熊大步向前邁進。

四、股東的專業分工與合作

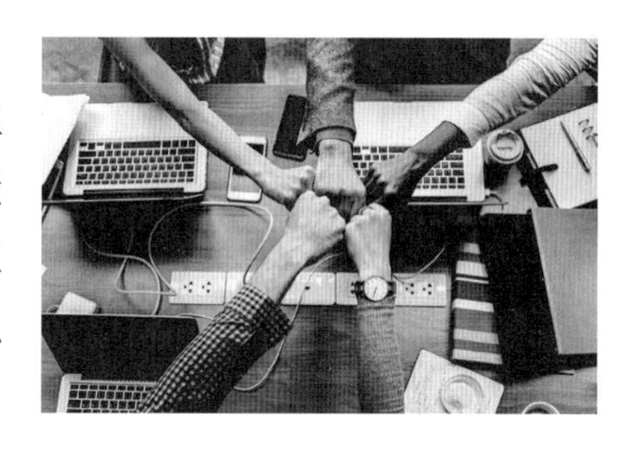

大熊公司初期股東有七位，董事長負責生產用機器維修和改良，總經理負責原料配方、產品製程、營業銷售及廠務管理，兩人辛苦努力工作，每天都在晚上十一點以後才會下班，幾乎以廠爲家、用心照顧員工並創造高績效。

章自強總經理回憶說：**「創業之初兩人都已有家庭，心理只想著這次的創業一定要成功，不允許失敗，況且當時還有票據法存在，只要一有跳票，馬上得接受票據法的審判；看過許多朋友因創業失敗、犯下票據法，最後都造成家破人逃的慘劇。**

這種殘酷的現實歷歷在目，我與李董事長常常相互加油打氣，創業必須成功；皇天不負苦心人，雖然創業過程難免遇到一些不順遂的事，「天公疼憨人」吧，然終究能迎刃而解，可以安然地度過、繼續經營下來，這都是要感謝那些一起打拼的老伙伴們。

目前我們都已六、七十歲了，可以說人生道路已快走了大半，到了必須交棒的時候，讓我們放心不下的是第二代接棒的問題。」

其他還有四位股東是高雄地區膠帶大盤商和五金行，南部的銷售任務就由這四位股東負責。另一位是北部某貿易商銷售人員。當初鼓勵他出來創業，成立北部銷售據點，負責北部銷售任務，這五位股東都沒有參與公司生產營運部分，全權交由董事長與總經理經營管理，他們負責南、北部的銷售業務。平時如沒事，每年召開股東會議一次，報告公司營運成效與下年度營業目標。

章自強總經理繼續說：**「數算其他股東，等於是負責公司臺灣市場70%的業務擴展，行銷的是自己公司產品，他們興致勃勃、非常認眞地推廣，使工廠管理者不用太擔心業務的問題。相對的，因股東本身是經銷商，對公司營運情形瞭若指掌，每次公司召開股東會都非常順暢與和氣，公司下年度欲推廣的業務或行銷策略，都很快受到股東們的支持通過。這也是我們公司經營的一大特色——以和爲貴、事圓則融。」**

長久以來，大家習以爲常或安和樂利，這些原始股東大都是謹守國內市場，對於外銷市場比較少涉獵，將來公司欲拓展國際市場，可能還需要尋求其他銷售管道，才能爭取較好的市場拓展機會。這也是新任董事長章先生要「經一事、長一智」的挑戰。

五、走過披荊斬棘的歲月

在開廠初期，因資金較不寬裕，只購買一些基本生產機械，董事長李偉剛先生盤算撙節設備資金支出，不停研發改良現有機械，使生產效能達到最大產量，然後以最低的成本，製造合乎自己使用的專用機械，增加生產設備，提升產品品質與產量。

總經理章自強先生負責生產製程和業務銷售，在製程方面，不斷研發各種橡膠配方，改進產品品質，並於1980年5月通過中央標準局品管甲等正字標記認證。眞是普天同慶，產品獲得國家正字標記認證，產品獲得客戶的信賴，慢慢讓公司業務銷售上軌道。

章吉祥先生說：**「當時在同業兩大廠夾殺下要尋求突破，步步爲營，很艱困、也常常沮喪乏力；時常帶著樣品拜訪客戶，免費提供給客戶測試，直到客戶覺得試用結果堪得我心，才能進一步談生意。三角皮帶是一工業零組件，不像是吃的東西，一吃就知道是否符合口味；往往一試就需三個月，等到開始訂貨，往往已是半年以後的事，回想那段剛開始拓展業務的歲月，箇中苦辛非常人所能體會於萬一。業務如何能有效提升呢？每天必須增加一些客戶群，還得給予皮帶免費試用。回想當初，最多有幾十家以上的客戶在試用我們的三角皮帶呀！」**

章吉祥先生接著又說：**「外銷業務方面，在不會英文的情況下，常就提著一只手提箱、帶著樣品，到各國拜訪客戶，以求更順利推廣業務；爲此，公司都會要求當地代理商幫忙找一位翻譯人員，一同協助拜訪客戶，逢山開道、拓展客源。公司能有目前的榮景，實在要感恩這兩位創辦人。」**

以上的點點滴滴可見大熊公司草創之時，走過一段非常艱辛的歷程，最後總算創業有成。如今，老一輩的創業者完成階段性任務後已人老體衰，逐漸面臨世代交棒的時候了。這條創業之路必須有年輕的一代來接棒，才能使企業永續經營下去。

6-3 生產製造的組織架構

大熊公司生產製造的組織架構，初期只有製造部、品管部和營業部，都互相支援，義不容辭、責無旁貸地兼任，發揮一股由衷的、榮辱與共的精神。

公司對產品品質非常重視與積極，具前瞻性的，在1995年將公司組織架構重新定位，製造部底下細分爲原料組、成品組等六組，品管部更名爲品保部，負責原料與產品實施檢驗與測試，並將售後服務也納入品保工作內容。

章吉祥先生說：**「大熊屬於傳統黑手工業，我們都只能請到教育水平較低的員工，而他們對於品管制度不是很了解，尤其他們對一些數據資料有排斥感，造成當初在推動品管圈時非常費力。往往今天交代的檢驗步驟做得好好的，可是隔兩天又變了調，等到產品出問題要追蹤就很困難。**

每次發生問題要追蹤責任時，就有員工說他想回去擔任現場的工作，寧願比較辛苦，就不必時時掛個心在那裡。這也是一些過去黑手業基層員工可愛之處，他們不怕髒、不怕累，只要工作單純化，他們都會非常努力地工作、不偷懶。而現在的員工一來應徵，就問一個月休息幾天、薪資多少、環境會不會很熱、很髒、需要常加班嗎？兩個世代的員工其想法與差異非常大，不可同日而語。」

在業務部底下細分為會計、採購、內銷和外銷四個組。海鷗不只是塡飽肚皮，海鷗也會想飛得更高更遠，追求自己的理想；同樣的，公司也朝向提高產品品質，製程更嚴格要求達到開發新產品的境界，故增設了研發部。在1996年7月成立「ISO-9000國際品質認證」品質制度推行計畫，此計畫推動小組直接向總經理負責，並由總經理直接來協調相關部門配合ISO-9000的品質認證事宜。

一、研發單位的設立

為提高產品品質和製程更嚴謹，1995年成立研發部，研發部不僅要提高產品品質，也研發改善製程、提升製成效率和開發新產品。

章吉祥先生說：**「大熊公司規模不算很大，我們的研發部除了開發新產品外，必須負責生產製程的改善，使公司的量化生產能順利，並確保產品的製造品質；整體而言，研發部對公司的未來技術發展扮演重要的角色，一些研發部人員大都由現場表現優異的同仁挑選出來，看重的就是他們對現場的製造流程比較駕輕就熟。研發部成立後，使公司產品品質更上一層樓，並獲得顧客的肯定。」**

公司產品多樣化向來是大熊公司政策之一。研發部於2003年5月和國立高雄應用科技大學化工系簽訂合作產學研究計劃，計劃內容為「橡膠皮帶製品機械性質之改良計劃」，用來提升產品品質。

在2004年開發成功Poly V-Belt一體成型，並在2008年6月獲得經濟部技術處小型企業創新研發計畫SBIR補助（合約編號NO,9700075128-109）。這是大熊公司的榮譽，也代表公司對於產品是精益求精的精神，大熊公司會堅持一步一腳印的精神往前走。

二、生產製造的情形

三角皮帶是一傳統產業，人力工資占成本比率較高，面臨競爭激烈的市場是比較不利的。要如何才能降低製造成本呢？目前正將生產設備汰舊換新，以自動化和提高效率方向發展。

章吉祥先生說道：**「過去兩位創辦人都非常節儉，認爲一些機械還可以使用就繼續用，但因機器已到達使用年限，生產效率不好，最令人難以忍受的是時常會出問題，當我接手後就開始機械汰舊換新計畫，使大熊的生產品質更穩定、生產速度更快，這樣我們才有辦法與其他競爭者打長久戰，爭取更多訂單。**

關於這部分的決策，也躬逢目擊上一代的質疑，他們認爲該產業已是夕陽工業，看不到未來榮景，不過，個人認爲只有夕陽的管理，如果管理得當，就沒有夕陽工業的問題。經過一番說服，才同意我的汰舊換新計畫，順勢利導，我接手一年來，也看到公司業績有顯著成長，股東們就比較沒話說。」

機械設備經過改善，縮短了生產流程、降低人工成本、提高產量，使大熊的交貨期縮短，產品也比以前精美。兢兢業業的章先生心知肚明，知道這只是開始而已，他的總經理之路還將有更多的困難等著他去兵來將擋、水來土掩。

三、市場銷售與市場分佈

公司內銷市場遍及全臺灣，於北部、中部、南部和東部設有經銷處，深獲好評；行銷網路深入基層工廠及大小五金行，除各經銷網路外並積極與大型企業組織建立長期性合作契約，如台塑、南亞、中鋼、三洋、聲寶、東元、歌林、大同、臺灣松下等公司。

章吉祥先生說道：**「爲了加強服務南部一些大客戶所需，例如：中鋼、中船、台肥、各國營事業機關及民營企業的服務，縱然南部有經銷商，很實際的問題，他們代理經銷產品種類繁多，不願意放太多庫存，往往會造成顧客臨時要貨無法及時供應，公司從長計議，在1984年8月在高雄設立成品倉庫，成立高雄分公司，加強對南部客戶的銷售服務。」**

外銷市場分佈世界各大洲，重點在北美、南美、歐洲、北非、中東及東南亞地區，並積極銷往開發中國家如越南、緬甸、寮國等地區。公司不敢掉以輕心，如履薄冰地和國內貿易商配合，一起開拓國外市場。產品規格皆符合國際標準，頗受好評。

四、公司員工的水平與特質

生產作業員的學歷，以高中居多，次為國中，工作年資平均在12年。管理幹部學歷以專科居多，次為大學和高中，工作年資平均在15年。

章吉祥先生笑著說道：**「不曉得是大熊在黑手界薪資還可以，或是公司的工作氣氛不錯，員工進入公司後就不會想離開。有十幾位資深員工，從公司開廠做到現在，已經超過退休年齡。創辦人念舊，捨不得主動開口讓他們退休。話說回來，這批老員工舊習慣已成型，要求他們改變已經非常困難，工作效率不佳，往往成為公司創新改革的絆腳石，這點也是我必須想辦法去改善的，想辦法讓公司煥然一新。」**

五、傳統黑手業的會計記帳

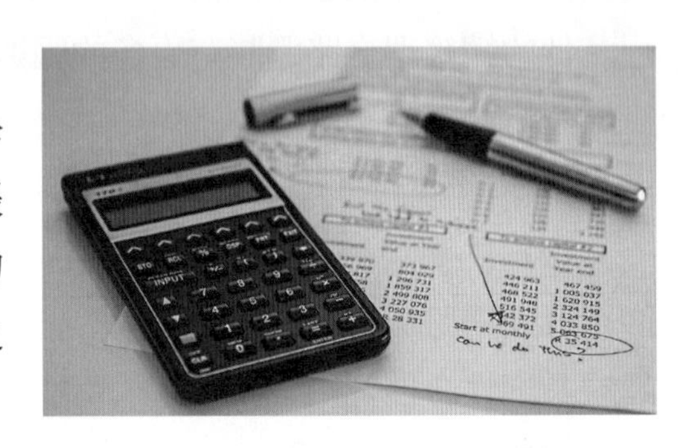

兩位創業者皆是以製造技術創業，對於會計這專業領域一竅不通，只有請一位記帳小姐記帳，其他會計事務都委外由有證照的記帳士處理，這一點也是大熊公司的弱勢之一。

章吉祥先生說道：**「二十幾年前進入公司服務，從現場學習機器操作開始，所學的都是生產技術或產品知識，從來沒有碰過會計或財務；對於公司長、短期財務規劃也一竅不通，有時與創辦人聊起他們怎麼管理公司財務，他們的回答都好像沒有重點。**

這是事實的呈現，他們說「就拼命做，有賺錢就存起來，等到需要買機械或土地時就有錢，或是買土地蓋廠房就先找銀行借貸，等有賺錢就趕快還給銀行。」由此看來，財務這方面無法從兩位創辦人的身上獲得答案，必須進學校去學習一些財務管理事宜。」

大熊公司財務管理還有很大的進步空間，章先生如何增強本身對財務管理的相關知識，並提升公司長期資金規劃、財務管理，是章先生必須要去突破的地方。

6-4 如何讓大熊起飛

一、大熊的資源基礎

大熊的資源基礎，是一群可愛的員工，這些員工對公司的忠誠度無話可說，大部分在公司的年資都超過15年以上，有的超過30年。眞的要感謝這一群刻苦耐勞的員工。

章吉祥先生眉頭深鎖說道：**「說起人哪，難免有惰性，這群老員工雖曾立下汗馬功勞，但大部分員工並沒有隨時充電與時代巨輪向前進；每當公司有一些新的制度或營運策略時，往往這群老將都持反對意見，說「已做得好好的，爲何還要變來變去？」他們深怕新的辦法或制度造成他們的不便或打亂生活秩序，難怪公司一些創新或改革都窒礙難行。」**

這一點深深困擾著章吉祥先生，爲了公司經營者肩負的社會責任，他深知別人在變、在進步，如果大熊不進步停留原地，將來有一天將會被競爭者淘汰。

章吉祥先生接著說道：**「爲了公司的永續經營、讓大熊起飛，我計畫明年度將公司組織作較大的變革，計畫今年底讓一些已達退休年齡者，和年紀已大、工作效率不好、未屆齡者給予優退。在此之前，必得培養一些新生力軍來達到無縫接軌的目標，當然這些計畫我必須先說服兩位創辦人，以免到時候第一道阻力就是他們。」**

章先生懷抱著滿腹經營哲學與理想，這些計畫是否能成功有賴他的努力——他得先整合好內部股東的意見，並妥善處理這些老員工退休之事宜，讓組織改頭換面，且以不影響員工的士氣爲優先考量。這些事項，都有待章先生的智慧來解決。

二、生產自動化的改善

市場競爭日益激烈，爲降低成本，大熊在製程改善方面，朝自動化方向精進，減少人力需求，目前已逐漸淘汰一些過時或生產效率不好的機器。

章吉祥先生說道：**「生產產品的品質與生產機器穩定性有高度相關。早期李董事長非常節儉，事必躬親，常改造一些專用機來替代，好處是成本低，難就難在不好控制品質的穩定。**

那段手工操作的歲月，沒有電腦控制，操作資料與數據往往是老師傅的個人經驗，當操作人員離職就造成技術中斷，新來員工必須重新摸索，非常耗人力、時間，在這節骨眼上，就往往會產生品質變異，令人爲之氣結。爲改善這些問題，現在我逐步淘汰一些老舊的專用機，而改向有品牌、服務好的大廠進機器，一方便可以優惠抵稅，一方面如有問題，原廠服務工程師可馬上幫忙處理。」

在管理方面，都採電腦化作業，隨時建立檔案，可降低因管理缺失而造成的損失。事不在多，有電腦則靈；目前公司正在進行各項機器操作的SOP文件作業，將來完成後有利於新進員工在最短時間內熟練機器操控作業。

三、國際市場的開拓與佈局

國際化、全球化已是不可逆的趨勢，影響人類的生活、教育、經濟行爲是必然的。臺灣產業轉型，尋求新的競爭優勢之壓力也愈大，由此觀之，必得在外銷廣告上積極規劃網路行銷，增加在國際市場的曝光度；爲長期投資之計，規劃敦聘幾位國外行銷人員，參加國外展覽，開拓國外市場。

章吉祥先生說道：**「產品外銷、開拓國際市場是大熊的罩門，有鑑於以往公司在外銷方面皆處於被動角色，都是透過貿易商的管道來銷售。當貿易商發現有其他廠牌或外國在價格上比較有優勢時，馬上將訂單轉移到別家工廠購買，因我們也不知道該客戶眞正的需要與資訊，完全由貿易商來主導訂單要給哪一家公司。這種模式對大熊來說掌握度太低，無法去維護顧客的關係管理。接下來，我們希望公司對於國外客戶的掌握程度能抓得更密切，最起碼我們可以直接與客戶溝通，了解客戶的需求與幫他們解決一些問題。」**

拓展國際市場是企業國際化的第一步，有許多公司在外銷市場已有相當成就，這對大熊來說還是有很長的路要走，引導大熊在國際市場走出康莊大道，乃是章先生必須踏實以對的困窘。

四、公司長期發展財務規劃

目前第二代接班後，改由會計師處理外帳，廠內會計處理也請學有會計專業人員處理。接班人章先生也是技術專業背景，對財務規劃也比較弱勢。其個人正積極研修一些財務管理課程，希望彌補財務知識的不足。

章吉祥先生回憶說道：**「我自己是章創辦人的孩子，回首來時路，的確以前從不管錢的事，都有長輩在管理，好像是吃『飯桶中心的人』從不擔心米的價格，如今回想起來眞幸福。但自從接了董事長後，財務的問題也需要我來處理，剛開始有點緊張，還好有老一輩隨時看守著，不然不知所措。這僅是暫時性的狀況，終究還是自己必須挑起重責大任來，也希望將來對財務課程研修有所長進，能青出於藍更勝於藍。」**

一家公司的財務管理非常重要，財務管理的良窳都影響公司的未來發展，儘管大熊公司規模不大，但麻雀雖小五臟俱全，現今如何突破財務管理的困難，也是章先生必須深思熟慮的。

五、永不停息的大熊

大熊公司秉著企業永續經營的理念，延續兩位創業者的精神，繼續將大熊公司發揚光大。目前公司要走的方向有下列幾點：1.提升原有產品品質，提高市場占有率；2.開發新產品，提升附加值；3.研發新製程，降低製造成本；4.獎勵員工進修，提高員工素質；5.開拓新市場，邁向國際化。以上幾點是目前領導人要使這一隻大熊永不停息向前邁進的動力。

章吉祥先生沉思了一會兒說道：**「上一代兩位創辦人辛苦建立的基業，我希望能將它發揚光大，說來容易，但眞正要執行好像困難重重。一方面本身以前也沒有類似的經驗，只能靠著自己一點一滴地摸索，當碰到困難或問題時再去請教別人；還好自己有在大學進修碩士專班課程，一些學校老師教的、學校學的馬上可以應用，個人覺得受益良多。也希望將來有機會到國外走走以增廣見聞，讓自己的國際視野更開闊。時間要是能回到從前、要是預先知道自己有一天會接這個重擔，一定會將相關學科念扎實一點。」**

時光一去不復返，即使章先生知道學習的重要，然這些都已時過境遷，章先生目前需要解決每天發生的問題、積極思索規劃未來，還要找時間彌補以往所荒廢的知識學習。難怪章先生會感到心餘力絀，不過這都是過渡期，只要章先生勇於運籌帷幄，所有的辛苦總會有取得收穫的一天。

6-5 下一世紀的大熊

未來的大熊將保持創業者的辛勤、刻苦耐勞的精神，堅定貫徹公司的新五大理念，並以成爲業界的領頭羊爲目標，繼續奮鬥努力。

一、產品線橫向與縱向的發展機會

產品縱向發展，大熊公司一直研發新配方，以提升產品品質爲重要任務。改善舊製程，研發自動化製程，縮短製造流程、降低製造成本。能在國際市場上，開拓出大熊的一片天。

章吉祥先生說道：**「目前的大熊不敢掉以輕心，說稍有點成就，我們也絕不以此爲滿足，我們必須在產品製程上精益求精、百尺竿頭更進一步。基於長期觀察，我們也希望從橡膠原料進入研究，更加深入目前產品線的縱深，以建構資源基礎的優勢。在產品橫向發展，以開發新產品爲主要任務。以橡膠爲中心，開發非橡膠傳動帶的產品，例如，橡膠迫緊、橡膠墊、防震板、汽車橡膠零件及各種工業用橡膠製品。研發一些特殊橡膠料配方，製成橡膠膠料，賣膠料給橡膠同業，增加產品線的寬度。」**

產業鏈縱向的垂直整合，與產品線的橫向延伸是大熊接下來的目標。至於產品市場如何拓展？全球化的佈局、國貿人才的培育等等，都是章先生需學習成長與突破重圍的考驗。

二、全球佈局的飛熊

目前大熊公司在全球布局方面，以網路廣告爲主要的工具，增加公司被搜尋的機會。現以開發中的國家爲主要對象，拓展各國或地區的經銷商。

章吉祥先生說道：**「跟隨全球化的趨勢，公司必須培養更多的國外業務人員，該業務人員除了專業知識外，英語能力亦不可或缺。目前正在招募一批國貿人員，爲全球化佈局做準備。市場國際化是目前大熊較弱的一環，我們也希望將來可以找到好的人才幫公司建立國際市場的基礎，使公司產品能行銷全球。」**

市場全球化是生產製造業不可避免的趨勢，章先生也深深體會其重要性，因過去公司業務大都集中在國內市場，一下子要進入國際市場是有某種程度上的困難；這是公司當務之急，必須先培養一批懂國際貿易的人才，下一步才可以建立國外市場的灘頭堡，這些構思都陸續浮現在章先生的腦海中，就等著他去執行。

三、重新扮演黑手機械業的幕後推手

提升產品品質，提高市場占有率 是大熊公司的市場策略，讓黑手機械業能使用到高品質、低成本的零件，可以增加機械業在市場的競爭力。

章吉祥先生說道：**「提供『優質服務、高品質產品』是大熊公司的經營理念，有這樣的信念，促使經營者時時惦記社會責任，也是迫使大熊起飛的原動力。」**

章先生對於大熊的期望是非常明確與務實的，深刻理解完成該目標是需要不斷付出努力與耕耘，這些目標正需要張先生去挑戰並以智取勝。

6-6 第二代企業接班人困境的回顧

企業傳承的關鍵，是企業是否能永續經營。企業接班人需要有計畫地培養，創業者本來是計畫培養下一代承接，只是在交接時發生改變，無法照預期計畫順利交接。接班人在承接後面臨以下各項困境：

1. 人事問題。大熊公司經營40多年了，大部分在公司的年資都超過15年以上，有的超過30年。有新舊員工青黃不接的情形，一些資深員工似乎抱著等待退休的心理，效率不彰。創辦人對資深員工有著深厚感情，不忍強迫退休，造成人事負擔。
2. 新員工難找，想要訓練一批年輕人來遞補退休的資深幹部，和注入一些新血。遺憾的是目前尚無法順利進行。

3. 接班人的專長以生產技術和行銷為主，對於公司經營管理有些吃力，尤其是外語能力、會計和財務管理愈益困難。現在正進修中，希望能盡快彌補能力不足的地方。

4. 業務的拓展，業務人才不足。尤其是迫臨國際市場，遲遲無法展開，來是大熊的弱項。

以上是接班人目前瀕臨最大的困境，也是需要章先生臨危受命、一一過關斬將的問題。

6-7 理論探討

一、企業家精神

企業家會承擔起整個企業的責任，為企業長遠利益著想，不輕易退休或轉職。接手前人所擁有的事業，作法若不具創新、突破或變革的特點，一般不符合企業含「創立」的原義。如果事業傳承予接棒人或第二代，而在事業發展方面展現出求新求變、模式與前朝有顯著不同的特質，即符合「企業家」的原義。不同的只是於企業內部再發展新創事業（Intrapreneurship），或在集團以外建起新事業（Entrepreneurship），但皆同「企業」的意涵。

約瑟夫．熊彼特（Schumpeter, 1934）發現許多企業沒有系統的書面戰略，而是靠企業家個人的諸如直覺、判斷、智慧、經驗和洞察力等素質，來預見企業未來的發展，並通過他的價值觀、權力和意志來約束企業的發展。戰略是一個企業家對企業未來圖景的洞察過程，其核心概念是遠見。他認為，解釋企業發展的因素，不是企業為追求利潤最大化的目標而進行的企業行為，而是企業應對即將變化的環境的戰略意圖。這種戰略意圖，就是企業應付不斷變化的經濟和社會形勢而做出的努力，也是企業致力培養的一種能力。

在熊彼特看來，企業家是企業發展的發動機，正是企業家帶領企業實現「創造性破壞」。企業家的功能不在於去尋找初始資本，也不是去開發新產品，核心的功能在於提供一種經營思想。這種經營思想經與企業資源結合後，將使企業創造巨大利潤。企業家可以在不增加任何現有有形生產要素的情況下，通過引入一種「新的生產組合」，使得企業現有生產要素更加合理和更加有效地得到利用，從而創造出超額利潤。

熊彼特指出「新的生產組合」包括新項目的開發和用新辦法開展原有的項目，這些是企業得以發展的關鍵。另外，熊彼特還認爲，雖然企業的創建者在一開始領導著他的企業，推動了企業最初的發展。但是，一旦停止了創新活動，他也就不再發揮企業家精神的功能了。

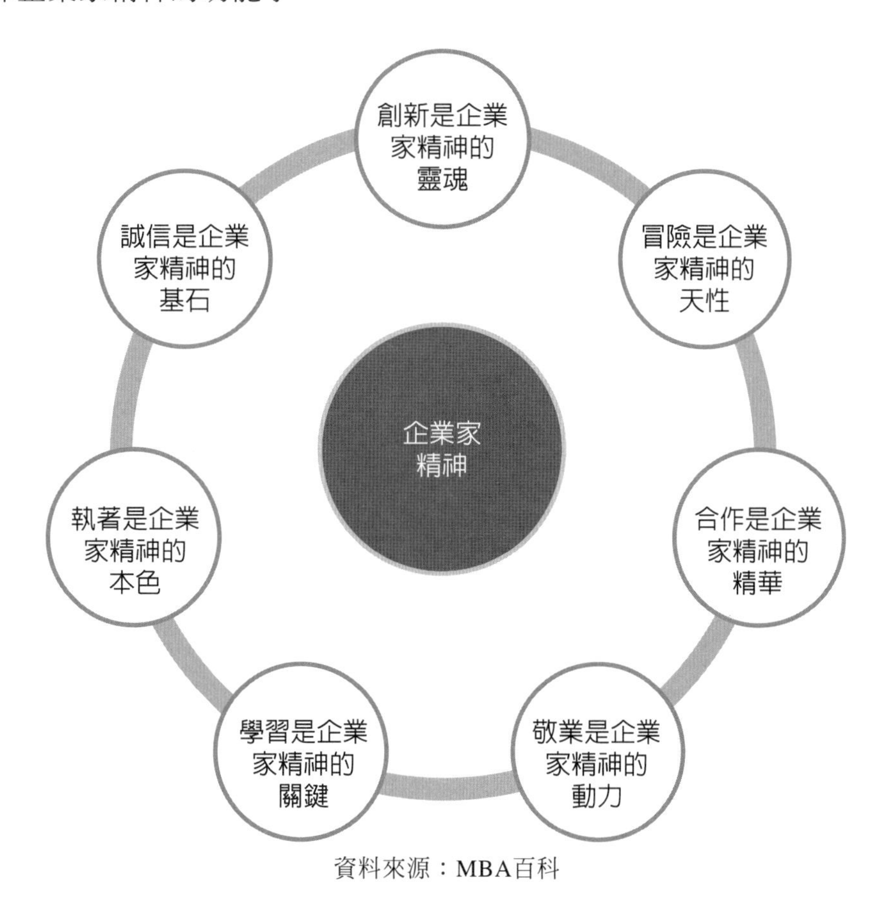

資料來源：MBA百科

圖6-2　創業家精神具備之特質

大熊公司秉持企業永續經營的理念，延續兩位創業者的精神，繼續將大熊公司發揚光大。目前公司要走的方向有下列幾點：

1. 提升原有產品品質，提高市場占有率。
2. 開發新產品，提升附加價值。
3. 研發新製程，降低製造成本。
4. 獎勵員工進修，提高員工素質。

5. 開拓新市場，邁向國際化。

以上幾點是領導人要使大熊永不停息向前邁進的動力。由此可以歸納出，企業家精神既敢於創新又勇於承擔風險；企業家既能創辦企業，又能經營好企業。更重要的是，企業家不是一個實體概念，而是一個職能概念。當大多數人提到企業家時，趨向於把企業家與小企業聯繫在一起。其實並非所有的小企業管理者都是企業家，許多小企業管理者並不進行創新，相當多的小企業管理者，不過是許多大型組織中保守的、循規蹈矩的縮影。

二、管理能力

管理者制定決策、分派資源以及引導他人的活動以達成目標，為了要透過他人來完成工作，管理者必須做到費堯（Fayol, 1949）等學者所說的五大功能：

(一) 規劃能力

所謂的規劃能力，即針對未來所追求的目標和將要採取的行動，進行資料分析並加以選擇的過程。規劃的主要功能在於決定目標方向與執行的過程，進而達到預期的結果。上至高層次的策略規劃，下至基層人員對工作細節的進行，都可以稱為規劃能力。

(二) 組織能力

組織是公司的內部結構，包括流程、規章及制度，使人員能適當地分工合作、工作內容與權責能清楚劃分，以利公司各種業務與管理工作的進行。錢德勒曾說「組織追隨策略，策略決定組織」。公司未來的目標及採行的策略決定了它的組織，而組織決定了公司內的人事結構。單獨個體是否能夠組成一個有效的全體，取決於它的體制。舉例來說，一樣的人民，放在共產制度下與民主制度下，就會有不同的發展。多數的民主國家發展得比較好，並非民主國家中的人民比較聰明，而是體制改變了發展結果。

同理，如果我們的組織與流程設計是讓業務部門與財務部門不需要有任何交集，結果就會是業務部門每天抱怨財務部門在成本控制上太苛刻，以致業務部門沒有足夠的資源來拓展業務；財務部門則會覺得業務部門每天造成許多客戶的問題，留給他們來解決。相互推諉的工作氣氛，就是許多不良組織設計的產物。

(三) 領導（指揮、協調）能力

領導力是藉由影響力來激發工作人員努力的意願，引導其努力方向，提高他們所能發揮的生產力並增加對組織的貢獻。基本上，領導跟管理都是爲了達成某一目的，但是管理不等於領導力；管理重規則，領導重影響。管理是用「規則」要求別人，領導力是用「方法」感化別人。當一個人能夠善用組織資源及權責來達成任務，我們說他是一個好的管理者；當一個人的理念影響我們、感動我們或是讓人產生不得不追隨他的衝動時，我們說這個人是一位優秀的領導者。眞正的領導者，未必擁有命令的權力，但卻能讓人追隨他的理念、服膺他的決策。

(四) 控制

控制就是觀察、比較和改正。除了隨時掌控工作情形，還要建立回饋系統，迅速將實際狀況反應給組織，適時加以修正改進，以確保工作如規劃順利完成，如此才能發揮控制的最大作用。

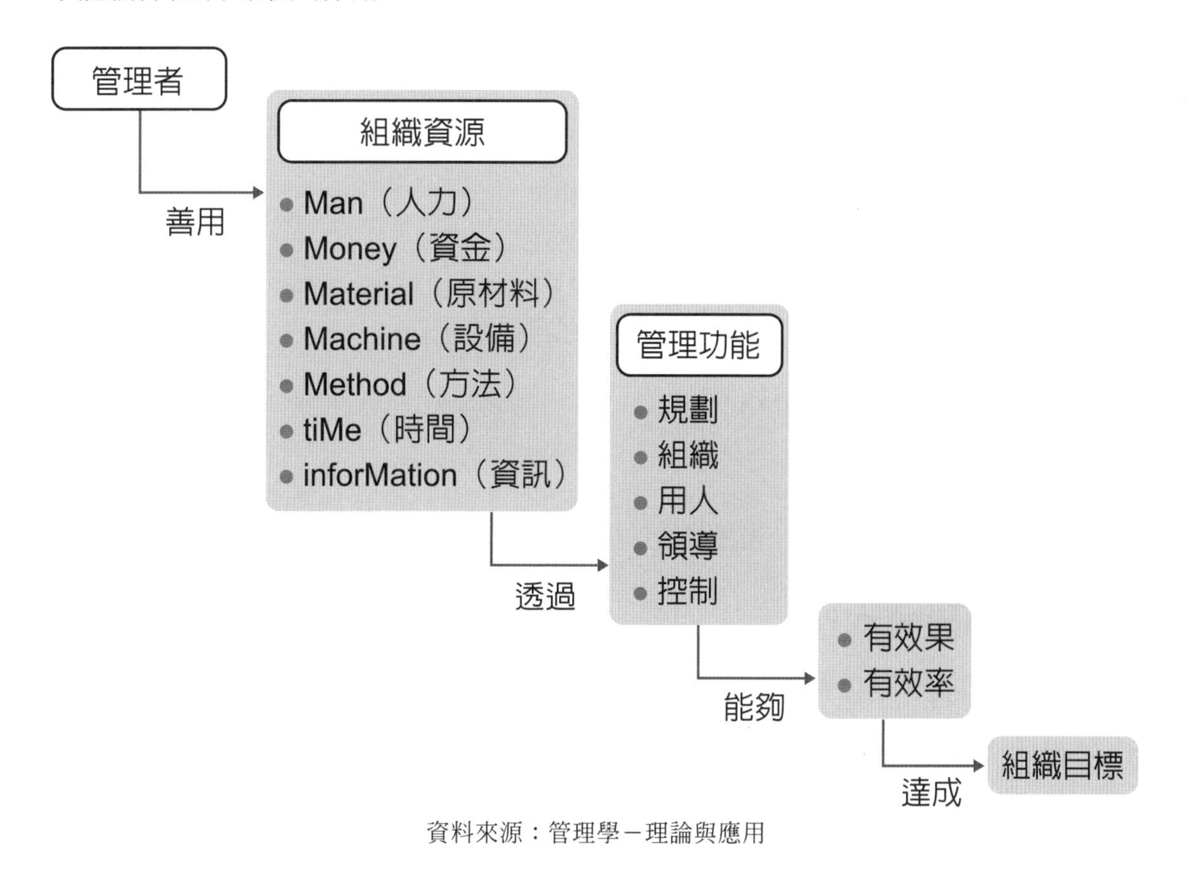

資料來源：管理學－理論與應用

圖6-3　管理過程

三、在職訓練

在職訓練（In-service Training），簡言之就是「在工作中學習」。上司和技能嫺熟的老員工對下屬、普通員工和新員工們通過日常的工作，對必要的知識、技能、工作方法等進行教育的一種培訓方法。它的特點是在具體工作中，雙方一邊示範講解、一邊實踐學習。有了不明之處可以當場詢問、補充、糾正，還可以在互動中發現以往工作操作中的不足、不合理之處共同改善。勞工在投入就業市場後，如果不能適當地給予教育機會，不但勞工個人無法成長，企業人力素質更無從提升水準。

(一) 在職訓練可分為：

1. **工作崗位上訓練（On-the-job Training）**：直接在工作崗位上受訓，以實際工作爲訓練媒介。
2. **工作崗位外訓練（Off-the-job-Training）**：受訓者離開工作崗位去接受訓練。專責職業訓練機構接受事業單位委訓即屬此類。
3. **全時訓練（Full-time Training）**：以全部時間參加訓練，同時段不再擔任工作。專責訓練機構多採此類。

(二) 在職訓練之目的：

1. 員工能熟練自我角色定位，並出色地做好自己的工作。
2. 提高本部門的整體工作績效。
3. 促進員工個人能力成長。
4. 教學相長，負責培訓自己也獲得能力提高。

(三) 在職培訓優點：

1. 不耽誤工作時間。
2. 節省培訓費用。
3. 建立主管與員工之間的溝通渠道。
4. 更能針對問題。

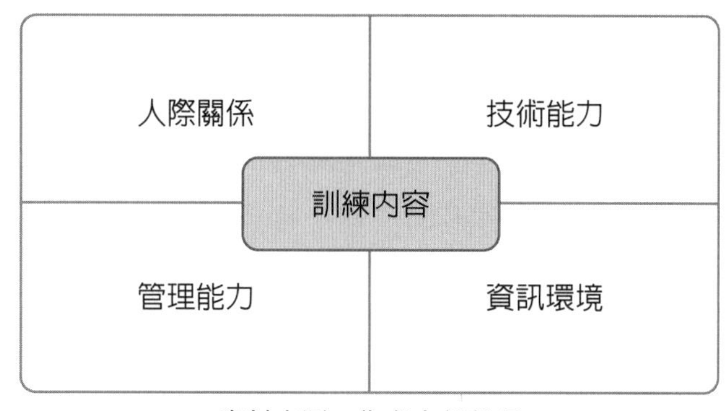

資料來源：作者自行整理

圖6-4　在職訓練內容

章先生懷抱著滿腹經營哲學與理想，為了公司的永續經營、讓大熊起飛，計畫將公司組織作較大的變革。讓一些已達退休年齡者，和年紀已大、工作效率不好、未屆齡者給予優退。得先整合好內部股東的意見，並妥善處理這些老員工退休之事宜，讓組織改頭換面，且以不影響員工的士氣為優先考量，考驗著章先生的智慧以及抉擇。

四、企業運籌管理

全球運籌管理（Global Logistics Management）概念之興起與全球產業發展趨勢密不可分。由於產品生命周期變短，消費者對產品功能或特徵走向多樣化，且對交貨的時間與質量更加嚴苛，造成企業營運成本不斷提高，企業為了能更接近市場、迅速地服務顧客，必須進行全球化的市場營銷，並且思考如何能以最低成本，且在最短的時間內，設計生產出符合顧客需求的產品，並正確無誤地送達顧客所指定之地點。因此全球化運籌已成為不可避免的趨勢與潮流。

何謂全球運籌？簡單來說，就是將全球不同地理位置的原物料、製造能力、勞力以及市場做最好的組合，以達最有效率的目的。其是一種跨國界的供應鏈之資源整合模式，在多國規劃並執行企業運籌管理活動，包括產品的設計、開發、製造、倉儲運送到市場營銷和客戶服務等，來提高顧客滿意程度和服務水平，並降低成本，以增加市場競爭力，進而達成企業之利潤目標。

進一步而言，全球運籌的內涵即是先將製造、運輸、營銷等生產方式朝生產凝聚化進行，再予以整合。換言之，即是將物流、資訊流、商流、資金流透過產銷供應鏈管理，使製造、銷售與維護管理以全球性的眼光形成最佳組合的生產管理模式，並透過快速響應系統掌握消費市場信息、通路資訊，以有效掌握商機並提升競爭力。

對於全球運籌之定義，尚有學者認爲是強調企業在全球的生產、組裝與營銷程式間之整合規劃，企業隨時依據各區域市場的需求調整企業的局部程式與整體流程的規劃，並將有限的資源做最合理化的分配。

企業界對於全球運籌管理模式大致可分爲三種不同運作模式：

1. 當地補貨中心（Local Buffer Center）

沿襲傳統貨運承攬，並根據客戶實際提貨數量作爲雙方交易的依據，當地庫存風險，由製造商承擔，把貨物送至客戶當地的倉儲中心，當作一個補貨的中途站。

2. 海外組裝中心（Configuration Center）

針對客戶不同訂單、不同規格的需求，在客戶當地設立組裝中心，並依據客戶所下之銷售預測，適時地提供成品或半成品至海外組裝中心，再由規劃中心依據顧客的實際訂單之需求，於加工組裝後運送給客戶。

3. 直接運送模式（Direct Shipment）

由於資訊產品的強力時效性壓縮，已造成製造商必須在非常短的時間內，把整個供應鏈功能發揮到極致。所以由工廠直接安排以最快的方法運送到下游客戶店頭手中，跳過中間的一切轉手及組裝程序，已達到時效性要求。

表6-1 全球運籌管理模式運作之優缺點比較表

全球運籌模式	優點	缺點
當地補貨中心	1. 只要在當地選擇適當物流公司，可在最短時間內建置完成 2. 符合傳統的運籌作業程序，人員無須太多額外訓練 3. 低廉的管理成本 4. 可以支援複雜的產品種類	1. 庫存問題容易因市場波動而浮現 2. 對於市場價格反應較慢，無法根據上下游供應關係，對市場價格做有效反應 3. 對於下游廠商訂單預測問題，則須較長的前置時間去處理，以做為海外庫存備料的依據 4. 配合貨運承攬業，自接單至貨到下游商店或末端客戶之間，需費時較長 5. 海外庫存及倉租管理費用，無法由固定成本轉成變動成本
海外組裝中心	1. 適合複雜的訂單需求 2. 擁有提供即時的當地支援的能力 3. 製造商生產基地可大量生產同質性較高的成品或半成品，由當地組裝中心再跟 據實地需求做適度的組裝，因此總體管理成本可適度降低 4. 可以支援客戶，針對不同規格來組裝複 雜的產品種類 5. 與客戶整合度高，製造商便能提供更好 的服務水準	1. 海外庫存的問題雖略有改善，但長期庫存週轉問題，並未完全解決 2. 仍舊不能對於市場價格作快速的反應，僅可能減少關鍵零件價格波動而訂定短期市場價格反應 3. 必須對品質的控制作二次的控制良率的提升，已不再只是生產基地大量生產模式可以解決 4. 海外組裝中心營運之固定成本，無法隨實際出貨量之大小轉為變動成本
直接運送模式	1. 品質控制程度較高 2. 低成品庫存 3. 可快速反應市場價格變化 4. 簡化組裝的程序 5. 運籌管理費用成為變動成本 6. 減少長鞭效應的影響	1. 原物料備料前置時間的掌控必須更為嚴謹 2. 不適用較複雜的組裝產品，產品單純化符合生產基地的大量生產需求 3. 為達貨物運輸的時效，必須花費較高的運輸成本

資料來源：林哲宏

國際化、全球化已是不可逆的趨勢，影響人類的生活、教育、經濟行爲是必然的。臺灣產業轉型，以尋求新的競爭優勢之壓力也愈大，由此觀之，必得在外銷廣告上積極規劃網路行銷，增加在國際市場的曝光度；爲長期投資之計，規劃聘請幾位國外行銷人員，參加國外展覽，開拓國外市場。

市場全球化是生產製造業不可避免的趨勢，章先生也深深體會其重要性，因過去公司業務大都集中在國內市場，一下子要進入國際市場是有某種程度上的困難；這是公司當務之急，必須先培養一批懂國際貿易的人才，下一步才可以建立國外市場的灘頭堡，這些構思都陸續浮現在章先生的腦海中，就等著他去執行。

五、企業流程再造

企業流程再造（Business Process Reengineering, BPR）。它是1993年開始在美國出現的關於企業經營管理方式的一種新的理論和方法。以工作流程爲中心，重新設計企業的經營、管理及運作方式。

按照該理論的創始人原美國麻省理工學院教授邁克・哈默（M・Hammer）與詹姆斯・錢皮（J・Champy）的定義，指爲了超越性地改善成本、質量、服務、速度等重大的現代企業的運營基準，對工作流程（business process）進行根本性重新思考並徹底改革「從頭改變，重新設計」。爲了能夠適應新的世界競爭環境，企業必須摒棄已成慣例的運營模式和工作方法，以工作流程爲中心，重新設計企業的經營、管理及運營模式。

企業流程再造得到學者的廣泛關注，BPR理論的研究成爲管理思想上的一次巨大革命。企業流程再造不僅在理論上闡述了傳統組織的弊端，並且提出了建構流程型組織的觀點。根據眾多學者對BPR方法和技術的研究，BPR得到廣泛的應用。調查結果標明，在美國，絕大多數的企業已經或計劃實施再造。BPR對企業來說是一個極具挑戰性的問題，成功實施BPR能給企業的各項關鍵性指標帶來極大的改善。

通常採用BPR是因爲管理者意識到強大競爭威脅，或是要提振績效。而BPR的目標不管是在哪一種情境下，都是要擴大市場接受度，提升營收，約可分爲五個步驟：

1. **確認顧客的核心需求**：核心需求是指顧客購買產品眞正的出發點，不只是產品所直接提供的用途，還包含了消費心理層面的需求。如購買名牌包的人絕大部分不是因需求，而是背後象徵的尊貴奢華。
2. **決定改造的關鍵流程**：上述分析，對照組織目前提供的產品或服務，便能釐清公司產品滿足消費者欲望的著力點，發掘需要進行改造的關鍵流程。
3. **擬定流程改造的學習對象和目標**：不限於相同產業，跨產業也可。

4. **重新設計流程**：新流程的價值在於適用性與創造力，即便個人決策責任歸屬明確，企業流程再造時，仍強調眾人參與群體決策，腦力激盪，如此不僅能集思廣益，也能更易激發創新觀點。

5. **改變思維，塑造新文化**：設計完善後，仍要加以推廣和深植才能回收成效。想要員工改變，就要先改變僵化的思考模式，如管理者透過演說鼓勵、安排訓練課程、定期舉辦讀書會，刺激員工的學習意願，塑造新的組織文化。

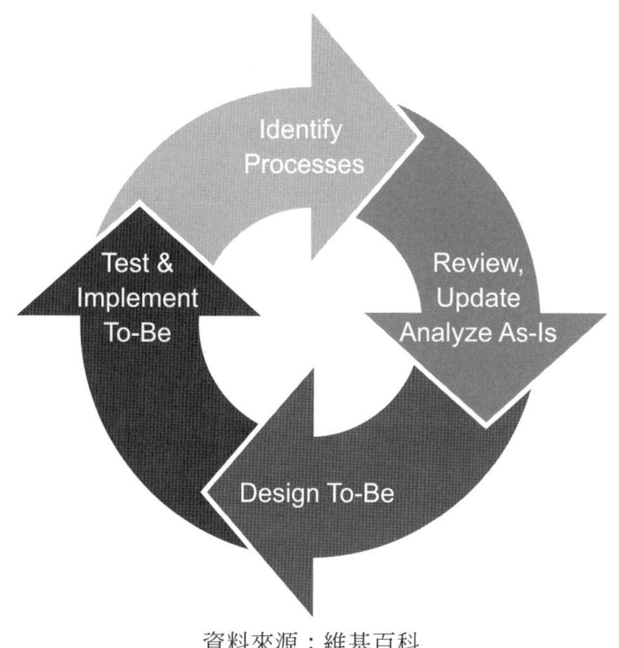

資料來源：維基百科

圖6-5　企業流程再造圖

市場競爭日益激烈，爲要降低成本，大熊在製程改善方面，朝自動化方向精進，減少人力需求，目前已逐漸淘汰一些過時或生產效率不好的機器。在管理方面，都採電腦化作業，隨時建立檔案，可降低因管理缺失而造成的損失。事不在多，有電腦則靈；目前公司正在進行各項機器操作的SOP文件作業，將來完成後有利於新進員工在最短時間內熟練機器操控作業。

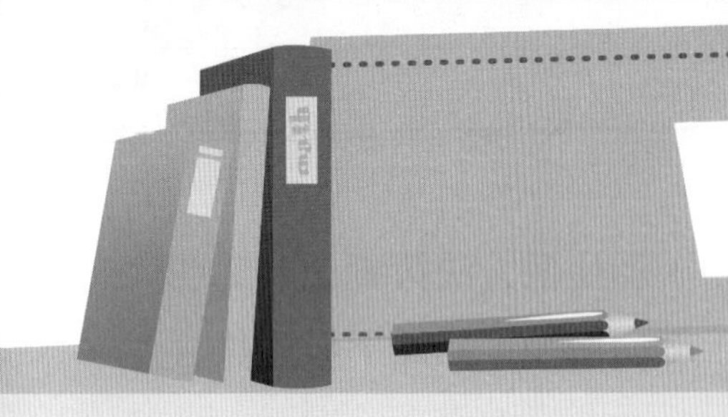

問題與討論

1. 何謂創業家精神？創業家精神與創新有何關聯性？對於一家企業有何重要的影響？
2. 何謂管理能力？一家公司的管理能力對經營績效有何影響呢？一般高科技公司還是一般傳統產業對於管理能力要求較高呢？
3. 何謂在職訓練？在企業營運中在職訓練的重要性，個案中公司對於在職訓練是否有特別的加強或學習的地方呢？
4. 何謂企業流程再造？企業流程再造對一家企業的競爭力有何重要影響呢？

資料來源

1. Barnett, H. G.（1953）. Innovation: The basis of cultural change. McGraw-Hill, Press. 462.
2. Chua, J. H., Chrisman, J. J. & Sharma, P.（2003）. Succession and nonsuccession concerns of family firms and agency relationship with nonfamily managers. Family Business Review, 16(2): 89-107.
3. Gerschenkron, A.（1954）. Social attitudes, entrepreneurship. And economic development. *Explorations in Entrepreneurial History,* 6(1): 1-19.
4. Hammer, M. & Champy, J.（1993）. Re-engineering the corporation: A manifesto for business revolution. New York press.
5. Kegerries, R. J., Engel, J. F. & Blackwell, R.D.（1970）. *Innovativeness and diffusion: A marketing view of the characteristics of earliest adopters. Research in Consumer Behavior.* Holt, Rinhart, and Winston, New York, 671-701.
6. Le Breton-Miller, L., Miller, D. & Steier, L. P.（2004）. Toward an Integrative Model of Effective FOB Succession. *Entrepreneurship Theory and Practice*, 28 (4): 305-328.
7. Lumpkin, G. T. and Dess, G. G.（1996）. Clarifying the Entrepreneurial Orientation Construct and Linking It to Performance. *The Academy of Management Review*, 21(1): 135-172.
8. Miller, D. & Friesen, P. H.（1982）. Innovation in Conservative and Entrepreneurial Firms: Two Models of Strategic Momentum. Strategic Management Journal, 3(1): 1-25.
9. Rogers, E. M.（1983）. Diffusion of innovation. New York: Free Press.
10. Schumpeter, Joseph A.（1934）, "Depressions: Can we learn from past experience ?", in Schumpeter, Joseph A.; Chamberlin, Edward; Leontief, Wassily W.; Brown, Douglass V.; Harris, Seymour E.; Mason, Edward S.; Taylor, Overton H., The economics of the recovery program, New York, New York London: McGraw-Hill.
11. Fayol,（1949）. *General and Industrial Management*. Translated by C. Storrs, Sir Isaac Pitman & Sons, London.
12. Vrakking, W. J.（1990）. The innovative organization. Long Range Planning, 23(2): 94-102.

資料來源

13. 林哲宏，全球運籌管理模式分析與比較之研究：以行動電話手機代工產業為例，正修技術學院。
14. 廖勇凱、李正鋼、楊湘怡（2013），管理學—理論與應用，智勝文化。
15. 詹翔霖（2011），臺北市青年創業論壇，社團法人中華民國全國中小企業總會印製。
16. 經濟部中小企業白皮書（2015），2015年臺灣中小企業家數顯著成長。
17. MBA百科http://wiki.mbalib.com/zhtw/%E4%BC%81%E4%B8%9A%E5%AE%B6%E7%90%86%E8%AE%BA
18. MBA百科：http://iword.biz/topicdetail.php?id=51&p=425

    http://wiki.mbalib.com/zh-tw/%E4%BC%81%E4%B8%9A%E5%86%8D%E9%80%A0
19. 維基百科：https://zh.wikipedia.org/wiki/%E4%BC%81%E4%B8%9A%E6%B5%81%E7%A8%8B%E5%86%8D%E9%80%A0

個案7

浴火鳳凰的中龍鋼鐵

中龍鋼鐵成立於 1993 年，設立於臺中市龍井區龍昌路 100 號，原名為「桂裕企業（股）公司」，由於當時經營不善面臨重大財務困難，後續引進中鋼團隊、資金挹注才得逐漸改善經營困境，於 2004 年中鋼大幅增資後改名為「中龍鋼鐵股份有限公司」。原本負債累累的桂裕經過中鋼大力介入經營管理，總算把虧損累累的中龍鋼鐵暫時給予止血，緊接著中龍鋼鐵開始導入中鋼的管理模式，甚至中鋼派遣大部隊人馬進入中龍鋼鐵整頓，歷經數年辛苦的經營，開始讓中龍鋼鐵轉虧為盈。

作者：亞洲大學經營管理學系 陳坤成副教授

7-1 個案背景介紹

一、關於中龍鋼鐵

中龍鋼鐵成立於1993年，設立於臺中市龍井區龍昌路100號，原名爲「桂裕企業（股）公司」，由於當時經營不善面臨重大財務困難，後續引進中鋼團隊、資金挹注才得逐漸改善經營困境，於2004年中鋼大幅增資後改名爲「中龍鋼鐵股份有限公司」。早期的桂裕原本是一家私人企業，照道理說應該是經營靈活度高、前途一片看好。但在前任董事長企圖急速擴廠、管理不善等因素下，造成虧損累累，財務狀況一蹶不起，再加上當時國際鋼鐵市場不景氣，使得原本氣喘噓噓的桂裕更是雪上加霜，還好由於當時的中鋼因欲開拓一般傳產鋼材市場而投資桂裕企業，雖然一開始中鋼只有占30%的股權，但爲營救已投入的資金而在桂裕出現財務危急時刻，中鋼決定出手拯救桂裕，其過程驚險萬分、故事曲折。

原本負債累累的桂裕經過中鋼大力介入經營管理，總算把虧損累累的中龍鋼鐵暫時給予止血，緊接著中龍鋼鐵開始導入中鋼的管理模式，甚至中鋼派遣大部隊人馬進入中龍鋼鐵整頓，歷經數年辛苦的經營，開始讓中龍鋼鐵轉虧爲盈。

雖然過去有許多私人企業整併成功的案例，但國營事業整併私人企業的成功案例不多，尤其是從一家虧損好幾十億的企業給予整併、組織再造而成功的案例，非中龍鋼鐵莫屬，中龍鋼鐵個案可謂立下一最佳企業重整的典範。

二、想走不一樣的路

鋼鐵業是承載一個國家的輕、重工業發展良孤與否的關鍵角色，更是展現國家競爭力的指標之一。過去中國鋼鐵（中鋼）即擔負這樣的重責大任，中鋼雖也走過初創事業的艱辛路程，但畢竟中鋼是國營事業，當面臨一些經營上的困境，在政府政策強力主導與資金充分挹注下，也都能一一克服，並逐漸展現其經營實力，不只讓其它同業刮目相看，並給國人一張亮麗的成績單。企業發展從單一公司、增設子公司、擴展到海外投資設廠、最後發展成一事業集團，這是一般私人企業發展的軌跡，當然國營企業發展也離不開這樣的模式，但因爲有時礙於政令、法規的束縛，更使國營事業在擴展事業版圖時增添許多考量因素。

趙主管[1]回憶說：**「當初中鋼會投資桂裕也是基於開拓市場的需要，又礙於政府法令、規章的冗長，經董事會開會決議是否投資私人企業，一方面經營彈性大，也較不會處處受到法規束綁，於是才決定投資私人企業，希望帶動母公司那龐大恐龍般的軀體向前進。」**其實當初中鋼投資桂裕是在這樣的時空背景下進入，並透過學者、專家做評估，也覺得該方案是可行的，且成功率高，中鋼才開始投入資金，如果說是公司決策錯誤，不如說是遇人不淑。趙主管接著說：「**雖然中鋼當時的起心動念都正確，而且也經過一番的市調與評估才選上當時的桂裕，可是不知道哪一環節出了問題？那才是夢魘的開始**」。

三、陷入泥沼，舉步蹣跚

經過一番評估後中鋼開始投入桂裕企業，當時的中鋼氣勢如虹，有足夠的談判條件，包括一些進駐投資子公司後稽核事宜，都是中鋼須考量的重點。趙主管回憶說：**「以當時的中鋼聲望而且是國營事業單位，有許多的投資標的可任中鋼選擇，所以簽訂合同時中鋼也考慮到如何才能有效掌控投資子公司的經營情況，避免血本無歸，雖當初在合同上有明文規範稽查人員的進駐，如何來進行稽查工作？但這些條文的規範，對當時桂裕的經營團隊好像起不了規範作用。」**雖然中鋼有派駐一批前期稽查人員與工程師，但這些措施都無法約束原桂裕的經營團隊。

趙主管沉思並回憶說：「**與其說桂裕的原經營團隊好像泥鰍般抓不著他，不如說是一匹脫韁的野馬，已不聽使喚。**」雖然中鋼稽查人員有發現一些異常狀況，但卻無法用來約束桂裕團隊的行爲，一直到當時的董事長想要急速擴廠，必須向銀行大量貸款購買現址的廠房土地，才爆發財務危機，引發中鋼公司的注意與大力介入。

---

1 本個案人物已虛擬化

趙主管回憶說：「**由於桂裕擴廠的速度太快，當第一步未站穩前又向前邁出第二步，而使公司出現一大資金缺口，這個缺口已遠大於桂裕的原資本額，這麼大的資金缺口並非一般私人企業可承擔的。**」當時中鋼是否再加碼投入資金也是舉足難定，內部開會結論如下：如果不繼續投入資金，桂裕倒了那中鋼已投入的資金將血本無歸對不起投資大眾，但出手拯救將讓中龍鋼鐵往後幾年進入慘淡經營。

7-2 重新出發，浴火鳳凰

一、組織再造，導入新血輪

中鋼經過董事會會議後決定再加碼投資桂裕，而且採釜底抽薪方式由中鋼派大批人馬接管桂裕鋼鐵，並改名爲中龍鋼鐵。同時，向經濟部投審會提出公司重整計畫，這才是苦難的開始。依經濟部重整計畫辦法規定，企業重整須詳列重整計畫方案、重整步驟、人員計畫、財務規劃等細節，再送經濟部投審會審查通過，並每個月接受審查委員會審查，經三年稽查轉虧爲盈才算重整成功。爲確保重整的成功，中龍開始進行組織再造，更換財務單位、採購單位、人事單位等人員，並引進中鋼管理系統。

趙主管回憶說：「**剛開始組織再造時可說百廢待興，因爲過去桂裕時期管理比較不按章法，尤其是人員晉用不按考試制度來進行，因此就產生許多靠親戚、拉關係等管道進入公司的弊端，但中龍就依考試的成績與各項測試，選才錄用。同時，配合公司的培訓計畫逐步培植這些新進人員。**」

接著趙主管又說：「**正式接管桂裕後我們開會檢討，之前雖有派駐稽核人員但無法使上力，原因出在當時的財務主管、人事主管、採購主管都是前董事長的人馬，當稽查人員提出改善建議時，相關主管都不予採納，甚至有部分主管還配合前董事長進行一些黑箱作業，人謀不臧，才會讓前公司虧損累累。**」

有了以前慘痛的經驗，中龍一開始便更換一些相關主管，部分主管直接先從中鋼借調過來加入重整部隊，把中鋼的團隊精神在中龍展現，趙主管回憶重整的初期說：「**重整初期，一些桂裕時代的舊員工難免會不太適應，但經過一段時間後他們反而覺得現況比以前好，因爲以新的中龍制度，只要你肯努力工作、用心在解決問題上，效率就會出來，自然受到重用與加薪，不像以前必須考量去迎合那些高層人員，才能受到重用。中龍體制有一套SOP流程在跑，因此工作起來也比以前順利、工作效率高。**」

中龍在群策群力下慢慢將公司經營腳步穩定下來，也由虧損轉爲盈餘，這些小小成就雖然給中龍團隊最佳的鼓勵與肯定。但團隊們都清楚了解距離成功還有一大段路要走，將以前的負債塡補才是團隊的最終目標。

二、走出陰霾，重整成功

重整初期中龍面臨諸多考驗，對內必須擺平一些人事問題、安撫員工、穩定軍心；對外需重新建立商業交易信用、取得原料供應來源。趙主管回憶說：「**對內部分因有中鋼團隊進駐，而且該團隊都有豐富的管理經驗，因此不到半年對內工作漸入佳境，也穩定了軍心，使廠內員工士氣大增，慢慢發揮團隊精神。但對外方面就不是中龍完全可以主宰的，因之前的桂裕曾經因財務吃緊，應付廠商的貨款出了問題，所以重整初期一些廠商都不願意再提供原材料給中龍，爲了克服這關鍵性的問題，特別由母公司中鋼開立信用狀，才能順利取得原材料。**」

中龍經過一連串艱辛的重整工作，終於在2004年獲得臺中地方法院所頒發的重整通過證書，正式完成艱辛的三年重整之路。

7-3 武裝內部機制，整軍待發

經過一番重整後，中龍就像經歷一場長期泥沼戰後剛剛脫身而立的部隊，說全身是傷或是疲憊不堪都不爲過，未來要走更遠的路勢必先做好內部武裝，加強內部管控機制，才能做進一步的長途跋涉。

所謂「不經一番寒徹骨，焉得梅花撲鼻香」，趙主管回憶說：「**經過重整後的員工團隊更加珍惜得來不易的成果，整體管理系統上還算可以，但距離盈餘的目**

標尙有一大段路要走，但這些目標達成是無法完全以中鋼的模式來泡製，因爲兩家公司的規模、產品類別、客戶群完全不同，所以中鋼的經營模式只能當參考，要賺錢，中龍必須摸出自己的一條路來。」

一、人事透明化，專責分工

過去桂裕時代因是一家族企業，因此許多人事聘用都離不開家族成員優先錄用考量，一般家族企業有其好處，譬如：向心力高、機動性強、面臨危機團結力大；但也有其缺點所在，譬如：無法用人唯才、容易產生弊端、晉升管道不順暢、人事沒有透明化等問題。

趙主管回憶說：**「因有前車之鑑，所以在中龍體制下，一切以考試制度爲選才進用辦法，力求公平、公開、公正爲原則，雖然有時免不了有長官關切的情形，但基本上也是需通過考試管道進來，如果是人才，中龍當然展開雙臂歡迎，但如果程度太差仍有打回票的情況。」**趙主管以其自信的口吻面帶微笑地說：**「中龍引以自豪的是，我們進用的員工都是精挑細選，而且能夠進來的都是人才，即唯才適用」**。

由於中龍的用人制度透明化、人事升遷管道順暢，因此有許多的青年才俊願意到中龍內部服務，也讓公司內部的工作氛圍更加融洽，工作效率自然而然提升。趙主管又說：**「有好的人才進來並不代表就是一位盡責的好員工，因此我們就採取『專責分工』的制度，讓員工非常清楚他們工作職責在哪裡？所需要的職能有哪些？可能一開始他們沒有這方面的能力，但公司會給予一系列的在職訓練，或派至外面訓練機構受訓。」**

也由於中龍在選才、育才方面有一套SOP在進行，因此努力的員工將會受到重視與栽培，員工也可感受到公司的用心培育，讓他們有一種歸屬感、成就感，自然而然員工的向心力就強，最難能可貴的是中龍員工流動率非常低，也讓公司工作效率高、產品品質穩定性也好。外部客戶也開始認同中龍的產品，也連帶讓公司業務蒸蒸日上。

二、嚴格品質管控，產品力求精湛

品質是公司的第二生命，中龍承襲中鋼嚴格品管的精神，落實在中龍的產品上，也因爲中龍的產品具有高信賴度品質，所以在業界慢慢受到肯定，但這條路也不是一朝一夕即可達成的，是經過幾年在公司同仁一起努力下才得到的成果。趙主管露出滿足的微笑說：「**其實一開始中龍接手後，我們走過一段不算短的低潮期，因爲在桂裕後期，公司光處理財務問題就手忙腳亂，已無心在品質上下功夫，因此出去的貨品屢屢出問題，而公司又無法及時地把握處理問題時效，所以一天到晚顧客的抱怨電話接不完，而內部又無法在時效內改善，更使客戶暴跳如雷，最後接電話的窗口小姐一聽到電話響都有恐懼感。**」

接著說：「**後來我們採取一敏捷迅速的處理方式，有問題的貨品馬上接受退貨，及時補上中龍合格的貨品給客戶，所有運費由中龍來負擔，因爲有這樣的魄力，使原本蠢蠢欲動的客戶暫時穩定下來，不只阻止一批批的退貨潮，同時也給市場的盤商更有信心。**」

經過這段暗潮洶湧期後，也正好給現場生產線一個很好的機會教育，如果沒有好好管控你的產品，最後這些產品仍會被退回來，可能須花兩倍時間來處理，所以好的品質是一開始就要把它做好，不然重工的成本是非常高的。

趙主管又說：「**其實我們引進中鋼的品保制度進來，生產出來的產品自然品質就會高，而且與其他一般公司相較之下，一定是我們的品質比他們的好，久而久之這個口碑自然就傳開來，也就是中龍的品質高過其他工廠品質、中龍的品質不用擔心，這不只是幫我們把市場打開，日後也成爲中龍產品價格比其他公司高一些，顧客可以接受的原因。**」經過這段暗潮期之後的中龍離康莊大道更近了。

7-4 努力向前，邁向社會企業康莊大道

因爲有母公司中鋼作爲典範，使後起之秀中龍更不敢掉以輕心，中鋼從過去至今都是國營事業的模範生，更是諸多企業學習的標竿企業，當然中龍也不落人後，引頸向前走。

趙主管說：「**有一典範母公司其好處是有學習的榜樣，但也有備感壓力的時候，譬如：我們很怕別人說中鋼都可以做好，爲什麼中龍做不到，其實兩家的體質、產品線、考核制度、資源等等都不相同，而最大的差別在於中鋼已是幾十年歷史的公司，內部人才聚集、資源非常充沛，而中龍只有短短十幾年時光，我們一直在成長，有時候因業務腳步太快，使後勤單位一些人員、制度、現場等單位都來不及趕上，而且中龍的資金也是需自立自籌，相對中鋼就沒有這方面問題，中龍每一分錢必須花在刀口上，譬如：目前我們的辦公室仍然盡量簡化，人力也求精簡，希望一人當兩人用，而在生產線與研發單位多放一些人力，以增加生產量與加快研發腳步。**」

因此，中龍的生產、銷售必須做進一步的搭配協調與整合，才能確保中龍可以勇往直前。

一、重建產銷秩序，穩定市場

趙主管說：「**中鋼所生產的大都是工業用鋼胚材，臺灣除了中鋼外沒有其他廠商，一般鋼胚材料必須向中鋼購買，不然就是自國外進口，但數量不夠大，國外廠商不太可能提供給你材料。但中龍就沒有這方面的優勢，因爲過去桂裕生產最大量的是H型鋼或建築的鋼筋材料，而這些都是一般市場上可以購買得到，不一定要向中龍購買。**」

也因爲中龍所在的市場不是一獨占或寡占市場，所以必須通過自由競爭市場的洗禮，有競爭力者生存，否則接受市場淘汰。也因爲這樣的關係，中龍重整後必須面對產銷體系的重建。

趙主管說：「**過去桂裕時代透過盤商銷售，由盤商來掌握市場。所以當盤商取得較便宜或可獲利較高的貨品時，盤商就會出較有利的貨品。因此，一個訂單常常在比價、殺價，可說市場非常混亂，有時因對方開出的價格實在太低，沒有利潤可言只好放棄，不只業務量穩定性不高，連帶也影響生產線的穩定性。**」中龍需改善這些問題，重新思考如何建立一較完善的產銷系統，使中龍可以長治久安。

趙主管又說：「**因此中龍開始考慮將經銷權收回，由公司自設北中南業務服務中心，一般的小戶與小金額的購買透過業務服務中心下訂單，由總公司直接出貨，貨款由業務服務中心負責收款，因爲業務服務中心屬於總公司，所以價格由總公司統一控管（開盤價）；而當有比較大的客戶透過業務服務中心引介後，總公司業務部門會從旁協助讓訂單能順利接進來，對於這些大客戶，總公司爲慎重起見，會要求對方先開出信用狀或提出銀行擔保品等措施後再出貨給客戶，這也是確保中龍可順利收到貨款，也因有這樣的機制所以中龍的呆帳非常少，不像以前桂裕時代常遇到呆帳的事件發生。**」

由於中龍有一套完整產銷體系在運作，所以在很短的時間內將市場穩定下來，客戶也不用擔心會買到比競爭對手還高的價格，而使競爭力降低。在這一套完整的銷售體系下，過去一些因價格問題處理不妥而流失的客戶慢慢地再回流到中龍，這是中龍覺得最欣慰也是最期待的結果。

二、落實執行，並追蹤檢核成效

一家公司最後成功與否，不只看是否有健全的制度，而最重要的是能否落實制度實施，中龍能夠在短短三年內重整成功，其內部稽核制度可說功不可沒。趙主管說：「**中龍有一套考核員工的機制，其中落實執行績效是一項重要指標，因爲再好的制度必須要員工百分百配合，才能確切落實公司目標，所以中龍把落實執行列爲員工績效評估的重要指標。員工考核會影響員工升遷、加薪等評量，再加上各單位間之競爭，因此每一單位、員工都會往這方向努力。**」

經過這樣的機制運行一段時間後，中龍不只確實做到落實執行，而且工作績效也相對提升，過去一些不好的舊習也慢慢獲得改善，公司管理成效也展現正的循環能量，當中龍員工接受到上級長官的一道任務，他們首先考量的是如何在時間內達成任務，而不是推卸任務的舊思維。趙主管接著說：「**中龍有一批追蹤檢核的機制與人員，這些查核人員直接隸屬於總管理處，他們可以作跨部門的稽核與協調，當稽查發現有問題時，可以馬上要求相關單位緊急配合，如此可以快速改善問題與追蹤成效，也讓事情處理更有效率。**」

這一套追蹤檢核的機制有一大部分是參考母公司中鋼的制度，由於該機制在中鋼已運轉多年，所以一導入中龍時只需少許的修正即可，也讓中龍節省許多嘗試時間，相對給中龍帶來更高的檢核成效。

7-5 中龍的下一步

煉鋼工業可說是一耗電力、汙染的產業，但它又承擔了影響一個國家產業升級的重責大任，因此中龍的下一步也是值得深入思考的問題。趙主管說：「**雖然中龍目前有一點小小成就，但不能以此爲滿足，因爲往後還有更遠的路必須走，社會責任企業是中龍追求的目標。**」中龍近年來也舉辦許多的公益活動，來響應社會責任企業的義舉。

一、成立中龍基金會，服務社區

目前中龍有成立員工福利會與中龍基金會，員工福利會成立的目的是爲員工福利著想，而中龍基金會是爲社會公益活動而設立。趙主管說：「**中龍基金會近年來舉辦多場次的社會公益活動，譬如：關懷獨居老人、設置年輕學子獎學金、捐助社區書籍、提升社區讀書文化風氣等，雖然對社區的幫忙相當有限，但也是善盡社會責任的一分心意。**」

中龍基金會的公益活動也曾經獲得臺中市政府社會局的表揚，每次公司舉辦一些公益活動都獲得員工、眷屬熱烈的響應及參與，有錢出錢、有力出力，一些夫

人們也樂於犧牲奉獻，爲社區民眾盡一點力量，這些熱忱，公司高層也都感受得到，並從中擇優給予表揚鼓勵。

二、追求公司最大盈餘，對股東及員工負責

由於曾經跌倒過，所以特別珍惜能成功站起來的機會，中龍曾經在桂裕時期跌得很慘，所以經營團隊對過去重整的苦日子都刻骨銘心。

趙主管說：「**目前中龍廠內仍有一些老幹部是在桂裕重整時期由中鋼轉到中龍來的，當初在中鋼做得好好的，但在母公司鼓勵員工內部創業的遠大號召下來到中龍，本認爲可以過著幸福快樂的生活，但誰知道正是上帝要考驗我們的時候，走過那段艱辛的苦日子，這群幹部更懂得相知相惜，也更知道如何善盡一位經理人的角色，這些精神在過去桂裕時代是看不到的。**」

接著說：「**一位專業經理人其天職就是把公司管理好、經營好，要善盡職責幫股東、員工與投資大眾看管好公司，讓公司能營利賺錢，所以追求『好，要更好』是經營團隊最大的目標。**」

雖然目前中龍每年都會有盈餘產生，但爲讓公司獲得更大盈餘，中龍每年也都有投資新設備與廠房，再加上以前虧損的部分未塡滿。因此，中龍經營團隊不敢鬆懈，正加緊腳步爲迎接下一階段的挑戰而努力！

本個案非常感謝現有中龍經營團隊的協助，提供相關資料、訊息、廠房參觀等資源，才得完成本個案的撰寫，尤其是趙主管（已虛擬）熱心帶領本團隊參訪中龍、接受訪談、耐心講述過去的一些歷史，讓本團隊成員得到清晰、詳細的資訊，也讓我們更進一步了解中部地區鋼鐵業的龍頭「中龍鋼鐵」艱辛的歷程，也非常感激中龍對後生學子的厚愛，讓他們有機會更進一步認識鋼鐵產業，爲將來增闢一條就職管道。

7-6 理論探討

一、品質管理

在中龍鋼鐵還是桂裕企業的時代，曾發生了龐大的財務危機，當時桂裕光是應付財務上的麻煩就手忙腳亂了，使得他們在許多地方力不從心，這導致產品的品質

大幅下降，出去的貨品屢屢出問題，而公司又無法及時把握處理問題的時效，所以一天到晚產生客訴，也導致他們在外面的聲譽大受影響，他們究竟該如何是好？

品質是指生產者運用自己現有的生產技術、設備與生產能力，產出能符合顧客要求且願意購買的商品。品質管理（Quality management）是指爲保障、改善製品的品質標準所進行的各種管理活動。它並不僅限於製造部門或技術部門的工作，也可以從產品設計、採購、進料、製造、成品檢驗、倉儲、裝運至產品到顧客手中，讓顧客滿意爲止的整個企業流程，都可以包含在品質管理的範圍內，而當企業可以把企業業務的整個流程都進行品質管理的時候就叫全面品質管理（Total quality management, TQM）。

品質管理有三步驟，分別是品質規劃、品質管制及品質改善，一般來說企業會先決定好他們的政策與目標，之後就會整理出他們的品質規劃，接著做好能對品質監控與管制的方法，最後可以從中不斷地分析品質成本，使其達到最佳效益，以完成品質的改善。

品質成本包含預防成本、鑑定成本、內在成本、外在成本等，透過品質管理活動，雖然增加了預防性支出，但是可以減少檢測等鑑定費用與相關失效改善之內外支出，即產品於設計階段將可靠度設計植入（design in）是必要，且有利於企業經營。

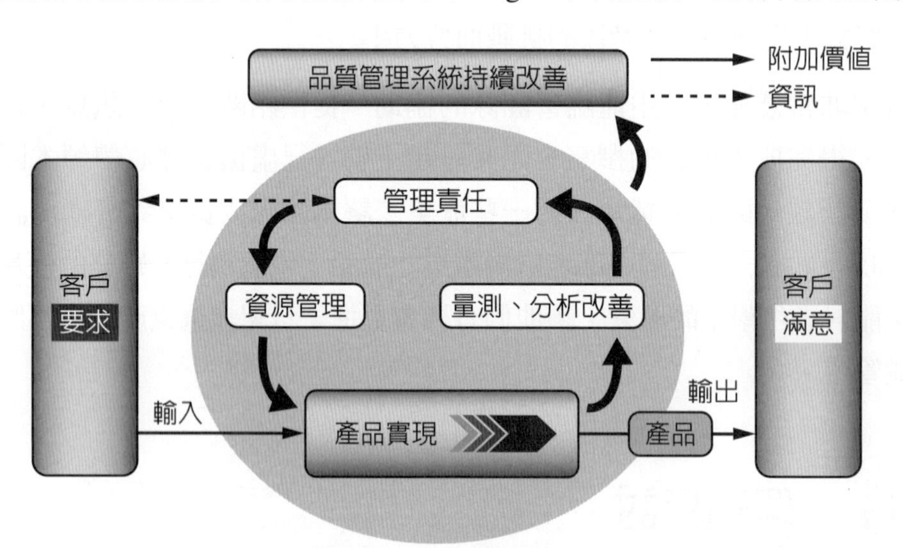

資料來源：科建顧問（2017）

圖7-1　品質管理

二、績效考核

中龍在以前還是桂裕的時代，人事任用不按章法，尤其是人員晉用不按考績來進行，這造成大部分的高階主管都是從家族親戚中選出來，或直接拉關係就能上去，也導致許多事情是在黑箱作業底下運作，並使他們的財務問題越來越嚴重，究竟中鋼該如何改善呢？

績效考核通常也稱爲業績考評或考績，是針對企業中每位員工所承擔的工作，應用各種科學的定性和定量的方法，對員工行爲的實際效果及對企業的貢獻或價值進行考核和評價。績效考核的目的是通過考核提高每位員工的效率，最終實現企業的營業目標。

績效考核同時也是現代組織不可或缺的管理工具，它是一種週期性檢討與評估員工工作表現的管理系統，也是主管機關對員工的工作做系統性的評量。有效的績效考核，不僅能確定每位員工對組織的貢獻或不足，也在整體上對人力資源的管理提供決定性的評估資料，從而改善組織的反饋機能；提高員工的工作績效，更可激勵士氣，也可做爲公平賞罰員工的依據。

由於人力資源難以衡量，且進行績效考核曠日廢時又有許多成本，這導致許多公司會忽略績效考核，或是做得不完善。公司必須投入時間與人力來評估員工需求，並詢問及檢視員工目前或未來所需的技能，如果公司想推動有意義的績效考核或員工訓練，這類人力發展計畫是極爲重要的；而許多研究也發現影響員工忠誠的最直接影響因素是績效和其薪水之關聯，而這類連結必須以公平透明的方式來衡量員工的績效。

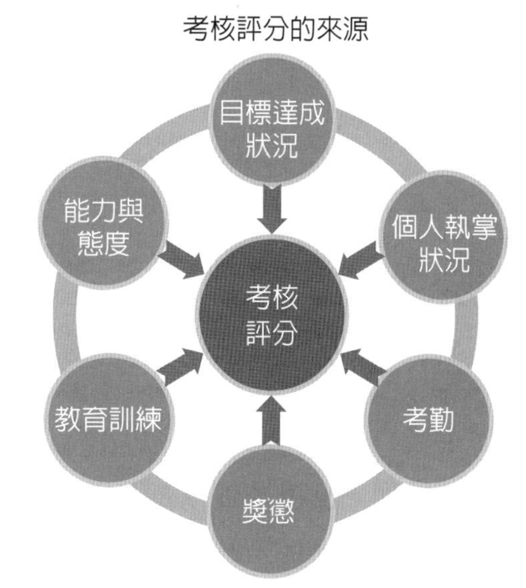

資料來源：英特內軟體技術專刊-Interinfo第123期電子報

圖7-2　企業考核評分的來源

由中龍的個案中可以知道績效考核不只是考察員工現在的績效，還要爲他們做好未來職涯的發展計畫，或協助他們找出解決問題的要點。爲員工做好打算、投資他們，會使他們覺得受重視而增加對公司的忠誠度和工作效率，別忘了一家公司是有員工才能營運，在必要時投資員工，絕對利大於弊，也是企業永續經營必須進行人力資源投資的功課。

三、子公司

目前中鋼持有中龍鋼鐵最大的股份，也因此中鋼基本上可以操縱整個中龍鋼鐵，但這並不算是企業合併，畢竟在法律上中龍鋼鐵依然是一個獨立的法人，但要說他們是策略聯盟似乎也不對，因此中龍鋼鐵公司對中鋼來說究竟有著什麼樣的身分呢？

子公司（Subsidiary），也被稱爲附屬公司，是指被另一家公司所實際控制的公司。控制它的公司被稱爲母公司或控股公司。控制子公司最常見的方式爲擁有其股份，通常要擁有一家子公司，必須要有其百分之五十以上的股份，擁有股份後母公司就有足夠的票數去決定和控制其所想要的經營團隊；若擁有其百分之百的股份，則稱其爲母公司的全資子公司。

子公司不能是法律上的自然人，因爲它並沒有被該母公司收購或合併，所以在法律上依然是獨立的法人，它可以擁有自己的公司名稱、董事會和財產，也可以爲自己的行爲負一切的責任，並能夠自己決定大多數的經營方向，但涉及公司利益的重大決策（像CEO的人選）仍要由母公司決定。

成爲一家大型企業的子公司並不是沒有好處的，首先在子公司出現危機的時候，母公司爲了不要讓之前的投資付諸流水，通常會盡力輔助子公司；再來母公司爲了獲取更多利益會輔導子公司，使子公司能夠更快速安穩地成長；也有母公司專門將外包的案件交由子公司負責，或是運用子公司開闢新市場以實現多角化經營等目的。

當然，母公司對於子公司的照顧或輔佐也須依法律規章處理，尤其母公司是上市/公開公司，更要考量大眾股東權益之保障，並必須受到證管會的監控，絕不可私相授受，譬如：最近有電視新聞報導某家上市公司，因子公司虧損，其董事長將母公司20億元的資金挪用救子公司，最後被證管會查到移送檢調單位法辦處理。

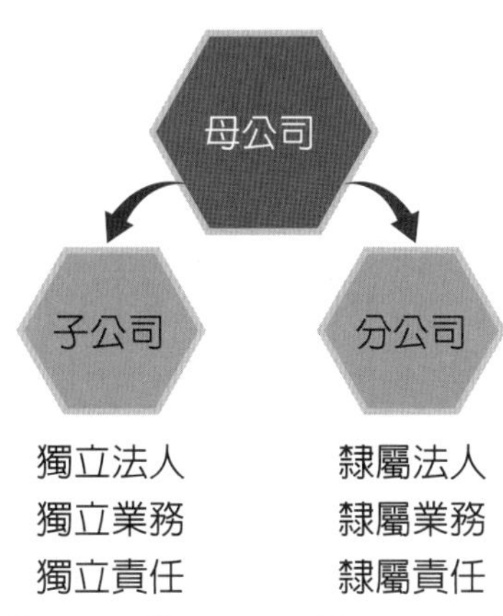

資料來源：迪博資質網 http://www.scdbzzw.com/zhucegongsi/qiyefaz/2016120517596.html

圖7-3　母公司與子公司、分公司之關係

中鋼當時是爲了擴廠需要，又礙於政府法令，最後經董事會開會後決定投資私人企業，這樣的私人企業經營彈性大也較不會處處受到法規束縛，基於以上種種考量才對中龍進行投資。雖然因此中龍鋼鐵的大部分股權被中鋼買了下來，不得不聽命於中鋼，但這同時也是有好處的，以當時的經營狀況來看，什麼時候宣布破產倒閉都不奇怪，所以急需要人投資他們；再來當時中龍鋼鐵裡面的管理制度凌亂，光靠內部人員無法整頓，也因此中鋼在後來對中龍的各項管理制度積極插手，並不定期從母公司派駐幹部在中龍公司進行輔導工作，這也才讓中龍鋼鐵慢慢步上軌道。

中龍鋼鐵也因爲有了中鋼的幫助，並確實重整他們的產銷體系，同時中鋼也持續對中龍進行輔導，並將一些外包或其他案子交給中龍處理，在這樣潛移默化之下慢慢使市場恢復了對中龍公司的信心。

四、企業社會責任

煉鋼工業可說是一個耗費龐大電力又容易製造汙染的產業，但它又有著影響一個國家產業升級的重責大任。爲此中龍也在苦惱究竟該如何在經濟和環境保護中找到一個平衡點，它到底該怎麼辦呢？首先企業社會責任跟社會企業是完全不同的，社會企業由非營利組織發起，他們以各種公益活動爲組織核心概念；企業社會責任是由營利組織發起，依然以各種經濟活動和股東最大利益爲主要核心。

「企業社會責任」（Corporate Social Responsibility, CSR）是指企業在追求股東和公司整體經濟利益以外，也對其可能影響到的環境、社會和政府等，各個利害關係人的利益一起考慮進去，但怎樣算達到企業社會責任，目前並沒有一個統一的標準。

而企業社會責任也可說是一種永續經營的概念，因為企業的各種營運與活動，其影響的不僅是企業整體，更有可能會影響社會和環境狀況。過去對於企業所應負的責任，較常專注在為股東謀取最大利益上，但隨著時代與社會的變遷，逐漸衍生出了環境保護、企業倫理和永續發展等不同議題出來，漸漸地，企業責任也就無法單從經濟層面的獲利情形來決定。到了現在經濟和社會的發展也依然不斷變動，因此只在單一經濟、環境或社會層面做好的企業，似乎也無法被稱作好的企業，因為一個永續發展的企業，必定是一個能與其所處之環境和諧共處的企業。

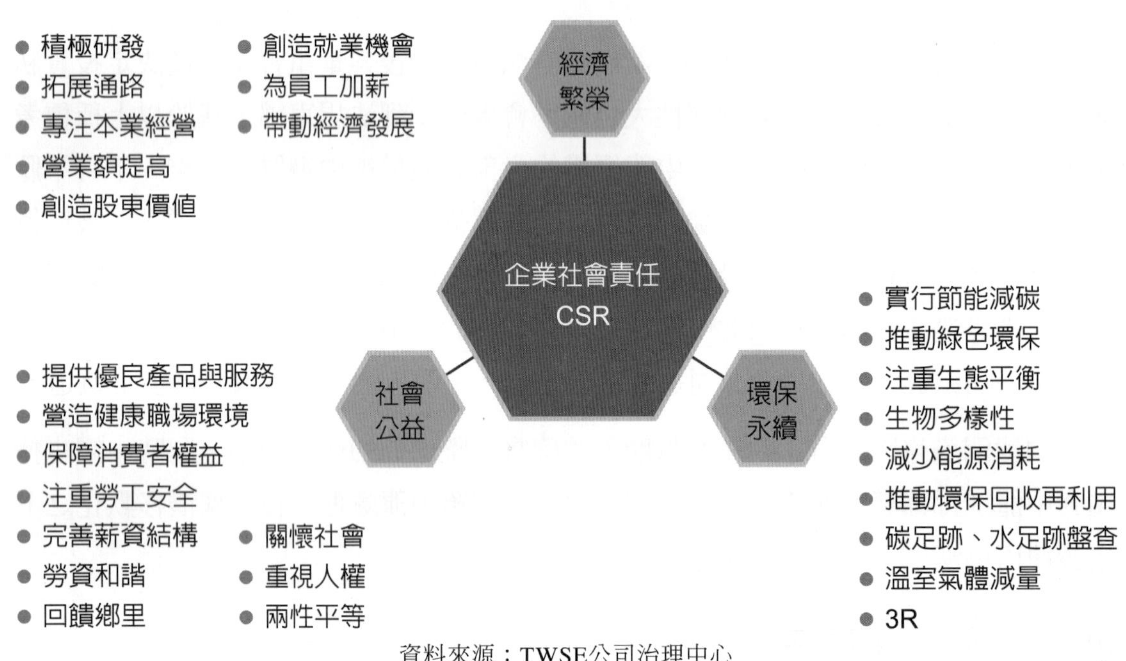

資料來源：TWSE公司治理中心

圖7-4　企業社會責任

身為中鋼子公司的中龍鋼鐵，自然也有以他們的方式善盡企業社會責任，中龍在進行各種經濟發展賺取利潤之餘，也成立了中龍基金會。中龍基金會對龍井偏遠地區的孩童提供各式各樣的書籍和教材，並在舉辦的圓夢活動中教導他們，要心懷感恩勤學為上，並提醒同學要孝順父母、知福惜福；中龍也曾推動環境教育巡迴車，以展演活動以及和孩子們互動的方式，讓小朋友有環保意識並熱愛土地，使他們珍惜現在所擁有的資源。

同時中龍基金會也有關環老人、獎助學金和各種急難救助等，他們以這樣的方式，展現對這個社會的關懷和永續的發展，使他們跟當地社區有了很好的交流，他們做的事其他人自然也看在眼裡，對中龍自然就有著一種親切感，也因爲這樣，中龍自然而然在當地生根茁壯，爲永續發展打下良好的基礎。

五、永續發展

鋼鐵業算是臺灣重要且知名的重工業，本身會帶來一定的汙染，以前爲了發展經濟，所以可有一定程度的容忍，但時至今日環保意識抬頭，許多環境保護的議題也紛紛被重視，中龍鋼鐵也得做出改變才行，究竟他們該怎麼做呢？

二十世紀中期以後，科技的進步帶動人類各種活動發展，人們的生活型態也因物質生活的充裕而朝向大量製造、大量消費、大量廢棄的方式發展，導致在經濟的活動中對環境的影響超過大自然本身的復原能力，使外面的環境越來越惡劣。因此人們體認到經濟發展問題和環境問題是密不可分的，目前經濟的發展破壞了地球的環境，而環境的惡化也阻礙了經濟的發展。這個現象不只是一個區域現象，這已經是一個全球性的問題，甚至是人類未來福祉的一大阻礙，也因此永續發展成爲了現在最有可能解決問題的方法。

那究竟什麼是永續發展呢？永續發展（Sustainable Development），是指在保護環境這個先決條件下既滿足現代人的需求，又不損害後代人的需要的一種發展模式。在1992年人們發現環境對人類的衝擊與威脅已經是全球性問題了，所以爲了改變冷戰結束後的生產方式和經濟秩序，更爲了約束和加強國際間對環境的保護，聯合國環境及發展委員會（The United Nations Conference on Environment and Development, UNCED）在巴西里約熱內盧召開「地球高峰會」，共計一百多個國家參加，是全球第一個環境會議。他們聚在一起的目的是爲了確保環境不會再遭到更嚴重的破壞，並使後代子孫有永續的資源可供使用，而由這些參加國的元首討論後，他們一致認同永續發展的理念，這些締造了未來永續發展的推廣。

永續發展主要由三個目標構成（如圖7-5），分別是環境永續性、社會永續性、經濟永續性。環境的永續性包含生態的承受能力和環境的復原能力，也強調健康的生態完整性以及物種的多樣性；經濟永續強調環境的相容性和分配的適當性，以及經濟的永續成長；社會的永續性則包含社會凝聚和參與，更重要的是社會正義。由以上三點互相配合，並透過不斷的磨合中，找出人類發展與自然資源最爲適當的平衡點，這就是永續發展。

圖片來源：臺灣主婦聯盟生活消費合作社

圖7-5　永續發展的構成要素

至於企業想要達成永續發展，一定要做好企業社會責任，在前面提到過，企業社會責任是將包含股東、社會、環境等各個利害關係人的利益通通都考慮進去，並從中尋找到最好的方法，當企業有做好企業的社會責任時，同時也是在爲永續發展做出努力，兩者的差別在於，永續發展不只是單一企業的問題，而是整個世界的人們所需重視的環境與經濟問題。

中龍鋼鐵自然也有在爲永續發展做出貢獻，除了上述所說的成立中龍基金會以及教導下一代環境問題外，在不影響其經濟發展的情況下，他們也在盡量減少對自然環境和附近社區的破壞，中龍鋼鐵特別設立了環境檢測中心，檢測廠區排放的傳統汙染物的濃度及總量；並在熔爐中使用對環境影響較小的冶金煤，而非一般的燃煤；他們也使用了像集塵袋等多種防治設備，防止污染物擴散出去，並確認其排放量是否符合法律標準。

中龍以上所做的這些都是爲了減少環境和附近社區的破壞，如果中龍鋼鐵不這麼做，除了會對環境造成汙染外，更會造成民眾抗議，甚至政府相關單位的處罰，經濟發展自然是做不起來，可見企業社會責任和永續發展的重要性。

問題與討論

1. 何謂品質管理？品質管理對一家企業的產品有何影響呢？中龍鋼鐵對品質管理上有何異於其他公司呢？
2. 一般公司對於員工績效考核都有其一套的制度來實施，績效考核如何實施才是提振企業員工士氣的好方法？請問績效考核應注意哪些細節呢？
3. 何謂企業社會責任？在一般生活中企業社會責任對於企業員工的素養有何影響？
4. 何謂永續發展？近年來永續發展已成爲企業永續經營的主軸，個案中的中龍鋼鐵如何發展永續經營呢？

資料來源

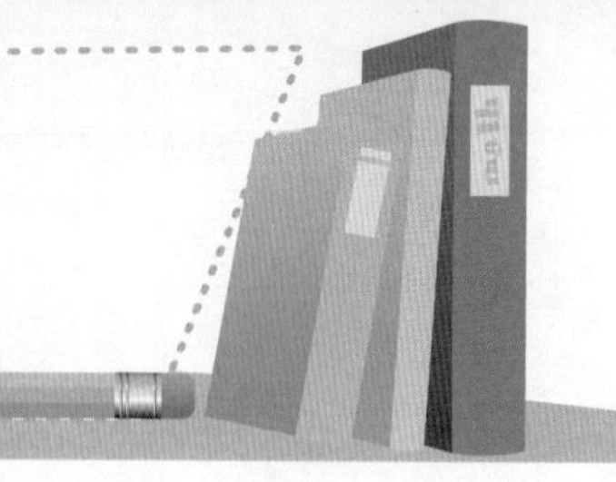

1. 何謂永續經營（2011），科學研習月刊，第45卷第4期。
2. 中龍鋼鐵官網：http://www.dragonsteel.com.tw/
3. 人力資源管理─許士軍（2012），露天出版社。
4. MBA智庫百科：http://wiki.mbalib.com/zh-tw/%E7%BB%A9%E6%95%88%E8%80%83%E6%A0%B8
5. 博和彥（2008），生產與作業管理：建立產品與服務標竿，前程文化。
6. 維基百科：https://zh.wikipedia.org/wiki/%E5%93%81%E8%B3%AA%E7%AE%A1%E7%90%86
7. 維基百科：https://zh.wikipedia.org/wiki/%E5%AD%90%E5%85%AC%E5%8F%B8
8. 胡憲倫、許家偉、蒲彥穎（2006），策略的企業社會責任：企業永續發展的新課題，應用倫理研究通訊第40期。
9. 維基百科：https://zh.wikipedia.org/wiki/%E4%BC%81%E6%A5%AD%E7%A4%BE%E6%9C%83%E8%B2%AC%E4%BB%BB

個案8

傳統窯業轉型的困難——水里蛇窯

下過冬雨的正午，微微陽光從層層雲霧中探出，某家位於草屯的簡餐廳正播放著悅耳的輕音樂，忽然傳來一聲「歡迎光臨」，只見水里蛇窯的第三代負責人——林國隆總經理緩慢步入。訪談一開始，林先生即表明訪談結束後，要趕赴「臺灣工藝之家協會」開會，因此此次訪談地點才會定在草屯而非水里蛇窯園區。

「臺灣工藝之家協會」，是第一個獲得行政院文建會認證的民間社團，於民國98年10月2日成立，目的為推廣「生活工藝」，也就是將工藝品融入民眾的生活中。內部177位工藝專家分別為民國93年、95年以及96年，由文建會徵選出來，皆是國內重量級工藝專家，其中林國隆先生被推舉為首屆召集人。

作者：亞洲大學經營管理學系 陳坤成副教授

8-1 個案背景介紹

一、關於水里蛇窯

由於南投縣水里鄉出產的粘土具有雜質少、韌性強之特性，以此粘土燒製而成的陶瓷品堅固耐用，使得水里出產的陶瓷品遠近馳名，因此早期水里地區窯場林立，也培養出許多優秀的製陶師傅，是為臺灣製陶產業的先驅，並曾於民國三十二年日據時代奉令生產軍用「防空缸」興盛一時，後因塑膠製品的興起而沒落，許多業者紛紛歇業，窯爐陸續關閉，製陶師傅不僅失業，就連引以為傲的製陶技術也無人接班，時至今日，僅剩頂崁村41號的「水里蛇窯」為人熟知，因此，「水里蛇窯」是臺灣目前最古老、最具傳統文化代表性的窯場。

「蛇窯」源自於中國福州，由於順沿山坡地形堆砌而成，遠望窯長似蛇蜿蜒盤據山頭，因而有「蛇窯」之稱，其窯內空間雖然不高，但容量卻很大，且因結構簡單，所以築窯不難、費用又低，因而廣受業者喜愛，成為臺灣早期陶業使用最普遍的窯爐。「蛇窯」屬於柴燒窯，其與現代窯的不同之處在於柴燒窯是以木材為燃料，利用柴灰落於坯體上之結晶所產生的色彩變化，以及天然且樸拙的紋路與質感為陶器之特色，是現代窯所無法取代的特點，而燃料的來源也是當年考驗製陶業者的重要課題。

由於「蛇窯」是以木材為燃料，且平均每窯需要一萬公斤的木材，燃料消耗量非常大，因此蛇窯的業者多以當地現有的木材資源為主要燃料，早期以松木為最上等的燃料，因為松木富含油脂，燃燒後火力較強，使得成品燒成效果最好，然而松木生長緩慢，不足以應付大量的需求，因此多數製陶業者改用生長速度較快的相思木，但水里地區相思樹較缺乏，所以中期則以南投盛產的芒草、竹子與樟腦樹為主要燃料，然而資源也有枯竭的一天，水里地區的製陶業者也逐漸不容易取得這些燃料，慶幸的是，許多鋸木廠陸續進駐水里地區，其鋸木之後所產生的廢材便成爲各窯場最便利且便宜的燃料，如此一來，不只鋸木業者可以省下清運費，製陶業者也不需向鋸木業者購買這些廢材，而是只需付出運輸費即可。

二、水里蛇窯發展歷史

(一) 第一代草創期

「水里蛇窯」始於民國16年，由製陶師傅林江松先生於南投水里創立，是爲臺灣目前最古老、最具傳統文化代表性的柴燒窯。創辦人林江松先生出生於南投牛運堀，當地自古以來就是臺灣重要的窯區，所以窯場很多，而在地人也多以製陶維生，雖然林家有許多族人都是製陶師傅，但林江松先生年輕時在窯場的工作，並不是製窯師傅而是位雜工，直到遇到來自水沙連的大地主——林力先生，人生才有所轉變。

林力先生提議願意提供土地與資金，協助林江松先生在水里頂崁現址開設窯場，取名「協興」，因此林江松先生二話不說，帶著妻兒與弟弟舉家搬遷，由於該地區尚未開墾，林江松先生藉由挖取陶土的機會幫地主開墾荒地以利農耕，地主因而省去了整地的成本，雙方互助互利，逐漸使「協興」步上正軌，然而，因爲林江松先生在之前的窯場是爲雜工，製陶技術並不專精、經驗不足，故經常遭遇失敗，幸而林力先生大力相挺，使得「協興」能夠一次次度過難關，在物質上不需過度操心。

然而光有物質支援也不是長久之計，沒有熟練的技術做後盾，「協興」也無法永久經營下去，因此初期聘請南投製陶師傅前來幫忙，後來則是聘請五、六位大陸籍師傅從事生產工作，其中以來自福州的林榮生師傅技術最爲專精。林榮生師傅受僱於「協興」的這段期間，林江松先生也努力向師傅學習，以提升自己的技術，從一位學藝不精的雜工，銳變爲能夠充分掌握全部製陶技術的製陶師傅，並且是對於窯場所有流程都了解很透徹的窯場主人。

(二) 第二代成長與衰退期

「協興」第二代接班人林木倉先生，十三歲開始接觸陶器製作，十九歲正式成爲製陶師傅。原本「協興」是由林木倉先生與哥哥林木衫先生共同經營，在日據時代製作「防空缸」而日益壯大，再加上品質優良，漸漸成爲當地最大的陶器製造商，在最興盛時期更出現賣陶小販露宿窯場，只爲搶得成品，甚至有小販賄賂窯場工人，以求能在剛開窯時搶先進窯取得成品，形成一股「搶窯」的風氣，但卻因爲一次錯誤的投資而將「協興」的經營權拱手讓人。

當時，「協興」標到一件公賣局的酒甕訂單，由於數量龐大因而將部分數量轉由下游窯場製作，結果下游窯場捲款而逃，導致「協興」遭遇前所未見的財務危機，最終落得拍賣窯場的下場，將經營權讓予得標者吳文永先生。之後，林木倉先生到哥哥林水金先生經營的「永發」窯場擔任會計，並兼做製陶師傅，其後又曾轉往另一家窯場擔任製陶師傅，最後輾轉回到「協興」，但此時卻是幫吳文永先生生產陶器，自己已經不是「協興」的擁有者。

林木倉先生對於喪失祖產感到非常痛心，亟欲復興家業，因此興起買回窯場的念頭，由於當初拍賣部分僅有地上物，也就是窯場建築物部分，林木倉先生仍保有土地所有權，因此買回窯場較爲容易，故積極努力在三年內將窯場分批買回，終於在林木倉先生四十三歲那年重新取回經營權，並將窯場改名爲「合興窯業工廠」。

窯場重整後，適逢民國四、五十年代陶製品需求量大，使得「合興」有穩定成長的空間，直到民國六十年代花器蔚爲風氣，而「合興」所生產的花器不僅品質絕佳，外型更是亮眼，因此獲得許多消費者青睞，故這段時期的「合興」擁有掌握市場的核心能力，是「合興」最鼎盛的時代。

然而，隨著科技的演進，輕巧、便宜且生產快速的塑膠和五金製品逐漸取代笨重的陶器，此外，電冰箱也成爲家家戶戶必備儲存食物的工具，普通家庭已經不再使用陶甕來醃製或儲存食物，而便利的自來水也使得人們鮮少使用水缸，時代的變遷導致陶器產量銳減，窯業成爲夕陽產業，許多窯場紛紛關閉改建大樓，「合興」也面臨存廢的難關。

(三) 第三代轉型期

第三代接班人林國隆先生，是林木倉先生的獨生子，從小在窯場長大，在課業學習之餘也會幫忙父親粘壺嘴，因此對於製陶程序是從小便耳濡目染，於水里國中畢業後，就讀鹿港高中輪機科，在入學後才了解，輪機科學生未來的工作勢必在海上，擔心身爲獨子的自己無法照顧父母，因此決定繼承家裡的窯業，但此時窯業已經是一個夕陽產業，大家都在收了、都在關了，林國隆先生開始思考是否該繼承，在愼重詢問過父親林木倉先生後，林木倉先生只給了一個回答：「**這個行業雖然已經不能做了，但是這是祖先留下來的，我也希望你能夠把它保留，不要把它拆掉**」。

既然不拆窯場，但如果無法經營也僅是保留一個廢墟罷了，因此林國隆先生認爲，要保留窯場就必須去經營它，這樣才能長久將窯場保留下來，否則這個建築物如果長期不去用它，沒多久就毀壞了。基於這樣的理念，林國隆先生領悟到，窯業會沒落的原因，就是因爲沒有新穎的技術，單是保留傳統在變遷快速的社會中是用不到的，所以林國隆先生認爲必須要從這一專業領域再學習，認識更多的新技術，因此大學第一志願便是考取聯合工專（現爲「國立聯合大學」）的陶瓷玻璃工程科。

「我開學第一天去報到的時候呢，就對我的恩師，陳煥堂老師講，我說：『老師，這是我的第一志願，也是我唯一的志願，因爲我們家裡的工廠快倒了』，我們老師很驚訝，怎麼會有人因爲家裡工廠快倒了才來讀？」林國隆先生笑著回憶，也因爲老實說出緣由，使得陳煥堂老師對林國隆先生印象深刻，獲得陳煥堂老師許多的協助，不僅學習到許多專業知識，也因爲陳煥堂老師在企業當技術顧問，讓林國隆先生從中了解到企業的研發與運作，爲未來回鄉經營窯業奠定基礎。

在林國隆先生正式接手經營時，藉由父親林木倉先生挹注的八十萬現金蓋一棟以現代瓦斯窯爲主體的新廠房，以及購買中古的機器設備，開始設計創新產品，並從外銷市場率先著手，因爲外銷利潤最高，然而實際開始營運時訂單卻不如預期，因而轉往內銷市場，意外地發現內銷市場較能掌握，因爲當時欣賞陶藝品的風潮崛起，許多消費者買不到精緻的陶藝品，就連瑕疵的也要，而林國隆先生所製作的產品不僅品質好，且設計又新穎，廣受消費者喜愛，利用新窯燒製成品所賺取的利潤，不僅能夠支付蛇窯的開支，更能夠使林國隆先生有能力去收集陶瓷文物與資料，開始爲轉型做準備。

經過一番努力，終於在民國82年轉型爲兼具休閒娛樂與文化教育功能的「水里蛇窯陶藝文化園」，園區共設計有多媒體簡報室、歷史文物館、陶藝教室等設施，另安排專業解說員做園區導覽，完整呈現出當年製窯師傅眞實的窯場生活。

三、轉型之路

林國隆先生從接班之初就一直在思考蛇窯的轉型問題，若是依然以生產陶瓷產品爲主，總有一天還是會再度遇到低潮的時候，因爲產業的生命週期就是如此，有頂峰就有低谷，最後林國隆先生決定以「觀光工廠」的模式來使蛇窯能夠永續經營下去，在民國74年接受《天下雜誌》採訪時便將這個構想傳達給前來採訪的記者，該記者將這篇訪問下了一個標題爲「一個觀光工廠的夢」。

(一) 價值創造——新的商業模式

要營造一個觀光工廠，就必須要有特別之處，因此在決定轉型方向後，林國隆先生便極力思考蛇窯的價值是什麼？結果發現唯一剩下的價值就是「老窯」，一個「老」字，也就是臺灣最「老」的工廠。然而在講求物質的年代，沒有具體的產品是沒辦法吸引消費者的，僅有無形的「文化價值」無法轉換成營運所需的資金，此時林國隆先生便發想出一個「文化產業化」的過程，第一步便是將「教育」融入產業中，「**似乎教育的系統是還可以做的，比較永恆的，而且好像還沒有學校開到倒車。**」林國隆先生笑著這麼說。

要將這個產業變成一個教育的地方，就必須將這個地方變成一個園區，讓人們來認識這個窯場，並且藉由收取門票的方式創造窯場的收入，以維持營運的開銷，但是要收取門票，園區內不能沒有吸引遊客的東西，因此，林國隆先生在民國七十幾年的時候，到日本旅遊並拜訪許多傳統產業的陶瓷園區，發現民間團體將當地產業的產品應用到公共景觀中，並且設立產業會館、展示中心等，而政府部門也設立相關史料文物館來介紹當地陶瓷的發展與製造過程，此外還有提供體驗活動，讓觀光客來這邊DIY玩陶。

雖然水里地區在早期是一個窯區，家家戶戶幾乎都是以製陶維生，但是憑著個人的力量不可能去影響政府在水里地區設立窯業博物館，所以林國隆先生自問：「**有沒有可能我自己設立一個園區並且具備了這些功能？**」，這個園區是提供一個休閒場所，讓遊客來體驗DIY、認識窯業的發展與製造過程，並且提供紀念品讓遊客購買，將一個屬於「製造業」的傳統產業轉型爲「服務業」。

正當林國隆先生苦惱著該提供什麼服務時，文建會來到「水里蛇窯」拍攝紀錄片，在訪問了林國隆先生後製作出該紀錄片的劇本，除了傳統的製作過程之外，就連當年「搶窯」的盛況也記錄在該片中，後來，這部紀錄片成爲園區導覽的一部分，當時園區內許多地方由於資金不足、無法整修，所以還未開放，而園區周邊還留有一些老舊的工廠，林國隆先生便帶著遊客參觀，然後坐下來看紀錄片、玩陶，結束時再帶遊客到販賣店買紀念品，藉由販賣店的營收來獲取營運的資金，此時的「水里蛇窯」只是試營運，還未開發成觀光園區，因此並沒有收門票，而藉由遊客的口耳相傳，吸引不少觀光客前來體驗。

(二) 資金籌措困境

在試營運一段時間後，由於遊客絡繹不絕，因此吸引了南部的一個財團想在此投資，而林國隆先生長期爲籌措資金所苦，所以接受財團的邀約前去談合作計畫，但財團卻提出要拆掉老窯蓋民俗村，這項計畫與林國隆先生的理念不合，認爲財團不是來保護窯業文化而是來破壞。因此合作計畫破局。

既然合作計畫破滅了，林國隆先生又陷入籌措資金的困境中，經過打聽，得知當時文建會的文化創業基金管理委員會有一個文化創業貸款，分爲個人貸款與團體貸款，個人貸款規定三年要連本帶利還清貸款，而團體貸款則爲二十年還清，林國隆先生爲個人貸款，但認爲三年還清貸款太急迫，若三年內都還未建設完畢就要還款，說不定到時又倒了，而團體貸款又不符合條件，因此憑藉一股熱情寫了一篇計畫書，期望政府能夠感受到一個年輕人極力保護傳統文化的心，「**當然第一關資格審查就被刪掉了。**」林國隆先生無奈地說著。

此後，林國隆先生專注於內銷市場，雖然市場評價很好，但卻容易被取代，新設計的產品過沒多久就有相似的出現，林國隆先生感嘆：「**我們都是開發讓人家去模仿的。**」此外，來取貨的中盤商總是一再壓低價格，妥協一次就會再壓低一次，這樣的情況不斷循環，導致「水里蛇窯」的利潤相當微薄，最後甚至是中盤商直接開價，若不接受則找其他製造商，基於這樣的緣由，更加深林國隆先生轉型的決心。

在籌措資金的這段時日，林國隆先生在送貨時就帶著拉坏機，送貨結束後如看到空地就停下來拉坏，路過民眾因好奇會來觀看，這時候林國隆先生就會趁機宣傳，告訴這些民眾未來「水里蛇窯」要轉型爲觀光工廠，除此之外，也邀請一些民俗團來「水里蛇窯」表演，民俗團的勞藝師在一旁捏麵人，其他製陶師傅就在另一邊拉坏，如此一來也吸引很多觀光客，更吸引許多媒體前來採訪，林國隆先生就在一旁擺上茶桌和大家泡茶聊天，後來更訂做了一個石墨材質且具有流水系統的茶桌，竟意外受歡迎，許多遊客紛紛向林國隆先生購買，使林國隆先生多了一筆收入，更發現原來茶桌上的任何器具都是一筆生意。

就這樣，透過原本產品的銷售，以及販賣茶具、紀念品，漸漸累積資金，到了試營運的第八年，林國隆先生僅用一年多的時間改造園區，將「水里蛇窯」轉型成不一樣的風貌，並且開始收取門票，正式成立「水里蛇窯陶藝文化園」。

(三) 轉型過程中的隱憂

在決定收取門票之後，林國隆先生又開始擔心，收取門票的舉動會使遊客不願進來參觀，就連以往靠著販賣紀念品的收入也被擋在門外。因此，在正式營運後的前三天不收門票，讓遊客了解花錢進園區內參觀是有收獲的，三天之後，凡只要進入園區的遊客都需要購買門票，但會贈送等值的紀念品，藉此吸引遊客，一段時間後，遊客愈來愈多，導致紀念品製作不及，這又成爲林國隆先生擔心的問題。

此時恰巧又發現，遊客已經不在乎紀念品是否等值了，似乎入園觀看紀錄片、聽取導覽員的解說、參與體驗DIY就讓遊客覺得值回票價，雖然如此，但林國隆先生依然保留「以物易物」的經營模式，也就是「購買門票即贈送紀念品」的方式，只是將紀念品的大小縮小爲現在的陶項鍊，縮小紀念品的體積不僅能夠快速生產，也可以降低成本。

漸漸地，觀光園區逐漸成爲風潮，許多旅行社都主動來向林國隆先生洽談合作機會，並且在旅展販賣「水里蛇窯」的商品。就這樣，園區前聚集的遊覽車愈來愈多，而林國隆先生在當時堅決不實施佣金制度，但卻因部分遊覽車司機不滿，所以林國隆先生則以陶瓷紀念品取代現金贈送給司機們，不過林國隆先生與園區內師傅們爲了要生產遊客的紀念品而忙得不可開交，實在無暇再去生產遊覽車司機們的紀念品，因此林國隆先生決定，將這項工作委外生產，但委外生產又必須壓低成本，因爲成本太高又會使利潤降低，所以林國隆先生在尋找符合成本的紀念品上下了不少功夫。

以陶瓷紀念品取代現金的制度實施了近十年後，遊覽車司機又出現新的意見，因爲遊客眾多，所以遊覽車司機幾乎是常常來，但每次來的紀念品都一樣，這次來是這個，下次來又是一樣的東西，演變成一個司機家裡堆了十幾個相同紀念品的情況發生，所以林國隆先生只好廢除陶瓷紀念品，改爲發放現金，爲了符合成本，將全票的價格由120元提升到150元，半票則是由100元增加至120元，而這些增加的價格就成爲付給遊覽車司機的佣金，這樣的佣金制度實施了近四年，雖然遊客並沒有因爲這樣的制度而增加，但至少減少了遊覽車司機在門口抱怨的情形發生。

8-2 管理制度

在員工薪資方面，早期的傳統工廠是實作實算，做幾天工、算幾天的工資，也沒有所謂的休假制度，而窯業則有部分業者是論件計酬，以成品件數計算工資，工資計算方式複雜，再加上，若老闆認爲某位員工表現認眞則會偷偷多發些工資，但俗話說「紙包不住火」，最後總會傳到其他員工耳裡，如此一來，員工間便會有所怨言，不僅影響員工情緒，更導致工作績效降低，最終使得經營者的管理更加困難。

一、薪獎制度

有鑑於父執輩的管理瓶頸，林國隆先生認爲這樣的管理模式不能持續下去，必須有所改進，但林國隆先生對於管理不在行，不知如何著手，恰巧其姊夫在台塑石化股份有限公司任職，因而提供該公司的獎勵制度作爲參考，然而因爲「水里蛇窯」屬於觀光工廠，與台化公司的性質不同，故以台化公司的參考值爲基準，訂出適合「水里蛇窯」的薪資結構，其結構內容分別爲「本薪」、「勞健保」、「業績獎金」、「職務加給」以及「假日加給」五項。

由於遊客通常是在假日到訪，所以員工假日通常是沒有休假的，尤其是中午也沒有休息，因此若是員工在這些時段來上班則能夠增加「薪點」，而「薪點」部分也是林國隆先生參考其他企業所制定的，將員工分爲十二職等，例如第一職等的薪資爲七十五薪點起跳，每1.5薪點爲一個級距，往上累積；而第二職等的薪資爲八十薪點起跳，每2點爲一個級距，第三職等則是每2.5點爲一個級距，第四職等就是3點爲一個級距……以此類推，所以每個月下來，所有員工的薪點皆有所不同。

在獎金部分，每個月從營業額提撥固定的百分比，再除以所有員工薪點的總和，來做獎金的發放。例如這個月全部員工薪點總和爲3,000薪點，與從營業額提撥出來的金額相除之後得到1薪點爲30元，則某位員工這個月有100薪點，則該員工的獎金有3,000元。在員工的年終獎金部分則是加總每個月的獎金再除以二，例如一月份某位員工的獎金爲3,000元，而年終獎金準備金則爲1,500元；二月份的獎金爲2,000元，則年終獎金準備金爲1,000元……以此累加至年底即可算出該位員工的年終獎金爲多少。

因此，所有員工皆可自行算出能夠領多少錢，而不會互相猜疑老闆比較偏愛誰，或是猜測今年是否會發年終獎金、發多少、發幾個月，這些都不用員工去議論，自行計算薪資即可知道。但年終獎金還是會有變數，這個變數就是「考績」，若是某位員工的年終總考績爲九十分，則年終獎金就會打九折，而被扣掉的百分之十的金額則會挪爲「公基金」，「公基金」使用於員工活動，例如員工慶生會、員工旅遊、教育訓練等，如果「公基金」不夠的話，公司另有一筆「臨時基金」可供使用。

一開始，這項制度是以人工來計算，後來林國隆先生邀請其舅舅來擔任總經理，林國隆先生的舅舅便將這套制度電腦化，每月結算薪資後就會產生薪水條，每位員工一人一個薪資條，員工只要去帳戶核對金額與薪水條上的數字是否相同、請假時數是否正確即可，不需花費大量人力成本來計算薪資、將現金裝袋、換零錢等浪費時間的事情。此外，這樣的制度也能夠減少員工在薪資計算上的不滿，解決員工情緒的問題，並且無形中督促員工自動自發、認眞努力去完成該做的事，因爲工作態度與績效攸關薪資加級與考績成效。藉由實施公開透明的薪獎制度，使員工過去對薪獎發放的不滿降到最低，同時也提振員工的工作士氣。

二、休假制度

在休假制度方面，林國隆先生並沒有硬性規定，全權由員工自行調整，只是員工必須繳交當月的休假表，讓林國隆先生隨時掌握人力調度。雖然沒有強制規定，但其中一條不成文規定則是，若有大團體前來參觀，則員工必須自行調整休假日，也就是說，員工可以自由排假，但必須配合園區整體營運情況。

因爲員工人數是固定的，整個園區就是這麼多人，不可能臨時去找人力來協助，如果某位員工的休假日當天有大團體來卻沒有主動銷假，使得其他員工忙得不可開交，則下次若遇到相同情況，其他員工便不會有人願意幫忙，林國隆先生強調，這是大家都有的共識，不需特別約束，員工自會遵守。

除了上述的基本休假規定外，「水里蛇窯」還有另一項特別的休假制度。在「水里蛇窯」，員工愈資深，休假的日數愈多，除了基本的月休四天，其他的都屬於特休，這樣的特休制度雖然是資深員工的福利，但卻會使得生產力下降，並且造成人力不足，若其他員工一個月可以生產五百個產品，但資深員工卻只能生產三百個，因爲資深員工上班天數較少。

另外，由於陶瓷產品生產的時間是固定的，該燒製幾小時就是幾小時，無法縮短時間，否則生產出來的產品僅能是劣質產品，因此人力如果縮減太多，則會造成生產上的負擔，故林國隆先生規定，若是員工的特休超過十五天，則以十五天計算，多餘的部分就視爲加班，公司會給予加班費。

對於資深員工的特休福利，林國隆先生認爲這並不會增加「水里蛇窯」的營運成本，這項福利不僅對「水里蛇窯」有利，也能夠激勵員工，因爲這樣的福利能夠使員工不輕易離職，是吸引員工長期留在「水里蛇窯」的因素之一，員工汰換的頻率低能夠減少新員工的培訓時間與成本，更減少「水里蛇窯」的薪資支出；對於員工而言，若是另請一批新員工，則薪點會愈加愈高。如上述的舉例，本來僅除以3,000薪點，結果因爲人數的增加卻要除以4,000薪點，那員工的業績獎金與年終獎金就會減少，所以林國隆先生爲了以較少的人力來維持「水里蛇窯」的運作，設計了一套人力調度的模式。

三、人力調度

目前「水里蛇窯」的員工共有十五人，用人非常精簡，其餘不足的人力部分則與學校建教合作，而每位員工的工作都交叉輪調，例如：解說人員不可能每天都會有解說，因此在沒有解說工作的時候，就會幫忙生產遊客的紀念品，此外，若是杯子在趕工的時候員工就會幫忙粘手把，而咖啡館的員工在閒暇時則幫忙禮品的包裝，因爲包裝不會摸到泥土，相對較爲乾淨，利用這些剩餘人力來做些較簡單的工作，此一部分是服務業協助製造業。

另一方面，當導覽人員人力不足時，則製陶師傅就會來協助，這部分就是製造業協助服務業，兩邊人力互相支援、互相幫助，如此一來就能減少人事成本。

觀光景點最怕沒有人潮，因此如果遇上颱風天沒有遊客或是旅遊淡季遊客較少時，也不用擔心人力閒置，因爲「水里蛇窯」本身也從事製造生產，不只生產遊客的紀念品，也設計生產陶瓷藝術品賣給其他單位或下游廠商，產業與觀光相互協調，以達到精簡人力的目的。

8-3 創業家精神

「基本上在我的觀念，我很希望員工他是有創意的，因爲我們也常常會去挑戰新事務，挑戰不可能的任務。」林國隆先生在受訪時侃侃而談，**「我覺得每一個擁有嘗試風格的人，他才能夠創新」**，若是侷限員工，不讓他們去做新的嘗試，這些員工也不會想出什麼新穎的東西來。林國隆先生特別強調：**「失敗沒有關係，但是你要了解爲什麼失敗」**，也就是說，勇於接受挑戰，不必擔心失敗，最重要的是要了解失敗的原因，待下次挑戰時避開這些失敗因素或是積極改進。

「積極挑戰不可能」就是林國隆先生堅持的理念，例如：九二一大地震將園區內的古窯震毀，園區內滿目瘡痍，林國隆先生與製陶師傅們下定決心，要在極短的時間內重建「水里蛇窯」，最後僅用五十天的時間修復完成，如此挑戰不可能的創舉也成爲「水里蛇窯」最佳的廣告宣傳效果。

除了勇於挑戰的精神外，在個人領導部分，林國隆先生喜愛與員工無距離、沒有隔閡，有什麼事情當面講清楚，所有事情都是好商量的，如果員工講一次，老闆不聽，講第二次，老闆不理，以後員工有什麼問題他也不說了，這樣一來就更不知道員工的想法，就更難去解決問題，林先生指出**「很多問題不怕浮出檯面，就怕它不浮出檯面，這才是要花更多的時間去猜測，而且若是猜測錯誤則又浪費許多時間去解決」**。

另外，林先生也指出，**「危機處理」**也是如此，如果能正確掌握危機的核心，就能夠做出正確且妥當的決策來因應，不用浪費時間去摸索，更不用擔心做出錯誤的判斷。然而，光是提出問題是不夠的，還必須提出解決方案。

林國隆先生重視員工提出解決方案的能力，也就是說，若是員工提出問題，則必須連帶提出解決這個問題的備案，當員工提出問題與解決方案時，大家就來討論這個方案是否可行，在討論的過程中或許能夠激盪出其他新的想法或策略，而不是只丟一個問題給別人，讓其他人去解決，這樣員工素質無法提升，更會引起員工間的不滿，甚至找不到解決問題最好的方法。

8-4 經營模式

林國隆先生認爲，待在自己的圈圈中是無法得到創新的想法的，必須參考別人的作法與意見，再融會貫通成爲自己的東西，這樣才能創造新的東西，因此，林國隆先生積極參與考察，不論是形象商圈的考察、閒置空間再利用的考察，或是跟著公部門到國外去做考察，都是林國隆先生非常喜歡做的事情。

這些考察的優點在於，第一，能夠見到當地人的生活習慣，聽到他們經營當地產業的一個想法；其次，則是能夠訓練對市場的敏銳度，各個地方的市場需求都不同，若是在當地發現有趣的東西，就必須思考這個東西是否有值得投資的地方，或是還能夠爲它創造什麼新的價值。

另外，雖然每個行業的性質與內容差別很大，但都會有還未被發現的交集點，如果能找到這個交集點，就能夠提升自己的競爭力，過去，林國隆先生曾成功打進這個交集點，不僅強化「水里蛇窯」的核心能力，也爲合作夥伴「價值創造」，例如：與台鐵合作，推出陶瓷容器的火車便當，倘若推出一個別人已經都有的東西就沒有什麼稀奇了，因此**「不是市場的市場才是我們的利基市場」**林國隆先生極力強調這一點，因爲許多人進入的市場是競爭市場，而尋找利基市場才是具有利潤的市場。

除了離開競爭市場、尋找利基市場之外，林國隆先生還認爲需要走一條不一樣的路，那就是尋找販賣消費性商品的「**耗材市場**」。在「耗材市場」中，最好的東西都是送人的，而不是拿來販賣的，林國隆先生認爲，多數的人們對於要拿錢出來買東西都會精打細算，但如果是送的東西則什麼都好，並不會特別計較，也因爲是送的東西，所以常有補貨的機會，所以能夠提升「水里蛇窯」的出貨率與營業額。因此，如果發現有合適的「耗材市場」，就會積極去說服對方參與合作，例如上述提到的火車便當容器，以及日月潭風景區所需要的紀念品。

最後，林國隆先生提出一個「**心靈市場**」，如同指南宮推出的「發財雞」，當信眾將「發財雞」帶回家就有發財的可能，藉此滿足信眾的心靈，所以「水里蛇窯」與溫泉飯店合作，推出來住溫泉飯店送溫泉神的撲滿，意即保佑客人賺大錢，廣告打出「集中零錢，換取下次度假的機會」，背後的策略則是創造溫泉飯店住房的回流率，暗示客人如果撲滿滿了，則要回來再度假一次。

這樣的合作模式不在於商品的價值，而是行銷策略的選擇，尋找一個能互相幫助的策略，「水里蛇窯」靠溫泉飯店來做品牌行銷，而溫泉飯店靠「水里蛇窯」的產品來做加值服務。

遠離競爭市場，尋找利基市場、耗材市場、心靈市場，是林國隆先生在整個產品開發當中最重視的一個方向，但這些目標市場全部都是圍繞在「**策略聯盟**」的一個行銷方式，利用這樣的行銷方式來創造出優勢，例如：省去業務人員的人事成本。

「水里蛇窯」內部並沒有行銷人員，除了導覽員、服務員外，就是陶瓷師傅，所以並沒有特別安排行銷人員去制定行銷計畫，因爲每個客戶都是永久的，例如上述提到的飯店業者，就有十家是與「水里蛇窯」合作，當第一家交貨後，第二家正好產品賣完或送完了就會來續訂，而第二家也交貨後，則第三家就會來續訂，如此一直循環，訂單自然就會來了，不需要特別去做行銷，除了飯店的業務外，林國隆先生在訪談中曾提到，與農會合作推出陶瓷罐裝的茶葉也是可行的方案，這樣的行銷方式能夠使生產線永久存在，也就是說，「水里蛇窯」就是在做永續的產品。

當接洽的客戶多了，並且整個工廠一直持續在生產產品，則知名度就會提升，不需特別去宣傳，大家就會知道「水里蛇窯」，由於知名度的提升，許多公共工程的陶瓷訂單就自動上門，林國隆先生自嘲對於全國的公共工程公司有多少並不了解，但就是會有相關人員前來談合作，詢問之後發現，原來當這些接洽人員想找製作陶瓷的工廠時，第一個就想到「水里蛇窯」，可見「水里蛇窯」的知名度已經打出來了，聲名遠播。

8-5 水里蛇窯未來的展望

早期屬於製造業的蛇窯，在傳統產業沒落的今日，僅剩下空殼廢墟矗立在水里的山坡上，就連過往的輝煌也僅存在曾經經歷過那段時日的地方老者的回憶中，往年興盛一時的產業，也僅剩下「文化價值」供人回想，然而這碩果僅存的「文化價值」卻也被人們忽視，林國隆先生爲了將祖先們留下的產業保留下來，將「水里蛇窯」由已經凋零且僅剩「文化價值」的傳統製造業轉型爲觀光工廠，成功完成他口中所說的「文化產業化」，但林國隆先生不因此而滿足，他還計畫將這成功的「文化產業化」轉爲「產業文化化」，以期「水里蛇窯」能永續經營，將這文化資產留給後代子孫。

一、產業文化化

林國隆先生認爲「產業文化化」即是「文化在地深根」，是一種能夠使產業永續的經營方式，因爲，如果連在地人也不認同這個文化，不覺得這個文化是值得驕傲的，就不會幫忙行銷，就缺少了一項廣告的途徑。**「如果遊客到這個地方，問說：『啊，水里蛇窯在哪裡？怎麼走？』，民衆卻回答：『那沒什麼啦，就只是做水缸的而已』，那在外面就被人家潑冷水了喔！這樣遊客就進不來了；如果在地人說：『啊，你要找蛇窯喔？這是我們這裡最有歷史、最值得你去的地方』，人家這麼給你鼓吹，遊客絕對進來！」**林國隆先生在訪問時敘述了這兩種情況。

爲了要讓在地人覺得這個文化是故鄉的驕傲、是有價值的，林國隆先生舉辦了許多文化深根的活動，例如：設立獎學金。從民國83年開始，「水里蛇窯」就設立了一筆基金，專門發放獎學金給當地學校的優秀學生，讓在地人感受到「水里蛇窯」有在爲地方做事，久而久之，在地民衆就會支持，無形中也幫「水里蛇窯」解決了一些難以解決的問題。

「有一陣子遇上一些類似黑道的團體來挑毛病，忽然有一天有一位先生來跟我說，他幫我們排除了這樣的困擾，他說他對那些人講：『這家公司你怎麼可以來找麻煩？這家公司對地方很支持的、很有貢獻的。』，原來這位先生的來頭比較大，江湖話我們不會講啦，但他們就較敢講喔，就這樣人家自然就幫我們排解啦！爲什麼？因爲他女兒是領我們的獎學金的，他覺得很感激有這樣的榮譽。」林國隆先生回想當時的情景，很意外只是發獎學金竟然會有這樣的效應。

所以，爲了讓這個文化更有價值，讓在地人認同，這個文化就必須影響更多的層面，讓更多人能夠依賴這個文化而生存和生活，產業才能夠獲利，林國隆先生更強調：**「爲了能讓這個文化價值擴散，讓更多人都能感受到，就是我們『產業文化化』的目標，並進一步達到永續經營的目的。」**

林國隆先生期許未來的「水里蛇窯」能夠影響到社區發展，因此計畫以社區經營的方式來規劃「水里蛇窯」的未來，所以，「水里蛇窯」與其所在地的頂崁村正積極推動「手藝的庄頭」，許多村裡的景觀都會與這項企劃相關，並教導有意願學習的村民相關製陶的手藝，打造一個命名爲「**夢公園**」的村落，當這些村民學成後，可以靠這些手藝賺錢，若「水里蛇窯」人手不足時，也可以藉由這些村民來解決人力缺乏的窘況，建立一個以社區開發爲宗旨的產業。

二、國際化經營

除了文化在地深根以及打響在臺灣的知名度之外，林國隆先生還計畫開啓國際市場的大門，讓更多國內外的陶藝家互相交流，激發創意，設計更多的創新產品，不僅在民國96年舉辦「2007國際大型陶藝雕塑工作營暨研討會」；同年，林國隆先生更獲聯合國教科文組織（UNESCO）日內瓦國際陶藝學會（International Academy of Ceramics, IAC）同意入會成爲會員。

隔年，「水里蛇窯」與韓國陶園2里簽訂學術交流協定，締結姐妹關係，這些活動都是期望未來臺灣能成爲陶藝的重要基地，讓許多國外的教授來臺灣參加研討會，回國後向學生分享經驗，如此一來就是免費的廣告宣傳，而且是持續性的，因爲每一年都會有新的學生入學，也就是說會有許許多多的潛在客源，每一年都在打新的廣告。因此，林國隆先生計畫未來爲「水里蛇窯」在專業領域開闢新國際市場。

三、創立品牌——浬陶

傳統窯業屬於製造業，在鼎盛時期還曾有供不應求的景況，如今已成夕陽產業，「水里蛇窯」在林國隆先生努力不懈的創新經營之下，成功轉型爲服務遊客的服務業，現在，林國隆先生在「水里蛇窯」的未來展望中，又計畫將「水里蛇窯」回歸至製造業，追本溯源就是「根」的理念。

林國隆先生認爲製造業是傳統窯業的「根」，若是沒有製造業就沒有服務業了，因爲服務業不是傳統窯業的本業，所以近幾年「水里蛇窯」不斷加強產品開發，除了參加國家推行的工藝品牌政策、創新產品的開發，以及培養新一代陶藝設計師的開發能力，從產品設計來創造產值，並且積極經營品牌，因此除了「水里蛇窯」的品牌之外，另創立第二品牌「浬陶」，「浬陶」意指「水里陶」，因爲「蛇窯」就是在南投縣水里鄉發跡，因此以「水里陶」命名，並以「氵」代替「水」成爲「浬」，因而稱之爲「浬陶」，「浬陶」是結合多位陶藝家作品的一個品牌，林國隆先生對「浬陶」這個品牌寄予厚望，期望「浬陶」能夠走出臺灣、進入國際市場。

四、設立專賣店

創立品牌並強化設計的核心能力之後，林國隆先生計畫開設專賣店，藉由開設專賣店來鋪陳通路，如此一來便能達到自我掌控，例如：能夠自己選擇在哪些地方販賣才能夠提升價值，而專賣店不僅會開設在「水里蛇窯」園區內，另計畫在百貨公司、博物館或是在國外尋找適合的地點，都是林國隆先生未來的計畫之一，往後「水里蛇窯」就是製造基地，也是進行陶藝講座與文化體驗的文化教育基地，而專賣店才是購買「浬陶」的地方。

爲了將「浬陶」與「水里蛇窯」做連結，未來會設計一系列的行銷活動，例如：招待來店消費的前四十名顧客到「水里蛇窯」旅遊並附贈午餐，藉由這樣的行銷活動來替「浬陶」做宣傳廣告，並提升「浬陶」的業績以及「水里蛇窯」的曝光率。

此外，到「水里蛇窯」進行體驗DIY的遊客，若是沒有時間等待成品燒製完成，也能夠選擇方便取貨的專賣店來領貨，透過這樣的供應鏈，不僅能夠增加專賣店的客流量，當顧客到專賣店時也能夠獲得新資訊，透過這樣的方法來維持良好的顧客關係，並提升服務品質傳遞，還能夠同時替「水里蛇窯」與「浬陶」做廣告，一舉兩得。

五、水里蛇窯的下一步

傳統窯業已是夕陽產業，全臺的傳統窯場也所剩無幾，但窯業是臺灣早期社會深具特色的文化之一，值得被人們了解與保護，在各家窯場已經紛紛關閉的今日，「水里蛇窯」第三代接班人——林國隆先生，憑著一股保護傳統窯業文化的熱情，極力尋找並思考將蛇窯保留下來的毅力，並且努力賦予老窯場新的價值，不僅使「水里蛇窯」延續下來，還轉型爲休閒娛樂與文化教育性質的企業，更將「水里蛇窯」從中部地區著名的景點推廣成爲國際級景點，更顯難能可貴。但要踏上國際舞台其道路更加崎嶇不平，譬如：國外市場不同的文化習性、國外類似陶瓷產品的競爭、國外行銷通路的架構等問題，等待林國隆先生去突破與解決。

沒有遇到困難，就會停滯不前；沒有勇於創新的精神，就沒有今日的「水里蛇窯」，未來「水里蛇窯」勢必還會遇上新的難題，相信透過林國隆先生勇於冒險創新的精神，一定能帶領「水里蛇窯」乘風破浪邁向新的里程碑。

8-6 理論探討

一、利基市場

利基市場（Niche market）是指由已有市場絕對優勢的企業所忽略的某些細分市場，並且此市場尚未有完善的供應服務；一般由較小的產品市場並具有持續發展的潛力中，一些需要但尚未被滿足的族群消費者所組成。爲了滿足特定的市場需求，價格區間與產品質量，針對細分後的產品進入這個小型市場且有盈利的基礎。

經由專業化的經營將品牌意識灌輸到該特定消費者族群中，逐漸形成該族群的領導品牌。

利基戰略，是指企業根據自身所特有的資源優勢，通過專業化經營來佔領這些市場，使得企業能最大限度地獲取收益，所採取的競爭策略。實施利基市場策略的重要意義，在於進行市場利基的公司事實上已經充分瞭解了目標顧客群，因而能夠比其他公司更好、更完善地滿足消費者的需求。並且市場利基者可依據其所提供的附加價值收取更多的利潤額。

圖表8-1　技術產業生命週期的經營特徵

	早期市場	利基市場	全面市場	成熟市場	衰退市場
研發重點	應用研究 技術創新	產品創新 創新管理	主導標準 製程創新	製程改進 產品改進	
行銷重點	專家行銷	發展利基 市場	擴大市場 佔有率	促銷、價格、 顧客服務	價格
市場特徵	小且不重要	逐漸形成數個 利基市場	主流市場的 大規模成長	區隔化的 成熟市場	老化衰退
關鍵部門	研發	研發與行銷	行銷與生產	生產、財務 與行銷	財務
成本因素	低	低	中	高	很高
組織結構	研發專案型 組織	產品專案型 組織	有彈性的企業 組織	正式的企業 組織	官僚的企業 組織
風險與不 確定性	非常高	高	低	中	高

資料來源： cm.nsysu.edu.tw/~cyliu/files/edu33.doc

現在市場上的行業包羅萬象，雖然每種行業的性質與內容差別很大，但都會有還未被發現的交集點，如果能找到並利用這個交集點，就能夠提升自己的競爭力，倘若推出一個別人已經都有的東西就沒有什麼稀奇了，也因此水里蛇窯與台鐵合作，推出陶瓷容器的火車便當這種新奇的物品。

這是一個狹小且沒什麼人注意的市場，但只要有著明確的目標客群和對的商品，就會有足夠的利潤和訂單量，且幾乎沒有競爭者，再加上水里蛇窯本身就有一定的知名度，也因此水里蛇窯能成功在這個市場生存下去。

二、文化創意產業

「文化」一詞，廣義來說，泛指在一個社會中共同生活的人們，擁有相近的生活習慣、風俗民情以及信仰等；狹義來說，即是指「藝術」，是一種經由人們創造出來新型態的產物。

「文化創意」即是在既有存在的文化中，加入每個國家、族群、個人等創意，賦予文化新的風貌與價值。根據前香港大學文化政策研究中心總監許焯權在《香港創意產業基線研究》中的定義，文化產業指：「一個經濟活動群組，開拓和利用創意、技術及智慧財產權，以生產並分配具有社會及文化意義的產品與服務，更可望成為一個創造財富和就業的生產系統」。

根據中華民國文化創意產業發展法所頒布的定義，文化創意產業，指源自創意或文化積累，透過智慧財產之形成及運用，具有創造財富與就業機會之潛力，並促進全民美學素養，使國民生活環境提升之下列產業：

1. 視覺藝術產業
2. 音樂及表演藝術產業
3. 文化資產應用及展演設施產業
4. 工藝產業
5. 電影產業
6. 廣播電視產業
7. 出版產業
8. 廣告產業
9. 產品設計產業
10. 視覺傳達設計產業
11. 設計品牌時尚產業
12. 建築設計產業
13. 數位內容產業
14. 創意生活產業
15. 流行音樂及文化內容產業
16. 其他經中央主管機關指定之產業

前項各款產業內容及範圍，由中央主管機關會商中央目的事業主管機關定之。

水里蛇窯從民國16年創立以來已歷經三代，從傳統製陶產業轉型成觀光工廠和文化園區，蛇窯本身就是水里地區一個具有悠久歷史的文化，而現任的管理者林國隆先生想將這文化不斷傳承下去，所以蛇窯從事文創產業是較佳的選項或必然的趨勢。

蛇窯本身除了文化園區外，更與許多的飯店業者合作，推出許多造型精美的陶瓷餐具供遊客使用，也推出許多紀念品讓遊客帶回去。而蛇窯本身也創立了第二品牌「浬陶」，浬陶培養了新一代陶藝設計師的開發能力，從產品設計來創造產值，這裡面許多陶藝家製造出來的陶瓷符合現代人生活，以一種情調和極簡化的風格出發，「浬陶」是結合多位陶藝家作品的一個品牌，林國隆先生對「浬陶」這個品牌寄予厚望，爲此特別在百貨公司、博物館或是在國外尋找適合的地點設置專賣店，讓浬陶和水里蛇窯有更多的曝光度。

三、由「產業文化化」進展至「文化產業化」

「產業文化化」是指讓產業放棄其原本的製造、銷售和經營型態，將其產業進行轉型，在它的產業中注入豐富的文化內涵而提升其附加價值，即銷售的產品不再是原本的功能性產品，它被賦予了新的文化意義，消費者不是爲了其功能來消費，而是爲了它的文化意義而來，久而久之這個產業將不再是一個單純以生產爲導向的公司，它會成爲一種地方上的文化，舉例來說，金瓜石在金礦採盡後，在政府的幫忙下，就運用其採礦歷史和文化而變成北臺灣知名景點。

「文化產業化」是指將大多數文化產品和服務在市場中實現社會效益和經濟效益的最佳組合，在市場競爭中生存和壯大，促使文化建設發展走上與市場經濟協調發展的良性運行軌道，實現由傳統文化事業邁向現代文化產業轉變的新型文化產品的經營方式，把文化產業改造成一種類似產品銷售的模式。簡單來說，「文化產業化」把文化要素作爲經營對象，將文化資源進行規整，藉由創意、想像力和科技之輔助，適度包裝成文化產品，並加以範疇規模經濟產量，達到量化效益。並發展成兼具文化價值與經濟效益的文化產業。

早期蛇窯屬於製造業，曾生產過數不盡的陶瓷，林國隆先生爲了蛇窯「產業文化化」積極推動社區總體營造，爲的就是讓這個文化更有價值，讓在地人認同，文化影響更多的層面，讓更多人能夠依賴這個文化而生存跟生活，他在社區推動的

使「手藝的庄頭」，許多村裡的景觀都會與這項企劃相關，並教導有意願學習的村民相關製陶的手藝，打造一個命名爲「夢公園」的村落，當這些村民學成後，可以靠這些手藝賺錢，若「水里蛇窯」人手不足時，也可以藉由這些村民來解決人力缺乏的窘況，建立一個以社區開發爲宗旨的產業文化。

經歷時間的淬鍊，水里蛇窯通過三代的替換，雖有少許的成就，但仍難敵傳統產業日趨沒落的考驗，往年興盛一時的產業，也僅剩下「文化價值」供人回想，林國隆先生爲了將祖先們留下的產業保留下來，將「水里蛇窯」由已經凋零且僅剩「文化價值」的傳統製造業轉型爲觀光工廠，並更進一步將其擴展成文化園區，也持續生產高品質和創新的產品，使人們對水里蛇窯的文化產業印象深刻，成功實現「文化產業化」。漸漸地，水里蛇窯將不再是一個公司，而是一種生根於當地的文化產業。

四、策略聯盟

策略聯盟是由兩家或兩家以上的公司或團體，基於共同的目標而形成的（不一定要是同產業的，不同產業也是可以），策略聯盟包括正式法律上與私底下非正式的合作關係，這樣的關係比單純是賣主與客戶的關係更深，又不像商業併購這樣的絕對。

策略聯盟形成的主要目的在於透過合作的關係，彌補企業本身的弱點、強化本身的優點，以提升企業本身的競爭力。許多公司加入策略聯盟目的是爲了有更多元化的業務，或是利用策略聯盟來鞏固自己在市場或其他企業之間的競爭地位，並從中獲得規模經濟和互補性資源，同時也可以分擔市場風險和減少進入市場的障礙，更有機會學習聯盟內其他企業的技術，而策略聯盟的合作有時也有移除貿易障礙的作用，所以有許多企業會運用策略聯盟當成自己進入其他國家市場的跳板。

表8-2　策略聯盟的主要分類

研究的視角	策略類型
治理結構	股權式聯盟（合資、相互持股）、契約式聯盟（生產、研發、銷售等環節）
價值鏈的角度	橫向聯盟、縱向聯盟、混合聯盟
合作的正式程度	實體聯盟、虛擬聯盟

資料來源：MBA智庫百科

水里蛇窯為了拓展新的市場及行銷更多元的商品，也跟許多業界合作過，像前面提到他們與台鐵合作販售陶瓷火車便當，藉此台鐵可以販售更具特色的便當來吸引乘客，水里蛇窯也可以獲得新的市場。

而「水里蛇窯」也有與溫泉飯店合作，推出來住溫泉飯店送溫泉神的撲滿，廣告打出「集中零錢，換取下次度假的機會」，背後的策略則是創造溫泉飯店住房的回流率，暗示客人如果撲滿滿了，則要回來再度假一次。這樣的合作模式不在於商品的價值，而是行銷策略的選擇，尋找一個能互相幫助的策略，「水里蛇窯」靠溫泉飯店進行品牌的行銷，而溫泉飯店靠「水里蛇窯」的產品來做加值服務。

以上這些都是策略聯盟的一種應用，他們原本是兩家毫無交集的產業或公司，但是在策略聯盟的合作下，他們創造出無限的商機，這也證明了只要有適當的合作以及無限的創意，幾乎可以跟任何產業組成策略聯盟。

五、薪酬管理

所謂薪酬管理，是指一個組織針對所有員工所提供的服務來確定他們應當得到的報酬總額，以及報酬結構和報酬形式的一個過程。在這個過程中，企業就薪酬水平、薪酬體系、薪酬結構、薪酬構成以及特殊員工群體的薪酬做出決策。同時，企業還要持續不斷地制定薪酬計劃，擬定預算，就薪酬管理問題與員工進行溝通，同時對薪酬系統的有效性做出評價並不斷改善。

企業經營對薪酬管理的要求越來越高，但就薪酬管理來講，受到的限制因素卻也越來越多，除了基本的企業經濟承受能力、政府法律法規外，還涉及到企業不同時期的戰略、內部人才定位、外部人才市場以及行業競爭者的薪酬策略等因素，這使得薪酬管理漸漸成為熱門話題。

如果企業欠缺制度化的薪酬管理，易導致勞資關係的惡化，影響企業的正常運作。而「公平、合理」的薪酬管理可以穩定人心；具「競爭性」的薪酬管理可以吸引更多優秀人才；配合「績效目標」的薪酬管理可以激勵員工潛能，使生產力提高；「符合整體營運與財務負擔」的薪酬管理，可使員工因努力所獲得的報酬與企業整體經營績效相結合，因此兼具公平、合理、激勵、財務負擔以及市場競爭性的薪酬管理對企業永續經營就更顯其重要性。

薪酬管理的內容：

1. **薪酬的目標管理**：即薪酬應該怎樣支持企業的當前目標，又該如何滿足員工的需求。
2. **薪酬的水平管理**：即薪酬要滿足內部一致性和外部競爭性的要求，並根據員工績效、能力特徵和行爲態度進行動態調整，包括確定管理團隊、技術團隊和營銷團隊薪酬水平，跨國公司、各子公司和外派員工的薪酬水平，確定稀缺人才的薪酬水平以及確定與競爭對手相比的薪酬水平。
3. **薪酬的體系管理**：這不僅包括基礎工資、期權期股、績效工資的管理，還包括如何給員工提供工作成就感、個人成長、良好的職業預期和就業能力的管理。
4. **薪酬的結構管理**：即正確劃分合理的薪級和薪等，正確合理的級差和等差，還包括如何適應組織結構扁平化和員工崗位大規模輪替的需要，合理地確定工資範圍。
5. **薪酬的制度管理**：即薪酬決策應在多大程度上向所有員工公開和透明化，誰負責管理和設計薪酬制度與薪酬管理的預算，審計和控制體系又該如何設計和建立等。

薪酬的型式：

1. **基本薪資**：是雇主爲已完成工作而支付的基本現金薪酬，它反映的是工作或技能價值，而往往忽視了員工之間的個體差異。此工資的調整可能會因爲員工個人業績、技能、經驗有所提高，或是整個生活水平發生變化、通貨膨脹等。
2. **績效工資**：是對過去工作行爲和已取得成就的認可。作爲基本工資之外的薪水收入，績效工資往往隨雇員業績的變化而調整。
3. **激勵工資**：激勵工資和業績有著高度相關，有時人們把激勵工資看成是可變工資，包括短期激勵工資和長期激勵工資。

(1) 短期激勵工資：通常採取非常特殊的績效標準。例如：在普拉克思航空公司的化學與塑料分部，每個季度如果達到或超過了8%的資本回報率目標，就可以得到一天的工資；回報率達到9.6%，在這個季度工作了的每個員工可得到等於兩天工資的獎金；如果達到20%的資本回報率，任何員工都可以得到等於8.5天的工資獎金。

(2) 長期激勵工資：把重點放在雇員多年努力的成果上。高層管理人員或高級專業技術人員經常獲得股份或紅利，這樣他們會把精力放在投資回報、市場占有率、資產净收益等組織的長期目標上。

雖然激勵工資和績效工資對雇員的業績都有影響，但兩者有三點不同：一是激勵工資以支付工資的方式影響員工將來的行爲，而績效工資側重於對過去工作的認可，即時間不同；二是激勵工資制度在實際業績達到之前已確定，與之相反，績效工資往往不會提前被雇員所知曉同；三是激勵工資是一次性支出，對勞動力成本沒有永久的影響，業績下降時，激勵工資也會自動下降，績效工資通常會加到基本工資上去，是永久的增加。

4. 福利和服務：包括休假、服務和保障，福利越來越成爲薪酬的一種重要形式。

圖表8-3　薪酬構成表

<table>
<tr><td rowspan="12">薪酬</td><td rowspan="7">經濟性薪酬</td><td rowspan="2">直接經濟薪酬</td><td>基本薪酬</td></tr>
<tr><td>可變薪酬</td></tr>
<tr><td rowspan="5">間接經濟薪酬</td><td>帶薪非工作時間</td></tr>
<tr><td>員工個人及其家庭服務</td></tr>
<tr><td>健康以及醫療保健</td></tr>
<tr><td>人壽保險</td></tr>
<tr><td>養老金</td></tr>
<tr><td rowspan="5">非經濟性薪酬</td><td colspan="2">滿足感</td></tr>
<tr><td colspan="2">讚揚與地位</td></tr>
<tr><td colspan="2">雇用安全</td></tr>
<tr><td colspan="2">挑戰性的工作機會</td></tr>
<tr><td colspan="2">學習的機會</td></tr>
</table>

資料來源：MBA智庫百科

早期的工廠是實作實算，做幾天工、算幾天的工資，也沒有休假制度，而窯業則有部分業者是以論件計酬，以成品件數計算工資，工資計算方式複雜，再加上，若老闆認爲某位員工表現認眞則會偷偷多發些工資，這常常導致員工充滿怨言，不僅影響員工情緒，更導致工作績效降低，使得經營者的管理困難。

林國隆先生認爲這樣的管理模式必須有所改進，所以請在台塑工作的姊夫提供該公司的獎勵制度作爲參考，並加以改變成他們自己的薪獎制度，蛇窯的薪資結構內容分別爲「本薪」、「勞健保」、「業績獎金」、「職務加給」以及「假日加給」五項。

因爲遊客通常是在假日到訪，所以員工假日通常沒有休假，中午也沒有休息，因此若是員工在這些時段來上班則能夠增加「薪點」（「薪點」部分是林國隆先生參考其他企業所制定），將員工分爲十二職等，例如第一職等的薪資爲七十五薪點起跳，每1.5薪點爲一個級距，往上累積；而第二職等的薪資爲八十薪點起跳，每2點爲一個級距，第三職等則是每2.5點爲一個級距，第四職等就是3點爲一個級距……以此類推，所以每個月下來，所有員工的薪點皆有所不同。

在獎金部分，每個月從營業額提撥固定的百分比，再除以所有員工薪點的總和，來做獎金的發放。例如這個月全部員工薪點總和爲3,000薪點，與從營業額提撥出來的金額相除之後得到1點薪點爲30元，則某位員工這個月有100薪點，則該員工的獎金有3,000元。在員工的年終獎金部分則是加總每個月的獎金再除以二，例如一月份某位員工的獎金爲3,000元，而年終獎金準備金則爲1,500元；二月份的獎金爲2,000元，則年終獎金準備金爲1,000元……以此累加至年底即可算出該位員工的年終獎金爲多少。因此，所有員工皆可自行算出能夠領多少錢，而不會互相猜疑老闆比較偏愛誰，或是猜測今年是否會發年終獎金、發多少、發幾個月等。

但年終獎金還是會有變數，這個變數就是「考績」，若是某位員工的年終總考績爲九十分，則年終獎金就會打九折，而被扣掉的百分之十的金額則會挪爲「公基金」，公基金使用於員工活動，例如員工慶生會、員工旅遊、教育訓練等，如果公基金不夠的話，公司另有一筆「臨時基金」可供使用。

該制度電腦化後，每月結算薪資時就會有薪水條，每位員工一人一個薪資條，員工只要去帳戶核對金額與薪水條上的數字是否相同、請假時數是否正確即可。公開透明的薪獎制度，使員工過去對薪獎發放的不滿降到最低，且因爲工作態度與績效攸關薪資加級與考績成效，所以員工自然而然就會去拚業績，使蛇窯總體績效增加。

六、創業精神

創業精神的主要含義爲創新，也就是創業者通過創新的手段，將資源更有效地利用，爲市場創造出新的價值。雖然創業常常是以開創新公司的方式產生，但創業精神不一定只存在於新企業。一些成熟的組織，只要創新活動仍然旺盛，該組織依然具備創業精神。「創業精神」類似一種能夠持續創新成長的生命力，一般可區分爲個體的創業精神及組織的創新文化。

所謂個體的創業精神，指的是以個人力量，在個人願景引導下，從事創新活動，進而創造一個新企業；而組織的創新文化則指在已存在的一個組織內部，以群體力量追求共同願景，從事組織創新活動，進而創造組織的新面貌。

創業者本身是一種無中生有的歷程，只要創業者具備求新、求變、求發展的心態，以創造新價值的方式爲新企業創造利潤，那麼我們就能說這一過程中充滿了創業精神。創業精神所關注的在於「是否創造新的價值」，而不在於設立新公司，因此創業管理的關鍵在於創業過程能否「將新事物帶入現存的市場活動中」，包括新產品或服務、新的管理制度、新的流程等。

創業精神指的是一種追求機會的行爲，這些機會還不存在於目前資源應用的範圍，但未來有可能創造資源應用的新價值。因此我們可以說，創業精神即是促成新企業形成、發展和成長的原動力。

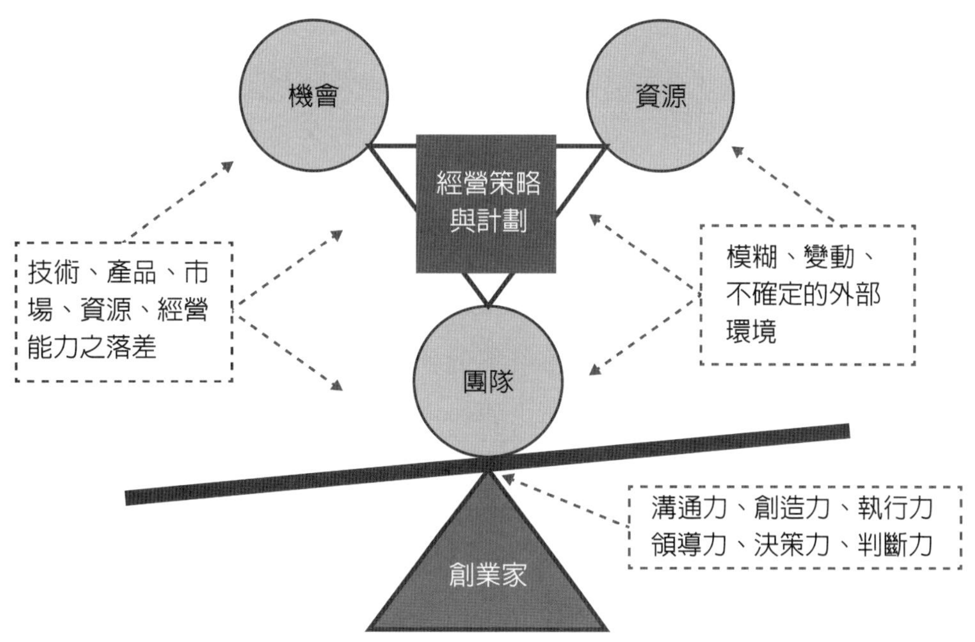

資料來源：https://www.slideshare.net/5045033/prof-liu；本個案自行繪製

圖8-1　創業管理的觀念模式

水里蛇窯在一開始只是一家傳統窯場，但林國隆先生看準窯場沒辦法在未來生存下去，所以積極將其改造成觀光工廠，並更進一步將其變成文化園區，這些都顯示林國隆先生有著創業家精神。另外他也常常鼓勵員工盡量發揮他們的創意，並勇敢去挑戰新的事物；他認爲失敗沒有關係，但要了解爲什麼失敗，在下一次挑戰時避開失敗因素，並繼續改進，「積極挑戰不可能」就是林國隆先生堅持的理念。

在這樣不斷的挑戰和創新之下，他創立了新的品牌「浬陶」，這個新一代的工藝品牌，創造出許多符合現代人喜好的陶藝品，並在各個百貨設立專賣店，爲「水里蛇窯」還有「浬陶」創造出無數業績，也爲他們打響了知名度。

問題與討論

1. 水里蛇窯並不是市場上唯一還在生產陶瓷的廠商，他們在市場上有著許多的對手，也時常遇到其他人盜竊點子的問題，他們該如何從中找出求生之道？
2. 水里在過去曾因爲窯業而盛興一時，由於時代的變遷，人們對水缸、陶器的需求下降，導致陶器產量銳減，窯業成爲夕陽產業，水里蛇窯也拼不過時代變遷，面臨關門危機，他們究竟如何轉型成功呢？
3. 現代有許多企業都是多元化經營，時常不只開闢一個市場，蛇窯自然也不打算只受限於此，但要自己開闢一個新市場極爲困難，他們應該如何選擇新市場開發模式？
4. 水里蛇窯過去是以件計酬，計算方法複雜，老闆也常因個人喜好而加薪，這使得許多員工抱怨連連，對此水里蛇窯該如何改進呢？

資料來源

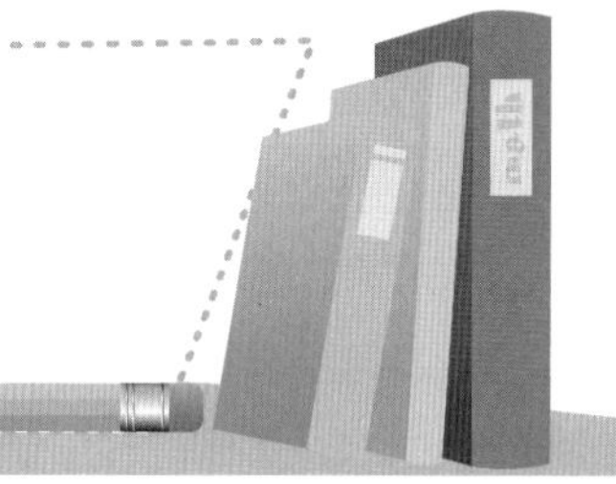

1. Ansoff, H. I.（1957）. Strategies for Diversification. *Harvard Business Review, 30*, pp. 113-124.
2. Pleshko, L. P. & Heiens, R. A. （2007）. The contemporary product-market strategy grid and the link to market orientation and profitability. *Journal of Targeting, Measurement and Analysis for Marketing, 16*（2）, pp. 108-114.
3. Czinkota, M. R., Ronkainen, I. A. and Moffett, M. H.（2002）. International Business, 6th edition. *International Business Entry and Development*, pp. 291-293, South-Western.
4. Kotler, P.（2003）. Marketing Management （11th）. *Winning markets through market-oriented strategic planning*, pp. 107-108, Prentice Hall.
5. 洪順慶（2006）。臺灣品牌競爭力：臺灣企業從代工走向自創品牌的策略。臺北市：天下雜誌。
6. 黃文美（2009）。異業結盟博物館大放異彩。國立歷史博物館館刊，191，pp. 94-97。
7. 黃秀媛譯（2005）；Kim, W. C. & Mauborgne, R.原著。藍海策略——開創無人競爭的全新市場。臺北市：天下遠見公司。
8. 黃俊英（2011）。行銷管理：策略性的觀點。臺北市：華泰文化。
9. 廖世璋（2011）。文化創意產業。臺北市：巨流圖書公司。
10. 維基百科：https://zh.wikipedia.org/wiki/%E5%88%A9%E5%9F%BA%E5%B8%82%E5%9C%BA
11. MBA智庫百科：http://wiki.mbalib.com/zh-tw/%E5%88%A9%E5%9F%BA%E5%B8%82%E5%9C%BA
12. 維基百科：https://zh.wikipedia.org/wiki/%E6%96%87%E5%8C%96%E5%89%B5%E6%84%8F%E7%94%A2%E6%A5%AD
13. 聯合新聞網：https://udn.com/news/story/7325/1767317
14. 「文化產業」政策在臺灣：觀念的發展和轉變
    http://blog.udn.com/andyfish/26209
15. MBA智庫百科：http://wiki.mbalib.com/zh-tw/%E6%96%87%E5%8C%96%E4%BA%A7%E4%B8%9A%E5%8C%96

資料來源

16. 維基百科：https://zh.wikipedia.org/wiki/%E7%AD%96%E7%95%A5%E8%81%AF%E7%9B%9F
17. MBA智庫百科：http://wiki.mbalib.com/zh-tw/%E6%88%98%E7%95%A5%E8%81%94%E7%9B%9F#.E6.88.98.E7.95.A5.E8.81.94.E7.9B.9F.E7.9A.84.E7.B1.BB.E5.9E.8B
18. MBA智庫百科：http://wiki.mbalib.com/zh-tw/%E8%96%AA%E9%85%AC%E7%AE%A1%E7%90%86
19. MBA智庫百科：http://wiki.mbalib.com/zh-tw/%E5%88%9B%E4%B8%9A%E7%B2%BE%E7%A5%9E

個案9

百年老店轉型抉擇的窘困

「古早味」成立於民國一年，專業製作綠豆糕、麵龜、酥餅等傳統糕餅。已成為許多遊客旅遊臺中港、高美濕地、魚港、媽祖廟與參觀火力發電廠等風景區，規劃必經的購物地點。雖然古早味在中部地區稍有名氣，但經歷百年的老店呈現風華已逝的感覺，林老闆一直思索如何來轉型？

作者：亞洲大學經營管理學系 陳坤成副教授

9-1 個案背景介紹

一、關於古早味

在溫馨的媽媽節前夕，節氣雖剛剛進入立夏，但室外的豔陽已高照，似乎正在熱烈迎接一年一度偉大的母親節來臨。**「在傳統的老街上，古早味[1]的店裡擠滿了人潮，使本來就不是非常寬敞的老店更加顯得十分擁擠，笑靨迎人的張大姐正忙著招呼來店的客群，每位客人提著媽媽最喜歡吃的鹹蛋糕，在『謝謝光臨』與『歡迎再次光臨』的招呼聲中帶著愉悅的心情離開」**。這間傳統「古早味」店每逢過年過節常會出現的場景。

放眼過去店內的另一角落，有位慈眉善目的老太太坐在那102度的落地籐椅上露出滿足的笑容，這位從外表看起來還算硬朗的老婆婆正是目前第三代接班人張順元先生[2]的老母親。此時此刻她的臉上展露出心滿意足的和諧笑容，但從她額頭上的皺紋可看出歲月的痕跡。老太太自年輕就嫁到張家來，除必須掌理家裡大小事務，更要扶持張先生（金發）經營餅糕店鋪生意，店內的大小事情對她來說如數家珍。因此，她的意見往往會左右店鋪的經營決策。

傳統糕餅業是臺灣在地文化產業的一大特色，尤其是臺灣中部地區就有許多聞名海內外糕餅業，譬如：太陽餅、鳳梨酥等。臺灣糕餅業的發展，在亞洲地區僅次於日本，排名第二，但生產技術大都仍停留在師徒傳承，行銷上仍以傳統店面銷售爲主。臺灣諸多店家已走過了數十個年頭，他們保留著過去的傳統手工藝生產方式，與精彩感人的創業故事，但礙於多數糕餅店都仍屬於家庭式經營，如何突破現有經營模式正是「古早味」正面臨的最大難題。

隨著科技日新月異，使得各個產業走向生產自動化，生產技術日益精湛，大幅提升產品品質與產量。因資訊網路的普及化與便利性，以網路行銷爲主的經營模式

1 本個案店名與人物已虛擬化
2 本個案人物名稱已虛擬化

興起，導致這些靠店面經營的傳統糕餅業者正面臨極大的挑戰。傳統手工生產、店面銷售已不再是「古早味」唯一的選項，傳統糕餅店如何突破現有手工生產模式？以提升產品的質與量，行銷方面如何改變現有單一店面的銷售方式。這些都是張老闆正在思索未來轉型之方向。

二、店家發展歷史及現況介紹

擁有百年歷史的糕餅老店「古早味」座落於中部地區，是綠豆椪、鹹蛋糕等糕餅的原創始店，由於創店過程並不順遂，經過幾番波折才有今日的「古早味」，使得張家後代子孫更珍惜創辦人張大使先生創業艱辛與得來不易的成果。未創立本店前張大使先生是在上至里的餅舖當學徒，因聰穎能幹、熱心周到，由餅舖師傅「總舖師」傳授張大使先生技術，之後於後庄里設立本店。

「古早味」是人稱「使伯」張大使老先生於西元1912年創立，在承襲總舖師手藝後自立門戶並由總舖師幫忙取名爲「古早味」，當時由張大使老先生與長子張金發先生共同經營本店，曾於民國20-21年間重新整修本店，今日的「古早味」已交給張金發先生的長子張順元先生和第四代張利寶先生承接經營。

三、今日「古早味」

「古早味」曾於民國73年獲得臺灣電視台的專訪報導，所以古早味三個字在當時已成家喻戶曉的鹹蛋糕代名詞，也因當時電視台的專訪，造就臺北、桃園、高雄等外地區的客群紛紛打電話詢問與訂購。

張順元先生回憶說：**「當時因外地客源訂單大量湧入，店內常常需要加班到很晚才能應付當時顧客的需求，也是古早味最風光的時期，雖然有些訂不到商品的客人難免有責備之詞，但我們也甘之如飴」**，講到此時張順元先生嘴角上揚露出滿足燦爛的笑容。但此好光景並不長久，隨著電視熱的退潮而回歸往昔。

「古早味」走過一個世紀，雖然曾經歷風華綻放的鼎盛期，但也留下歲月滄桑的痕跡，是許多老一輩鄉親的共同回憶，亦伴隨著中部地區在地文化載浮載沉數十年。這家古早店面沒有特別的裝潢，一眼就可看出是極具歷史、古色古香以及經歷歲月洗禮的老店，使店家看起來別有一番風味。自創業到102年爲開店滿一百週年，但仍維持原家族式經營模式。糕餅店依靠其傳統手工製造技術，生產出特殊口味的產品而吸引顧客再次回購，誠如張順元先生說**「我們堅持用上等的料，做出最道地的口味提供給顧客」**，由於用料執著與對品質的堅持，這家百年老店早已在顧客心中留下深刻印象，同時在傳統糕餅店市場中享有極高商譽。

四、市場定位及產品介紹

位於臺中港區傳統老街的「古早味」一向以鹹蛋糕聞名全臺，其中最大特色就是沿襲清末御廚，上海總舖師的獨特作法與配方。創業以來雖經過多次的大風大浪，以及幾度面臨經營上的窘困，但創辦人張大使先生都一一加以克服，使店家能夠持續經營下去，才得以在競爭激烈的市場中占有一席之地。

隨著大眾風俗習慣的改變、飲食文化多元化，「古早味」也致力於新產品的研發，希望藉由純熟的手藝加上新的配料和烘焙方式，製作出更符合現代消費者的口味，其中年輕族群是「古早味」極欲拉攏的族群。現代消費者著重於少鹽少糖，於是有了創意新產品——牛角麵包、小酥餅，都是爲時下年輕族群消費者所量身訂做；對創新產品的投入、要求及用心，絕不亞於其它舊系列產品。

新產品製作當然也少不了「古早味」的獨家配方，希望能做到與眾不同，有別於一般傳統的口味，吸引年輕族群和忠實客戶前來消費品嚐。對於產品品質的認知，張先生以堅定的口吻說：**「品質就是古早味的生命，如果不是我們對品質的堅持與要求，古早味可能也無法存活在市場上這麼久。」**

爲了同時兼顧品質與口味的新鮮度，所有的鹹蛋糕都是本舖當天生產、當天銷售完畢。談起「古早味」的經營理念，張順元先生不改莊稼漢的堅毅和誠懇口吻說：**「古早味希望讓臺灣人永遠都能吃到最傳統、最美好口味的糕餅，這也是我們的堅持」**。

店內超人氣的綠豆椪、鹹蛋糕、牛角麵包、酥餅、鳳梨酥等產品，是佳節、例假日時消費者爭相搶購的招牌商品，其中以綠豆椪、鹹蛋糕、牛角麵包爲本店的招牌商品。每年中秋節、農曆過年及例假日時都吸引大排長龍的購買人潮，另有製作限量供應的傳統星星蛋糕，於每星期五、六、日生產販賣，賣完就不再生產。

關於這一點，張順元先生說：**「爲了確保產品的品質與新鮮度，古早味使用麵粉及經過篩選、桿麵、醒麵都有一套SOP的作業程序，甚至包括烘焙、蒸炊溫度與時間等都經過不斷的嚐試，找到能生產最佳口味的烘焙條件」；「又爲了確保產品新鮮度，一些產品有限量的供應，如果當天沒有賣完則丟棄，以確保每一位客人買到的都是當天的新鮮產品，相對的，有時前來購買的客人一多就有遺珠之憾。」**

由於「古早味」講求眞材實料的純手工製作方式，在臺灣的傳統台式糕餅市場中占有舉足輕重的地位。

五、產品特殊口味

鹹蛋糕不同於鹹桔餅，而是改用麵粉製作，在上下兩層蛋糕之間，包夾用雞蛋、香菇、豬肉、蔥頭、醬油、糖與水等食材拌炒而成的鹹餡料。

張順元先生說：「**鹹蛋糕的歷史始於西元1903年，當時原爲十里洋場之宮廷茶點，古早時，兩岸商旅頻繁年代，創店人張大使先生即以『鹹桔餅』聞名於港區碼頭，故有緣結識上海饕客並引爲至交，隨其習得海派鹹蛋糕之絕技，在張大使先生改良技術並調整口味後，經過多次的試煉，鹹蛋糕終於研發成功，於民國52年（西元1963年）推出，但當時並未立刻獲得客人青睞，直至民國70年代才普遍爲大衆接受，並廣爲流傳**」。

鹹蛋糕初入口時清淡微甜，之後是一股濃郁芳香的鹹味隨即在口中散開，再搭配濃淡適宜的溫茶，口感更是一絕，由於符合低糖、低熱量的健康取向，很受消費者喜愛，除本地消費者可至本店購買，外縣市也可透過電話訂購與宅配服務，隔天早上就可送達。

9-2 經營模式

「古早味」所屬的行業是食品業中的糕餅業，糕餅業是一種具有傳統食品產業的特質，又有「家族式」經營模式，結合店舖銷售形成「製造+零售」的特色；「古早味」既是製造商也是零售商，卻又與傳統製造商不一樣，由於零售門店會有現場製作的流程，所以原材料的消耗及製造過程不發生在生產工廠，而是在零售門店裡。基於上述這些因素，意味著「古早味」將來選擇轉型時的特殊性。

一、家族式決策模式

老字號的「古早味」既保留傳統糕餅風味，衛生管理上分別通過臺中市衛生局食品衛生自主管理優良商店，及糕餅業示範店認證。但在經營管理上卻仍停留在家族式決策模式，張順元先生曾嘗試著去做一些突破性的改變，但屢次遭遇來自家庭成員的阻礙。

張先生眉頭深鎖說：**「因爲當初大學一畢業就回家幫忙家父經營，家父過去也只承襲祖父的傳統手藝，加上當時的社會形態只要有店面即可銷售營利，雖然無法賺取非常豐富的利潤，但維持一家人溫飽絕對沒有問題，所以一直沒做較大的改變。但是如今外部環境變化大，競爭者日益增加，需尋求現代化的經營模式，如果再沒有做進一步的突破，遲早有一天會面臨淘汰。」**

張先生托著腮沉思說：**「記得小時候因家裡開店，加上當時生意鼎盛，也請了好幾位師傅幫忙生產製作，生活上衣食無缺，父母親也只要求我把書讀好，家中事務較少要求我幫忙，反而幾位已出嫁的姐妹必須幫忙照顧店與銷售。兒時只記得母親從早忙到晚，生產廚房、店舖忙進忙出，一天下來不下百回，只覺得媽媽很能幹但很辛苦。」**

因爲張老太太過去對於店內事務非常投入與了解，而且對店面經營有根深柢固的想法，這些觀念與想法，對於過去時代可能是一個較佳的選擇方案。但面臨多變的現代經營環境，必須做進一步的突破與改變，每當張順元先生想進行一些經營模式的改變時，張老太太卻成爲變革的最大阻力。有時家庭開會討論時，張先生提出一些變革的點子，卻難以抵擋母親的封殺，往往使經營變革點子石沉大海。

二、抉擇上的衝突

張先生為改變產品行銷，雖然本身不是學設計的，但由於他非常投入包裝設計，匠心用術、設計風格獨特，包裝盒子具有古色古香的傳統色彩與美感，總是第一眼就吸引消費者的眼光，也因為產品包裝方式及店面整體裝潢襯托出古典老街的原始風貌，令人印象深刻。

新鮮又獨特口味的「鹹蛋糕」，搭配上精美包裝與古樸店面，深受每位品嚐或消費過的朋友的喜愛，一些客群甚至從遠道再次光臨，只為一嚐口福。除獨特的設計風格外，「古早味」最重視產品/服務品質，張順元先生說**「我們就是堅持要最好的品質，提供客戶最好的服務。」**

張先生為突破現在的經營規模，正規劃前往都市重劃區、人口較多的新型社區設分店販賣，但只要提出這些想法，張老太太就持反對意見說：**「現在時機這麼差，投資一家新店面光裝潢就得花幾百萬，賺到什麼時候才能回本。」**，由於過去張老太太跟這家糕餅店奮鬥了幾十年，她的話也不無道理。也因為母親的擔心有理，加上不想讓老人家多操心，張順元心中有滿懷的抱負與理想就因此而打住。

以往每當過年過節，前來購買的顧客會比平常多出2~3倍，尤其加上一些團購的訂單，原本的生產廚房無法應接突然增加的大量訂單，因此流失不少客戶，這些張先生都看在眼裡，雖然心中有百般的不捨，但也無法把所有訂單都吃下來。

關於增加生產量的問題，張先生思索了一下說：**「我們想過到工業區設置生產工廠以解決生產上的困難，而原來店面則改裝為休閒購物區、文化參觀走廊等。但古早味只是家族企業，我們沒有足夠的資金、也沒有管理的人才。」「有關資金方面，當然我們可以尋求銀行的幫忙，來解決資金短缺的問題。」**

但只要向老太太提到跟銀行貸款，她老人家馬上臉色大變說：**「你是準備把祖產敗光光嗎？你知道我們是腳踏實地的生意人，有多少錢做多少生意，而且向別人借錢必須看人臉色。」**，這一嘮叨就是半小時以上，才能讓老太太心平氣和，因老母親有高血壓與心臟病，張先生非常擔心老母親太激動而發病，所以這條紅線不可踩，張順元隨時謹記在心。談到這裡張先生臉上露出十分無奈的表情，這些都是古早味轉型抉擇上的痛。

三、產品創新

「古早味」基於「把中國傳統美食發揚光大」，積極開發一些新產品系列，其中研發許多獨創的口味。其產品創新策略採取「**精緻、創新**」，堅持以傳統口味，進行產品的精緻創新，譬如：古早味的鹹蛋糕不管在產品表面的色澤或入口後的感覺，與市面上的鹹蛋糕還是有些差異，口感比其它家產品更爲細膩。講到這裡，張順元先生回顧說：**「雖然我們保有傳統的配方、口味，但也一直尋求產品的突破創新，所以一有食品展覽我個人一定去參觀，希望從中學習一些新知識，回來再傳授給內部的師傅們，大家一起成長、努力創新。」**產品特殊的口味、傳統的風格，已成爲「古早味」獨樹一格-的經營特色。

張順元先生又說：**「爲保有本店產品的特殊性，有一、二道的食品配料與食品蒸熱的程序Know-how是自己人親自下去操作，這些秘密不傳授給其他師傅，這點也是在產品口感上能與其他商家產品做出差異化的所在。」**這也是許多曾品嚐過的客戶願意遠道而來再次消費的主要原因。

爲迎合年輕族群口味，古早味也研發了時下年輕人最喜歡的牛角麵包，雖然一般市面上也有銷售類似商品，但張家的牛角麵包還是保有與其他商家的差異性，張家牛角麵包吃起來比較接近法式麵包，也不像一般牛角麵包吃起來非常油膩。因此，該產品研發上市後也受到年輕族群喜好，引起很大迴響。

另外，綠豆椪也是古早味主打商品之一，它的製作也承襲傳統手藝工坊手法製作，因綠豆椪的內陷眞材實料，口感有別於一般，所以在中國傳統節日（中秋節、七月節、九九重陽、農曆過年）都有許多老客戶打電話來訂貨，他們都非常想念那古早的口味、香氣撲鼻的感覺，也曾經有過日本人來臺重遊時特別跑來訂購該商品。

食用商品講究色、香、味的表現，尤其是傳統糕點更需要在這三方面有所創新，才能經常吸引客戶的回購或口耳相傳。古早味最近有不少婚禮喜餅訂單幾乎都是舊客戶的口耳相傳，再加上新客戶來店試吃後才做決定。其中有些客戶覺得張家的糕餅口味別具獨特，入口後感覺香味、細緻迴繞口齒之間久久不去，加上已有百年的招牌，讓接受喜餅時感覺倍增尊崇。

9-3 市場現況分析

近年來，由於中部地區增加不少新的糕餅店，有些是原有的店家重新打造再出發，也有是全新進入者。本來是寧靜的糕餅業市場，也因爲這些新競爭者的加入，使得原來市場範疇就不大的臺中海線地區，顯得熱鬧滾滾。對於現有市場競爭者、新加入者的挑戰，正是張先生目前面臨的重大挑戰。

在如此競爭激烈的糕餅業市場中，該如何延續以往傳統的手工生產價値，結合產品創新，並掌握地理優勢，突顯出本身特色，提升服務品質，店鋪才得以永續經營下去。將「古早味」面臨區域糕餅業的競爭情形彙整成表9-1所示，相關變數說明如下：(1)地理變數是指本商店在該地區的地理相關位置等變數；(2)心理變數是指消費者生活型態，包括注重生活品質、享受美食主義或重視倫理觀念等；(3)行爲變數包括品牌忠誠度、期望利益與產品多樣化程度等。

1. 「古早味」

在地理變數方面僅一家「古早味」直營店，座落在臺中港區小鎭上，而且地點就位於港區老街上。在長久經營下，知名度相當不錯，外地客戶可利用電話訂購，透過宅配服務來滿足顧客所需。在品牌忠誠度方面，導致消費者不管是在年節送禮、平日想要吃糕餅甜食，都會選擇「古早味」商品，容易帶給客人榮譽感和家人滿足感。

加上「古早味」一直持續不斷從事產品創新，發展低糖低脂的口味產品使得消費族群年齡層有逐漸年輕化趨勢，除了固定的上班族和家族外，近年來也有學生消費族群的加入。在銷售策略方面，其鹹蛋糕、牛角麵包、酥餅、鳳梨酥等系列產品都維持在中高價位，近期雖原物料、電價不斷上漲，但仍維持價格不變。張先生仍堅持手工製作，以保存百年老店的傳統手工藝坊製造特色。

圖表9-1　區域內同業間市場區隔分析

消費者市場區隔變數	項目	古早味	梧棲小鎮	美二佳	喜利廉
人口統計變數	年齡	25-70歲	20-40歲	25-40歲	18-60歲
	職業	家庭 上班族	家庭 上班族	家庭 學生 上班族	家庭 學生 上班族
	家庭生命週期	單身期 滿巢期 空巢期	滿巢期 空巢期	單身期 滿巢期	單身期 滿巢期 空巢期
地理變數	區域分布	僅此一家	全臺共5家分店	全臺共3家分店	全臺共6家分店
心理變數	生活型態	1. 注重生活品質者 2. 享受美食者 3. 注重倫理習俗者	1. 注重生活品質者 2. 享受美食者 3. 注重輕食者	1. 注重生活品質者 2. 享受美食者 3. 注重倫理習俗者	1. 注重生活品質者 2. 享受美食者
行為變數	品牌忠誠度	較高	很高	中等	較高
	期望利益	滿足感 榮譽感	滿足感 榮譽感	滿足感	滿足感 榮譽感
	產品多樣化程度	產品多樣化加強中	產品多樣	產品多樣	產品多樣 研發新品

2.　梧棲小鎮

位於梧棲區中興路，這是一家只有老臺中人才會知道的太陽堂，消費族群分布爲20～40歲之間。梧棲小鎮全臺共有5家分店，除了利用媒體、報章廣告來達到宣傳效果，另外也提供宅配服務，故具有一定知名度。因此，其他縣市消費者想品嚐梧棲小鎮產品，有些會遠道而來購買，或是透過宅配服務。

近年來，靠著顧客們的口碑相傳，在地的老臺中人會跟「古早味」歸於同類型的評價，是目前幾家競爭店家中最具口味創新的一家。因其注重口味輕淡、生活美食，從心理認知角度，無論是送禮或自行食用，顧客有可能以此家爲優先考量；以行爲面來看其顧客忠誠度也算是較高的一家，所帶給消費者期望利益的滿足感和榮譽感也較高，其優點就是產品類型具有較多項選擇。梧棲小鎮並專攻網路商店，其網路售價在訂價方面採取原價再打9折策略，因此吸引諸多網路購買者。

3. 美二佳

從心理認知和行爲兩方面來看，由於美二佳在中部地區的知名度相較於前兩家爲低，但在清水區及大雅區都具有一定知名度，因此也導致美二佳客戶在清水區及大雅區比在臺中港區的知名度爲高，購買顧客大多是基於送禮習俗或隨興而購買的，但由於近年來美二佳利用許多傳媒和公關的力量，也致力於新產品研發，因此知名度有漸漸提升趨勢，曾獲得臺中縣評鑑優良衛生店、糕餅評鑑優良獎、精緻起士乳酪酥優良食品獎、中華民國第17屆優良食品評鑑獎等獎項，這些獎項爲當時美二佳所研發的產品，也增加了不少曝光率。

因此，也使得在人口統計變數方面的青少年族群有增加趨勢，但對於年紀較大的消費者可能就較不具吸引力，所以美二佳的消費族群才會鎖定在25~40歲之間。

4. 喜利廉

與之前三家糕餅業做比較，在地理變數上由鹿港發跡的喜利廉算是屬於不同類型的店家，以茶類點心爲銷售主打產品，在全臺目前共有7家分店，以中部地區爲主，對位於其它地區的消費者也設有宅配服務。

因此，喜利廉在全臺知名度也較高，而在行爲變數上由於產品種類包羅萬象，也較能滿足消費者的期望利益，值得信賴的品質也使得消費族群的品牌忠誠度較高。也因此，它的人口統計變數，是目前所分析的商家中消費族群範圍最大的一家（詳見圖9-1）。

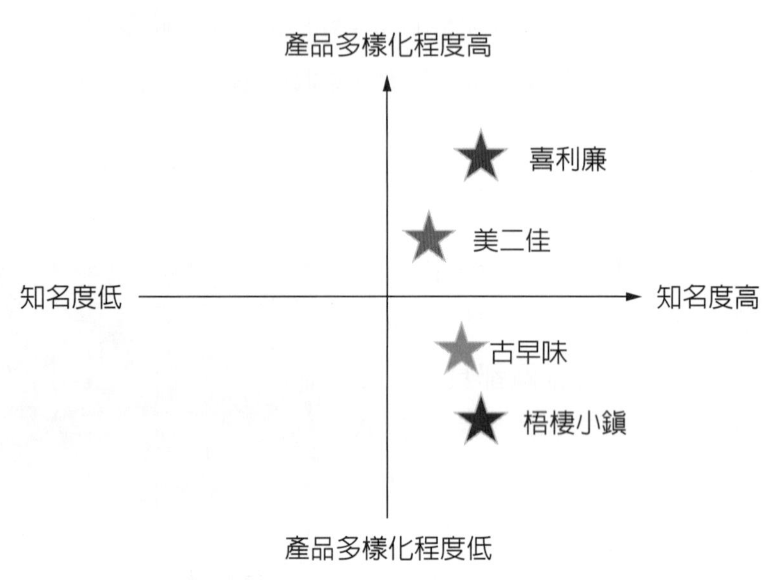

圖9-1　四家競爭者市場區隔分佈圖

9-4 古早味轉型的窘困

融合傳統與現代經營模式，也就是保留傳統同時另求創新的行銷手法，這種模式可說順應現代化、資訊化潮流，也保留在地化特色。這樣的行銷模式既能保留特殊性，又能增加銷售利潤，這對於傳統老店似乎是較有利的轉型方向。

一、目前情況及困難

近年來，由於西式糕餅業引進、家庭與社會結構變遷等因素，消費者喜好改變，使傳統糕餅業生意每況愈下。各家廠商爲了吸引顧客消費，陸續推出折扣優惠，甚至降價競爭，結果導致業者獲利減少，紛紛面臨倒閉危機。除此之外，經營模式亦是一大問題，隨著現代人生活步調緊湊、休閒方式選項多，傳統店面式銷售很難吸引外地顧客專程前往消費，再加上同質性糕餅店林立，若缺乏本身獨特性或未採取適當的行銷策略，這些傳統老店很難在今日競爭市場存活下來。

另外，糕餅同業引進各式各樣的西式或日式糕點，使得消費者選擇更加多元化，而傳統糕餅因爲甜度較高且油膩、口味較無創新等因素，漸漸不受年輕族群的喜愛。另外，早期因婚禮贈送親友喜餅的習俗使糕餅市場生意興隆，但隨著社會結構變化，嚐試新鮮口味的使然，新一代年輕人喜歡選擇西式餅乾，送禮既大方、方便、保存容易，使得傳統業者的婚禮喜餅訂單大幅減少。

古早味目前面臨的困境是如何增加銷售店數提升銷售業績，譬如：在其他鄉鎮或新住宅區增設店鋪來提供顧客的便利性；另一個問題是當有了其他新店鋪後生產問題如何解決？如果還是依原來營運模式（店鋪即生產場所），有一些新社區或其它鄉鎮市區要找到像港區本店的大面積店舖是有困難的，而且當分散不同地區生產糕餅，如何保持原有的傳統特殊口味也是有困難（因爲有獨特原料配方不傳授給其他師傅）。因此，必須往中央廚房的模式思考，但要成立新店鋪、中央生產廚房需投入大筆資金，就須向銀行貸款營運。

講到向銀行貸款營運，張先生也早就考慮到這一點，近年來積極與銀行建立良好關係，銀行方面覺得張先生做事穩重、信用良好，也口頭答應如果張先生想要展店或設立中央廚房他們可以幫忙給予貸款。張順元先生有幾次試探過老母親的口吻，但她老人家的堅持似乎未曾動搖過，因此如何說服老母親這一關是張先生最苦惱的地方。

保有傳統純手工生產方式是古早味的一大特色，但也是大量生產的一大困難，因爲傳統純手工生產方式需要諸多人力，生產環境溫度高與悶熱，一般年輕人不喜歡高溫環境，所以目前港區本店也面臨一大挑戰，即現場生產師傅年齡已高、年輕人不願承接，擔心一些純手工匠法將來可能會失傳。

張先生多年前也發現該問題的嚴重性，因此在各種食品展示會上努力尋找可導入輔助生產的自動化設備，以減低對老師傅的依賴程度，但至目前爲止尚未有找到一個較好的解決方案。

網路銷售熱潮正是年輕族群所好，古早味以往的銷售都是中部地區五鄉鎮（鹿港、梧棲、沙鹿、清水、龍井），雖然早期的交通並非便利，但五鄉鎮間的距離不遠，每當過年過節、廟會祭典、祈福平安醮典等一些祭拜儀式，客戶都會事先電話訂購糕餅，隔天來店取貨。承接以往舊習俗，古早味在銷售策略上都以被動方式等待客戶下單生產製作，但近年來這些傳統祭典慢慢被簡化，對於營業額影響甚鉅，必須透過其他銷售管道以彌補掉落的業績。

網路銷售正可以補足這方面營業額的落差，張先生也看到了這點，之前已請廠商規劃網站，準備進行網購業務，但網路銷售牽涉到商流、物流、金流與資訊流，現階段的古早味在諸多地方是不足的，譬如：網站維護人員、金流、物流等問題，都是古早味轉型上的困難點。

雖然「古早味」本身具有悠久的歷史，但隨著時代巨輪的轉動，年輕族群消費習慣改變，爲適應新時代潮流，「古早味」不得不開始加入轉型的行列。古早味在未來轉型路上，可能面臨的一些困難點，列於表9-2中。

二、古早味的下一步

「古早味」堅持在製作產品時不放任何添加物，由於對品質的堅持，所以在最近這波的起雲劑（DEHP）、假油案、食安問題等風浪中安然渡過。而在包裝方面，以愛護地球爲訴求，使用紙製材料來包裝蛋糕，避免使用造成環境汙染的材料，「古早味」嚴選不破壞環境的包裝素材，雖然比一般糕餅店成本高，但仍然堅持原本理念，就是希望給消費者獻上最好的品質。但要從傳統糕餅業轉型成符合現代化企業，僅有注重「品質」一項是不足夠的。

三、價值創新

傳統糕餅產業競爭日趨白熱化，各家無不絞盡腦汁改善產品品質、口味，降低商品售價以吸引顧客的購買率，因此導致傳統糕餅業已進入削價競爭的紅海世界。反觀也屬於糕餅業的鳳梨酥的生產業者（如日出、微熱山丘、太陽堂……）跳脫了紅海的競爭市場，利用品牌行銷、口味的獨特性而進入藍海策略，不只大大提升本身的營業額，同時也是大陸觀光旅遊團要求必訪的駐點，大幅提升周邊相關觀光事業。

價值創新（value innovation）是一種不涉及打敗競爭對手爲訴求的新市場競爭策略，而致力於創造顧客與公司的價值躍進，進而開闢無人競爭的市場區域。價值創新是古早味轉型後下一階段必須努力的目標，如何跳脫比價競爭態勢，尋求新產品市場定位，爲公司尋求長治久安之道。

圖表9-2 「古早味」面對未來轉型的困難點

	過 去	未 來
口味	使用傳統配方，並遵循古法製作	依舊使用傳統配方，但口味經微調以配合現代低糖少油主流，製作技術則保留傳統之餘加入創新元素，增強衛生品管
生產方式	純手工製作	產品製作依舊堅持純手工，其他桿麵製程思考利用機械化以降低成本、提高產量
生產過程衛生管理	無嚴格管理	衛生管理需更嚴謹，所有生產員工須戴口罩、手套
產品項目	1. 祭拜用糕點 2. 雜貨店零售小點心 3. 傳統喜餅	1. 以「茶食」為主，如麻米荖、花生糖等 2. 祭祀用糕點 3. 開發符合年輕人的口味
包裝	傳統包裝	1. 懷古舊風設計 2. 精緻美觀
銷售方式	僅有一間店面，亦提供大訂單服務	1. 依舊以店面為主，增加店面數 2. 思考網路行銷，搭配宅配服務以開拓市場
行銷手法	不做任何宣傳、廣告，客源固定	1. 配合政府遴選「十大伴手禮」打開知名度 2. 接受新聞及媒體採訪，提高知名度
銷售據點	初期僅有一間店面生產銷售	1. 希望將店面二度遷移至觀光景點，並於另一鄰近景點開設分店吸引觀光客 2. 改善環境：增加空調及復古懷舊裝潢設計
價格	傳統商店平價販賣	中高價路線以區隔市場

9-5 理論探討

歸納前述，本個案有四個學習目標：

一、工作價值觀

不同的工作價值觀會影響工作者行爲與決策結果，那什麼是工作價值觀呢？簡單來說，一個概念各自表述，其概念來源爲價值觀（value），最早談到價值論（axiology）是Lotze開始，他企圖跳脫認識論「我們的理智是否能眞正認識眞理？」之難題（洪瑞斌，1998）。

支配客觀世界的判別是自然法則，而主觀世界是以價值來判別（陳秉璋、陳信木，1990），而價值論研究過程出現了主觀性、客觀性或是情境性等，而爭論核心在價值主觀性上。譬如：個案中張順元先生每次向家族成員提到擴充銷售店面、中央生產廚房時，可透過向銀行貸款以解決資金不足的困擾，但因與母親價值觀不同而都遭到否決。在工作職場上也常因個人工作價值觀的不同，往往會影響每個人對同一事件或工作上做出迴然不同的判別。

二、價值創新

價值創新是嶄新的策略思考與執行模式，能創造出藍海市場並脫離競爭。藍海策略不同於傳統著重在產能與績效提升，卻陷入價格戰的紅海策略，而是追求能夠同時達到低成本、高獲利與營收成長的經營策略（Kim and Mauborgne, 2010），其中最重要的是跳脫價值與成本抵換（the value-cost trade-off）的侷限。所謂價值與成本抵換，爲早期企業認爲可用較高的成本來創造較大顧客價值，也就是「差異化」；另外，也可用較低成本來創造較合理顧客價值。

然而，藍海策略能夠打破這種二選一的窘境，爲顧客創造最大價值，也就是價值創新，使消費者與生產者價值剩餘同時達到最大。企業都可利用價值鏈做爲分析架構，並思考在價值鏈活動上尋找降低成本或創造差異化策略外，進一步分析公司價值（公司可得到產品價格、低成本）與顧客價值（公司所提供產品效益、售價）之間的聯結關係，並尋求可發展機會。

另外，Kim and Mauborgne（2010）還提出四項行動架構（four actions framework），認爲可破除差異化與低成本的抵換關係，進一步創造新價值曲線。Kim and Mauborgne 認爲產業的策略邏輯與經營模式必須接受四個關鍵問題的挑戰，「消除」與「降低」在於改變成本結構；「提升」與「創造」則有助於提升買方價值及創造新需求。其中，「消除」與「創造」這兩種行動尤其重要，是促使企業超越當前競爭標準所設定的價值極大化（圖9-2）。

透過「古早味」的個案了解，企業如何在競爭激烈的市場中，藉由不斷改進、創新，跳脫舊思維的困境，利用獨特行銷手法，強調自身產品特色配合在地文化，以訴求「故事行銷」爲主題突顯其差異性，形成業界中的翹楚。在建構價值創新之藍圖上，以新奇、創意的思維爲基石，才能使企業永續經營。

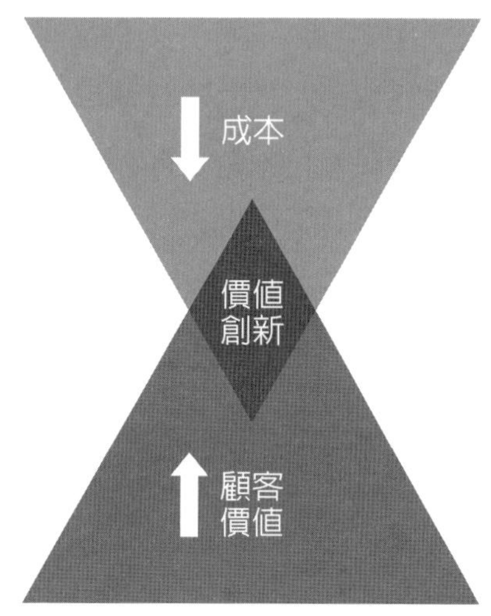

資料來源：Source: Kim and Mauborgne（2010）Blue Ocean Strategy

圖9-2　價值創新

三、創業家精神

Lumpkin and Dess（1996）認爲，在新市場引入既有產品或新產品，或是以新產品進入既有市場，這就是創業家精神的基礎，Lumpkin and Dess將之定義爲「新進入（new entry）」。「古早味」創辦人大膽創新，將鹹光餅改良爲今日聞名全臺的鹹蛋糕，把既有產品創新爲新產品後引領其進入既有市場，開創新事業，符合創業家精神的基礎。另外，其第二代接班人爲發揚傳統糕餅並永續經營而積極開創新產品、新市場。

第三代經營者張順元先生接受訪談時提到**「我們堅持用上等的料，作出最道地的口味提供給顧客」**正符合創業家精神中的社會責任感人格特質、**「品質是古早味的生命，如果不是我們對品質的堅持與要求，古早味可能也無法在市場上存活這麼久。」**顯示張先生對於處事的堅持與要求，這正是符合創業家堅定不移的精神等，可供學生學習何謂創業家精神以及創業家應具備的人格特質。

四、行銷通路的拓展

如何透過行銷通路研究，將現有產品或新產品透過新行銷通路進入新市場，以增加產品廣度，以及強化曝光率。過去「古早味」都承襲傳統的店面銷售，但隨著網際網路時代的來臨，張先生應思考如何與現代潮流接軌，建置網站透過網路行銷則可掌握新世代年輕客群；配合地方政府各項文化節慶活動，一方面可再次讓百年老店重新出發，並廣邀電視媒體的專訪，重新打響「古早味」老字號的知名度。可搭配市場進入策略、產品行銷、行銷通路管理等相關理論。

1. 在這競爭激烈的糕餅業市場中，「古早味」該如何創造出與中部海線地區各競爭者差異性？

   探討差異化時，發現「古早味」產品系列與其他三家競爭者差異性不大，但其知名度早期比其他競爭者高，可持續朝新產品研發邁進。「古早味」具有百年老店的知名度，但因位於臺中港區老街上，伴隨著在地文化特色，故較其他競爭者更具地理優勢。而其他三家競爭者雖然在全臺有5-6家的分店，但現今宅配技術成熟且服務便利，「古早味」也可透過宅配服務行銷全臺，擴大銷售範圍。

   另外，「古早味」不僅在當地知名度高，透過媒體廣告的力量，其知名度也漸漸重新塑造；搭配網路行銷、宅配服務，藉此開發年輕新客群。在產品創新方面，「古早味」雖是老店，擁有忠於傳統口味的老客戶，但謹守這些老客戶只能維持原有業績，無法突破業績高度成長，且新奇口味或產品的外來競爭者越來越多，吸引了喜歡嚐鮮的年輕人。

   有鑑於此，「古早味」積極且持續研發新產品，以滿足此一區塊的客源，開拓新通路，期望在保有傳統之餘，也能夠有所創新，藉此與其他競爭者有所差異化。

2. 「古早味」在面對社會結構的變遷、外來西式糕餅的威脅，該如何使危機變爲轉機，達到企業的價值創新之目的？

   近年來，由於西式糕餅業的引進、家庭與社會結構變遷等因素，導致消費者喜好改變，使得傳統糕餅業生意每況愈下，依據本個案探討發現，現今傳統糕餅業者可能會遇到的困境如下：

   (1) 價格戰：各家廠商爲吸引顧客，陸續推出折扣優惠，甚至降價競爭，結果破壞市場價格，導致業者獲利減少。

(2) 傳統店面式銷售：此爲傳統糕餅業面臨的最大問題，隨著現代人生活步調緊湊、空閒選項多樣化，傳統店面式銷售很難吸引外地顧客專程前往消費，使得消費客群範圍較固定且流動性較小，無法吸引其他新客群來店消費。

(3) 同質性高：坊間性質相近的糕餅業林立、商品同質性高，若缺乏獨特性或配合媒體廣告，這些傳統老店很難在現今市場上競爭存活下來。

(4) 文化生活型態改變：糕餅並非生活必需品，在地顧客經常是配合特定節慶與習俗消費，長期銷量較難增加，再加上近年來大家族聯繫與人際關係不似以往親密，導致銷量減少。另外又因爲外籍配偶比例增高，基於文化的不同，多數沒有採用中式喜餅的習慣，使得傳統糕餅業者訂單大幅減少。

由於「古早味」本身具有悠久歷史，且在地方上頗富盛名，不僅是眾所周知的鹹蛋糕創始店，更是四、五零年代臺中港區碼頭興衰的最佳見證者。但有點可惜的是「古早味」卻無法使該商品與在地文化、歷史演進中聯結。因此「古早味」可透過Afuah（1998）提出的創新利潤鏈模式（詳見圖9-3）來創造自身的價值創新。

Afuah在1998年提出的創新利潤鏈模式（Innovation Profit Chain）中指出，將新知識運用於企業的創新活動中，能讓企業的能力提升並有效開發企業新價值。依據創新利潤鏈模式，「古早味」可利用自身稟賦（Endowments）的歷史價值、地點及專業等特色，結合市政府提倡在地化文創產業與媒體廣告，加強與地方文化的融合，或將本舖改裝爲休閒購物區、文化參觀走廊等藝文空間。例如：近幾年興起的懷舊、復古風以及DIY體驗等風潮，讓消費者加強其體驗消費，增加其在地意象體驗，不僅可避免與其他同業的價格戰，更可解決因文化生活型態改變所帶來的問題。

另外，藉由與創新利潤鏈模式中的能耐（Competences）互相搭配，建立新價值鏈的傳遞以及創新研發、包裝、網購與宅配等方式，例如：與大學觀光相關科系或市府文化局以及梧棲區公所等機構合作，激盪出品牌與產品的文化創新，首重目標是保留商品百年傳統風味，並以故事行銷爲宣傳重點，連結周邊歷史文物，進而做出與其他競爭者的差異化，建立其品牌的知名度，降低與同業的同質性，並解決只靠傳統店面式銷售的窘境。

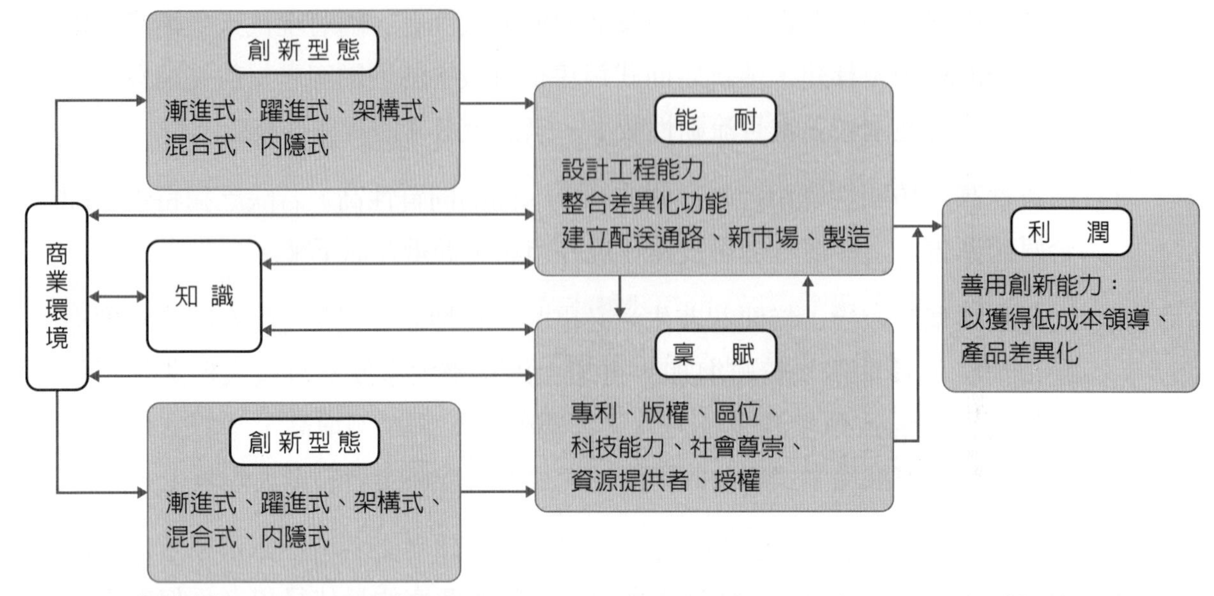

資料來源：Afuah（1998）*Innovation Management: Strategies, Implementation, and Profits,*

圖9-3　創新利潤鏈模式

3. 「古早味」以製造販賣鹹蛋糕聞名，經歷過幾代的傳承，不斷努力創新研發符合消費者喜愛的新商品，時至今日，新一代接班經營者期望能夠突破轉型時遇到的困境，以期達到永續經營，再創「古早味」的新價值。而經營者應該具備哪些創業家精神，以面對轉型時接踵而來的挑戰？

   1985年Drucker提出透過管理技巧與觀念來重新思考，並探索顧客需要的商品價值，進而設定流程標準並使產品標準化，藉此開創新市場與通路，是創業家應具備的精神。而Lumpkin and Dess於1996提出創業家精神具備以下幾項特質：創新性（Innovativeness）、積極性（Competitive aggressiveness）、自主性（Autonomy）、預應性（Pro-activeness，預測與反應能力）以及承擔風險性（isk-taking）。

   「古早味」由第一代創辦人張大使老先生首創新研發全臺唯一鹹蛋糕，起初雖無法讓消費者接受，導致銷量不佳，但是經過不斷的努力，終於成爲聞名全臺的鹹蛋糕點心，可見張先生具有創新性、不怕失敗、冒險的創業家人格特質。在家庭、社會、經濟快速變遷的今日，「古早味」不斷思考並探索消費者的喜好與行爲，推出符合現今消費者偏好的產品，除了減低糖與油的添加之外，並保有傳統的製造方式，堅持純手工製造，希望留住百年歷史的傳統風味，以突顯出與其他糕餅業者的差異性，此點可見張先生具有不斷求新、求變、積極性的創業家精神。

此外，「古早味」更大膽訂價，將產品價格定位在中高價位，來做爲區隔傳統店舖式經營之糕餅業者的定位。然而，這樣的訂價策略，其商品須具有別於其他業者之特色，創造產品附加價值，才能使消費者有感。因此，可以參考Kim and Mauborgne於2010年提出的新價值曲線的四項行動架構（four actions framework）（詳見圖9-4），來破除差異化與低成本的抵換關係，創造新的價值曲線。

建議「古早味」經營者未來可將四項行動架構放上企業的策略草圖，藉此獲得全新的領悟，建立創新價值以支持「古早味」跨越下一個百年。

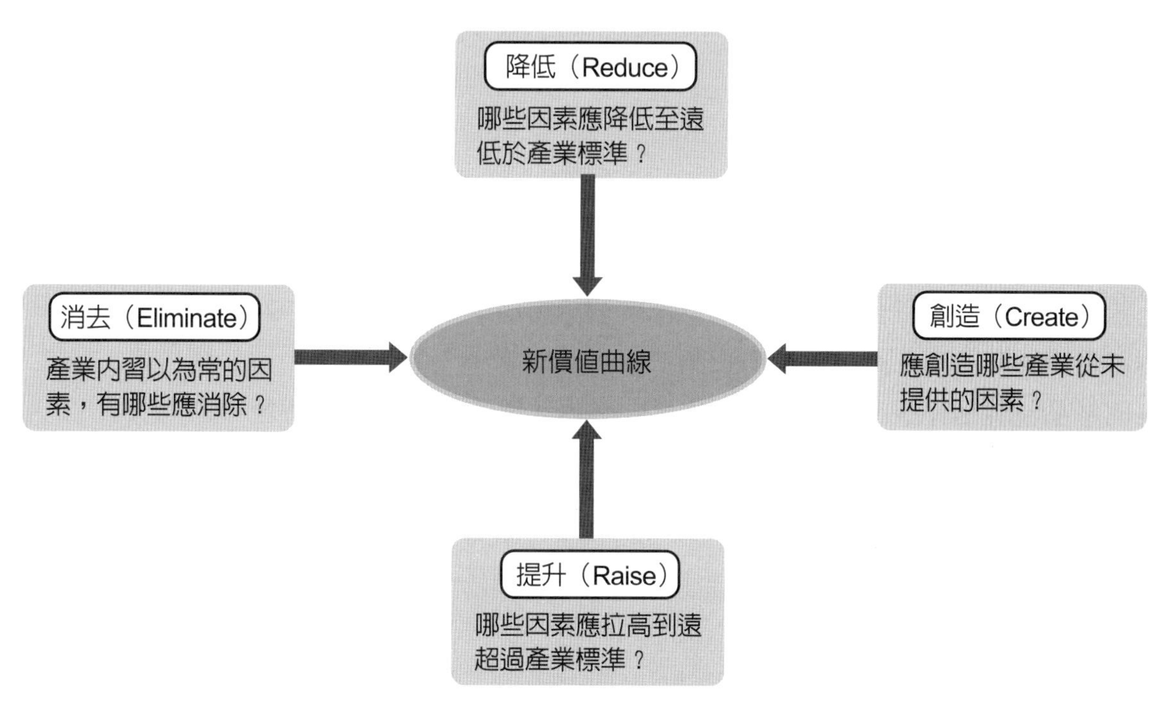

圖9-4　新價值曲線的四項行動

4. 「古早味」爲傳統的糕餅業，具家庭式企業特徵，即同時擁有「製造」與「零售」的特色。因此，「古早味」積極由傳統門市銷售轉型爲其他銷售通路，應該考慮哪些行銷策略，並且如何增加更多的行銷通路，以求拓展新市場？

Ansoff 在1965年提出了行銷策略的四步驟，分別是市場滲透（Market Penetration）、市場拓展（Market Development）、產品差異化（Product

Differentiation）以及產品多樣化（Product Diversification）。「市場滲透」是在同業市場中尋找潛在客戶，建立客戶對品牌的忠誠度，「古早味」經歷過百年歷史，無形中已經在地方上擁有一群忠實顧客。然而，近年來「古早味」隨著時代潮流也推出宅配服務，除本地的消費者外，將產品銷售範圍拓展至全臺，憑著「百年老店」字號及堅持傳統純手工生產方式，吸引外地消費者訂購。

「市場拓展」雖然主要著重在尋找潛在新客群，但訴求鎖定在增加產品銷售量，這方面，「古早味」除了堅持傳統口味的綠豆椪、鹹蛋糕、酥餅、星星蛋糕等產品外，並增加牛角麵包等新產品，藉此拉攏年輕族群前來消費。

爲使產品更爲大眾所接受，「古早味」對產品進行微調來迎合大眾訴求的低糖少油，希望達到銷售量的提升，而店內產品項目除上述熱賣商品之外，還有以「茶食」爲主的產品，如麻米荖、花生糖等，陸續增加新產品使「古早味」的產品越趨多樣化，亦達到「產品多樣化」目的。

至於「產品差異化」，主要訴求爲產品包裝設計（例如：外觀、功能、大小等），以刺激消費者的購買慾。「古早味」針對地方文化傳承的特色設計在產品包裝上，強調「懷舊風」設計概念，突顯與其他店家的差異性。另外，「古早味」也對實體店面進行改造，除增加空調並改善店內環境，裝潢設計堅持「懷舊風」設計與產品包裝相呼應，更加突顯「古早味」百年老店歷史悠久的特色。

除產品包裝與裝潢設計外，近年來也積極在行銷通路上尋找突破。由於資訊科技、網際網路普及以及宅配服務的興起，「古早味」在通路上不再侷限於傳統的店面銷售模式，也隨著時代潮流發展宅配市場、網站訂購等服務，吸引梧棲地區以外的潛在消費者。

另外，計畫配合政府遴選「十大伴手禮」活動，並接受新聞及媒體採訪，打破以往不做任何宣傳、廣告的行銷策略，藉此打開全省知名度。未來計畫到工業區設生產基地以解決量產問題，期望這些行銷策略可開創更廣泛的行銷通路，並吸引更多消費族群，以達到銷售業績的突破。

1. 雖然古早味糕餅店擁有百年的悠久歷史，但隨著年輕人口味嗜好的改變，讓這家百年老店日趨衰微，請問如何透過商業模式的創新才可使這家老店重新站起來？
2. 其他地區如大甲、鹿港也有一些老店轉型得還算成功，但「古早味」糕餅店無法轉型成功其最大的關鍵因素是什麼？如何來排除這些障礙呢？
3. 政府這幾年正努力提倡傳統產業的創生，過去一些有名的老街透過在地產業的創生，讓這些讓人遺忘的老街、社區能再現朝氣盎然，請問在地產業的創生定義如何？能否舉出較成功的案例？
4. 臺灣最需要的是無煙囪工業（觀光產業），臺灣的傳統糕餅業能否透過觀光產業的發展來帶動一些傳統糕餅業的再創生，發揮地區風俗、文化的特色吸引國內外觀光客，請問中央政府的政策如何來制定？地方政府如何來協助？而產業如何來配合改造呢？

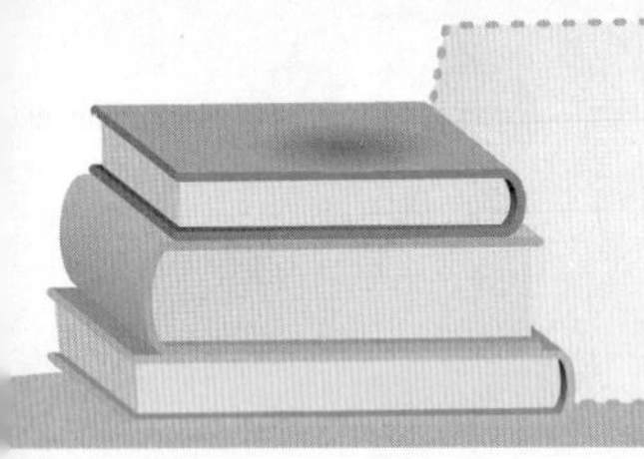

資料來源

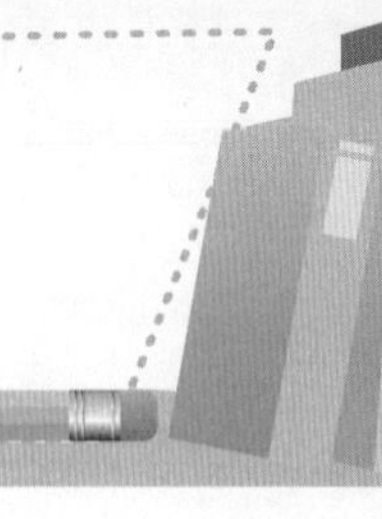

1. Afuah, A. （1998）. *Innovation Management: Strategies, Implementation, and Profits*, Oxford University Press, Inc.
2. Ansoff, H. Igor, （1965）. *Corporate Strategy*, New York, McGraw-Hill Book Co. Helm.
3. Drucker, P.F.（1985）. *Innovation and Entrepreneur*, Pan Books, London Press.
4. Eisenhardt, K.M. （2002）. Has Strategy Changed? MIT Sloan Management Review, Vol. 43(2): 88-91.
5. Kotler, P.（1998）. *Marketing Management: Analysis, Planning, Implementation and Control*, Prentice Hall, Englewood Cliffs, N.J. Press.
6. Kim, W.C., and Mauborgne, R.（2010）. Blue Ocean Strategy. Harvard Business School Press.
7. Lumpkin, G.T. and Dess, G.G. （1996）. Clarifying the entrepreneurial orientation construct and linking it to performance, *Academy of Management Review*, Vol.21(1): 135-172.
8. Allan Afuah,（1998）. Innovation Management: Strategies, Implementation, and Profits, Oxford University Press, Inc.
9. 徐華強（2001）。21世紀烘焙業轉型的方向與未來展望。烘焙工業，100：254-161。
10. 曾光華（2006）。行銷管理概論-探索原理與體驗實務。前程文化出版，pp.374-376。
11. 黃秀媛譯。（2005）；Kim, W. C. & Mauborgne, R.原著。藍海策略–開創無人競爭的全新市場，臺北市：天下遠見公司。
12. 洪瑞斌（1998）。工作價值觀概念與測量工具之發展，輔大應用心理系研究所，碩士論文。
13. 陳秉璋、陳信木（1990）。價值社會學。臺北：桂冠圖書公司。

個案10

打造臺灣美語生態圈第一品牌——長頸鹿美語

長頸鹿美語總部位於臺北市忠孝東路的辦公室，其加盟店在全臺各地都有其蹤影，毫無疑問是全臺最具規模的補習班之一。該補習班是由魏忠香董事長創立發展的，接手至今也已度過了十幾個年頭，周遭場景和生活環境早已經歷了巨大的變化，但教室中學生勤奮念書的身影、老師們對學生教育的熱誠和長頸鹿的教育理念都依然維持不變。

作者：亞洲大學經營管理學系　陳坤成副教授
亞洲大學經營管理學系　紀瑞蘭老師

10-1 個案背景介紹

2018年二月中旬，臺灣剛剛結束10天寒流的來襲，那春暖的晨曦照進長頸鹿美語總部(臺北市忠孝東路)的辦公司，魏忠香董事長正站在窗台前欣賞庭院中那株經歷寒冬考驗後正在開花的臺灣櫻花樹。魏董事長回憶說：**「因本身愛好櫻花，於是在1987年成立長頸鹿美語臺北辦公室時，就到北門市場買了這株櫻樹回來種在庭院中，剛開始它可能還在適應環境，經歷半年左右才從樹幹上長出嫩芽來，慢慢地經過第三年才開出生平第一次的幾朵櫻花來。接下來每年這個季節時，它都努力地綻放花朵來讓我們愉悅，而且年年都在成長中。」**

這株櫻花樹正是長頸鹿美語發展歷程的投射，美語是發展國際化的基本工具，但在80年代臺灣社會的環境是企業剛剛起步、家庭客廳即工廠的情境下，家家戶戶的父母親都努力賺手工加工費，以改善家庭經濟情況。

當時的小孩子要念大學都不是那麼容易的事，更何況有幾位家長有長遠的投資眼光送小孩子去補美語呢？魏董事長思索一下接著說：**「雖然我們有經過市場調查分析、探討外國美語發展的歷程，也深信將來有一天美語補習會成爲小朋友課外活動的一個主流，但當我們眞正踏進去這個行業時，才發現不是想像中那麼容易，所謂萬事起頭難、市場初進入者的困難；但頭已洗了，不理也不行。因此排除萬難一步一腳印往前邁進，經過2~3年的時間，市場上慢慢對長頸鹿美語的認同與肯定，而奠定了今日的根基。」**

這些故事不只是長頸鹿美語創業之初辛苦的寫照，也是諸多首創事業會面臨的困境。

10-2 長頸鹿美語的誕生

一、法律人的抉擇

每個人都有其生涯規畫與追求人生的夢想，原本學法律的魏董事長，想朝著原來規劃的方向發展。然而面對環境的變化，有時計劃趕不上變化，讓就讀臺大法律系準備司法官考試的應屆畢業生，需面臨就業的重新抉擇。然而當一個新契機出現時，讓魏董事長面臨的是挑起二哥開設的補習班重責，使原先投入的資金免於付之東流，或是朝原本法律系的生涯規畫前進呢？使他頓時陷入抉擇上的兩難。

魏董事長回憶說：「**可能上帝有其美好的旨意，經過深思熟慮後決定勇敢面對挑起重責的挑戰，相信這些挑戰的背後都有特殊的意義和使命，因此讓轉折點漂亮登場。**」當魏董事長決定接手補習班的經營後就毅然取消司法官考試，重新規劃美語補習班發展計畫，確實執行計劃、義無反顧、任重道遠、鍥而不捨地投入美語補教工作，轉眼之間已30年的歲月。最後，讓自己榮登當時的社會頭版新聞，繼續引領鶴群。

二、神的引導與美好旨意

魏董事長緩緩道來：「**其實長頸鹿的第一家補習班是由我二哥開辦的，人生轉折中有許多有趣的故事，我原本是臺大法律系畢業，依當時頂著臺大法律系這個光環其未來的路是亮麗的，不管是走律師或法官都應該可有自己的一片天。經營了一年多，二哥突然說他想去當牧師，那一年（民國77年）我剛好從臺大法律系畢業。牧師是上帝揀選的神職工作，能為上帝效力也是一項非常光榮的事，家族們都欣然同意，可是二哥去當牧師，這個好不容易大家一起弄的補習班怎麼辦呢？要不然就是面臨結束，要不然就是看怎樣延伸，所以在那個時候我的人生就面臨到一個重要的抉擇。**」

魏董事長沉思了一下接著說：「**當時我面對著天人交戰的時刻，於是我就虔誠地向上帝禱告與祈求，我說：『上帝啊！您讓我面對這麼困難的抉擇一定有您美好的旨意，請您賜給我智慧、力量，讓我在這徬徨的十字路口上做出最佳的選擇』，這時候我的耳朵旁邊突然傳來上帝的聲音說：『你就去承接吧！那是個美好的安排』，頓時我清醒過來，馬上下定決心承接這項艱巨任務，勇往直前永不回顧**」，這時魏董事長嘴角露出微微笑容說：「**這都是上帝美好的旨意、美好的引領。也因為這樣的轉折，才有今日的長頸鹿美語。**」

10-3 創業心路歷程

長頸鹿美語在臺灣美語補教業生根30年，並打造出好口碑，長頸鹿美語稍具有成就，但其創業歷程的艱辛與其它新創事業不相上下。雖然一開始二哥創立第一家美語補習班，但因創業之初經驗不足，以及當時的創業基金完全仰賴家族成員的集資。在創業之初，資金短缺、規模經濟不足、缺乏經驗等種種因素，造成創業初期虧損連連，在員工發薪資日常常必須臨時調頭寸來應急，其辛苦情況可想而知。

魏董事長回憶說：「**早期的臺灣社會風氣保守，籌措創業基金不像現在方便，政府也不像現在鼓勵青年創業，可以有首創的無息貸款。講到銀行方面更是保守，我們曾經問過銀行，現在我們要創業是否可向貴行貸款500萬元，銀行人員的回覆是可以，但你要貸500萬元，必須提供超過500萬元的不動產擔保。當初，我在想如果我有那麼多的不動產何必向您銀行貸款呢？於是向銀行貸款之事就此打住。**」

董事長接著說：「**錢向銀行貸不到，但每日的開銷、發薪資、購買教學器具等各種支出還是要花，那怎麼辦呢？於是就動到一些親戚朋友的身上，從他們那裡取得資金，借到最後一些親戚朋友都避而遠之。最好笑的一次是，有一次經過一位親戚的家，順道進去聯絡一下感情，沒想到剛坐下不到十分鐘，那親戚也不問我今日來的目的，就直白地說他們家的小孩最近要結婚，正在煩惱結婚的聘金不知怎麼**

辦？眞是『人窮到哪裡人人怕』，但也因這些社會的現實面，激發我更要把長頸鹿美語補習班經營起來的決心。」接著來探索創業者在長頸鹿美語創辦過程的想法與決策點的轉折。

一、讓夢想起飛——繪製一幅人生地圖

長頸鹿美語正式成立於民國75年，前身是標竿美語，最早設立於臺北民生社區中，因標竿名稱可能引發重複註冊疑慮，故改命名爲長頸鹿美語。

魏董事長回憶說：「**當初命名爲長頸鹿的原因是：一是取其親切又貼近兒童喜愛的動物爲訴求，二也受自家人身高皆高大的影響。後來爲打造品牌意識，也取其長頸鹿祥瑞之氣，作爲企業吉祥物，讓團隊站在高點，用長頸鹿的視野仰望星空、瞻望世界，並以長頸鹿散發智慧的朝氣與青春，彰顯品牌充沛的活力，也以橘色和金黃色作爲代表顏色，具有開創黃金時代強烈的氣息和未來領袖的自我期許。**」

長頸鹿的logo 就這樣誕生了，從長頸鹿的logo中我們發掘了魏董事長當初創立長頸鹿美語的願景與使命。創立長頸鹿之初，臺灣的美語補教業還是一片處女地，雖然街頭巷尾有一些家庭式的美語家教林立，但它們大都以爭取聯考好成績爲導向，對於生活化美語並不是非常深入研究與深耕。因此，當長頸鹿美語打出招牌與經營理念後，很快獲得社會大眾的認同感與支持。

魏董事長接著說：「**消費者對我們的愛護與支持，讓我們非常感動與感激，由於他們的支持更讓我們展現湧泉以報的熱忱，所以也倍增我們的企業社會責任。**」也因爲這樣的緣故，魏董事長從二哥掌管時是以打工學生的心態，自接手經營長頸鹿美語開始，轉變成百分之百的投入，並扮演專業經理人的角色，期許將長頸鹿美語打造成全國生態圈第一品牌，於是開始規劃5年、10年、20年以後的發展計畫，這幅企業願景藍圖，也好像將魏忠香董事長的年輕歲月也一併的納入其中，一轉眼就30年過去了。

魏董事長微笑著說：**「因爲我們家族是基督徒，一切行爲都依靠上帝，當上帝要成就我們時，一定會在衆人的面前爲我們擺設宴席。所以，每當我們面臨困境時就誠心禱告，祈求上帝爲我們搬開路上的石頭。可能因有上帝的同在與幫忙，過去30多年的創業生涯中，雖然有過驚濤駭浪，但最後都安然地渡過。」**長頸鹿美語因有上帝的祝福，也走過艱辛歲月，安然渡過創業旅程，但在前面將有更驚險的航程等著他。

二、站在巨人的肩膀上——看得更高更遠

美語補教業在臺灣的80年代雖然仍屬於萌芽期，在國內市場算是處女地，但在國外可說已經是如火如荼地在展開中，因爲海外許多國家已預知到未來國際化、全球化的必要工具即是「英語」。

所以魏董事長接著敘述：**「草創初期我們也去海外考察過市場，發現一些非英語系的國家已開始積極推動英語教學，像日本、新加坡、馬來西亞、印尼、泰國等國家，已有許多大規模的英語訓練中心，他們不只是給予一般社會大衆、學生開設英語補習課程，甚至幫政府公務人員開設英語訓練課程，尤其一些外貿部公務人員必須通過某一門檻的英語檢定，才可以正式成爲公務人員。其中有一個國家叫新加坡，他們政府乾脆把英語變成國家統一語言。由於新加坡的案例讓我們非常震撼，更堅信美語補教是未來可發展的一項事業。」**

經過一番市調與分析，讓原本存著猶疑態度的魏董事長更加強其信心，勇往直前往理想目標邁進，他們去新加坡考察時發現有一個原是政府部門的公務人員英語訓練中心，後來改成東南亞教育部教育訓練組織的區域語言中心（Regional Language Centre, Southeast Asian Ministers of Education Organization: RELC）。

RELC原本只服務新加坡本國政府官員的英語訓練，但因新加坡政府將英語變成國家語言後，一般社會大眾已大幅度提升英語水平，雖然他們的英語帶有濃濃的新加坡式英語（Singlish），但對於日常溝通與會話是沒有障礙的，所以這幾年RELC的業務已慢慢拓展到招攬東南亞各國的官員，以及中學、高中、大學的專業

課程中老師英語教學的訓練，看到這樣成功的案例，更讓長頸鹿美語經營團隊增加無比信心。

魏董事長莞爾地說：「**有了這麼棒的標竿學習個案，我們就可站在巨人的肩膀上，可看得更高更遠，希望將來有一天我們也可以將長頸鹿美語推上國際市場，為臺灣爭光。**」也因有RELC的成功案例可循，長頸鹿美語經營團隊在美語補教的道路上更加不寂寞。

三、思索打造品牌之路——辛酸點滴在心頭

當魏董事長放棄考司法官這條路，而選擇承接二哥的美語補習班時，其背後的兩個原因是，一方面不想讓當初開設補習班時所投入的龐大資金付之流水，另一個原因是想闖蕩天涯打造出自己的事業版圖。

魏董事長回憶當初的想法笑著說：「**要讓當初投資的金錢不成泡影，這是當時毅然決然跳進去承接長頸鹿的美麗契機，而且本人也相信以個人能力，加上努力、毅力，應在很快的將來就可穩定局面，進而回收當初的投入資金，而後來也驗證這樣的想法是對的，公司在兩年後開始轉虧為盈，因為逐年增加補習班家數，達到經濟規模，就自然而然地開始產生盈餘。但另一面向，如何開拓事業版圖就不是想像中那麼容易，於是去請教一些補教界前輩與觀察其他英語教育訓練的成功案例，我們得到一個結論是：想要長期經營就必須要有自己的品牌，所以打造品牌之路變成長頸鹿美語必選之路。**」

因在80年代臺灣美語補教業仍是一片空窗期，更說不上有打造自己品牌的想法，許多補習班都以「打帶跑」的方式在經營，並沒有長遠規劃的想法，甚至有些家庭式的補習班為規避稅徵處的查稅，乾脆以地下補習班的方式在經營，或一段時間就更換另一個組織名稱，以躲避相關稅徵單位的稽查。

但長頸鹿的創立並不是這樣的思維，而是以永續經營打造自我品牌為主軸，魏董事長接著說：「**如果當初只是想賺口飯吃，就不用這麼辛苦。只要好好拚，考個法官或律師就有不錯的收入，而且有崇高的社經地位，不必時時刻刻、戰戰兢兢擔**

心明年的業務如何？但人總是要迎接不同的挑戰，經過一番挑戰後達到目標會讓人更有成就感，何況人總是爲了理想在活著，追隨著個人願景朝向人生目標邁進。」

接著說：**「雖然當初有打造品牌的想法，但是如何做？怎麼做？都是茫茫然，只好摸石頭過河，走一步算一步。」**一般企業要打造品牌都不是那麼容易，更何況剛萌芽期的美語補教業，其艱辛程度是可想而知，但也由於經營團隊的努力，經過二、三十年的向下紮根，讓社會大眾慢慢接受長頸鹿美語這個品牌，雖然國內市場已稍有名氣，但至於打國際市場、國際品牌，還有待魏董事長的經營團隊繼續努力向前進。

四、用「愛、關懷、誠信」——建立責任與紀律

因爲長頸鹿美語創業團隊成員都是基督徒，創業過程也因上帝的帶領才能突破各種艱難而將困境迎刃而解。其實這裡面最大原因是有上帝的愛，才能將困難事一一排除，所謂「**有愛就無礙**」，這大概是長頸鹿照顧學生最大的準則。

魏董事長沉思一下接著說：「**我常常在想，每位小孩都是父母的心肝寶貝，父母親願意把那麼小的孩子（學齡前班）交給我們，除了希望自己的小孩能在生活中很自然地學習美語，但背後的最大期望是希望孩子可以在愛的環境中長大。這一點別的補習班是否有看到我不敢確定，但我們團隊是非常清楚父母親最大的期望值。因此，開始與同業做差異化的服務，我們強調在長頸鹿除有愛、關懷外，在這裡可以展現小朋友的活潑、天真、活力，就如長頸鹿的logo所表現的一樣。」**

也因爲長頸鹿團隊洞悉父母的心理，所以在其推廣活動的標語、策略、行動，往往都打到父母的心坎裡，當小孩的父母親願意把小朋友帶進來園區，這才是經營管理的第一階段，接下來是如何訓練出活潑可愛、有禮貌的小朋友，才是眞正履行我們承諾的開始。

魏董事長接著說：**「英語是一種生活溝通的工具，或是彼此認識的方法，但是我們發現許多滿好玩的Case，當我們把三個不同國家的小孩放在一起，他們有不同的語言與生活習性，剛開始也彼此不了解對方的語言，可是經過半小時後這群小**

朋友可以玩得很快樂。一起嬉戲、一起歡笑，因此我得到的結論是：語言溝通不是最大壁障，而最大的障礙是如何讓小朋友放下心防，願意與其他小朋友玩在一起。於是『營造氣氛』便成為我們必須要先處理的功課，這方面我們除將園區布置成青春、活潑的氛圍外，更加強培育一群樂意與其他小朋友打招呼、付出熱忱的小天使。這群實際付出的小朋友我們會在集會時給予表揚或獎勵，其實這個年紀的小朋友會比較想得到實質的獎勵，譬如：糖果、餅乾、獎品等，有些樂意分享的小朋友會再將獎品分享給其所喜歡的同學。其他小朋友也會起而仿效，所以很快就將教室的歡樂氣氛帶起來，慢慢地，新加入的小朋友也受到感染而玩在一起。」

由於長頸鹿團隊的用心，所以當我們走進園區即可聽到遠遠的地方傳來一陣一陣的歡笑聲，這可能是其他園區較少有的，所以當父母親第一次帶小朋友來園區參觀時，往往會被園區的歡樂情境所吸引，因此對長頸鹿招生也是一大助益。

接下來，長頸鹿如何培養誠信呢？這是一大考驗與難題，因為青春、活力是一外顯的行為，但誠信是一內藏的心境，我們來看長頸鹿如何來塑造它呢？魏董事長托著下巴接著說：**「如何來訓練小朋友的誠信，當初也思索很久。小朋友年紀太小了，其實問他什麼叫『誠信』，他們也說不上來，更何況要訓練他們誠信其困難度更高，於是我就想出一個較簡單的方式，先教導小朋友什麼叫『誠實』，一般小朋友會看到什麼說什麼，不太會加以裝飾，其實這也是誠實表現的一面。但如果我們只要求小朋友去做，他們也會存著懷疑的眼光在看我們大人的行為是否符合該標準，於是我就要求所有長頸鹿團隊成員上至園長、下至工友，所有言行舉動都要講求誠實，尤其答應小朋友的事，不管怎樣都要實現，在小朋友面前也不可說謊話，而且說謊話的小朋友會受到處罰。」**

經過這樣的嚴格要求，不只老師、職員講求誠信，小朋友也自然而然養成誠信的品德，這是長頸鹿的特質，也是其核心價值。是其他美語補習班無法在短時間可跟上或模仿的。但未來拓展國際市場困難度將大大提高，也是長頸鹿團隊必須群策群力解決問題的時候。

10-4 抉擇點的挑戰

一、胸懷千軍萬馬——心細如絲

如果說「人生面臨不斷的做決策，倒不如說人生面臨一連串的選擇。」這個選擇有可能給您帶來一帆風順、財源滾滾；但也有可能給您帶來一生的轉折，或是處於萬劫不復，但這些都是決策者必須要面對與承擔的。

魏董事長略爲思索後說：**「當初其實我可以選擇較平順的路，繼續努力準備國考，考取司法官，其實我從大二就開始準備這場國考，但我最後卻選擇了承接美語補習班，決策過程中幾度天人交戰、徬徨無助，雖然我在最困難的時刻都祈求上帝給我智慧，上帝也回應了我的禱告，過程好像還算順暢，但其實我內心中波濤洶湧，我是一位有事業心、胸懷大志的人，我不願意一輩子只當司法官，固守那幾十坪大的法壇，我希望將來可以到世界各地去增廣見聞，爲更多的人做服務。」**

民國77年魏董事長接下其二哥的重任後，開始著手規劃長頸鹿美語的未來發展藍圖，首先第一期目標是站穩北部美語補教市場，接下來是開拓高雄地區南部市場，這樣的思維是因爲南部、北部是第一大戰區，先鞏固好第一戰區灘頭堡，回過頭再來慢慢收編中部地區。

魏董事長充滿自信地說：**「當時我的策略是這樣的，北部是補教業最大市場也是第一戰區，這裡是兵家必爭之地，北部的家長經濟情形較寬裕，對小孩子的期許也比較高，所以他們願意投入較多資源在小朋友的教育上，但他們對於補習班的要求也相對較高，如果能把這些家長服務好，那南部的家長以這套準則服務即可駕輕就熟了。所以一開始我們把重兵都布置在北部地區，以最迅速的服務、最優質的教師來服務北部地區，結果這樣的策略是有效的，於是在短時間內長頸鹿美語就在北部地區打下知名度，獲得家長們的認同。接著採用類似的市場拓展策略，也將高雄**

地區等南部市場拓展開來。南、北市場在短短一至二年間就穩定下來，這都是上帝在背後做的工。」

所謂：「謀事在人、成事在天」，由於魏董事長綿密的規劃，加上經營團隊的努力，還有得到上帝的應許與幫助，使長頸鹿美語在補教市場中很快地打開知名度。

當時市場上有一句順口溜：**「來來來，來長頸鹿、去去去，去美國」**這樣的市場肯定是給長頸鹿美語最大的鼓勵。所以一直到現在，許多過去在長頸鹿補過美語的國外留學生，有回臺灣都會回來追尋那段快樂的童年回憶。

這時的魏董事長嘴角露出滿足的微笑說：**「長頸鹿希望爲地球村建立起友誼的橋樑，並打造成臺灣美語生態圈的第一品牌。」**打造美語生態圈是魏董事長對長頸鹿的期許，希望這個願景在經營團隊的努力下，不久的將來可看到它開花結果。

二、宏觀使命感——鍛鑄競爭力

「初啼之鳴」驚動武林，雖然長頸鹿美語創業初期即得到好的成效，但是他們經營團隊並不以此爲滿足，一直在追求其願景與目標。

魏董事長回憶當時說：**「80年代創業初期，臺灣美語補教業雖然仍是一片處女地，但也因爲大家看好這塊大餅，所以創業進入第三年，美語補教市場上就陸續出現了一些競爭者，譬如：芝麻街美語、柯見美語、空中美語、地球村美語等等，其他還有較不具規模的美語安親班，頓時好像變成春秋戰國、群雄各霸佔一方的感覺，但我們相當清楚最大的敵人不是競爭對手，而是自己。因爲我們有自己的企業願景，我們的願景不只是臺灣市場，而是鎖定國際市場，尤其我們也花了一些時間做海外市場的調查研究，就像前面所提到新加坡RELC的成功案例，我們也以此期許我們的願景與目標。」**

古喻：**「凡事豫則立，不豫則廢」**，所以機會是留給準備好的人，長頸鹿美語因有自己宏觀的使命感，所以創業過程中團隊成員不敢怠忽職責或安以現況，每天戰戰兢兢地處理每一客群的服務，教好每一節的上課內容，也因爲全體同仁全心全力及到位的服務，才有辦法在競爭的紅海中生存下來。但這只是短暫的偏安，眞正國際盃比賽還沒開始呢！

魏董事長抱著堅定的語氣說：**「經營好臺灣國內市場不是長頸鹿的終極目標，因爲我們非常清楚國內市場只是練兵的場所，眞正的永續發展必須向海外發展，因此我們必須先在國內市場鍛鍊好本身的競爭力，有了這些技能與能耐，將來進入國際盃錦標賽才能克敵制勝，因此宏觀的國際市場願景是我們的策略，站穩國內市場是我們的根，也是訓練本身競爭力的場域，更是將來攻打國際市場的後援基地。」**未來進攻海外市場的艱鉅任務，還等著長頸鹿經營團隊來實踐。

三、決策領導力——做中學、學中做

經營一家補習班雖然其形式和規模，相較經營一家企業會有所不同，但產、銷、人、發、財也是一樣少不了，魏董事長是一位學法出身的法律人，在企業經營方面的技巧與概念可說極爲欠缺，雖然當初承接長頸鹿美語抱著一股衝勁與勇氣，但這股衝勁會隨著時間拉長慢慢被消磨掉，必須要隨時充電再出發。

所以魏董事長不斷地閱覽一些企業管理雜誌、經理人雜誌等管理刊物，以充實本身的管理知識與技能。但是要一個組織成長茁壯，必須有一群人來共同合作，因此領導統御變成一項非常重要的工作。

魏董事長略爲喪氣地說：**「當初剛接手長頸鹿美語因本身年輕氣盛，而且我們學法律凡事都是依法行事，我的腦袋瓜所思考的順序是法、理、情，而不是情、理、法，所以一開始我的領導統御是不及格的，因爲我凡是以法的角度在行事，處處稽查、銖錙必較，也因爲這樣的思維讓許多同仁無法認同與忍受，所以一開始我們員工的流動率算是比較高的，但慢慢調整我自己的想法與腳步，從『做中學』去體會同仁的感受，再回頭調整我的行事風格，慢慢才將團隊士氣穩定下來。」**

魏董事長接著說：**「剛開始帶領團隊也讓我吃了不少苦頭，領導統御我不懂，那我就去書店買一些領導統御相關書籍來看，應就可以彌補本身的不足了，但是依照課本的法則去實施演練時，又發現不是書中所談的理想狀況。因每一項決策**

下達後都會有不同的聲音與意見，回過頭來去書中找答案時，發現課本上只談決策評估、決策風險、決策程序，但就是很少提到問題排除的程序，每遇到這樣的情況時個人都會覺得很沮喪，雖然自己也很努力讀一些管理書籍，也自信本身臺大畢業還不至於太笨，但每次遇到狀況時就像秀才遇到兵，毫無用武之地。當時還會怪罪作者爲何這麼Low end，沒有想出解決問題的方案。

但如今回想起來怪作者是不對的，因爲每一家企業、組職的文化不同，碰到的問題不同，各種事件、突發狀況都不同，所以作者無法提供解決答案也是對的，由於領導統御牽涉非常複雜的人之情緒、環境因素、組織氛圍等多種變數，只有靠決策者當機立斷的智慧做決策。

就如俗話說：『盡信書，不如無書』，很多的決策必須有許多案例可循，從過去經驗中選擇最佳解答。就像哈佛大學的商學院只教學生個案研讀，以提供學生將來在職場上做決策時的分析判斷之參考，所以學生必須私自去研讀背後的學術理論，同時利用個案充分激發學生的想像力與判斷力，沒有標準答案。」

經過一段不算短的時間摸索，魏董事長的決策領導力總算在做中學、學中做的不斷演練下，慢慢上軌道，這樣的歷程與故事好像是許多剛創業者或初管理者都會碰到的困難與經歷。

四、增值企業效益——創造市場的競爭力

魏董事長爲讓長頸鹿的規模再擴大說到：「一直在思索如何在較短時間內，使長頸鹿美語在補教市場可加速擴大經營規模，但教學品質沒改變，於是『加盟店策略聯盟』便成爲思考的選項之一。在國外，加盟店的策略聯盟也是非常普遍，否則要完全靠直營店一家一家開設，在人力、財力、戰鬥力各方面都面臨一些極限，尤其在都市地區一些高房價地段，光要租房子就是一筆可觀的費用，如果有些好的地點，爲一勞永逸，可能必須加以購買，那是一筆相當可觀的經費。但如果透過策略聯盟，一些店面租金或購屋成本就可由加盟者自行來處理，這樣才有辦法快速增加公司的經營效益。」

魏董事長接著說：**「早期加盟店也算是首創，我們沒有經驗，國內也沒有案例可循，於是我們只好參考國外的案例加以修改來實施，但因礙於民族文化的差異，要修改與調整的地方還滿多的，結果發現有些地方不管如何調整，好像都無法完全適應臺灣的人文風俗，所以聯盟店的經營規範最後可說幾乎已重新寫過，也就是符合臺灣的人文風情，這套聯盟模式拿到外國去可能也無法適用。」**

雖然「加盟策略」這個點子非常好，但對長頸鹿來說那又是一項新的挑戰，其中包括聯盟的規則、教材資源的分享、加盟金如何收、教師如何支援等問題，都有待魏董事長去解決。

10-5 品牌經營策略

一、品牌經營探索——智慧V.S苦幹

品牌經營是企業永續經營必走之路，必須靠人脈、金脈、創意脈、價值鏈、市場規臺灣企業的痛，就市場規模來說，臺灣因市場範疇太小，是建立品牌的一大障礙點；另一項爲經營策略，過去臺灣都以代工爲主，雖然我們有很好的技術、生產管理及高品質的產品，但因代工都貼別人的品牌，因此幾十年下來臺灣產業的品牌經營，可說是原地踏步，沒有很大的成就表現。

魏董事長略爲思索地道來：**「我們也了解品牌經營的重要性，但眞正要去執行也眞是一門大學問，而且公司只是一家中小企業，我們的銀彈也不夠多，不像一些大企業可以投入大量的資金去做品牌廣告，但過去幾家企業在經營國際品牌的挫折案例（例如：肯尼士、Acer等），也讓我們非常小心、謹愼地在擬訂品牌經營策略。」**

過去臺灣有好多產業曾興盛一時，譬如：南部的紡織業、塑膠射出機、五金業等；中部地區的雨傘頭業、水五金、手工具、工作母機、腳踏車、汽車零件、木工機等，桃竹苗與北部的聖誕燈業、IC產業、半導體、電腦與周邊設備、筆記型電腦、電源供應器、手機等，其產量都是排行在世界前茅，但到今日能眞正留下

品牌的大概有中部精密機械的台中精機、友嘉機械，腳踏車的捷安特、美利達等；北部有台積電、鴻海精密、Acer、Asus、HTC……等品牌。但能稱得上是國際品牌的幾乎寥寥可數，這不只是臺灣產業的苦楚，更是國家資源少的一大弱勢。

魏董事長回憶創業之初說：「**談到臺灣企業經營品牌的困難處，讓我勾起草創期的經歷，美語教學重視教材研發，要永續生存，務必有屬於自己的教材課本。因此，重金禮聘研發團隊印製屬於自己的教材，大量書本的印製需大筆資金，所以剛開始向青輔會借錢、標會苦撐經營，甚至前往饒河夜市擺攤、行銷教材尋找突破，也因在夾縫中求生存，才能遇見光啓社節目製作人蔣國樑先生的賞識，於1989年錄製教學影片，並結識丁松筠神父擔任主播，擴展品牌知名度，原本和空中英語創辦者彭蒙惠談合作策略，後因重大失誤遺失救命錢財，遭遇多次轉折才得以解除危機，方能順利繼續向前走。**」

由魏董事長的過去經驗得知，要經營品牌不只需要智慧，也需要實力加上吃苦耐勞的精神，不斷努力才能慢慢撥雲見日。開創國際市場、打造國際品牌是長頸鹿美語的願景，這個夢想是值得追求的，但前面路是崎嶇不平的，需要長頸鹿團隊一起努力去克服。

二、加盟策略的困境——摸石頭過河

美語補習班的「加盟策略」在國外已行之有年，但在當時的臺灣是一個非常新鮮的名詞，更不用說有補習班加盟策略的實現，但魏董事長相當清楚它是可讓長頸鹿迅速擴充版圖的方法之一，但眞正實施加盟策略後發現其困難重重。

因此，魏董事長回憶說：「**因國外已有諸多美語補習班加盟成功的案例，何況它是可促進企業組織快速拓店的一種方式，所以我們就開始引進加盟策略來擴展經營板塊。剛開始因加盟店少，相對資源需求也較少，管理起來還算簡單，但隨著時間的累積，加上複製與推廣更多加盟店的跟進，慢慢增加連鎖加盟分校，短暫解決教材印製積壓的成本，我們經常反思經營模式，並大膽勇於變革與改進，但因爲過**

度廣告行銷，及平面雜誌、報紙刊登，支付高費用的廣告費，卻發現預期效益不佳，再度挑戰財務危機。

當時下了一個決定，踩煞車撤除電視廣告，卻因此得罪媒體，造成公司負面形象，商譽受到嚴重打擊，許多傳聞不脛而走，頓時對人間的冷暖感受特別深，古人說『人生當風光高潮時享受掌聲，落寞低潮時回歸眞實生活面』，當碰上了還是要接受，咬緊牙關撐下去，接踵而來的危機正挑戰經營者的智慧。」

魏董事長所經歷的艱辛歲月，也都是多數創業家必須面對的，當然一般人期盼「打斷手骨顛倒勇」，眞正經歷的痛苦與辛酸，非經歷過者是無法體會到的。所以當策略評估後覺得錯誤了，就要勇敢認錯即時踩剎車，才不至於讓企業陷入萬劫不復的地步，連翻身都沒機會，即使未來的夢想變了調，也要盡力扭轉乾坤，讓一切情況可順利被掌握住。

魏董事長接著說：「**創業者不可跳躍式，譬如：過度投資、擴張，財務成本的掌控非常重要，如何降低營業損失、規避風險、避免過度成長等，因時制宜做策略性的調整，就顯得格外重要。也因爲廣告策略的失誤經驗，所以後續公司的廣告皆由本人親自管理監督。要挑選對的人、做對的事，才能讓品牌永續。**」

經過長頸鹿魏董事長與經營團隊的努力、眞誠的經營態度，總算力挽狂瀾、穩住長頸鹿的品牌形象，所謂「不經一番寒徹骨，焉得梅花撲鼻香」。因這些慘痛的經歷，一些加盟店商都看在眼裡，因此更激發加盟夥伴的團結，他們突然了解到如果沒有大樹可避蔭，可能馬上會面臨失業的困境。

魏董事長又接著說：「**經過這一連串的事件，我們的經營團隊與加盟店夥伴，好像一夜間突然成長，過去一些需花費許多精力去溝通的事，現在他們會自動來詢問與關心需要協助嗎？這是以前想都不敢想的事，這是我個人最高興與感激的事。現在我們的團隊成員已深深體會，唯有心想擁有這份工作才能熱忱積極地付出，認識自己所擁有的才幹，才能更圓融、自信地在師生中穿梭努力、發揮親和力，並領導團隊有效率地去執行任務。**」

創業本來就不是一件容易的事，過程中有太多的變數出現，但遇見自己無法控制的事件發生了，也只能重新思考，隨時調整前進的方向與應對策略。

魏董事長充滿著探索的眼神接著又說：「**任何創業的過程總是充滿著驚險、刺激、挑戰，而且往往來到面前的並不是原先計畫的情境，長頸鹿所發展的歷程也沒例外，我們一直在嘗試和錯誤中摸石頭過河。這一切的轉折點都是讓經營者擁有更能向上提升的力量，讓來自鄉下的我，鍛練了越挫越勇的毅力，沒有回頭路，只能深信上帝不會給予挑不起的重擔，跨越出來、搬開種種障礙，讓品牌慢慢建立起來，由中找到訣竅、理出發展方向。**」

長頸鹿雖然在國內市場慢慢建立起好的口碑，但跨入兩岸美語補教市場又是一項更艱鉅的挑戰，未來如果要發展到國際舞台其困難度將更高，這些困難與挑戰都需要長頸鹿經營團隊來克服。

三、加盟策略——領航新視野

長頸鹿經過加盟策略的失準經驗，逐步調整、逐步回歸，讓在加盟策略上越來越好。接著透過北、中、南加盟策略，成功擔任業界領頭羊，順利開創加盟600多家的分校，其中金門有三家、澎湖兩家；充分掌握市場趨勢，了解需求結構，收取加盟金，降低分攤教材研發風險，讓資金得以靈活運用，並複製教學技巧的Know-How，爲補教百年大計做最大努力。

魏董事長又說：「**大陸市場過大，是一進軍國際市場的試金石，因此我們就挑選文風鼎盛的上海成爲半直營分校。2008上海一個月的租金需要十八萬人民幣，現在已經調到三十萬了，也因爲選擇了正確的地點，讓一個分校學生可達3,000多人，在大陸30幾個一線、二線城市陸續發展，收取學費一年22,000人民幣，上課時數和臺灣差不多，因此，掌握市場布局策略、做出正確加盟模式才能登峰造極；由在大陸成功的例子，也驗證了做對的選擇比努力更重要。**」

雖然長頸鹿美語在大陸市場已稍具規模，但因大陸市場廣大、深遠，所以也引起許多競爭者的加入，這些競爭者有臺灣同業、國外美語補教業、內陸自行創立的美語補教業，因此市場競爭程度比想像中更厲害，所使用的招生策略可說不用其極。

魏董事長接著又說：「**有些內陸企業是一條龍的服務，從幼兒園、小學、初級中學、高中、有些與大學策略聯盟，家長只要把牙牙學語的小朋友帶進來，一直到進大學受教育，都幫你規劃與輔導，當然說流利的英語也包括其中；而外國兵團有些是大學的語言中心來開設，他們的招生策略也將未來到國外留學的學校綁在一起，所以只要你進來肯努力、用功讀書，將來申請歐、美名校也等於買到入學門票，這樣的競爭策略對一般臺灣補教業是一大殺傷力，因臺灣美語補教業較少有這樣的資源可運用，這也是長頸鹿正思索如何突破之處。**」

市場的競爭可說千變萬化，隨著時間進程在做改變，美語補教業也無法例外。長頸鹿美語從原本臺灣較單純的補教環境，目前已進展到市場廣大的大陸市場，其主、客觀環境更加複雜化，期盼引領業界的長頸鹿能百尺竿頭更進一步。

四、傳授加盟企業營運策略——登峰造極

目前的長頸鹿美語可說是臺灣美語加盟店的龍頭，在大陸市場雖談不上第一大品牌，但也有滿滿的經驗與心得，這些小小的成果都不是憑空得來，那是魏董事長付出一生歲月、慢慢摸索得來的。

談到加盟企業策略的運用時，魏董事長略為滿意地說：「**加盟企業營運策略最大的困難是企業理念、企業文化的一致性，不可讓家長對於直營店、加盟店感覺不同，只有做到家長願意把小朋友送到有長頸鹿的招牌，就好像得到一樣的照顧的感覺，這樣的加盟策略才算成功。否則會產生家長越區送小朋友的情形，這樣的結果可能會造成有些加盟店收不到學生、直營店爆滿的情形，更糟糕的是可能因處理不當而流失客群。因此，我們必須無私地傳送教學的技巧、提供教材、教學資源與教師的支援等。**

這些都可以透過SOP來規範與實施，比較容易同步化、標準化作業；但比較困難的是公司經營理念的傳遞與到位，所以我們會定期舉辦一些教育訓練，這些教育訓練有可能需要全國加盟店、直營店的店長一起來上課，或分區來進行班主任教育訓練，這些課程除導入一些創新教學方法、教學資源介紹外，我們最大的目的是團隊形成共識，我們是一家人、形同在一條船上，必須同舟共濟的精神。」

魏董事長接著說：「**因爲愛所以教育，因爲感恩所以付出，經營加盟分校的主任們透過教育訓練分享補教工作心得，教學就像是一張藏寶圖，雖然挖寶的過程艱辛坎坷，不管如何必能學到經驗，重點是只要你夠認眞、夠堅持教學初衷，一定能讓人生旅程豐富多元。**」

長頸鹿創業之初先由中文系的哥哥們教授作文班，因爲判斷美語未來發展性比較高，所以就轉型以補習美語爲主，也由前身的標竿美語改名爲長頸鹿美語，魏董事長接著又說：「**當初我們要建立品牌、設計logo也討論很久，後來彙整大家意見取名爲『長頸鹿美語』，並取親切又能貼近兒童喜愛的動物『長頸鹿』爲訴求，再取其祥瑞之氣作爲企業吉祥物，希望讓團隊成員站在高點，用長頸鹿的視野仰望星空、展望世界，以橘色和金黃色作爲代表顏色，具有開創黃金時代強烈氣息和未來領袖的自我期許，彰顯長頸鹿品牌充沛的活力。**」

雖然長頸鹿走出品牌經營的第一步，但品牌經營是一條非常艱辛的路，正需要團隊一起努力來實現它。

10-6 坐看雲起時

一、三十年磨一劍——兩岸美語口碑的建立

長頸鹿美語成立於1986年，至今已有30多年的光陰，從剛開始臺北市第一家直營店開始，慢慢增加到第二家、第三家直營店，緊接著開發高雄的第一家直營店，慢慢地增加到臺中地區的第一家直營店，這些都是長頸鹿一步一腳印地建立起來的基礎，可

說非常不容易。一直到後階段加盟策略的實施，讓長頸鹿美語瞬間擴充其版圖，而成為國內美語補教界的佼佼者。但這樣的成果並不是魏董事長的最終目標，也不是長頸鹿美語的終點站。

魏董事長說：「**開拓國際市場是我們始終追求的方向與目標，因兩岸同文同種，對長頸鹿發展國際市場是一個非常好的演練場域，我們可以透過大陸市場的開發與實踐，作為發展國際市場的試金石；當時隨著兩岸開放探親、開放投資等政策的實施，我也親自到大陸考察了好幾回，也深深體會到未來這塊市場非常大且深厚，但眼前所見到是一片貧瘠不堪，更不知從何著手，於是就擱放著幾年，雖然我們最後也進入大陸市場，而且也經營得不錯。但現在回想起來，如果能提早兩年來打基礎，所看到的成效可能不只是現在的一般榮景，但誰也說不準到底是早進大陸市場好或晚進該市場好呢？就如聖經上所說的：『栽種有時、成長有時、收割有時』，所以現在只有往前跑的本錢，沒有時間去想當初應如何做決策會比較恰當。**」

長頸鹿美語目前在大陸一線城市大都設有據點，但隨著時間的延伸，一些外來的兵團與本地的菁英部隊已把當地的戰場炒得如火如荼，可說比臺灣國內市場競爭得更激烈。魏董事長說：「**因大陸市場過度競爭的結果，價格殺得更加混亂，殺價競爭不是長頸鹿的首選策略。因此，顧品質、傳遞價值、協助兒童成長是長頸鹿的經營理念，也因為有這樣的堅持與毅力，已慢慢在大陸高檔市場打開知名度來，也在兩岸美語補教市場建立起好口碑。**」

但大陸市場非常廣泛，緊接著有二線城市、一般城市等待著長頸鹿團隊去開發，相信接下來所需要的人力、物力更加龐大，種種的問題需要魏董事長的智慧與時間去思考解決之道。

二、橫看成嶺側成峰——回顧來時的路

魏董事長回憶說：「**還好30年前我所訂的企業願景，即是打國際盃錦標賽，雖然國內的區域性戰役我們未曾缺席過，而且每場比賽長頸鹿團隊都全力以赴，並得到較佳的成績，因此許多同業都以為我們的主力在國內本土市場，但事實上我們的精英部隊已悄悄地進入大陸、其他國外市**

場，所以當國內、外戰場經過一場廝殺，等塵埃落定、戰局明確後，其他同業才發現遠遠的海外山頭上已有長頸鹿的旗幟飄揚，這是長頸鹿的市場策略與作戰模式。

所以不管在國內市場或海外市場，我們不追求第一名，我們可能是第二名或隱形冠軍，但我們追求的是獨創性、特殊性，我們跳脫紅海的競爭策略，而開闢藍海策略。可能因我們的市場策略明確，同時也應用得非常成功，才有辦法在如此競爭的市場環境下存活下來，而且獲利率還可以。」

長頸鹿美語在臺灣北、中、南各大城市都設有美語補教班，大陸、國外市場也在第一線城市設有灘頭堡，將這些連鎖店連接起來，好像綿綿山峰已連結成一道城牆，捍衛著長頸鹿團隊的安危與生計。魏董事長接著說：「**今日雖稍有成就，我們不能以此爲滿足，這才是我們調整好部隊蓄勢待發的第一步驟，我們的目標是國際市場、尤其在東亞、東南亞還有一片肥沃的草原等待我們前往開發。**」

美語補教開拓海外市場猶如遊牧民族逐水源、草原而居，哪邊有肥沃的草原就往哪裡移動，他們的客群是小朋友、是人口聚集的地區，不像一些生產事業可以把好的原料買進來，經過加工後變成一些精緻的產品，包裝好再送回去客戶手中，以賺取應有的利潤。

不久的將來，長頸鹿團美語也可以發展像RELC的商業模式，吸引國外的客群來本國學習美語，經過一段時間的訓練後給予研習證書，就像目前一些先進國家的大學附設有語言中心一樣，專門針對海外的招生、訓練、認證等程序。這樣的商業模式應該是長頸鹿可認眞思考的路，也是其它美語補教業可以見賢思齊的商業經營模式。

三、兩岸美語的開拓——視野放遠、步步為營

因爲大陸市場過大，雖然目前一線城市已成第一戰區，但二線城市與二線以下的城市也是一潛在市場，只要有人願意去開發它，將來應該也會慢慢展現出成果來。因此，長頸鹿美語也將大陸布局列爲目前公司開拓業務的主軸，因爲臺灣少子化的關係，國內市場會慢慢萎縮，如果不開發其它地區市場，將會被其他競爭者所取代，這些都是在魏董事長的規劃中，思索如何尋求再次突破的問題。

魏董事長沉思一下說：「**大陸的市場非常大，而且其市場進展有時是跳躍式的成長，就像前面所說的，我們無法完全掌控其進展速度，因此最好的方式是進入該市場中一起成長，比較有辦法掌握其發展情形。大陸幅員廣泛，如果要每一線城市都投入資源，那可能是連一家上市公司也無法應付的投資，更何況是一家中小型的美語補教企業，因此經營大陸市場可說是步步為營。**」

雖然發展兩岸美語補教是長頸鹿的中長期目標，但因大陸的發展軌跡不是用臺灣發展的經驗可預測的，因此長頸鹿目前的發展政策是逐年的預測、逐年在調整，但眞正市場開拓策略如何定奪，魏董事長也說不上來。

魏董事長接著說：「**大陸的補教市場雖然充滿著商機，市場潛力非常迷人，但眞正探討後也發現處處充滿著陷阱，因此也有一些業界進入大陸市場後被坑的情形，或卡在其中進退維谷的情形也很多，看到這些同業陷入泥沼，也讓我們在處理大陸投資案或策略聯盟案時格外小心，雖然我們期望以商養商，也就是利用大陸所獲得的利潤再繼續經營二線城市的投資案，但這樣的投資是否太保守呢？也抓不準它。因為大陸市場的餅實在太大了，以我們過去的規模實在無法去追逐市場成長，所以當周遭的市場成長上來，我們只能望之興嘆，眼睜睜地看著機會流失。**」

大陸市場千變萬化，尤其外界的變數特別多，過去許多企業因投資失敗，鎩羽而歸的例子不勝枚舉，當然也有投資成功的案例，譬如：宜蘭事業、富士康、頂新事業等等，但眞正投資成功的企業仍較少數，大陸二線城市的補教市場正等待著長頸鹿美語去開發與努力經營。

四、長頸鹿的下一步——藏在深處智慧中

企業國際化是企業發展的必備能量，而全球化是一種趨勢，當企業面臨國際化、全球化，英語變成溝通必備的工具。英語的養成不只是從小的教育非常重要，更重要的是長期的教育訓練，也是養成說英語習慣的關鍵因素，目前臺灣少子化的趨勢不只讓一般學校遭遇莫大的考驗，國內已有幾十所小學因沒有生源而被迫關閉，而中學、高中、大學也面臨減班或關門的壓力，少子化趨勢仍慢慢地在增強威脅，只會越來越嚴重，不會越來越減緩。相對的，美語補教業也無法躲過這波海嘯的衝擊，美語補教業的下一步如何走，是一嚴肅的考驗。

魏董事長深深吸了一口氣說：**「少子化的大海嘯沒想到這麼嚴重，記得長頸鹿最盛時期每班學生最多會有40~60位小朋友，甚至有些家長還想盡辦法要把小孩子送進來補習，但因關係到教學品質，所以我們都跟家長溝通，等另一班招到基本人數馬上再開一班，一般家長都可以諒解等下一班開課。可是目前的班級能招到30位學生就偷笑了，更別想要有40位學生以上，但是相關成本也跟著相對提高，目前在國內市場美語補習只能用慘澹經營來形容，但我們仍然必須思索如何突破目前的難關。」**

不只國內有少子化趨勢困擾，大陸也有少子化情形，因此少子化是普遍趨勢，當少子化趨勢越來越嚴重時，又加上補教業新競爭者的加入，讓原本就經營困難的美語補教業更加倍辛苦。

魏董事長接著說：「**我們也曾討論過如何來應付少子化趨勢問題，現在年輕人常說，如果無法給予小孩子最好的生活條件、教育資源，乾脆就不要把他生出來受苦，這樣的論調變成年輕人不願意生育的理由；過去傳統的想法是多生幾個小孩可增加生產力，可直接或間接改善家裡經濟生產力。**

一旦孩子生出來，就想辦法去養育長大，我們也看過有些家庭本來很窮困，但因小孩子爭氣（貧窮是一所最好大學）而慢慢在下一代改變家裡經濟情形。但是否願意生小孩並不是我們可掌控的，因此我們只好在現有市場尋求商機，曾想過到海外其他國家開闢市場，但因牽涉到文化差異、國情不同、民俗風情有差別，況且美語不是我們的母語，其他國家對我們的看法又是如何呢？這些種種變數都是我們考量的因素所在，也是我們遲遲不敢大步跨出國門的原因。」

美語補教業競爭是越來越激烈，小孩子的出生率是越來越低，長頸鹿的下一步如何走？正需要魏董事長的智慧與領導力去迎接新的挑戰。

10-7 理論探討

一、品牌經營

80年代的臺灣美語補教業仍是空窗期，許多補習班都以「打帶跑」的方式在經營，並沒有長遠規劃的想法，甚至有些家庭式的補習班爲規避稅徵處的查稅，乾脆以地下補習班的方式經營，躲避相關稅徵單位的稽查，打造品牌更是完全沒有想過。但魏董事長卻認爲要想長久堅持下去的話，就必須挑戰名爲困難的高牆，所以打造品牌是他們想要永續經營的目標，而品牌究竟該如何打造呢？

一般來說產品是指「任何可以滿足消費者需求的，則可稱爲產品」，該處的產品包含產品本身及服務、人員、地點、觀念等；不過競爭者爲了區別其產品特質，所以就開始建立品牌（Branding）（Doyle, 1990）。

品牌有好幾種定義，美國行銷學會認爲品牌是用來確定某一產品或產品線之名稱，並認爲品牌乃是名稱（name）、標記(sign)、術語(term)、符號(symbol)、設計（design），或是他們的合併使用，其目的爲區分一銷售者或一群銷售者之產品或勞務，不至於與競爭者發生混淆。

組成品牌的部分可分成以下三者：

1. **品名（brand name）**：該品牌可發音和覆誦的部分。
2. **品牌標誌（brand mark）**：品牌中可讓顧客辨識，但無法發音者。
3. **商標（trade mark）**：商標保障著品牌的專用權，名稱、標誌皆會受到法律保護。

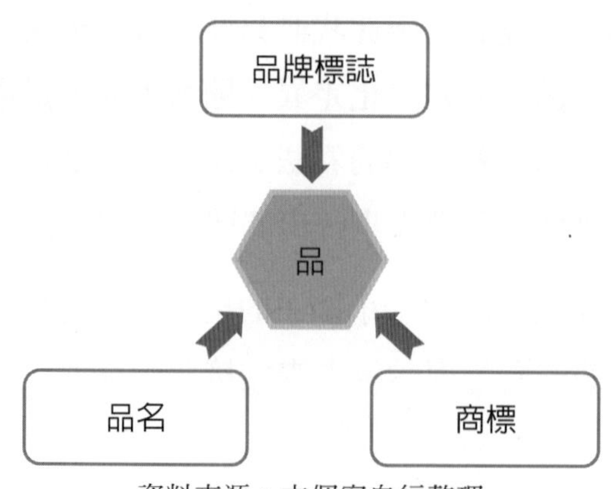

資料來源：本個案自行整理

圖10-1　品牌的成份

Chernatony（1991）對品牌策略提出了一些架構，並認爲有些力量會影響到品牌成功與否。以企業本身來說他們應爲每一個品牌設定實質目標，創造出每一個品牌的獨特元素，讓消費者能有一個明確目標和價値利益的品牌，企業必須確保品牌能在市場上生存才行；再來對消費者來說，消費者在進行購買行爲時會有問題確認、蒐集資訊、評估資訊、做出決定等步驟，而品牌是減少資訊搜集與評估的工具，所以品牌策略是要提供充分的資訊給消費者，當消費者與品牌之間能夠交互交流與了解後，品牌才有可能成功。

就行銷環境而言，品牌的規劃者應仔細評估市場現有的環境，以推斷未來可能會有的潛在威脅和機會，並爲此做出應對；以競爭者而言，大品牌自然比小品牌有更多的獲利資源，但也有小品牌崛起後反超現有品牌的例子，俗話說：「知己知彼，百戰百勝」，因此品牌策略應多方考量競爭者會有的反應與競爭者的現況。

從企業者的角度來看品牌對以下活動特別重要（kolter，1998）：

1. **市場控制**：當產品品牌受人接受時，品牌可以協助組織之產品獲得市場占有率，並且其品牌名稱有助於維持其市場地位。
2. **定位**：品牌名有助於新產品定位或替舊產品找出新的發展方向。
3. **產品介紹**：能誘使消費者購買產品的原因之一，是能吸引人注意的品牌名稱，也因此當產品與品牌連繫在一起時，也是再給產品掛保證。
4. **定價依據**：好的品牌能夠增加在與消費者或競爭者議價時的依據。
5. **促銷優勢**：一個好的品牌能夠在消費者心目中留下正面印象，並爲其在促銷方面達到很好的廣告效果。

雖然有了品牌後可以爲企業帶來許多策略上的優勢，但也必須要負擔一些額外成本，如果產品沒有滿足消費者需求，有可能會使企業品牌受損，使生計受到影響，更有可能連帶影響到企業其他產品。儘管如此品牌依然與產品的銷售和企業的永續經營有著密不可分的關係，目前來看品牌能爲企業帶來的利益包含：

1. 品牌能爲產品提供法律保護，減少競爭者模仿。
2. 吸引一批對品牌忠誠度高且能爲公司獲利的消費者。
3. 優良品牌推出後能爲公司建立起良好形象。

4. 利用多種品牌的創立形成差異化產品，進行市場區隔以防過度競爭。
5. 當消費者忠誠度提高後，不斷累積下來的附加價值能成爲公司重要資產。

也因此品牌的創造與經營都是公司想要永續經營的重要關鍵，這也是爲什麼這麼多企業會花費漫長的時間培養屬於自己的專屬品牌，並不斷在過程中保護自己的品牌使其不會因負面形象而傾倒。

長頸鹿美語的品牌標誌就是長頸鹿，當初會這樣命名是因爲，取其親切又貼近兒童喜愛的動物爲訴求，後來爲打造品牌意識，也取其長頸鹿祥瑞之氣，作爲企業吉祥物，讓團隊站在高點，用長頸鹿的視野瞻望世界，並以長頸鹿散發智慧的朝氣與青春，彰顯品牌充沛的活力，並以橘色和金黃色的色彩絢麗奪目，具有開創黃金時代強烈的氣息和未來領袖的自我期許。

從長頸鹿的logo中可看出魏董事長當初創立長頸鹿美語的願景與使命，他們了解家長們把小孩送入補習班的目的不僅是爲了學習生活化美語，也希望孩子們在愛的關懷中成長並能活力地過每一天，所以長頸鹿美語的標語和策略都是以此做爲其主要訴求，這些深深抓住了家長們的心，並對長頸鹿的品牌有著更多的信任，在這二、三十年的耕耘下，社會大眾自然而然地接受了這個品牌；目前長頸鹿依然藉由市場調查規劃著未來的走向，並期許自己完成他們的最終目標，成爲全國生態圈的第一品牌。

二、核心價值

長頸鹿美語從創立之初就標榜跟其他補習班不同的差異化，他們想要創造屬於自己的品牌，並打算進軍到全球市場，爲此他們也付出了許多努力，以及認眞與消費者進行交流，他們的成果也逐漸獲得社會大眾的認同，讓眾多的家長們願意將孩子們託付給他們教導，究竟他們有著什麼樣的魅力呢？

「價值」這個名詞常常有著多種意義，每一個學者所提出的看法和觀感各有不同，但綜合來說，價值大可分成三種面向：

1. Gordon認爲價值觀是人們用來解釋最重要的一般行爲、事態的概念或構想，簡單來說價值代表著重要性（引自孟建平，2008）。
2. 價值是一種丈量事物的準則，像李貴榮（2002）認爲，價值觀是用來評斷事物現象的意義、用途和標準。

3. 價值是人們行動判斷上的依據，也就是說價值是一種選擇，如同Carlopio、Andrewartha和Armstrong（2005）所認爲，價值是個人偏好與態度形成的基礎，也是人格特質中最恆久的。

簡而言之，價值對於一個人或一個團體來說，可以代表著他們判斷事物上面的依據和標準，也是他們對於最重要事物的概念或看法，更是人們長久以來的行事作風和行爲後面的核心。

而企業的核心價值（core value）自然也與前述所說的概念極爲相似，但也有些許的不同。Hamel和Prahald（1990）提到企業核心價值是經由過去到現在所累積的知識和學習效果所整合而成，並能經由各單位之間互相溝通、理解與參與過後，在時間的累積下所創造出來的優勢；Hamel和Heene（1994）認爲企業的核心價值是由企業的內部能力和資源爲基礎所建立起來的，一個極具耐久性和競爭性的優勢；Leonard-Barton（1992）認爲企業核心價值是由從過去累積下來的知識和技術、管理系統、價值規範等資源所形成的。

綜合以上的概念後可以知道的是，企業長久累積的這些資源或技術，在不斷累積、溝通和學習後就會形成一獨樹一格、不易模仿且具有競爭優勢的無形資產，這就是核心價值，企業如果想要有著長久的競爭優勢，就必須不斷維持其核心價值才行。

對於一個組織而言，核心價值是他們長久以來的能力、技術和經驗累積而成的競爭優勢，該核心價值具有其獨特性和其他企業難以模仿的特徵，其可能是一種技術、文化或資源……這些都有可能，但它一定要經過組織成員之間不斷的溝通和認同後，才能在組織內部傳承下去，並持續爲組織帶來競爭優勢和吸引顧客和合作夥伴的魅力，因此如果一企業想要永續發展的話必然會需要一企業核心價值。

長頸鹿美語在創立的時候就將「有愛就無礙」做爲他們照顧學生的最大行事準則，也因此他們特別強調在長頸鹿除有愛、關懷的環境外，在這裡可以展現小朋友的活潑、天眞與活力，以此做出跟其他補習班的差別，並以教導出活潑有禮貌的小朋友爲他們的目標。爲此他們將園區營造出活潑、青春的氛圍，並開始加強培育一批肯認眞打招呼、熱情有禮貌的小朋友，而實際付出的小朋友將會給予表揚或獎勵，之後小朋友會互相分享禮物和學習對方的行爲，慢慢地整間教室甚至補習班就會充滿歡樂的氣氛。

而長頸鹿美語也有培養小朋友另一個特質，那就是誠信，因小朋友尚小，許多事依然懵懵懂懂，用說的方法去解釋他們可能無法理解，也因此長頸鹿美語要求所有團隊成員上至園長、下至工友，所有言行舉動都要講求誠實，所有答應小朋友的事情都會做到，在小朋友面前也不可說謊話，而說謊的小朋友會受到處罰，也因此長頸鹿美語內不論是大人還是小孩都有著誠信的好習慣；不管是園區內活潑開朗的氣氛，還是一整個充滿誠信的環境，這些是一般其他美語補習班無法在短時間可跟上或模仿的，也是長頸鹿的特質和其核心價值。

三、企業文化

每一個企業都有著屬於他們自己的企業文化，這是他們的特色也是他們所認同的事物，也因此儘管一家補習班的形式和規模，相較經營一家企業會有所不同，但產、銷、人、發、財也是一樣少不了，所以長頸鹿自然也會有屬於他們的企業文化，但企業文化並不是一蹴即成，是需要花時間和心力去培養和規劃，而他們是如何打造的呢？

要瞭解企業文化首先得要先了解文化的定義，「文化」這個概念是由人類學中發展而來，但它並沒有一致統一的解釋，對不同的人來說文化有不同的解釋，但國外學者Sathe（1983）認爲描述文化可以用兩種不同的觀點。其中一種爲「文化適應者學派」（cultural adaptationist school），該學派著重在社會成員可直接觀察的語言、行爲及使用的實物等；另外一種稱爲「觀念學派」（ideational school）他們著重於觀察社會成員心中所共同的事物。

而企業文化就跟文化一樣，不同的人有著不一樣的說法，但「企業文化」一詞通常是指組織成員所共同擁有的價值理念，它能展現在組織的行爲模式、職場規範、職位分工、產品、穿著以及職場儀式等層面（Schein，1985；Smircich，1983）。

某一企業的文化通常是在企業成員爲了解決內在適應問題（internal integration）及外在適應問題（external adaptation）時，不斷的互動過程中才發展出來的一套基本假設，因運行的不錯而被視爲有效，並留傳給新成員做爲解決問題時的方法或是參考依據。Schein指出企業想要解決內部適應問題的話，需要有以下措施來增進人與人和部門與部門之間的合作：

1. 設定讓人信服的獎懲規則供企業成員遵守。
2. 清楚解釋企業中向上爬升的規則，以避免內部的人際衝突。
3. 制定出讓大家都認同的甄選標準，已決定職位的分配。
4. 提倡一種經營理念，使企業成員能夠認同組織存在的意義。

此外，企業還必須採取適應性行動，來對付組織外部的威脅，這些行動包含：

1. 設定企業目標，以發展出成員的集體共識。
2. 規劃出達成目標的方法，例如：組織結構、命令系統、工作分配等。
3. 發展出達成工作目標表現的評估方法。
4. 在原初目標無法達成時的修正策略和界定新目標。
5. 跟團隊成員溝通使其充分了解規範。

另外組織心理學者Schein提到（Schein，1983）企業的創立者對於其企業文化也有著深遠的影響，企業文化的建立跟企業本身的建立歷史一樣悠久，通常企業是由創立者和一群受他目標或觀念吸引的人一起建立的，在這集資、合作、招募新成員的企業營運歷史中，創立者的價值觀或想法自然會直接影響到企業內部。

長頸鹿美語在創立之初並不是一帆風順，法律出生的魏董事長最一開始凡事以法的角度在行事，發生什麼事時通常都「依法辦理」，這樣的思維讓許多同仁無法認同與忍受，導致一開始員工流動率高，但他慢慢調整自己的想法與步調，並從中去體會和了解同仁的感受，再回頭調整自己的風格，這才慢慢將團隊士氣穩定下來。

在士氣穩定後，他們也開始向著他們的目標和願景邁進，那就是挑戰成爲臺灣美語的生態圈第一品牌，他們所做的努力和規劃都是爲此鋪路的，並不斷向著國際接軌，以期望在未來能夠永續發展，也讓長頸鹿美語內的員工有個攜手合作、共同奮鬥的目標。

長頸鹿美語的團隊成員大部分是基督徒，也因此他們大都認同「有愛就無礙」這個概念，這也成爲了他們照顧小朋友的企業宗旨，他們強調要讓小朋友在愛和關懷的環境下成長，也因此將整個學園佈置成青春、活潑的氛圍，讓他們能夠快樂、活潑地活動，並加強培育小朋友的禮貌與誠實，並同樣要求員工要以身作則來成爲孩子們的榜樣，在這樣的環境下也慢慢培育出屬於他們的企業文化和氛圍，讓家長們一進來就能感受到不一樣。

四、危機管理

長頸鹿美語創立至今已過了十來個年頭，經過他們那一番努力，已經獲得臺灣民眾的認同，在社會上可說是無人不知、無人不曉。但就算是長頸鹿美語也跟每一個企業一樣曾遇過讓自己感到棘手的困境，甚至出現會讓整個企業名譽掃地的危機，究竟遇到狀況該怎麼處理呢？

危機這個名詞是來自英文的「crisis」，它代表著一件出乎意料的事件，讓企業或組織來不及反應，該事件的發生有一定的機率可能會危及企業、組織的生存或名譽，可以說是組織存敗的重要關鍵，但危機有時也可能會變成轉機，也因此怎麼應對就看領導者的智慧。危機管理是自1980年以後開始在組織管理上探討的重要議題，危機管理的目的是如何處理危機並減少危機的傷害，另一個角度來說，危機管理是爲了避免或減少危機的負面後果，並保護組織的一切免於危機傷害。

危機大概有四種特性：

1. **威脅性**：會被定義爲危機的事件通常都是指會威脅到組織的目標或組織本身的情況，並影響到領導者的決定。
2. **時間有限性**：對於威脅的處理，領導者通常只能在有限的時間內運用有限的資源來做出反應。
3. **不確定性**：整體環境的變化極爲快速，而人類所能理解的狀況和獲得的資訊有限，使得危機有著不確定性。
4. **雙面效果性**：俗話說得好「危機就是轉機」，危機確實是有危險，會威脅到組織的生存或利益，造成這些損失是其負面影響，但也存在著轉機，許多時候在危機發生後組織才有可能發現自己的缺點，並以此來改進組織，或許還能找到之前從沒注意過的新方向，這些良機是危機所帶來的正面影響。

常見危機又大致分爲三大類型，每一種類型對各種組織的危害都不一，但都會確實帶來威脅。

1. **物質界的危機**：簡單來說就是指大自然造成的天然災害，像地震、颱風、土石流、海嘯、火山噴發等，這些天災自古以來就威脅著人類的生命財產安全，而近年來全球暖化、臭氧層破洞等，又使得全球的氣候變化異常，加深了自然災害所帶來的威脅。
2. **人類衝突所造成的危機**：隨著科技和知識不斷的進步，人類也不斷向外發展，但這也導致人類社會變得越來越複雜，產生了許多不同的文化、組織、團體、宗教、政府，當不同的團體因價值觀互不相同且對彼此有惡意時，就有可能發生衝突，從兩個派系的互相鬥爭、政治衝突、恐怖攻擊到爆發全面戰爭都有可能，這些衝突會對組織產生的威脅和風險都充滿不確定性，且單一私人組織難以阻止，這使得管理階層在應對上也極爲困難。
3. **管理疏失造成的危機**：這個社會變化極爲快速，不管是市場還是金融環境都會造成領導者壓力，在這樣的環境下有些領導者就有可能會做出讓人質疑的決定，像收賄、政治獻金、貪汙、偷工減料等，這些事情經過新聞媒體大肆報導後，會大幅影響到企業本身的聲譽，並使得組織長久經營起來的名聲一併掃地。

現今企業與組織如果有預先防範的話，都已經有發展出一套危機管理的標準程序，雖然每個組織的規範並不一樣，但大致都有著四個步驟：危機預測、危機預防、危機對應、防止復發。

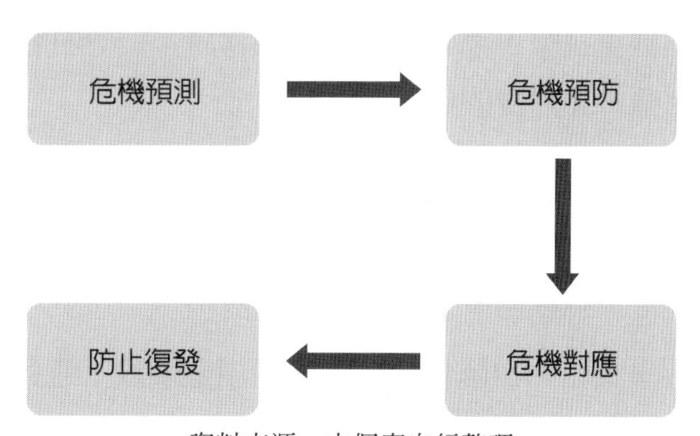

資料來源：本個案自行整理

圖10-2 危機管理的標準程序

1. **危機預測**：有許多危機在發生前其實都有跡可循，觀察著社會現況、群眾動向和政策型態，並建立起良好的溝通管道來預防或應對可能發生的狀況。

2. **危機預防**：如果能夠妥善建立起預防機制，可能可以將威脅降到最低，因此組織最好事先進行危機訓練和制定應對計畫，提升其應變能力，並最好多預設幾種情況以做應對。

3. **危機應對**：危機發生後領導者必須在第一時間從現場狀況來判斷，屬於什麼樣的危機、威脅程度和如何應對，並成立危機處理小組來商討如何應對。由於每一個組織所面臨的危機並不相同，所以幾乎沒辦法完全挪用之前的案例，但決策者在危機情況下應要有正確的態度，必須鎮定、誠實、負責、無私，能夠好好地與危機管理小組溝通與發揮其功能，並提升決策品質。

4. **防止復發**：應檢討危機發生的因果關係與應對措施，並處理事後和復原工作，和調整組織整體狀況，確保危機不再發生或降低危機發生的威脅，有時變革的結果能夠提升組織競爭力。

長頸鹿美語當年爲了快速拓展他們的勢力，開始引進加盟策略來擴展經營板塊，剛開始加盟店少，資源需求也較少，管理起來還算簡單，但隨著時間過去，連鎖加盟分校慢慢增加，也因此短暫解決了教材成本。

而他們這段期間爲了推廣長頸鹿美語的事業，在平面雜誌、報紙上支付了高額的廣告費，卻發現預期效益不佳，使得他們的財務陷入了危機，當時他們分析完現況後下了一個決定，打算直接撤除電視廣告，卻在過程中因此得罪媒體，造成公司負面形象，商譽受到嚴重打擊，儘管如此，如果當時不緊急打住的話，可能會將企業帶入萬劫不復的深淵，連翻身的機會都沒有。

這些情況也是許多企業在面對危機時有可能會發生的，有時決定或計畫有可能是錯誤的，雖然可能會白費心血，但這時如繼續一意孤行，可能會使整個企業都賠進去，就算這個決定會帶來負面影響，也只能努力搶救了。

在這之後，魏董事長也明白降低營業損失、規避風險、避免過度成長等，因時制宜做策略性的調整，非常重要；也在危機過後開始力挽狂瀾、穩住長頸鹿的品牌形象，經過魏董事長與經營團隊的努力、眞誠的經營態度後才重回正軌，也因爲這樣的財務和信譽危機，使得他們的本店與加盟店更爲團結，更能防止同樣的事情再度發生。

五、藍海策略

在臺海兩岸開放後，許多物資和人員就開始不斷的交流，也有許多的臺商開始能到中國大陸去進行交易，隨著時間不斷推移，在這其中遊走的並不只限於商人和觀光客，就連食品加工業、電子產業、紡織業等，需要大量人力的各類產業也前往大陸投資發展，可以說大家都不約而同地看上大陸這塊大餅，當然就連補教業也是磨拳擦掌，而長頸鹿美語的目標是國際市場，中國大陸自然是他們的兵家必爭之地，但他們究竟該怎麼做呢？

《藍海策略》（Blue Ocean Strategy）（黃秀媛譯，2005）是由歐洲商業管理學院（INSEAD）策略與國際管理教授金偉燦（W.Chan Kim）與莫伯尼（ReneéMauborgne）兩人所共同著作，該書內部的理論就是著名的藍海策略。根據書中所描述，以往的企業大部份都是採用競爭激烈的「紅海策略」，也就是不間斷地使用價格與成本來與競爭對手競爭，在這樣的價格競爭中只會讓整個市場萎縮。

而藍海策略則以創新為中心，尋找出顧客較重視的需求市場，開發出新的領域，使產業的框架變大，在新的領域中可能競爭者較少或甚至沒有競爭者，因此較能有豐厚利潤，企業便得以兼顧成長與獲利。

圖表10-1　紅海與藍海策略比較表

藍海	紅海
競爭變得無意義	在競爭中勝出
創造沒有競爭的市場	在市場空間內競爭
創造新需求	利用現有需求
整個公司的活動系統，配合同時追求差異化和低成本	整個公司的活動系統，配合對差異化或低成本的選擇策略
打破價值—成本抵換	以價值和成本抵換為主

（金偉燦與莫伯尼，2005／黃秀媛譯，2006）

藍海策略的核心價值是以價值創新做為主軸，不追尋以往的市場經歷，而是去找尋新的市場需求、開發無人抵達的新市場，也因此組織必須要配合顧客需求來改變他們的生產策略，達到組織和顧客雙方的價值躍進，因此他們必須從根本上重新思考產業價值，並利用手上的資源來考慮該如何改變，下圖為藍海策略中創造價值曲線的行動模式。

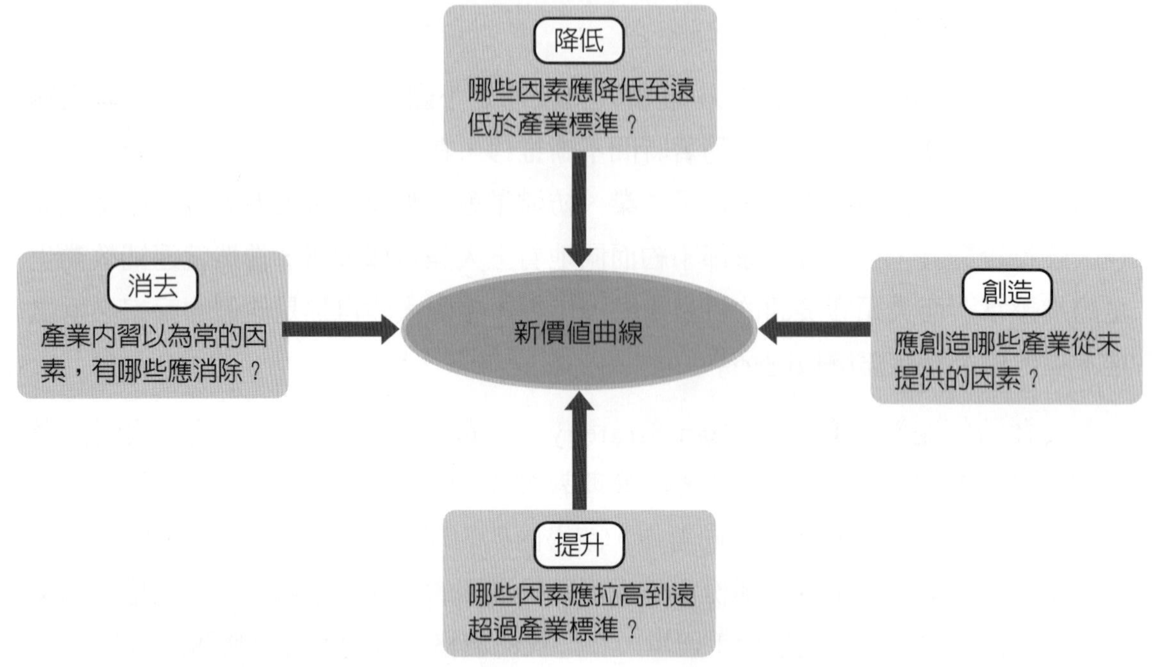

資料來源：金偉燦、莫伯尼/黃秀媛（譯）（2005）。藍海策略-開創無人競爭的全新市場。臺北市：遠見天下文化出版股份有限公司

圖10-3　四項行動架構

根據藍海策略這本書的描述，依據新價值曲線來制定藍海策略的時候，其有四大原則必須注意：

(一) 重建市場邊界

藍海策略的主要目的就是擺脫競爭創造藍海，組織領導者們要從無限的藍海商機中找出最適合自己的方向，也因此他們不能沒經過計畫就勇往直前；爲了達到目的他們必須跳脫出傳統思維模式，不能只關注自己的產業領域，到時候也只會把自己關在名爲「產業」的邊界中，而是要有系統地探討產業外面的世界，審視各行各業的策略、顧客、合作夥伴、產品、服務、定位以及未來發展趨勢，讓組織能重新建構市場認知，找出屬於自己的方向。

(二) 聚焦願景

目前大部分企業、組織的策略程序，都先描述當前企業情況和競爭環境，接著討論如何增加市場占有率或削減成本等，之後再說明各種目標、方案，這些計畫幾乎都會附有總體預算、圖表和試算表等種類複雜的數字資料，而這一大堆的資料中

甚至還會有各個部門目標互相衝突或缺乏溝通的狀況，甚至因專注在數字分析而忽略了現實面的事。

因此第二個原則是聚焦於願景而非數字，藍海策略的作者認爲，策略程序應著重在交談溝通而不是文件上面，要富有創意而不是全由分析，應有著明確願景建立出的策略草圖，並讓員工清楚策略目的積極參與，當然數字並非不重要，在適當的情況依然需要數字方面的解釋；在組織擬訂出他們的策略草圖後，讓組織人員發揮創意與溝通，遵循著該草圖就能擬定出明確的策略，並專注於本來的願景上，有效將其帶入藍海之中。

(三) 超越現有需求

企業組織在進行藍海策略時，必須要挑戰企業傳統的兩個策略，一個是保持現有顧客，另一個是顧客市場的區隔化，當然並不是說這兩個策略做得不對，保持住現有顧客絕對是組織的一大要務，運用差異化來爲現有顧客提供服務，滿足分類顧客的喜好這點也極爲重要，但有時開發出來的目標市場過小也是一個問題；因此組織在顧好現有顧客之餘，也需要將眼界放寬到非顧客群去，並且不應只專注在顧客的差異性上，而是應該聚焦在每一個顧客的共通性上，當能開發出這龐大的顧客群時，自然能超越現有需求。

(四) 正確的策略次序

不論什麼樣的構想都需要有正確的策略次序，照著這策略次序走下去，才有可能規劃出實際可行的構想出來，藍海策略提出以下四個步驟。

1. 首先先確定買方效益，組織所提出的商品或服務是否有獨特的功效，讓人有非買不可的理由。
2. 適當的售價，所訂定出來的價格是否能夠讓人接受。
3. 成本，運用成本所製作的產品能否獲得健全的利潤，也不能因成本過高而降低產品效益或以此決定價位。
4. 最後則是要想辦法推行，在推行過程中會遇到哪些障礙，有沒有擬定對策來解決，要確保策略能落實藍海策略才算完成；當然這些策略步驟在途中可能都會有窒礙難行的地方，這時要不放棄構想，要不就重新思考如何解決。

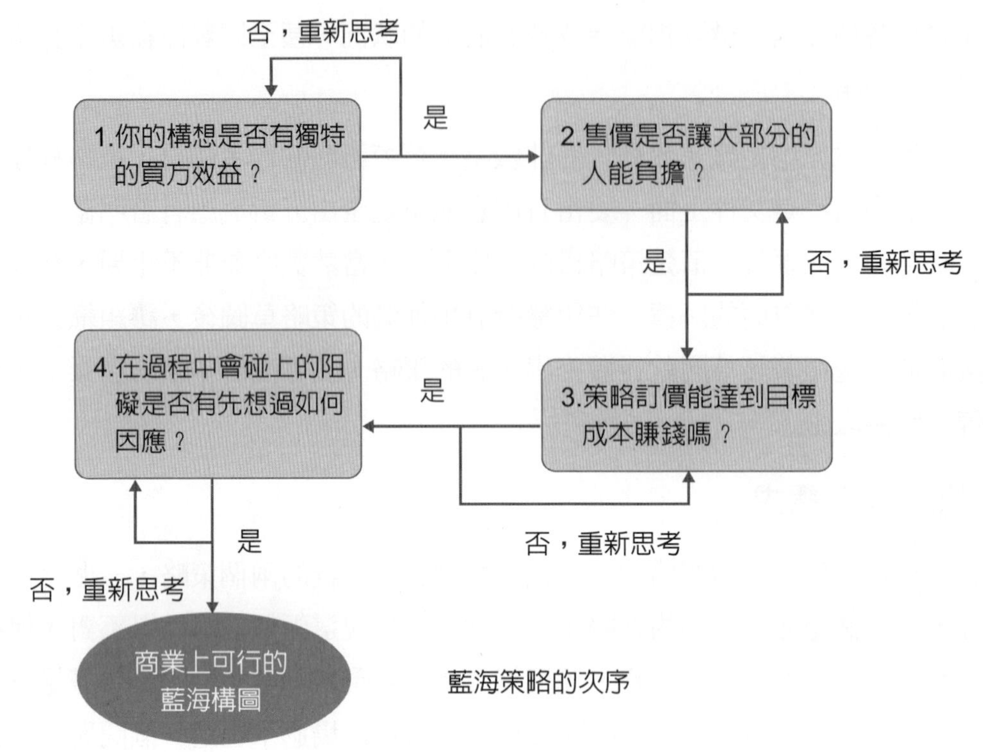

資料來源：金偉燦、莫伯尼/黃秀媛（譯）（2005）。藍海策略-開創無人競爭的全新市場。臺北市：遠見天下文化出版股份有限公司。

圖10-4　藍海策略的次序

長頸鹿美語最一開始的企業願景就是以國際爲目標不斷向前進，也因此當大部份的國內補習班還在爲了搶學生而苦惱時，他們已經著手開發大陸的市場，並在一線城市設有據點，等到大部分的補習班開始在大陸市場競爭後，就開啓了混亂的殺價，殺價競爭不是長頸鹿的首選策略。

因此顧品質、傳遞價值、協助兒童成長是長頸鹿的經營理念，也因爲有這樣的堅持與毅力，他們慢慢在大陸高檔市場打開知名度，也在兩岸美語補教市場建立起好口碑；但他們並不只著眼於中國大陸和臺灣，除了大陸二線城市的開發外，他們打算繼續向著東南亞前進，開發那邊的市場，以此來邁向國際。

對長頸鹿來說，他們客戶的共同點就是小朋友，往人口密集區域的地方移動，提供任何一個地方的小朋友優質教育和品性、價值觀的培養，並邁向國際社會，這些就是他們的最大目標。

問題與討論

1. 長頸鹿美語面對國內美語補習市場的競爭日益激烈，如何擺脱目前市場上的一般美語補習而創造長頸鹿美語的核心競爭力呢？
2. 近年來，臺灣受到少子化的影響，不只國民小學、國民中學、高中（職）與大學都受到很大的衝擊，相對的，美語補習班是否也會受到少子化的衝擊呢？
3. 過去的美語補習班焦點都放在國內的學生美語補習，而且都以考試爲主，但他們以生活化的美語補習較少，近年來政府極力推動雙語教學，補習班又如何因應？
4. 長頸鹿美語過去都以小朋友的美語補習爲主，但有部分的小朋友因本身對美語沒興趣，相對的也是懼怕美語的一群，但如果長頸鹿美語只專注在美語補習，就會將30%的學生客群排除在門外，但如果以户外的活動來帶動生活英語，可能會引起學生的高度興趣而來參加夏令營，請問長頸鹿美語有哪些營業範疇可開發的營業項目呢？

資料來源

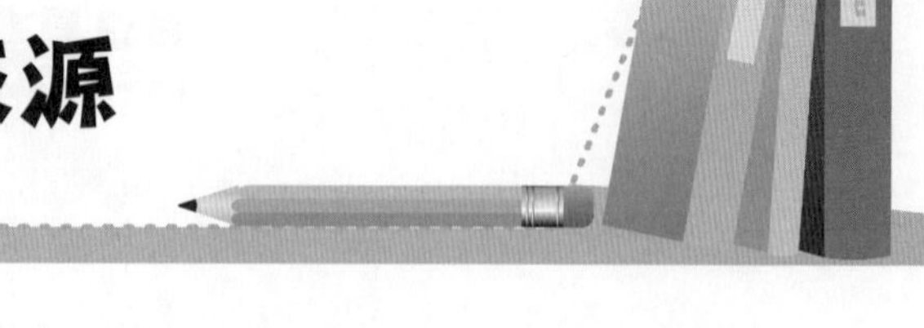

1. 杜富燕（2002），消費者對國際性品牌與國內製造商品牌偏好之研究—以童裝服飾為例，國立成功大學管理學院EMBA班碩士論文。
2. 陳聖謨（2009），核心價值在學校經營上的發展與應用，學校行政雙月刊64期，P1-13。
3. 陳楷甯（2008），「張老師」核心價值與行銷策略研究，國立臺灣海洋大學航運管理學系論文。
4. 丁虹、司徒達賢、吳靜吉（1998），企業文化與組織承諾之關係研究，管理評論7卷，P173-197。
5. 黃光國（1999），華人的企業文化與生產力，應用心理研究第1期，P163-185。
6. 謝佑珊、林春梅、廖淑貞、蔡家蘭（2006），危機管理的案例討論，護理雜誌53卷1期 P27 – 35。
7. 邱志淳，危機管理與應變機制，行政管理論文選輯第17輯。
8. 王美淑（2000），企業危機處理個案研究，國立中山大學企業管理學系研究所論文。
9. 周玉霜（2006），藍海策略模式活化學校創新經營，學校行政雙月刊46期P220 – 232。
10. 田晧君、陳柏愷、牟鍾福（2015），臺灣海洋休閒產業應用藍海策略之探討，臺灣體育運動管理學報30期P43 – 57。
11. 柯志祥、洪政置（2010），藍海策略於新產品開發的應用模式，設計學報15卷4期P59–80。
12. 金偉燦（W.Chan Kim）、莫伯尼（ReneéMauborgne）合著 / 黃秀媛 譯，藍海策略—開創無人競爭的全新市場，臺北市：遠見天下文化出版股份有限公司。

個案11

迷途青少年腳前的燈、路上的光——千禧龍青年基金會

「2018年美國時間2月14日，一名青少年槍手進入佛羅里達州一所高中開槍，當地警方指至少有17人死亡，但具體傷亡數字仍有待公佈。現場有數十名警察、救傷車、消防車包圍學校，正協助數百名學生疏散。有學生踏出校門後互相擁抱，亦有人尖叫驚慌逃跑。」

「鄭捷於2014年5月21日4時26分到28分，在臺北捷運車廂犯下隨機殺人事件，造成4人死亡，24人受傷。」

以上兩案駭人的社會新聞，都是迷途的青少年因一時心理上無法平衡，並找不到宣洩的出口，而做出危害人們生命安全、造成社會不安的事件。如何輔導這些迷途的青少年，導正其行為的正常化，需要有愛心、耐心的人士來輔佐。

作者：亞洲大學經營管理學系　陳坤成副教授
暨南大學管理學院高階EMBA碩士　謝彩鳳老師

11-1 個案背景介紹

一、千禧龍青年基金會的誕生

1997年，一個初夏的晚上，剛剛吃飽晚飯的謝基發先生正打開電視機想看新聞，電視的那一端正報導著舉國震驚的白曉燕綁架事件，謝先生深深地吸了一口氣說道：「**誰無家庭，誰無子女呢？深深感受到受害家屬的痛苦與無助，同時也因爲此事件讓臺灣社會充滿著不安**」。

雖然自1997年4月14日（白曉燕失蹤當天）家屬即報警，但警方礙於受害者的安全考量，辦案初期一直在蒐集情資與暗中查訪，其中動用龐大的警力在找尋白曉燕下落，耗掉相當多的社會資源；一直到4月28日警方發現白曉燕已被撕票後，發動更龐大的警網開始全面追捕陳進興、林春生、高天民等一夥亡命之徒。這批歹徒陸續落網，一直到11月18日，最後一名歹徒陳進興闖入當時南非駐中華民國大使館武官卓懋祺家中，才結束這半年多的重大綁架案。

這期間浪費龐大的社會資源，更讓當時臺北縣、臺北市的百萬居民處於恐懼與不安的情況，這些耗費更不是可用數據來衡量的。此時的謝先生陷入了沉思，腦海裡一直在思考，他感慨地說：**「雖然破案了，但一個陳進興浪費了國家多少成本與資源，根本之道應從預防犯罪著手，而犯罪之預防更應自青少年開始。」**

因陳進興的案子讓他有感而發，謝先生接著說：「**由於現代社會的發展快速，人與人之間的溝通越來越少，相對代溝越來越深；資訊的發達造就了所謂『e世代』的年輕人，文明的進步雖然帶給人們許多的便利與好處，但也因而產生許多負面影響。由於科技的進步，各種日新月異的犯罪手法亦不斷使迷途的青少年誤入歧途。**」

青少年是國家未來的棟樑，社會要安定須從青少年教育著手。因而培養青少年良好之行爲規範，教育身心健全的下一代，幫助其人格及心靈正常發展，是多麼重要的一件事。

謝先生覺得心有餘而力未逮之際，幸聞行政院青輔會用心力挽狂瀾，輔導青少年身心及人格正常成長與發展、預防犯罪等方案一一出爐，藉由推展青少年假日正當休閒活動，志工、領袖等培訓營隊以及青少年創業輔導，推動祥和安定之社會而不遺餘力。故於2000年邀集謝彩鳳女士等13位善心人士，成立千禧龍青年基金會，期盼能在青輔會指導下，參與此有意義之工作，為社會略盡棉薄之力。

二、邁向社會企業之路

財團法人千禧龍青年基金會成立於2000年，以辦理青少年輔導及教育訓練業務為主要宗旨，當時成立基金由創辦人謝基發先生捐助，並邀請謝彩鳳女士、陳趙燕雲女士、許黃正子女士、王齡女士、陳欽雄先生、陳巖鑫先生、曾啓宗先生、陳重府先生、吳智欽先生、辜東茂先生、許桂禎先生、林佳蒨小姐於2000年8月20日於南投縣水里會館召開發起人會議，同年在行政院青輔會輔導與協助下於10月准予正式成立。

並於11月1日正式完成財團法人在南投地方法院登記而成立千禧龍青年基金會，千禧龍青年基金會名字之意涵即代表著年輕人的活力，並由創辦人謝先生命名。並邀請當年南投縣工商婦女企業管理協會創會理事長謝彩鳳女士為董事長，這期間有賴許新傳先生及陳趙燕雲女士鼎力協助與奔走，以及許新傳先生之公子在籌備期間之文書處理協助，才得讓基金會能在短期間完成各項審查、登記而順利成立。

謝先生回憶當初說：「**千禧龍青年基金會成立的宗旨是關懷迷途青少年，輔導他們生活步入正軌，並結合戶外活動將迷途青年帶離毒品、創傷等走出憂傷陰影，步上正常生活康莊大道。所以，邁向社會企業之路是千禧龍的遠期目標。**」

1999年9月21日臺灣發生芮氏規模7.3 大地震，因臺灣是半導體生產大國，因而造成日本、歐美各國IC、半導體短暫缺貨而驚動各國。921震央在南投縣的集集鄉，最大的受災區為比鄰集集鎮的中寮村，房舍幾乎全倒。

千禧龍於2001年元月6日在青輔會指導下，結合縣內26個志願服務團體成立南投青年志工中心，期望921大地震後，來自國內、外志工團體陸續撤離災區之際，能由本地團隊承接志工服務工作，並參與災後重建行列。這期間陸續辦理921國際感恩奉茶節、組團參訪日本東京志工中心觀摩學習與交流，承辦青輔會辦理寒暑假大專青年返鄉工讀服務等活動。

自2001年起正式接受青輔會委託辦理南投青年志工中心業務。並延續服務學習業務之推動，推廣公益臺灣活動，例如有：(1)青年參與非營利組織網站建置平台計劃、NPO論壇，並獲得國科會頒發「網際銀牌獎」；(2)參與各項創新活動競賽等。

三、一顆熱忱之心：做中學、學中做追求成長

任何的財團法人或組織剛成立之初總是千頭萬緒，千禧龍青年基金會剛成立之初也無法例外，因爲成員對於基金會的運作流程不是很熟，尤其對青輔會的案子或政府單位的標案業務都不熟，因此諸多的業務流程可說在嘗試和錯誤中摸索前進。

謝先生說：**「當初一股熱忱跳進NPO（no profit organization）非盈利組織，但基金會組織運作必須面面俱到，千禧龍雖然組織小但各種功能也是一樣不能少，所謂「麻雀雖小、五臟俱全」，所以一開始許多業務都在學習，眞所謂『做中學』，經歷約一年的光陰總算慢慢步上正軌，但後續基金會的收入來源才是眞正的大學問。」**

財團法人千禧龍青年基金會成立於2000年，辦理青少年輔導及教育訓練業務爲主要宗旨，另一肇因係於921大地震後來自國、內外志工團體陸續撤離之際，期能結合青年志工朋友承接未來服務志工業務，並參與災區後重建行列。

千禧龍基金會除以辦理青年志工服務業務爲主外，並於2005年增設了社會福利部門，專責辦理徘徊犯罪邊緣的高關懷及中輟生等青少年輔導工作，深獲各界肯定及支持。

基金會有鑑於青少年父母親的就業情況、青少年的職業訓練皆爲解決問題青少年的關鍵因素，乃於2011年通過行政院勞工委員會TTQS核定，開設與本會宗旨相關之教育訓練課程，強化青少年就業技能，協助他們創業或就業之輔導，減少問題青少年因失業而造成高風險社會事件之發生。

謝先生思索了一下說：「**基金會經過1~2年時間的摸索與學習，慢慢擴展千禧龍基金會的基本業務，因爲個人的理念是『千禧龍基金會雖是一非營利事業爲導向的財團法人，但因基金會背後沒有一大企業的支持，所以一些經營的盈虧我們必須自主』，我也不希望老是靠別人的救濟，我們必須自立自強，自籌財源才得讓基金會生存下去，以服務更多的迷途青少年。**」

雖然千禧龍基金會的成立宗旨是明確的，經營理念也非常正面，但基金會組織的營運是柴、米、油，鹽、醋、茶一樣也不可缺，所以後續的經營困難正需要基金會團隊的全力以赴。

11-2 艱辛的經營、風雨中屹立不搖

一、豪氣萬千的雄心：憑著一個快樂的志工理念

921大地震不只震碎許多人的家園，同時也震醒國內外許多的志工團體，人不分男女老幼、地不分東西南北，一起進駐最嚴重的南投縣災區協助救災，但隨著時間飛逝，災區本來彙集諸多的志工團隊，也慢慢回復往日平靜的鄉村景象。但目前所見的是滿目瘡痍、道路東倒西歪，災後重建的艱鉅任務才等著開始呢！

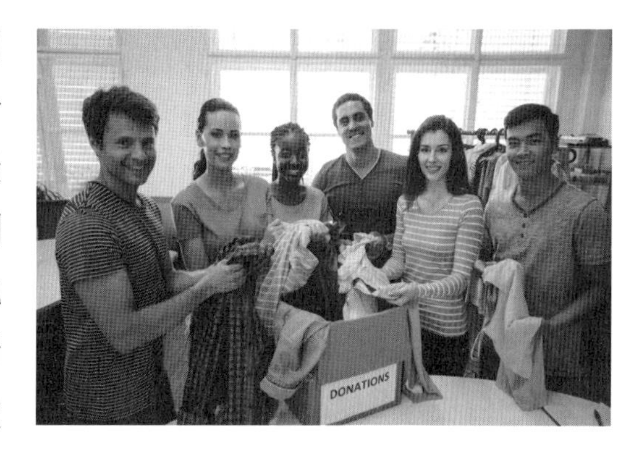

千禧龍基金會正是在這樣的時空背景下成長，雖然921大地震喚醒了謝先生與12位熱心人士的滿腔熱血而加入志工的行列，但隨著人潮的退去，回歸平靜時才是千禧龍基金會眞正要面對問題的開始。

謝先生回顧說到：「**當初千禧龍基金會剛成立，大家是雄心萬丈、豪氣萬千，因爲大家憑著一股熱忱想爲災區重建而獻出一己之力，但當我們進入了解後，才知道災後重建工程與發生災難當下的工作是迥然不同的，救災是救急、救難的工作，其時間性較緊急，但工程實施規範上較不用講究，能把人救出送醫即算是任務成功一半，所以志工團隊可使上力的地方較多。但重建牽涉許多建築法規、施工進度、施工品質管控等問題，都非常嚴謹，而且經過921大地震的事件，行政單位爲避免爾後類似的慘狀再發生，因此許多建築法規都在重新審議、修改中，也就是一些房子的重建必須等新法規出來才可進行重建。**

另外，災區的復原需要許多的重機械、工程團隊的人力、重建資金的來源。我們發現眞正能繼承志工團隊的工作項目不多，因此才轉移千禧龍基金會的業務範圍，專注於輔導迷途青少年與職業培育訓練等相關業務。」

因志工團隊都抱著志願服務的熱忱，都會自動自發地投入志工的工作，但時間一久，組織的運作仍需靠企業規章來管理同仁，而不能只靠一股熱忱來相互支援。所以當千禧龍基金會的業務轉移到輔導青少年的社會企業後，也面臨許多管理上的問題。

謝先生接著說到：「**人的動力來自一顆熱忱的心，基金會剛成立之初因同仁們還擁有一顆奉獻熱忱的心，所以一些工作都相互提攜、支援合作來完成，沒有計較時間的長短，當然也沒有加班問題，任務上沒有輕重之分、一個人可負擔的一個人來處理，無法單人負擔的就找另一個來幫忙，很快地就把任務完成。因爲當你任務完成後就有掌聲說『好棒、好厲害』，因而激發更多人願意投入志工服務，眞是驗證馬斯洛需求理論的最高境界『自我實現』。但社會企業組織的運作，無法長期利用該短暫的士氣來激勵同仁，而須回歸管理面來處理。**」

當千禧龍基金會回歸社會企業後，一些企業組織都應該有的產、銷、人、發、財的管理細節，正考驗著謝先生的智慧與領導力。

二、艱辛的經營——摸石頭過河

千禧龍基金會成立2年後，一方面謝創辦人因病故長辭人間，另一方面因業務擴大經營的需要、仿照企業經營的模式，必須找到一位專業負責的經理人來負責基金會營運事務，讓千禧龍基金會能早日步上軌道，於是經過董事會推選出謝彩鳳董事長來負責推動基金會業務。

輔導迷途青少年是一項非常艱辛的工作，因為這群高關懷青少年本身的原生家庭多少都有一點問題，再加上求學過程或出社會工作，遭遇到其他同學或同仁的排斥、霸凌的情形，但又因他們缺少關懷與愛，因而常做出超出正軌的行為，而變成治安人員、社工員需去高度關懷的一群。

謝董事長回憶說：「**在服務志工過程中，看到南投地區一群高關懷學生和中輟生，在三不管的情況下孤立無助，遊走在犯罪邊緣，覺得十分惋惜，乃在創辦人謝先生的『為社會減少一個陳進興』的理念下，一頭栽進高關懷學生及中輟生的輔導工作。萬萬沒想到這群高關懷及中輟生，真的是狀況百出，每天都有解決不完的問題，真令人心有餘而力不足。曾有多次想著放棄中輟生輔導工作，甚至把千禧龍結束掉或把董事長移交給別人算了。**」

謝董事長幾度在猶疑是否關掉千禧龍基金會的同時，看到社會的一些亂象與不安，但出於關懷人群、安定社會、能盡自己一份棉薄之力的真情流露，加上一些受過輔導並已就業的中輟生的鼓勵，又讓謝董事長重燃愛心之火苗。

董事長接著說：「**當那些曾輔導過的歷屆中輟生返回基金會，專程上樓輕輕問一聲『董事長您好，專程回來看您了！』時，似乎過往的辛苦，盡拋諸腦後，由衷地升起一份滿足與喜悅，也就是這份喜悅，讓我繼續奮鬥到現在。**」

輔導中輟生就像在帶自己的小孩子，因他們都面對青春叛逆期，往往情緒較不穩定，而且有些中輟生曾經受過創傷（Trauma），所以對外界事物會比較敏感，常常外界認為是芝麻小事，卻因本身缺乏安全感，對他們來說可能是大事，所以往往有過度的反應現象。這些情況謝董事長都看在眼裡，也能體會這些中輟生青少年心裡的想法。

因此，謝董事長對志工同仁說：「**為了幫助這群孩子，我們要做到『一個孩子都不能少』，千禧龍是他們的家，千禧龍要替這些單親或隔代教養的孩子，提供一個溫暖的家。**」雖然千禧龍基金會有這份美意與照顧青少年的心，但這批年輕青少年好像一批野馬，過去因隔代教養或單親家庭的小孩子，平日已養成習慣到處奔跑，他們是坐不下來的。因此輔導他們必須要有相當的愛心、包容、耐心才能贏得青少年的配合與信任。

三、有愛無礙：順水行舟、因利順導

每位中輟生都有一段精采的故事，雖然回顧起來非常精采與有趣，但對他們來說，那是一段不堪回憶的經驗，因此許多中輟生總是三緘其口，都不願意提起往事，更不易與別人分享其內心的痛苦，這些苦楚往往變成他們的情緒不易控制、常發脾氣的原因之一。謝董事長思索一下說：「**一開始，因我們不是專業的心理諮商老師，雖然我們大概可猜出小朋友在想什麼或擔心些什麼事？但如何讓小朋友願意卸下心防來與我們深談，總是不得要領。甚至有些小朋友還會故意裝作沒事來掩飾內心一直放不下的石頭。**」

一個迷途的青少年就像一顆迷航的行星，暫時找不到他自己的家，但其具有一顆良知的心，雖然目前他們在迷航中，但在良知的驅使下，一直在找尋正確的軌道來前進，因此常會有嘗試和錯誤的情形發生，如果有旁觀者或經營輔導者知其然，給予因利勢導，對他們早日找到自己的家有很大的幫助；反之，如果因不了解這樣的情形而給予一些苛責，可能會弄巧成拙而迫使加速偏離軌道，最後變成最不樂見的社會問題青年。

這樣的結果都是千禧龍的同仁們最不樂見的情形，但輔導任務在進行過程中難免會發生一些問題，這些問題算是經驗值或失敗成本也好，因有它才能讓最後的漂亮成果順利呈現在眾人面前。

謝董事長略帶無奈的微笑說：「**當時一頭熱栽進去輔導迷途青少年工作行列，但踏進去後發現不是想像中那麼簡單，因爲我們過去沒有經驗，又無經費聘請社工師或心理諮商師，因此只能用過去經營企業的經驗來處理，這方面的知識應用在基金會的營運上是沒有問題的，但用在輔導青少年上就屢出狀況。譬如：每當青少年發洩一些創傷的小事時，我們會頓時不知所措，就像新手媽媽一樣遇到小baby哭，不知道如何下手，他們又不像小baby可以抱起來搖一搖，諸如此類的問**

題一直困擾著我們。還好我們有讀心理諮商的朋友可請教，大約經過半年左右我們的成員才慢慢上手。」

這樣的問題不只千禧龍會碰到，其它的輔幼機構或組織可能都會遇到，千禧龍後來有想辦法募資到經費聘請社工人員來任職，所以相關心理諮商的問題也就迎刃而解，但眞正的基金會營運問題正等著謝董事長的智慧來應對。

11-3 面對營運危機處理、雨過天晴

一、金融風暴的衝擊下：克服第一次的困境與危機

1997年7月至10月，亞洲地區發生了一件震驚全球的「亞洲金融風暴[1]」，金融風暴衝擊著亞洲各國，尤其是東南亞的菲律賓、馬來西亞、泰國、印尼等都面臨極大的危機，當時受到最大衝擊的是韓國與中國大陸，韓國政府幾乎快破產，而中國大陸也好不到哪裡去，幾乎將過去的外匯存底都耗費光了。

因此，當時的中國總理李鵬在歐洲的一次國際經濟會議上特別提出最後的警告說：「如果WEF會員國再不放手的話（停止操控費率），中國將採取再次的鎖國，過去中國鎖國40年都有辦法存活下來，相信再次鎖國也可以存活下去。」該次的金融風暴雖然臺灣受到的衝擊不像其他亞洲國家嚴重，但中小企業也是哀鴻遍野，一般企業受到的衝擊也是相當嚴重，因金融風暴的影響造成了後續3~4年的經濟不景氣。

1997-1998年間，金融風暴襲擊下，企業面臨經濟不景氣的衝擊，無薪假、裁員的氣氛瀰漫著整個臺灣的社會。由於整個大環境影響效應，造成整個社會人心惶惶，同時影響政府對非營利組織的補助、募款工作，以及個人的收入不穩定等問題不斷出現，對於剛成立不久的千禧龍基金會而言，如何開源節流、穩定員工的不安全感、提升員工士氣等問題，都影響著基金會的經營與運作，這正是考驗著領導人面臨抉擇的挑戰與思索解決問題的時刻。

---

1 亞洲金融風暴是一場發生於1997年7月至10月的事件。事源於泰國放棄固定匯率制，隨後危機進一步波及至鄰近亞洲國家的貨幣、股票市場和其它的資產，使相關資產的價值暴跌，而事件在泰國又被稱作「冬陰功危機」（泰語：วิกฤตต้มยำกุ้ง）。風暴打破了亞洲經濟急速發展的景象，亞洲各國經濟遭受嚴重打擊，紛紛進入大蕭條，並造成社會動盪和政局不穩，一些國家也因此陷入長期混亂。除此之外，危機中更衝擊到俄羅斯和拉丁美洲的經濟步入大衰退。

謝董事長回憶著說：「**在當時，沒多餘的思考空間，心裡明白，首要得先安撫同仁，他們都是一群職場新鮮人，沒經歷過這樣重大的事件，當年只憑一股勇氣毅然召集同仁開會，提到只要您們相信我，同心協力，願意幫忙負擔自己三個月勞健保部分，我以前曾是做生意的，有把握帶領大家衝過難關，若過關了，有結餘則用年終獎金補給大家，若還是有困難，請大家當成是捐款給基金會。您們願意嗎？**」沒想竟然獲得全體同仁的支持，而安然度過第一次的金融風暴危機。

謝董事長接著說：「**現在想起來，真的是團結力量大，終於危機變轉機，撥雲見日放光明。**」千禧龍基金會創立之初就面臨一次嚴重的大考驗，可謂：「初生之犢不畏虎」，但社會企業的經營總是會面對不同的狀況與挑戰，還有更大的風險與困境正等著謝董事長去迎接。

二、尋求價值創造：98年少年安啦專案挑戰的啓示

每一家新成立的社會企業，最初的經營就像小孩子剛剛學走路，總是在跌跌撞撞中成長，千禧龍基金會一開始成立就遇到亞洲金融風暴，雖然最後化險為夷，但探討其中能安全脫身、持續經營的最大原因，是基金會同仁本身的努力，另一個最主要的原因是天助，也就是「人助天助」。

謝董事長回憶著說：「**『上帝把你關上一扇門，同時也會為你開啓一扇窗』，當時整個社會在金融風暴的陰影下，各行各業充滿著許多不安與不確定因素，當然千禧龍也不可能例外，但就在我們最困難的時候，記得98年有一天，當時行政院青年輔導委員會的施處長，剛好來南投，順道來辦公室看我們，知道我們有社工員在推動高關懷青少年輔導服務，適時鼓勵我們。當年正好青輔會在規劃國中畢業、高中、職休退學、未升學、未就業生涯輔導計畫（少年安啦），因我們有社工員可提出申請，參與投標。**」

這場來得正好的及時雨，解除了千禧龍基金會的財務困境，就像久旱逢甘霖的喜悅，就這樣年復一年執行下來，雖然執行上有諸多困難要去突破，但總比不知去哪裡招生好，因中輟生不知躲在哪裡？這個難得的機會不只讓基金會同仁有工作，而且可以做中學，接下來如何來帶這群中輟生？

中輟生之所以中輟，往往不是因爲資質不好，而是因爲家庭上出了一點狀況而無心在功課學習上。謝董事長回憶著說：「**這群青少年實在太聰明了，無法用正常的角度看待他們，帶領初期眞的是狀況百出，這些愛心滿滿的社工員被整得人仰馬翻，例如：租宿舍給他們住宿，晚上社工員輪流住宿舍照顧他們，小孩子出狀況社工員馬上得幫忙處理，連家裡母喪也是社工員出面陪同辦後事等等。在孩子心目中社工員是他們最大的依靠，我們的社工員即使半夜接到電話也幫他們處理，眞的是累到極點而無怨言。**」因爲社工同仁有這份愛心，慢慢獲得這批青少年的信任，他們才不用敵意的態度來對待社工人員，慢慢與社工人員變成好朋友。

謝董事長回憶著說：「**我們曾經遇到一位非常聰明的中輟生，但一直給社工人員找麻煩，讓社工人員忙得不可開交，甚至會對社工員說：『妳漂漂亮亮的，幹嘛來做這麼辛苦工作呢？妳不用做了』，讓社工員哭笑不得。青少年跌斷腿時，社工員一直陪在身邊照顧他三天，總算讓這位中輟生流淚向社工員懺悔，以前他的態度非常不對，才慢慢道出，因爲媽媽當初遭受家人的激怒而離家出走，那時他才五歲但對於當時的情境歷歷在目，從此對家人與任何人都不再信任。**」

這樣的案例在中輟生中可能不只是一件，可能還有其他類似的案例，只是在沒有適當的情境下，這些中輟生不會輕易解開心防，而把本身背後的創傷（Trauma）故事說出來。但社工員也有一大堆日常性工作需處理，也不可能每一位中輟生剛好都跌傷腿或重病，所以無法一一幫他們心中最深處的結打開，這是身爲一位社工人員有點遺憾之處。

中輟生生活輔導營，可說是這批青少年的第二個家，當他們經過千禧龍基金會的生活輔導、就業訓練、就業轉介後走出陰影，而邁向光輝的就業、就學大道，這是千禧龍覺得最有價值的一塊。

謝董事長說：「**當我們看到一位中輟生重新回去正常的社會生活時，這是我們最大的安慰，也是當初創立千禧龍基金會的宗旨。每年我們都會這麼想，既然接下**

案子表示這些孩子跟我們有緣，就必須想盡辦法來帶他們做出成果，加倍人力與時間來執行。八年執行下來終於有了些成果，每當結訓後的青少年工作之餘或休假回到基金會分享心得，看到他們充滿自信與獨立的眼神，這對社工員之前的付出就是最大的回報，過去的辛苦都瞬間拋之腦後。基金會便成爲他們分享喜悅、訴苦、尋求幫忙解決問題的第二個家。」

基金會以99年專案爲代表作，參加第二屆華人十大傑出專案經理人獎，脫穎而出，即此專案的成果獲得評審委員的一致性肯定而得獎。

三、行到水窮處，坐看雲起時：面對絕境欣然遇貴人

從產業的生命週期來看，臺灣的社會企業目前仍在萌芽中，國外諸多的社會企業發展已相當成熟，一般大眾對於社會企業的認同感與支持度都相對地高。但目前臺灣的許多社會企業仍需靠大公司或財團的支助才得以生存下來。

目前比較成功的社會企業大概首推「慈濟基金會[2]」，在國內外都相當活躍，各國若發生大災難，都可以看到慈濟人的身影，但後階段慈濟有發展醫院、救濟產品的生產工廠等事業部，也有人不認同慈濟是純粹的社會企業，這個問題可以留給讀者做深入的沈思與探討，但慈濟基金會的經營成功是大家有目共睹的。可是一般的社會企業就無法像慈濟基金會如此幸運了，當然千禧龍基金會也無可例外。

謝董事長略帶惆悵的表情回憶著說：「**105年6月專案結束了，本以爲休息一個月可再繼續標中輟生輔導專案來執行。中輟生輔導專案我們已執行第七年了，雖然執行專案過程總會遇到一些困難，但輔導中輟生就學就業方案對中輟生本身或社會都有相當意義，雖然較辛苦也甘之如飴。」**

2 財團法人中華民國佛教慈濟慈善事業基金會（英文：Buddhist Compassion Relief Tzu Chi Foundation），於中華民國（臺灣）以外之國家或地區稱作臺灣佛教慈濟基金會（Taiwan Buddhist Tzu-Chi Foundation），簡稱慈濟基金會，是臺灣證嚴法師創辦，經中華民國內政部社會司（今內政部合作及人民團體司）立案的一個全球性慈善及宗教團體，其總部位於花蓮縣新城鄉的靜思精舍。慈濟成立初期，即開始從事社會救助事業。

謝董事長接著說：「**當迷途青少年順利進入職場或返回學校繼續未完成的學業，看到他們的成長，大家都會有一份成就感。如果他們把基金會當成第二個家，可以分享喜悅、傾吐苦惱的場所，在這裡可得到鼓勵、溫馨、肯定、支持與協助，重新再出發，這也就是我們高執行長規劃野兔子十年計劃的由來。**」

往往計畫趕不上變化，天不從人願，一直快到當年的九月底，不見標案公布消息，去電教育部詢問，方知此專案將改由縣市政府提案呈報中央政府審定，因各地方政府作業時間不同，詳細招標時間尚未定，千禧龍基金會瞬間變成斷炊窘境。

這突然的衝擊讓千禧龍基金會措手不及，但基金會的運作、每日的開銷都還是需要，眼看即將到來的專案工作人員的薪資、辦公室開銷、業務面臨停頓等問題，讓謝董事長陷入苦思。

謝董事長說：「**這也是給我們一個很好的經驗，非營利組織過度依賴政府補助的後果，此時我心真的有點慌了。當時苦無對策，有考慮到眞沒有辦法度過時，把基金會收攤算了。**」

大家正當束手無策時，謝董事長剛好接到見光機械公司侯董事長（就讀暨南大學EMBA時的班代）的來電說願意提供在魚池鄉的兩棟木屋別墅，給千禧龍基金會當會館（現今的日嵐會館），作爲辦理各項活動的基地，希望共同耕耘一方福田，參與培育輔導青少年的業務推動，善盡企業社會責任。

謝董事長感恩地說：「**侯董此一善舉令人感動，也讓千禧龍同仁從谷底的情緒，重燃一份希望。因此，大夥們重新整隊再出發，再一次調整我們的腳步，邁向一個能自立自主的社會企業之路！**」

經過整裝後的千禧龍團隊也規畫不同面向的服務，目前除了輔導中輟生的教育訓練外，也已開始承接企業員工的關懷偏鄉活動、服務弱勢團體等活動，並獲得一些善心企業團體的委託，舉辦關懷社區活動，譬如有：玉鼎電機公司、研華科技公司、見光工業公司等的熱心響應。讓千禧龍基金會重新找到一條路，繼續爲社會盡一點力，但社會企業是一條艱辛又具挑戰之路，正等著謝董事長的智慧去迎接。

11-4 重新定錨後的千禧龍

一、浴火鳳凰，重新定錨：檢討過去，開啓未來

近年來，由於政府的補助預算逐年減少，而申請政府補助的非營利組織卻相對增加，爲了實現基金會使命，專職人員的薪資、財務籌措變成了董事長的主要業務。每年爲了要籌募經費，東奔西走備嘗艱辛。

謝董事長回憶著說：「**唯感到欣慰的是，17年來，基金會沒有積欠債務，準時發放員工薪資，也比照企業年終時還發一個月的年終獎金，每年舉辦員工旅遊活動，以慰勞員工一年來的努力與貢獻；也有二次在績效表現良好，年終尚有結餘時，舉辦國外旅遊。**」

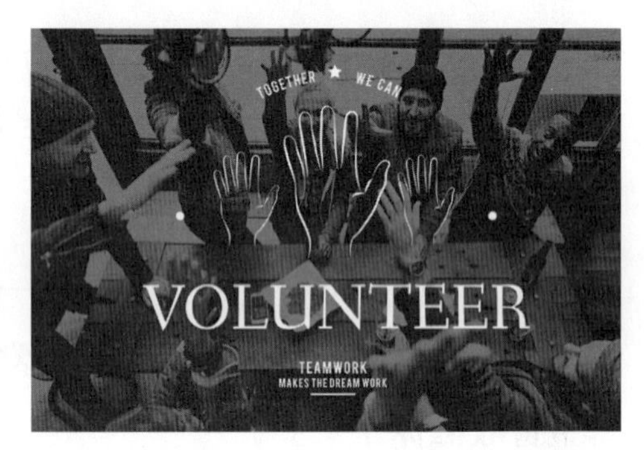

謝董事長接著說：「**本基金會從創立之初，便訂定以中輟生爲主要服務對象，迄今進入第18年，始終不離不棄。過去以來，我們看見青少年各種問題，這些問題包含：疏忽照顧、學業低成就到中輟、不良行爲、犯罪、吸毒等狀況百出，透過千禧龍基金會社工人員的輔導與帶領，讓這些青少年逐漸步上生活正軌，是最値得我們安慰、最有創造價値的一塊。由於基金會背後並無一大企業支持，盈虧必須自主，相對經營起來較辛苦，在資源有限的狀態下，只能步步爲營，思考如何籌措財源，讓基金會生存下來，繼續爲迷途青少年盡一份心力。**」

千禧龍基金會這艘小船歷經兩次的暴風雨洗禮（金融風暴、政府補助專案作業流程改變），總算度過危機，謝董事長重新思考千禧龍基金會的定錨工作，可讓這艘小船繼續往前行進，甚至航向浩瀚的汪洋大海。

謝董事長緊接著說：「**經過大家的集思廣益，最終歸納青少年工作訂定三大主軸：(1)一般青少年上，我們協助體驗服務學習及生涯發展；(2)未升學未就業青少年上，我們協助職業訓練、職業媒合及後續工作維持；(3)在犯罪少年上，我們協助其回歸正常生活，使其重新回歸家庭與社會懷抱。**」

千禧龍經過主軸確立之後，將專案管理運用在實務業務之推展上，藉由組織團隊的力量，集中力道推動青少年回到應有的生活軌道上，並運用高執行長多年來在職訓與就業服務的經驗，確立職業訓練爲主要服務方向。

另外，在工作人員專業上，因應目標以專才取代通才進行招募，讓團隊成員與組織方向願景目標完全一致，形成生命共同體，並經由腦力激盪，彼此溝通，協調合作，組織分工，爲服務對象提供更爲專業的服務內容。

謝董事長補充說明：「**現在組織內部分工作明細：有專人協助社會福利部門、職業訓練部門，以及社會企業部門。部門內專責人員僅需針對自己部門專業進行工作知能與技術精進，提供給不同需求的孩子所需的服務。譬如：因爲非行與犯罪行爲入案的孩子，會先進入社會福利部門接受相關服務，待孩子狀況穩定後，由職業訓練部門接手後續長期穩定的培訓計畫，而社會企業部門則作爲各部門資源使用的後盾，讓部門間能夠專心執行業務工作。**」

經過輔導主軸的定錨、工作內容的分工代替以往的打群體戰，讓千禧龍基金會業務上的推動更加上軌道，而且執行效率也相對提高；雖然在行政效率上有明顯的增進，但接下廣泛業務的推動正等著團隊成員的應戰。

二、愛心彙集與堅持：發揮「老吾老以及人之老、幼吾幼以及人之幼」的精神

由於政府補助經費的縮編以及大餅搶食者越來越多，迫使千禧龍的業務必須陸續增設企業關心弱勢團體、服務偏鄉的企業社會責任的渠道來發展。同時爲因應日漸增加的青少年深度體驗活動委辦，千禧龍基金會也在105年於魚池鄉成立日嵐會館，活動內容從南投深度體驗、公益關懷偏鄉體驗，到企業員工教育訓練、公司共識營等相關活動，其目的是希望達到經費自主。

因此，對象則從青年朋友擴大到企業團體、社會人士等，讓會館的運用除了青年的深度體驗外，也能夠透過企業團體活動委辦，讓企業能兼具活動辦理與企業社會責任的投入，也能使千禧龍完成社會企業，達到財源穩定，並獨立進行更多青年服務工作的目標。

謝董事長說：**「106年度是千禧龍的重要轉變期，在社會企業與大衆支持下，首次將年度預算中的政府補助款縮減至五成，讓我們在青少年工作上不再隨著政策補助方向擺盪不定，而是能夠依照我們長久服務青少年發現的問題，進行初級預防計畫的擬定與實施。106年度雖然因社會企業的開展讓我們自籌款有所提升，但社會福利工作的推展是一項長期的工作，還是需要大衆的支持。因此，107年度千禧龍已經準備好發展穩定且長期的小額捐款工作，希望關心南投地區青少年發展的大衆都能一起投入參與。」**

小河彙集了雨珠、江海而成大河，希望千禧龍提倡的小額捐款活動可以給基金會「積沙成塔」的邊際效應，雖然幾拾元、百元對許多的企業人士是微不足道的錢，可能是少喝兩杯咖啡的金額，一但彙集起來就可以幫助迷途的青少年重新回到正常的生活，或是幫助一些弱勢族群的青少年回學校接受正常的教育，這些效果在短時間內可能無法看到卓越的成效，但對社會就可貢獻小小的力量。

謝董事長補充說明：**「當初千禧龍基金會的成立也是因爲謝創辦人對於陳進興事件的有感而發，而由我來接手經營這個基金會，雖然我們基金會沒有大財團的支持，但個人與團隊成員都有一顆『老吾老以及人之老、幼吾幼以及人之幼』的明燈，一直指引著我們前進的道路，雖然我們也知道前面還有更多困難需要去克服，但我們仍然以一顆赤子之心來迎接。」**

古代有一句諺語「成功的道路總是崎嶇不平的」，雖然謝董事長與團隊成員都有共識願意爲迷途青少年盡一份微薄之力，那千禧龍基金會的下一步將如何走呢？

三、千禧龍的下一步：建立團隊士氣，邁向海外

所謂「羅馬不是一天造成的」，千禧龍基金會經歷許多風雨的17年歲月，目前正邁入第18年，雖然外部環境一再變遷，但當初創立千禧龍基金會的起心動念一直都沒有變，尤其是基金會的願景、使命、經營理念都不可變，但爲適應環境，所以一些經營策略可能因時、因地制宜而變。

謝董事長略帶微笑說：「**基金會今年正好邁入第18年，象徵18姑娘一朵花，應是亭亭玉立、朝氣蓬勃、人人喜歡的美少女，基金會團隊特為下一個18年訂定如下計畫目標，有了清楚的方向，再逐步完善，一步一腳印，不怕起步慢，就怕裹足不前。**」

千禧龍基金會下一個18年計畫如下：

(一) 積極推動野兔子十年計劃

野兔子長期陪伴輔導計畫，是因應政府計畫結束後續無經費、無服務，但千禧龍在服務青少年過程中發現的需求而生。由於千禧龍輔導的青少年多以國中畢業未升學及高中休退學的孩子為主，在服務過程中發現，這些孩子即使接受職業訓練並順利轉介到一般職場工作，也會受到學經歷的限制，僅能在勞力密集或服務業場域就業。隨著年紀增長，這些孩子開始有更高層次工作需求，或在工作過程中發現轉業必要時，並無真正為這些孩子量身打造的職業再訓練計畫。

因此，千禧龍想要排除萬難推動的「野兔子長期陪伴輔導計畫」是針對青少年職涯規畫與工作銜接的重要職業再訓練計畫。

在野兔子計畫的執行期間，千禧龍不僅協助青少年的職業轉銜需求，青少年的就學需求、家庭問題、勞資糾紛、意外事件處理等等，服務項目涵蓋孩子可能面臨的問題，藉由協助孩子面對、解決問題，使其自我成長，同時增進他們對千禧龍的認同，透過認同與信任，讓千禧龍成為南投地區青少年人生關鍵時期重要的貴人，協助孩子做出正確的抉擇，這就是野兔子計畫最重要的工作內涵與精神；但自籌經費辦理又是另一項挑戰。

謝董事長接著說：「**所謂『預防勝於治療』，野兔子計畫是一個初級預防青少年犯罪的工作，在發生問題前便及時介入，防止問題的發生。也因為是初級預防工作，一般大眾與機關團體無法看見該計畫的需求，造成長久來該計畫皆需自籌進行，因此常面臨服務資金缺口的問題。目前基金會是以社會企業收入與募款作為野兔子計畫推動的經費來源，也希望未來能有更多社會人士注意到該防預性工作的重要，一起投入這個十分具有意義的服務計畫工作。**」

在服務過程中，千禧龍有過許多成績，這也是促使千禧龍繼續進行計畫的動力來源。其中一個案：在第十七年的時候，透過輔導的青少年產出了第一個大學生「小剛」，這個孩子從103年接受服務時的桀驁不馴，到105年來找基金會社工員說要考大學，社工員就與他一起準備備審資料，直到接到入學通知跑來辦公室報喜，甚至在今年一月考到人生第一張微軟丙級軟體應用證照。

從個案中看到，孩子從對自己人生茫然，到現在充滿信心，這就是野兔子計畫的核心價值——「**協助孩子完成每個階段的人生目標**」。帶領他們改變，將來成為社會棟樑，能回饋社會、千禧龍基金會，成為培育身心健康的下一代的生力軍，為社會的祥和與安定一起努力。

(二) 建立一座多功能的青年學苑

透過青年學苑增強有需要的孩子與基金會的連結，建構一處可以融合體驗、教育、成長、學習等活動空間的青少年正當休閒活動園區。只要基金會永續經營就有固定場所，除了可持續服務野兔子計畫之青少年，讓他們有第二個家可以回來分享，更提供面臨問題時可以一起討論與解決問題的處所。

故事進行到此，謝董事長說：「**我相信這些孩子今日接受社會幫助，來日有成也會把這份愛傳播下去，形成一良性循環，創造意義與價值，彰顯人生的正向光明面，是多麼有意義的一件事。**」目前青年學苑的籌備正如火如荼地展開，從小額捐款作為起步，再同步募集企業資源以加快完成學苑的腳步，也希望有志關心青少年工作的社會大眾，能與千禧龍基金會同步完成學苑的建置，提供青少年更完整的輔導服務。

四、傳承交棒：培育接班人建立領導團隊

企業要永續經營須一棒接一棒，社會企業也不例外。謝董事長微笑著說：「**過去千禧龍基金會的計畫較短期，以五年為一期，現在是永續經營的概念，經營理念、品牌、員工培育、決策也都要以傳承和永續經營為目標考量，對既定方向長期專注經營，假以時日必能達成基金會創立宗旨與目標願景。同時，要將這經營理念延續下去，若不能傳承交棒，再好的理念也無法延續。**」

近年來，非營利組織在社會上扮演的角色日益重要，但其蓬勃發展也造成彼此間的競合關係。其實NPO組織可成爲相互提攜的夥伴，這幾年千禧龍基金會與其他非營利組織合作辦理活動，譬如：106年與位於埔里的茭白筍協會合作辦理青少年

壯遊武界活動，還有協助YMCA辦理青年體驗活動營，以及與獅子會等社團組織合作辦理社區活動等。彼此資源互相整合，利他利己，共享服務成果，形成合作夥伴關係。這些都是可以長期合作的好夥伴，資源的傳承更是永續發展很重要的一環。

千禧龍基金會下一個目標是進軍海外志工的服務，海外志工有許多更複雜的因素存在，譬如：文化差異、民俗風情不同、語言溝通問題、物資配送等諸多問題，正考驗著千禧龍基金會經營團隊的智慧與執行力。

11-5 理論探討

一、非營利組織

這個世界有著許多不同的組織，像政府和民間企業等，還有一種就是電視新聞常出現的非營利組織，他們有著不同的形態和目標，且服務範圍也極爲廣闊，但究竟何爲非營利組織呢？

非營利組織是不以營利爲主要目的的組織，也有人說他們是不屬於政府也不屬於企業，獨立於兩者間的第三方部門；而根據霍普金斯大學教授Salamon的定義，非營利組織是以公益爲目的的民間法人機構，追求的項目極爲廣泛，包含保健、教育、科學、社會福利等，組織的型態也包羅萬象，像是公益團體、社福機構、基金會、人民團體等，都可以稱作非營利組織；而非營利組織通常具備有六項特性：

1. **組織化**：非營利組織需具備正式的結構，且有著一定程度的制度和定期會議。
2. **私有化**：指該組織完全由民間自主營運，並非爲政府的一部分。

3. **不盈餘分配**：這是指非營利組織之利潤只能用來達成組織目的或維持組織存在，不能分配盈餘。

4. **自主管理**：組織要有自我管理能力，不受外在團體控制。

5. **志願性**：應從事志願服務工作，有著一定程度的志工人員參與活動。

6. **公益性**：非營利組織應具備有為公眾提供服務的性質。

儘管都是服務大眾，但非營利組織和政府部門也有著許多的不同，政府部門以廣大民眾為主要服務目標，是考慮著社會上全部人的共同利益，也因此較平等且公正；而非營利組織則是為特定的對象或族群服務，較為強調個別且彈性的服務。另外非營利組織和企業部門雖然都注重自主管理和經營主體，但最大的不同點在於非營利組織並不以營利為主要目的。

而現在隨著經濟環境變遷，政府的輔助經費、企業和個人的捐款都相繼減少，這導致非營利組織最主要的金錢來源逐漸縮減，也因此有越來越多的非營利組織開始思考運用商業化模式來增加金錢收入的管道；而不同的非營利組織為了應對環境的變遷，也會開始思考如何改變成適合自己的生存模式，這種融合了商業模式但依然以公益為主的新形態組織也被人們稱為社會企業，總而言之，現在的非營利組織之中雖然開始出現了商業的經營型態，但傳統的公益主旨依然存在，這只是非營利組織為了適應環境變遷所做出的改變。

千禧龍基金會最一開始成立的目的就在於關懷迷途青少年，輔導他們生活步入正軌，千禧龍也以此為目標在進行公益活動；千禧龍有著屬於他們的組織結構和制度，並能夠獨立自主營運不受外界的影響，同時最重要的是，他們以公眾服務為己任並且不分配盈餘，這些都證明了千禧龍基金會確實為非營利組織。

但千禧龍基金會也遇上了現在許多非營利組織常見的收入問題，政府輔助越來越少，僅靠企業和個人的捐款度日並不是一個最佳的辦法，也因此他們經過幾番思考後，決定跳脫傳統的非營利組織框架，打算靠著自身的實力賺取收入，開始找企業員工來承接關懷偏鄉、服務弱勢團體等活動，並獲得善心企業團體的委託來舉辦關懷社區活動，透過這種方式可以讓其他的一般企業善盡社會責任，千禧龍也可以獲得收入來源，不過現在這也不是什麼新聞了，目前已有越來越多的非營利組織靠著自己的方法來獲取收入，如果繼續墨守傳統非營利組織的框架，有可能無法繼續在這個社會生存，也因此，這種複合型態的非營利組織在未來會越來越多。

二、社會企業

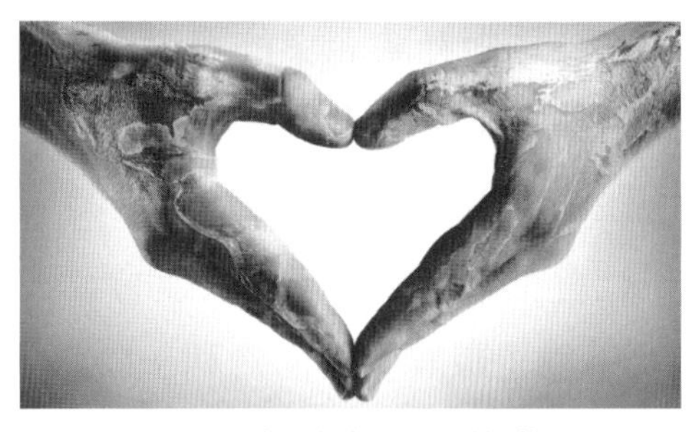

千禧龍基金會確實為非營利的公益組織，但在現代社會如果只能單純藉由捐款來獲取資源的話，除非有龐大的集團幫忙或由企業成立培養部門，否則很難有發展的空間，因此有許多的非營利組織在轉型過後開始販售商品或提供服務來賺取營運的費用，更甚者發展出與一般營利企業別無二致的商業模式，這使得一種新型態的組織誕生了，其名為社會企業，那究竟何為社會企業？

社會企業是以社會公益為目標的組織，他們在自給自足賺取利潤的同時，也會將盈餘用在組織發展的投資或對社會公益的支持上，其販售商品或服務可能就是在解決一種社會問題，或是運用盈餘來解決社會問題。

另外社會企業的組織型態，與非營利組織和傳統企業有些許的不同，非營利組織是以追求社會利益為導向，傳統企業則以經濟利益為導向，而社會企業則是同時實現社會利益的發展和維持組織自身持續發展的能力；而營運模式上，非營利組織有賴於捐款和政府輔助，傳統企業則是運用一般商業行為賺取盈餘並分配給股東，社會企業則是藉由其商品或服務賺取盈餘，再將盈餘投注於服務社會和維持組織發展上，有時他們的商品或服務就是在解決一種社會問題。當然社會上的組織型態極為多樣，也存在著許多複合型態的組織，不過大致上可參考下圖的社會企業光譜。

圖表11-1　社會企業光譜

	非營利組織	具商業行為非營利組織	社會企業	傳統企業行使企業社會責任	傳統企業
使命	追求社會利益極大化	追求社會利益極大化	同時追求社會與經濟利益，社會利益優先	追求經濟利益優先	追求經濟利益極大化
營運模式	透過募捐或補助來實現公益	透過募捐或補助，還有販售商品來實現公益	一般商業行為，透過商品服務來實現公益，或商品本身有社會價值	一般商業行為，捐贈部份的營收給慈善機構	一般商業行為
特色	依賴捐款輔助	依賴捐款輔助	自給自足永續發展	自給自足永續發展	自給自足永續發展

資料來源：經濟部

各國對社會企業的定義不盡相同，但大概可歸納出其目的在於解決某一種社會問題，例如：環保、健康、就業、高齡化等，也有比較廣泛的說法是，運用商業手段在解決問題的就是社會企業，雖然這使得市面上許多的企業大都可以宣言自己是社會企業；但是較為嚴謹的看法認為，想要稱為社會企業要符合兩項關鍵原則：(1)不為了賺取營利而營利；(2)不偏離社會公義與社會問題之解決（許萬龍、曾憶如，2013）。不論社會企業所提供的商品或服務為何，都不應該偏離這兩項原則。

千禧龍基金會在政府的補助方案改變後，曾陷入一段時間的財務危機，但在見光機械的幫助下，他們找到了新的方向，那就是承接企業員工關懷偏鄉、幫助弱勢團體的活動，或是經由一些善心企業來舉行關懷社區的活動，千禧龍藉由這些承接工作來來幫助企業善盡企業社會責任，同時也解決偏鄉和弱勢團體需要關懷的問題，可說是一舉數得，而這種販售商品或服務本身就是在解決社會問題，或進行公益的商業模式，確實是社會企業的最佳寫照，也沒有偏離社會企業的兩項關鍵原則。

三、基金會

社會上充滿了形形色色的組織，不管是政府、企業、非營利組織等，而其中經常會看到某些組織名稱是某某某基金會，而且這數目還非常龐大，而這些基金會究竟是什麼呢？是非營利組織的一種，還是另外的一種組織型態呢？

根據喜馬拉雅基金會的定義，「基金會（Foundations）是透過基金組合而成，將社會資產運用在公益慈善事業上的非營利組織，而其在法律上的定義是屬於非營利性質的財團法人」；而根據美國基金會指南的定義，「基金會是一種非政府、非營利的組織，受託給人或董事管理，有著自己的資金，以維持或協助其社會、教育、慈善、宗教等公共服務目的，而且提供輔助金的公益性組織」。

基金會在不同國家可能會有不同的樣貌，甚至是不同的地位；根據臺灣非營利組織網1990年的整理，美國的公益組織中，基金會只佔5%，剩下的都由公共慈善組織佔據了，但臺灣則是大部分的非營利組織都是基金會，變成以基金會為主體的非營利組織社會。

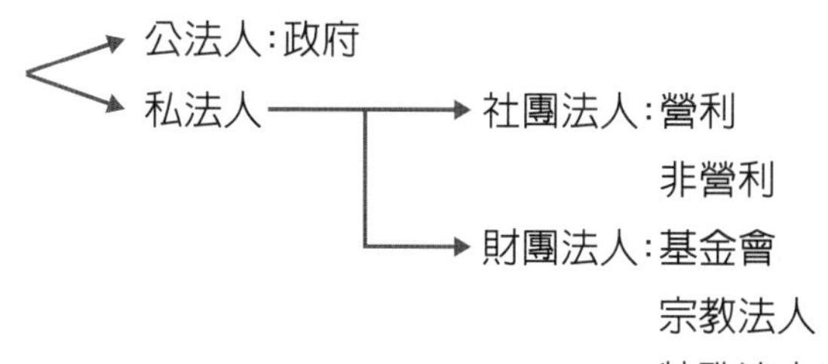

資料來源：喜馬拉雅文教基金會（1997年）

圖11-1　臺灣法人種類

而基金會的設立方法和型態也極為多樣，有像公司行號那樣，藉由多人合資後以創立公司般的方式成立；也有由企業、家族甚至個人獨自投資與成立，助其達成慈善目的的企業基金會，這類型的公司通常會將資金委託給基金會管理，也因為仰賴企業資金的支援，以及企業可透過基金會進行社會行銷，因此企業基金會與其母公司或家族也會保有密切關係；基金會組織型態也具有多樣化目的，有文化教育、社會福利、醫療衛生等，當然有些目標領域是有相關聯的，但這也讓基金會的組織目標具有彈性。

而喜馬拉雅基金會在2005年根據臺灣主要的三百家基金會進行調查後，大致將基金會分為兩種型態。一種為「運作型基金會」，此類基金會依據組織使命與目標，來舉辦服務活動或推出各項方案來執行，以專職人員直接傳遞社會福利的主要型態，其活動內容包含演講、研討會、出版書籍、推廣教育活動與提供直接服務、社會倡導等，而組織也會根據目標達成率、成本花費、受惠者滿意程度與方案的影響力，來評估計劃的成果標準。

另外一種為「贊助型基金會」，他們以金錢捐款贊助個人、民間機構或政府單位，協助其進行社會服務為主，通常會策略性地提供贊助經費給予成立目標相符合的組織機構，一般來說不會介入該團體的活動舉辦，只提供財務贊助，但為了評估效益，贊助型基金會依然會考量出資者或董事會的期望是否達標或組織宗旨與使命的達成度、服務對象的滿意度等。

而臺灣有相當數量的基金會是屬於運作型基金會，其與一般的公益組織在實際運作上並沒有太大差別，但其在法律規範上依然不一樣。

千禧龍基金會是由創辦人謝基發先生發起和捐助，並邀集謝彩鳳女士等13位善心人士一起組織，並在行政院青輔會的輔導與協助下，於南投地方法院登記而成立千禧龍青年基金會，成立的宗旨是關懷迷途青少年，輔導他們生活步入正軌，並結合活動將迷途青年帶離毒品、創傷等，使其能夠恢復正常生活；

基金會雖然不像大型企業那樣有龐大規模，但內部各部門機能完善，能使基金會正常運作，而千禧龍是屬於運作型基金會，他們主動承接各項犯罪青少年和中輟生的輔導案，並幫忙訓練他們，強化青少年就業技能，協助他們創業或就業，以此來解決青少年的犯罪問題。

另外，千禧龍基金會背後並沒有龐大企業或家族做爲其金援靠山，也因此他們得自行想辦法確保營運資金，這也讓他們再發現完全只靠政府標案和補助款是不行的，決定轉型搭配社會企業的方式，承接其他企業員工的關懷偏鄉、服務弱勢團體等活動，和獲得一些善心企業團體的委託舉辦關懷社區活動，並在完整的部門工作分配後，以社會企業部門爲金援後盾，讓其他社福部門能專心完成千禧龍基金會的使命。

四、策略變革

千禧龍最一開始跟大部分的基金會或非營利組織一樣，只靠群眾募款或政府標案的補助款來做爲資金來源，並專心在輔導迷途青少年的工作上，但在之後經過金融風暴、和政府政策轉變，他們多次面臨環境快速變化所帶來的重大危機，甚至好幾次發生金錢來源斷絕的悲慘狀況，這其間使得基金會開始難以生存，他們不得不改變其想法，想想究竟該怎麼做才能不偏離他們初衷的情況而存活？

「策略」一詞本是軍事用語，指軍隊的作戰擊潰敵方的計畫；但到了商業領域，這一詞代表著一家企業資源組合的分配方式，是組織能夠有效地運用各項資源往目標邁進的做法，也是讓組織能夠在市場競爭的環境中存活下去並佔有優勢的生存模式。

而原本策略是組織在某一時間點的最佳選擇，但外部環境時常處於變動狀態，也因此隨著環境的變動，組織策略也必須跟著與時俱進；Van de Ven and

Poole（1995）與Rajagopalan & Kelly（1997）認爲隨著時間的推移，企業爲進行策略的改變，會調整組織的狀態和內部資源與外在環境的互動形式，Chrisman, Hofer, and Boulton,（1988）認爲內部資源與外在環境的互動形式改變分爲：(1)企業受環境影響而改變其策略內容；(2)企業對策略內容的更動，像產品定位方向、資源配置等。

企業在整個發展過程中都必須面對不斷在持續變革的市場環境，企業爲了應對這樣的總體環境，就必須不斷改變以存活下來，也就是說，企業要想永續經營，適當的策略變革是必須的；雖然會因爲組織特性、策略方法和外部環境而有差異，但Smith, Grimm, and Gannon,（1992）認爲策略決策通常都含有高風險特性，因爲決策通常會顯著影響公司的內外部資源。

Child（1973）認爲理論上風險無法完全避免，因此掌權者在策略決定跟選擇中扮演重要角色，不論從策略的實施到風險的排除，掌權者都必須負起相對應的責任，至於該如何操作就看最高決策者如何應對，畢竟並不是每一次的決策都一定會是正確的，策略失敗就會帶來極爲龐大的損失，而這一切成敗就端看組織領導者與組織上下，能否有效地利用資源和做出正確的決定。

千禧龍基金會創辦至今也走過了十來個年頭，途中也遇過好幾次的總體環境變遷，而其爲了達到永續發展自然也做了好幾次策略變革，也是靠著如此才能存活至今；當年在創業初期就遇上了席捲全球的亞洲金融危機，當時許多企業在經濟不景氣的狀況下不是裁員就是無薪假，整個社會總體環境實在說不上好，這也因此導致不管是企業、個人還是政府的捐款或補助都開始出現不穩定的狀況，使得千禧龍基金會遇上了財務危機，當時基金會的董事長爲了撐過這個危機並安撫他們，鼓起勇氣拜託全體同仁請他們先自行負擔健保的部分，並保證以自己的商場經驗能帶領大家撐過去，而年度有結餘時會補償給大家，請他們先一起度過這個危機，藉由這種先跟員工「借錢」的策略和他們全體一致的努力，才一起度過這次金融風暴。

之後又發生政府專案補助作業流程的轉變，原本千禧龍除了接受募款外，也有很大一部分的費用是來自招標並執行政府的專案後領取政府的補助款，但因流程改變，使得專案結束後再次招標專案的時間遙遙無期，瞬間使基金會再度陷入財務危機，幸好千禧龍在見光機械的幫助下，決定轉換其策略，增設社會企業的部門，改從事社會企業的服務項目，藉由幫助企業善盡企業社會責任的委託，來賺取能夠讓基金會生存的資金，成功轉變基金會的生存模式，現在除了募集捐款外，也因爲社會企業部門，有了能夠永續發展的收入來源。

五、創業意圖與創業團隊

千禧龍基金會是一群善心人士為了能夠改變那些走入歧途的年輕人而創立的非營利組織，雖然有行政院青輔會的幫助，但他們每個人幾乎都沒有創辦過非營利組織，也不太熟悉輔導迷途青年的困難，導致最一開始被那些年輕人搞得一個頭兩個大，並且狀況百出，甚至萌生過放棄的念頭，可是他們撐了下來，並在最後獲得成功，讓千禧龍基金會有了現在的營運規模，這究竟是如何辦到的呢？

創業（Entrepreneurship）是指開創一個新事業或創新事業的行為（Low & MacMillan, 1998），十九世紀的法國經濟學家賽伊也指出：「創業就是將資源從生產力較低轉移到生產力高的地方」，另外也可以指創業家創造或發現適當的創業機會，並投入資源創造屬於自己的商業模式，總而言之，創業有著各式各樣的模式和定義，但大多指的是從環境中發現市場機會，並在思考運作和積極投資後，由個人或團隊所進行創造的新事業、公司、組織或產業。

每一項創業背後都存在著其意圖或指標，所謂的創業意圖就是指創業行為背後的眞實目的，也就是為了什麼而創業；Ajzen認為意圖能夠使行為者經過內化各種內外部條件影響後，轉為進行特定行為的模式，Ajzen也表示任何經過規劃的行為，都可經由行為者的意圖來進行預測，也因此創業意圖可定義為：行為者經過各種內、外部條件的影響，在思考與理解後，所進行的組織創業行為的關鍵指標。

在創業過程中極為重要的就是創業團隊，目前為人們所熟知的大企業，其大多數都是由兩個或兩個人以上的創業團隊所共同創立與投資，極少數是由個人獨自創立且擁有的。

Kamm, Shuman, Seeger, and Nurick（1990）認為創業團隊是「兩個或兩個以上的個人，投入一定比例的資金，並參與創立過程的團隊，就是創業團隊」，Kamm and Nurick（1993）則認為「一群人經過思考和構想階段，並共同創立公司或組織的人們，就是創業團隊」，而創業團隊都共同參與公司或組織的創立與營運，互相分工和利用自己的專業，來達成組織創立的目標，同時也都有一定程度的組織所有權。

創業團隊的成功因素之中，創業領導者的能力和努力自然也佔了極重的份量，Osborne（1993）認爲新創事業的成功策略在於，創業家與創業團隊能不能運用其工作經驗和能力完成創業必經的過程，像找出未被滿足的市場需求、針對需求開發產品、擬訂財務與行銷計畫、依本身的能力與預期報酬來衡量適當風險及匯集資源展開新事業等，其能力與所創立事業的相關程度越高，創業成功率也會越高；並且創業團隊中應互相合作發揮所長，與其他員工建立良好的合作關係，運用團隊的力量來達成組織目標和提升效能，這些都是創業團隊成功的關鍵因素之一。

千禧龍基金會最一開始的創業原因是當年震驚整個臺灣社會的白曉燕案，當時創辦人謝基發先生感嘆此事件爲了幾名罪犯所浪費的人力和財力等社會資源，並認爲預防罪犯應該從年輕人著手，尤其科技的進步和電玩資訊的傳播，各種日新月異的犯罪手法亦不斷誤導迷途的青少年，爲了改善這些狀況，謝基發先生召集了許多志同道合的同伴，以輔導迷途的青少年爲目標，一起共同創立了千禧龍基金會。

基金會創立之初，許多人對於基金會的運作流程不是很熟，尤其是青輔會的案子或政府單位的標案業務，因此千禧龍是在慢慢摸索和錯誤中找出訣竅的，雖然是第一次創立基金會組織，但創業團隊中也有許多人曾在商場打滾過，因此基金會內可說是五臟俱全，各個重要的營運部門都正常運作，經過一年的摸索也終於步上軌道。

但是在基金會成立第二年，創辦人不幸過世，爲了能早日恢復基金會運作，因此董事會推選出謝彩鳳董事長來負責推動基金會業務，董事長常常要面對這群高關懷青少年及中輟生，可真是狀況不斷，曾有多次想著放棄中輟生輔導工作，甚至產生把千禧龍結束掉或把董事長移交給別人的想法。但是出於關懷人群、安定社會的責任感和目的，以及基金會全體同仁一起努力並成功輔導青少年，才又讓謝董事長能夠繼續拼下去，並帶領基金會從亞洲金融風暴和政府政策轉變的困境中存活下來，也掌握機會創造了千禧龍的社會企業部門，和建設多功能的青年學苑，讓千禧龍基金會能夠朝永續發展的道路不斷邁進；而一些受過輔導並已就業的中輟生也有回來感謝並鼓勵他們，這些對千禧龍的創業團隊來說就是最好的禮物。

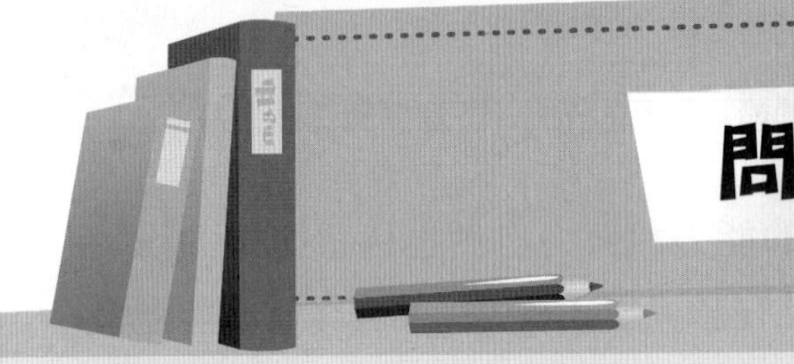

問題與討論

1. 千禧龍基金會應該堅持原來的非營利組織或是往社會企業發展較好，原因是爲何？有哪些寶貴的建議呢？
2. 有許多的非營利組織致力於幫忙政府、社會輔導弱勢族群、中輟生等，照理論上來説社會將會獲得更大進步，或讓這些中輟生會有所表現或有更好的成就，但是事實上我們沒有看到一些更具體的成效，問題出在哪裡呢？
3. 非營利事業單位其創業者最需具備的是哪些條件？要有什麼樣的創業精神？尤其在剛創業之初會遭遇到一些風險與困難，應如何來因應與度過難關呢？
4. 創業者的必備條件有哪些呢？這些條件是先天或後天可以培育的？

資料來源

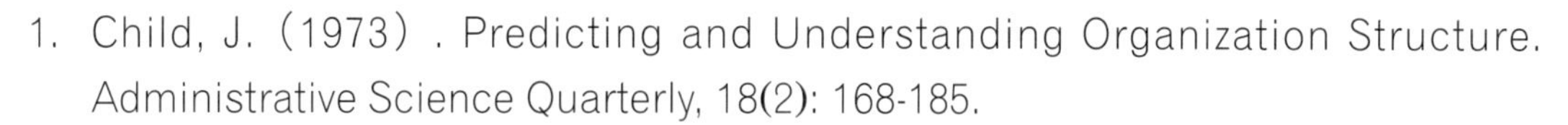

1. Child, J.（1973）. Predicting and Understanding Organization Structure. Administrative Science Quarterly, 18(2): 168-185.
2. Chrisman, J. J., Hofer, C. W. and Boulton, W. R.（1988）. Toward a System for Classifying Business Strategies. The Academy of Management Review, 13(3): 413-428.
3. Kamm, J. B., Shuman, J. C., Seeger, J. A., and Nurick, A. J.（1990）. Entrepreneurial teams in new venture creation: A research agenda. Entrepreneurship Theory and Practice, 14, 7-17.
4. Kamm, J. B. and Nurick, A. J.（1993）. The stages of team venture formation: A decision-making model. Entrepreneurship Theory and Practice, 17, 17-28.
5. Low, M. and MacMillan, I.（1988）. Entrepreneurship: Past research and future challenges,Journal of Management, 35, 139-161.
6. Osborne, R.（1993）. Why entrepreneurs fail: how to avoid the traps, Management Decision, 31(1): 18-21.
7. Rajagopalan, N. and Gretchen M. Spreitzer, G. M.（1997）. Toward a theory of strategic change: A multi-lens perspective and integrative framework. Academy of Management Review, 22(1), 48-79.
8. Smith, K. G., Grimm, C. M., and Gannon, M. J.（1992）. Dynamics of competitive strategy. Thousand Oaks, CA, US: Sage Publications, Inc.
9. Van De Ven, A.H. and Poole, M.S.（1995） Explaining Development and Change in Organizations. Academy of Management Review, 20, 510-540.
10. 許萬龍、曾薏如（2013），突破舊式思維窠臼：探討社會企業的創新價值與經營策略（下），交通大學產學運籌中心。
11. 何佩佳（2017），人格特質、創業團隊、社會資本與創業績效關係之研究。大葉大學企業管理學系碩士班碩士論文。
12. 鄧昀姍（2014），臺灣社會企業發展及法制之研究。國立高雄大學政治法律學系碩士論文。
13. 李宜蓉（2016），社會企業經營模式之研究—以社團法人臺北市行無礙資源推廣協會為例。企業社會責任與社會企業家學術期刊1期P185-202。
14. 鄭琴琴、陳夢（2016），中國社會企業發展及其組織績效的影響因素分析。企業社會責任與社會企業家學術期刊1期P27-51。

資料來源

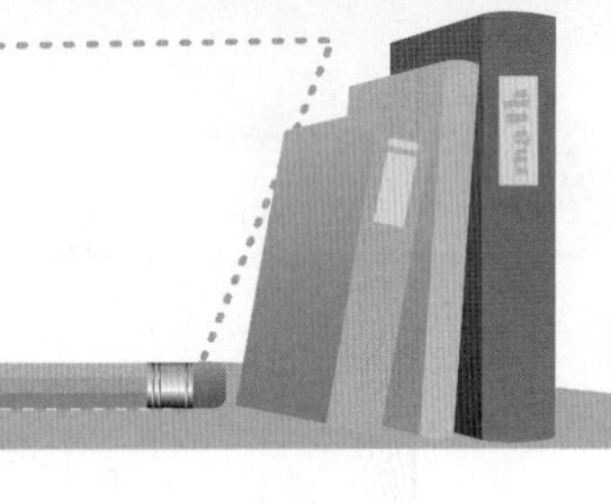

15. 鄧傳璇（2012），企業基金會從事策略性慈善關鍵成功因素之探討－以研華文教基金會與中國信託慈善基金會為例。國立中山大學企業管理學系碩士論文。
16. 官有垣（2000），非營利組織在臺灣的發展：兼論政府對財團法人基金會的法令規範。中國行政評論第10:1卷P75-110。
17. 吳家禎（2016），藝術文化基金會投入藝文領域之研究－以廣藝基金會為例。國立師範大學表演藝術研究所行銷及產業組碩士論文。
18. 楊君琦、郭佳佳、周宗穎、吳宗昇（2010），探索以公益為基礎之新組織經營型態。創業管理研究 5卷2期P1-25。
19. 裔智堯（2016），探索高階團隊特性對策略改變決策品質的影響。國立中興大學企業管理學系碩士學位論文。
20. 林建佑（2014），以策略配適觀點探討環境與智慧資本對策略改變的影響。國立中興大學高階經理人碩士在職專班碩士學位論文。
21. 虹伊（2017），家族企業繼承對策略變革之影響－以臺灣上市公司為例。銘傳大學國際企業學系碩士班碩士論文。
22. 林高仰（2017），以學生創業團隊觀點探討創業輔導計畫：以國立中山大學創業中心為例。國立中山大學資訊管理學系碩士論文。
23. 陳啓賢（2013），創業資源、創業機會、創業導向與創業績效之關係研究。元智大學管理學院經營管理碩士班碩士論文。
24. 林淑馨（2017），非營利組織與政府夥伴關係之析探：以日本為例。公共事務評論6卷1期。
25. 黃浩然、韓文堯、林佳萍、李禮孟（2017），社會企業社會面向初探。輔仁管理評論24卷1期P103-124。
26. 王娟嬑、夏侯欣鵬、胡哲生、蔡淑梨（2011），營利事業經營社會企業之初探。創業管理研究6卷1期P29-54。

個案12

跨足兩岸產業導入資訊系統之規劃模式——以A公司為例

A 公司創立於 1981 年，以公司品牌行銷海內外 30 幾國。公司以專業研發及生產塑膠周邊輔助設備，本著精益求精的精神，將客戶需要與高科技融於一體。公司於 1998 年研發新冷媒系列，致力於環保與經濟並重。於 1999 年通過歐洲 CE 安全認證，符合機器安全規定，讓產品更具競爭力。於 2001 年在中國大陸上海嘉定區南翔鎮設立分公司及行銷服務據點。並於 2007 年增建大里二廠，擴大為客戶服務。產品系列有風冷式、水冷式冰水機、模溫控制機、冷風定型機、工業除露機、散熱水塔等多項產品。為讓產業機械更具生產效率、高節能、高環保，在能源支出高漲時代，致力提升企業競爭力，我們秉持不斷創新及提高品質，並朝人性化全方位滿足客戶的各種需求。

作者：亞洲大學經營管理學系 陳坤成副教授

跨足兩岸之產業當面對引進資訊科技的抉擇時，會針對公司經營策略、經濟、組織、環境、員工接受度等各種因素做全盤性之考量。應用一套有效規劃模式，使產業引進資訊系統時，在有限資源情況下獲得最佳化之結果，以協助跨足兩岸產業達成經營之績效。基於決策過程的客觀性與全面性考量因素，本個案透過定性方式之整合策略規劃（strategic planning）理論、品質機能展開（quality function deployment, QFD），定量方式之準則權重求取之層級程序分析法（analytic hierarchy process, AHP），方案評選排序之TOPSIS（technique for order preference by similarity to ideal solution），並結合群體決策（group decision model）分析，建置一套「跨足兩岸產業導入資訊系統」之規劃模式[1]。

本個案以「A公司[2]」為例，結果以行銷支援資訊系統下的市場資訊提供子系統為最優先考量引進，存貨資訊系統下的貨物配送子系統次之，財務資訊系統下的財務子系統為最後考量。

關鍵詞：資訊系統、層級程序分析法、QFD、SAW（simple additive way）、TOPSIS

12-1 產業背景概述

近年來，由於臺灣產業環境的持續惡化，造成許多產業的加速外移，一般產業經營者面臨目前環境的一大挑戰，即思索繼續留在臺灣或外移到中國大陸及東南亞國家等其它地區。即使產業外移大陸或其它地區，雖然取得短暫的便宜勞動市場，但最終仍然需思考，如何提升產業本身的競爭力為首要課題。因此，應用一套有效規劃模式，使產業引進資訊系統時，在有限資源情況下獲得最佳化之結果，以協助跨足兩岸產業達成經營之績效。所以，本個案以產業界為例，欲建立一套跨足兩岸產業在規劃引進資訊系統之探討[3]；以期達成提升公司之競爭力（Pratt, 1991；屠益民等人，1998）。

本個案整合策略規劃（strategy planning）之理論與品質機能展開（quality function deployment, QFD）之方法，作為跨足兩岸產業可帶來競爭優勢及創造新

1 當臺灣中小企業積極到海外擴展市場，大陸地區是過去企業海外設廠的首選，但隨著環境因素的快速變遷，雖大陸不一定是設廠首選地區，但本個案可適用其他國家地區設廠時引進資訊系統之採用。

2 本個案公司已虛擬化，個案中的人物也經過虛擬化處理。

3 本資訊系統引進規劃模式可適用於一般生產事業、服務產業、科技產業等，由於產業的差異性，一些評估構面、評選準則、導入的資訊系系統評選等項目，可能因地制宜需做調整。

市場利基之考量。再利用準則權重求取之層級程序分析法（analytic hierarchy process, AHP），方案評選排序之TOPSIS（technique for order preference by similarity to ideal solution），並結合群體共識度之群體分析法，與整合決策群體（group decision making）評選之方法，建立一套評估跨足兩岸產業在規劃引進資訊系統之模式。

本個案以「A公司」爲例，藉由本個案之規劃程序，建置一套規劃引進資訊系統之模式，期望能夠帶給產業界，在規劃引進資訊系統時，提供一個務實與適切的規劃模式，進而評選出最佳方案解以作爲決策者在作決策時一重要參考依據。

本個案首先藉由群體腦力激盪法，建立規劃引進資訊系統評估目標階層體系圖（見圖12-2），應用品質機能展開法設計問卷，找出該公司眞正的需求，應用專家訪問法向公司不同層級進行訪談，並求取各評估準則權重。

其次透過訪問該公司高階主管，經彙整後擬定適合「A公司」之經營目標規劃，並選擇較具有發揮成效之三種資訊系統，作爲評估之方案，接著引入模糊理論設計資訊系統績效評估問卷，向十五位公司各關鍵性人員所組成之引進資訊系統規劃小組，進行問卷調查，並運用SAW（simple additive way）法、TOPSIS分析法，進行各方案綜合績效之評估，結果皆符合一致性。

以行銷支援資訊系統下的市場資訊提供系統爲最優先考量，存貨資訊系統下的貨物配送系統次之，依次爲物料管理系統、通路管理系統、會計系統、貨物管理系統、資金規劃系統、產品定價系統與財務系統爲最後考量。

12-2 規劃導入資訊科技策略之剖析

思考規劃引進資訊科技設備時，所需考量之因素非常繁複，譬如：釐訂目標、可能性策略定位、兩岸環境、內部環境、評估準則、方案選擇等諸多因素，針對以上各項考量因素，透過文獻探討與相關參考資料的彙總，編列成爲本個案之考量層面、策略準則、評估準則與評選方案排序等內容之參考依據，詳細內容說明如下：

一、策略規劃

「競爭策略」無論古今、中外在組織運作上，成爲非常重要的管理概念。司徒達賢（1985）提出，策略規劃爲發展有效競爭策略之一套決策和行動。策略規劃是一項管理的運用工具，爲協助企業組織釐定未來之方向，並建立一套計劃支援將來的發展(Kumar, 2002；Lewis, 1989；Drakopoulos, 1999；Wainwright and Waring, 2004)。

除此之外，仍有多位學者也提出類似的看法（Pratt, 1991；屠益民等人，1998）。以比較性的角度切入認爲策略規劃和一般規劃方法之不同，策略規劃爲探究未來的機會，以減少因未來環境變化對其本身所造成之衝擊（Ball, 1991；Palma-dos-ries & Zahedi, 1999）。

沈進清（1993）提出，策略規劃須有一定之程序；其步驟爲企業願景的探討、環境之分析、企業使命之探討、釐訂目標、可行性策略產生、決定策略、執行及評估。並以臺灣一千大製造業爲例，探討策略規劃與資訊策略規劃之關係，及兩者間之連結應用型態對競爭優勢的影響；結果發現，資訊科技策略運作愈積極，策略目標愈容易達成。

徐育民（1997）依總體環境與產業結構分析之內容，歸納到Porter（1985）的SWOT（strengths, weaknesses, opportunities and threats analysis）分析中的外在環境機會與威脅，及現存競爭者的對抗強度與行動電話服務業者價值鏈的傳遞；推導出公司內部優勢、劣勢，並擬定中華電信、民營業者未來發展之競爭策略。

二、品質機能展開法

品質機能展開技術（quality function deployment, QFD）之引進，目的在利用其功能而解決企業所面臨的問題（沈進清，1993）。一般而言QFD以掌握顧客的聲音爲基礎，從顧客需求展開至產品完成所推動的一連串活動。換言之，是將顧客的需求轉換爲預達成之特定目的後，決定產品設計品質，將此與各個機能之品質，乃至各個零件品質或工程要素間之關聯，依序予以有系統做兩兩展開，架構如圖12-1所示（沈進清，1993）。

林文源（1995）曾結合QFD與標竿等兩項技術，發展百貨事業「電腦化策略規劃模式」，主旨爲調查及分析百貨事業內部資訊人員、主管階層和電腦使用者對電腦化的需求特性因素，及探討滿足這些因素的科技與方法。張力元（1995）利用品質機能展開方法和現有管理資訊系統整合，建置一個可分析顧客需求並擬定策略的系統；他以零售業爲實證研究對象，驗證此種方法的確可行。

就資訊系統發展之應用，Zahedi（1995）指出QFD可有效地應用在：(1)反應顧客的需求聲音；(2)整合系統的規劃、設計及實施階段；(3)成爲眾多顧客需求及技術規格間對應關係之知識庫；(4)做爲顧客、技術人員及跨部門單位之間的溝通媒介。黃舒鈴（1997）將品質機能展開與系統規劃工作流程結合，包括整合產品（商品或服務）開發、設計、製造及市場行銷等工作，使產品的確能滿足顧客的需求，再結合後端系統共同發展出的方法論，對企業整體運作流程重新規劃，以改進企業對品質的要求。

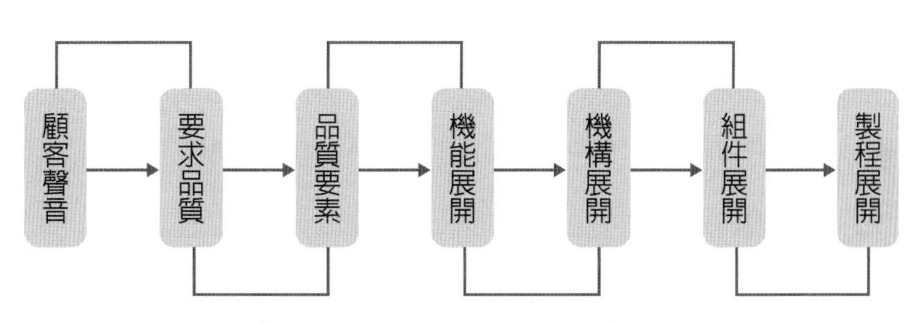

圖12-1　品質機能展開架構圖

三、層級程序分析法

層級程序分析法（AHP）由Saaty教授所發展出來，近年來已廣泛被應用於高層次決策分析問題上。Saaty（1998）在其研究中指出，AHP的應用領域包括：決定優先順序、資源分配、規劃、預測未來風險評估、選擇方案之產生、最佳方案之決策、確認需求、系統設計、確保系統穩定、績效評估、最佳化及解決衝突共十二項。曾國雄與鄧振源（1987a, 1987b）指出AHP處理過程如下：問題界定、層級構建、問卷設計與調查、層級一致性檢定、替代方案的選擇共五個步驟。

陳友忠（1997）針對國內業界經營階層進行訪談，完成國內電腦網路製造業的績效變數及經營要素對績效貢獻度的量化分析及排序工作；以AHP分析我國網路產業的關鍵成功因素，結論皆屬事業本身構面要素，依次爲行銷與售後服務、研究發展的投入、人才的能力與培訓、生產規模與彈性及產品線完整性共計五項。

劉春初（1998）結合AHP與資料包絡（Data Envelopment Analysis, DEA）分析法，並以高雄市各區隊垃圾清運爲例，探討公共部門的效率；期許經由效率的提升，將節省下來的資源，投入到其他部門，以滿足民眾更多的要求及發展政府其它施政目標。

四、一般資訊科技規劃與設計模式

隨著資訊科技的日新月異，企業、政府單位利用IS（information systems），ERP （enterprise resource planning）系統等資訊科技，提供組織內、組織間的資源整合與共享（Davenport,1998；Markus, 2000；Kumar, 2002）。

一般資訊科技的規劃與設計程序考量因素有：(1)企業模式策略；(2)產業趨勢與技術分析；(3)網絡的SWOT分析；(4)資訊科技架構規劃；(5)資訊科技規劃與設計；(6)企業策略調整與轉換規劃；(7)資訊科技導入與維護（Drakopoulos, 1999）。利用技術、系統、策略與組織之四構面對導入整合資訊系統的探討，以提升企業的效能、效率與競爭力（Wainwright and Waring, 2004）。

總之，由以上文獻探討，可發現引進任何一資訊系統必須要有一套完整的規劃模式，並需要一具有競爭力的策略配合，才能使規劃工作獲得最大的預期成效。期望透過本個案之探討，尋求一適合跨足兩岸產業引進資訊系統規劃模式。

12-3 個案剖析評估構面、評估準則權重篩選

爲求取評估構面、評估準則之權重，本個案係採用層級分析法（AHP），Saaty（1998）提出先藉由群體腦力激盪法，建立引進資訊系統之策略規劃目標階層體系，並對各層面、標的與準則詳細定義後，設計成對比較問卷，針對「使用者」、「管理者」、「資訊科技提供者」及「資訊設備維護者」之四組群體進行調查，詳細內容說明如下：

一、個案公司概況簡介

A公司[4]原來爲在臺一家加工廠，成立之初以幫客戶代工爲主，之後在某因素下介入塑膠射出成型產業，早期以射出加工爲主；如電子產品、家用品等塑膠製品的代工。後來在因緣際會下，成爲國內某些股票上市公司電腦週邊設備的供應商。公司經營到民國八零年代初，當時在臺灣有數百位員工，隨後因臺灣工資的飆漲、各種營運成本的增加與上游客戶的外移大陸，迫使「A公司」不得不在幾年前開始前往中國大陸設廠。

剛開始是在深圳設立第一個廠，經過幾年來公司的業務蓬勃發展，已在大陸地區設有數個廠，目前擁有員工數千人。專業從數據機、電腦週邊產品的生產製造者，同時擁有自有品牌及幫國內、外資訊大廠從事OEM、ODM等營業項目。

公司爲多角化的經營與配合時勢所趨，在幾年前開始往光電產品方面作研發，目前有一家子公司在生產數位機、電腦攝影機（PC Camera），並在上海另設一廠專門生產該類產品。目前臺灣營運總部仍保有部分人員，從事一些研發、行政、行銷業務等相關工作。

臺灣總公司負責科技設備引進、公司財務掌控、接單、研發單位與負責國內、外業務的聯繫。目前公司考慮導入資訊系統設備，作爲公司產品行銷、財務規劃、貨物配送與管理，同時提升上、下供應鏈的整合，以使公司的運作更爲順暢，進而能提升公司的競爭力。

二、海峽兩岸外在環境評估

(一) 外在環境之評估

瞬息萬變的外在環境，遠超過企業所能夠提供的產品與服務能力，它左右市場需求的變動，也進而影響企業經營的方向與決策之制訂。尤其海峽兩岸外在環境對企業的影響更是多層面的，本個案以Porter（1985, 1998）所提出的五項競爭力模式來加以探討：

4 個案公司、部分公司情境已虛擬化。

1. 顧客面（即購買者）的交涉力量

(1) 消費者習慣的改變：大陸地區消費者生活水平的提高，消費者越來越要求「物美價廉」的趨勢，而導致公司必須不斷開發精美且便宜的產品來符合客戶需求。

(2) 轉換成本：若購買者在供應商間轉換訂單的成本很低，便處於有利地位。

(3) 資訊的掌握：因資訊流通方便且迅速，消費者容易掌握資訊，所以對於貨品品質和服務的要求也隨之提高。

2. 現有競爭者（同業）的競爭強度

具有生產電腦鍵盤、滑鼠、塑膠製品之國內、外公司，A公司視爲競爭者。

(1) 產業競爭結構：電腦周邊與塑膠產品製造業是屬於一般之產業結構，主要競爭對手有SANSON、OKI等廠家。近年來，大陸內陸廠的崛起造成A公司莫大壓力，而A公司又以電腦周邊產品爲主，爲了因應市場的需求，公司未來必須朝向多角化的經營模式發展。

(2) 產業成長度：公司主要處於中度成長期，因此產業競爭情況相當激烈，爲將來企業的成長著想，進軍大陸內銷市場是該公司經營策略重要之一環。

(3) 產品差異化行銷：公司主要鎖定電腦周邊產品，同時開發高附加價值的產品，尋求差異化行銷，非只一味追求價格戰，行銷人員需具有專業行銷知識和技能。

3. 替代品的壓力

(1) 存有高度替代產品：若其他公司的產品品質或功能優於該公司產品，或是有更便宜價格時，會使消費者（顧客）改變選擇別家產品之決策。

(2) 價格的吸引力：若替代品價格比原有較低，對消費者（顧客）更具吸引力。

(3) 轉換成本：主要指改變產品所需付出的成本，因一般用品使用簡易，所以轉換成本低，顧客轉換之可能性高，替代品壓力相當大。

4. 供應商的交涉力量

(1) 本身之開發能力強：公司對於電腦周邊之產品開發能力相當強，並且對市場的最新動態掌握相當靈活，所以擁有較多的籌碼和供應商議價。

(2) 行銷能力：A公司過去都以代工爲主，在市場行銷經驗較缺乏，對於市場行銷活動上較無法掌握，因此，必須引進資訊科技設備來輔助，以提供外國進口商或經銷商便利之資訊。

(3) 替代品：電腦周邊產品百家爭鳴，目前國內、外有頗多家公司所生產的貨品也趨向於多元化，因此，對公司來說是很大的威脅。

5. 潛在進入者的威脅

(1) 尚未完整的行銷通路：公司成立至今都以射出加工爲主，雖然搭上臺灣經濟成長奇蹟的順風車得以穩定成長，但對於產品的自有品牌與市場的行銷通路上還是相當缺乏，所以新進入者隨時可以突破障礙迎頭趕上，故會形成公司極大的威脅。

(2) 具經營成本的優勢：公司由於自有資金充裕，營運多年至今累積諸多資源，擁有穩定的顧客、供應商、經銷商，故營運成本上擁有較多的優勢。

(3) 資訊科技設備投資：公司目前尚未投入大型資訊科技設備，其它廠家可能早已對資訊科技設備有相當程度的投入，對公司產生莫大之威脅。

(二) 內在環境評估

1. 引進資訊科技設備對公司的影響

不同的資訊科技引用與發展，對不同的組織特性有很大的差異影響，資訊科技引用對公司的影響包含以下幾項：

(1) 行銷支援資訊系統：行銷系統可提供公司正確的市場資訊，增進快速回應，提升顧客之滿意度，拓展兩岸業務。

(2) 財務資訊系統：財務系統可結合一些內、外應收或應付帳款，可以縮短資金週轉期，尤其幫公司在兩岸投資上作中、長期資金之規劃，並提升經營效率。

(3) 存貨資訊系統：存貨資訊系統是用來協助公司兩岸間進貨、銷貨、物料規劃與銷售配送等相關活動之輔助。

(4) 電子郵件（E-mail）與視訊系統：大幅降低與客戶傳遞訊息之通訊費用，如傳眞、電話費等，利用視訊會議可增加兩岸溝通之便利。

(5) 商業自動化設備：利用條碼機將進貨物品之條碼、儲位、品名等資料掃入電腦內，以利商業自動化、新手輕鬆上線與勝任，亦可做即時資訊之確認及提高作業效率。

2. 內部資源分析

每家公司所擁有的資源會有所不同，但礙於資源的有限與充分利用，各個公司莫不以最少資源而獲得最大的經濟效益爲考量。以企業功能性資源角度來看，公司內部資源有：

(1) 行銷資源：公司在國內行銷上相當薄弱，只擁有少數的經銷商針對各電腦周邊賣場或商店作銷售，另在國外行銷上並不盡理想，必須透過貿易商作行銷，因此公司需加強市場行銷業務之擴展。

(2) 生產資源：公司自行擁有射出廠，在一些電腦週邊、塑膠製品等產品，可自行生產，在成本、品質、交期、反應速度上，皆具有其競爭優勢。

(3) 資訊資源：公司在資訊設備方面剛要引進，過去只有一些套裝軟體，因此，在資訊資源方面可說是比較弱的一環，藉由本次的規劃選出最理想的資訊系統，以提升企業的競爭力。

(4) 人力資源：目前員工臺灣數十人，大專學歷佔40%，高中職程度達40%，國中程度達20%（以上針對臺灣員工），大陸員工有數千人。定期舉辦教育訓練、提供團體保險、舉辦康樂活動等，員工任職平均年資都超過五年以上，所以在生產流程與品質管制方面相當駕輕就熟。

(5) 財務資源：成立時資本額爲數百萬元，經過幾十年的營運，公司資產已達某一規模，加上自我資金的比率高，可減少銀行利息之支出。

(三) 目標訂定之探討

目標的訂定，乃經由評估組織內部之優勢與劣勢和外部環境之機會與威脅後，因應組織未來需努力及遵循的方向。經綜合比較其內、外部環境，並與公司高階主管進行訪談後，彙整出：
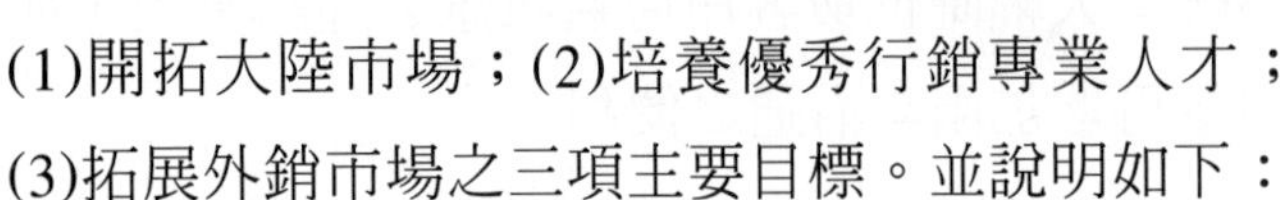
(1)開拓大陸市場；(2)培養優秀行銷專業人才；(3)拓展外銷市場之三項主要目標。並說明如下：

1. **開拓大陸市場**：大陸內銷市場具有廣大的消費人口，將來往大陸內銷市場發展勢必成爲一種趨勢，不只我們看到這項特質，其它國家也早已有觀察到並積極在進行中。因此，盡早到大陸市場卡位，將成爲該公司初期的重要目標之一。

2. **培養優秀行銷專業人才**：二十一世紀將以行銷爲主軸的市場導向時代，誰擁有行銷通路誰便可掌握市場，公司爲能確切掌握市場動態，必須積極培養優秀的行銷人才，來因應整個市場發展所需。

3. **拓展外銷市場**：臺灣地區狹小、人口不多，在消費市場上有一定之極限，以一般量產之產品並非是理想之市場區塊，爲量產之便利與降低固定生產成本，公司必須想辦法積極開拓外銷市場，以彌補內銷市場之空檔。

綜合以上之公司目標，並與公司高階主管研討後，期望藉由引進資訊系統來協助公司達成以上諸項目標，進而能提升公司的競爭力。

12-4 理論探討

一、準則權重求取與群體決策分析方法

本個案係採用層級分析法求取準則權重，首先藉由群體腦力激盪法，建立規劃引進資訊系統評估目標階層體系後，設計成對比較問卷，並針對公司低、中、高階層員工及資訊供應商、設備維護者等群體，每群選三位共十五位關鍵人員進行抽樣調查。

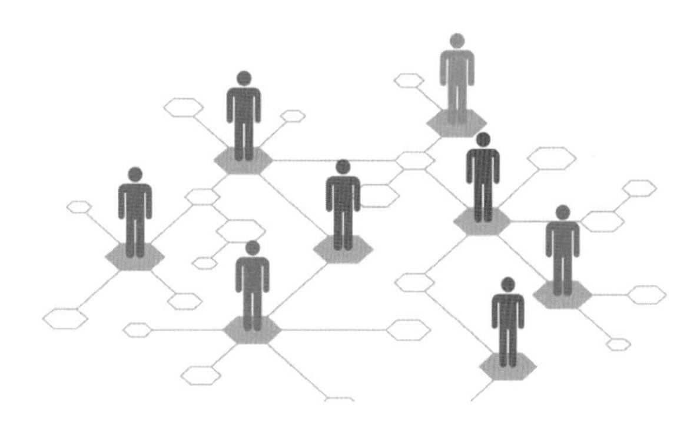

其中低階層者爲目前實際操作電腦之基層員工，爲公司基層之使用者，本個案將歸於「使用層面」，對資訊系統之操作性、維護性、穩定性與功能性最瞭解。而公司之高階人員，本個案將歸於「管理層面」，以管理者的角度評估供應商評價、設備產品口碑、設備成本與設備效率等事項，並兼顧公司整體利益之考量，避免偏差或過度投資之情形發生。

資訊提供商爲資訊科技設備或相關資訊之「資訊提供層面」者，評量資訊提供速度、資訊來源穩定性、資訊正確度等項目，得以兼顧客戶及供應商雙方彼此利益之考量。設備維護者是實際在維護資訊科技設備之工程人員，評量設備維護容易性、維護成本、零件持續供應穩定度、設備品質等事項，本個案將歸於「設備維護層面」，以達資訊科技設備能發揮其最大效能。

並請三位學校教授及業界專家，針對所彙整出之問卷內容作檢視與建議修改，再由以上各群體隨機抽樣到人員塡寫，爲確保受訪者在問卷塡寫前後邏輯一致性，因此採用一致性檢定（一致性指標值採C.I.≦0.1），本個案四個層面C.I.≦0.05，各評估準則C.I.≦0.01，最後再求得評估準則之權重。

此外，爲進一步分析各群體成員對準則權重認知是否有差異，本個案在計算各組成員評估準則權重後，又再分別針對使用者、管理者、資訊提供者與設備維護者之四群體，以算術平均方式整合各群體評估準則權重值，並分析各群體之變異情形，便於瞭解各群體之差異性與共識性。

二、標的階層體系之建立

本個案藉由群體腦力激盪法，將評估資訊系統引進策略所應考量之標的、層面、各項準則與選擇方案建立階層關係圖（如圖12-2），在「引進資訊系統架構」標的下，有四個層面爲本個案所考量，分別爲「使用面」、「管理面」、「資訊科技提供面」及「資訊設備維護面」之四個層面，每個層面下分別有三至四項的評估準則，共有操作性容易、維護性容易、穩定性高、功能性強等共十五個評估準則。

而選擇方案中共三個主資訊系統架構，有行銷支援資訊系統、財務資訊系統及存貨資訊系統，每一資訊系統下又有各三個子系統，如：市場資訊提供系統、產品定價系統、通路資訊系統等共有九個子系統。其中內容主要根據相關文獻、訪談專家學者、公司主管與使用者等所彙整而成之架構圖，以達整體性、完整性之考量。

三、第二層級之四個層面

1. **使用面**：指實際操作資訊科技設備者，因該群人員爲基層之使用者，針對於資訊系統之操作性、維護性、穩定性與功能性等項目作爲評估準則之考量。
2. **管理面**：指公司之中、高階主管與股東，以公司管理者的角度評估供應商評價、設備品牌口碑、設備成本與設備效率等事項，同時兼顧公司整體性之考量，避免有所偏差或過度投資等情形發生，並以能提升公司競爭力爲前提下作評量。

3. **資訊提供面**：指提供資訊科技設備軟體、硬體、諮詢與資訊者，以資訊提供速度、資訊來源穩定性等項目爲評估之準則，兼顧客戶及廠商雙方彼此利益之考量。

4. **設備維護面**：指實際從事資訊設備維修與保養等工作者，該成員爲最瞭解資訊設備的效率、功能、穩定性、可靠性，並以維護容易性、維修成本、零件供應穩定性、設備品質之項目作爲評估的準則，以達資訊設備能發揮其最大效能。

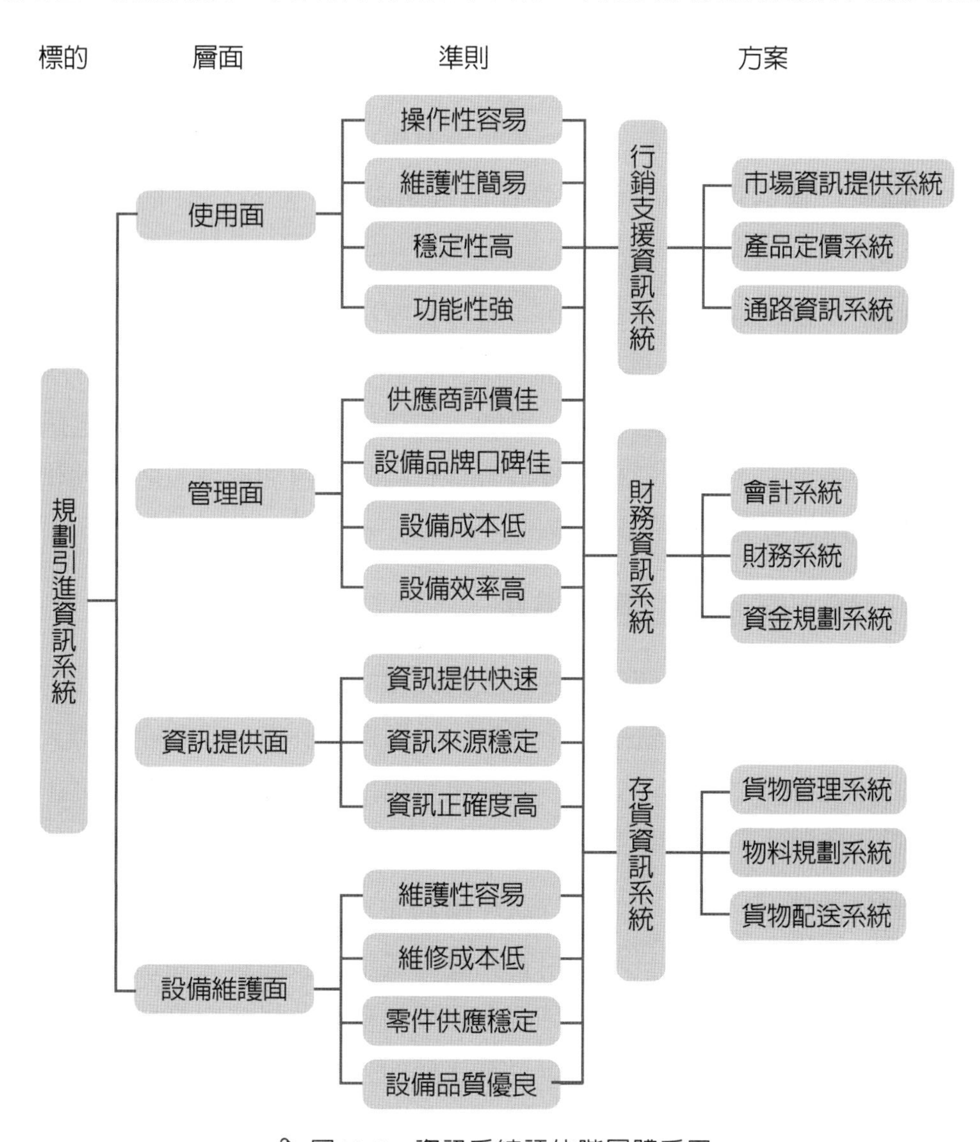

圖12-2　資訊系統評估階層體系圖

四、第三層級下之各評估準則

(一)「使用面」層面下的各項準則

1. **操作性容易**：指電腦操作性必須符合使用者的方便性、簡易性，讓使用者發揮工作效率、減少疲勞之功效。因此，操作簡易化便成爲在評量時一重要指標。

2. **維護性簡易**：使用者非資訊設備專家，對於資訊設備無法非常深入瞭解，同時也沒有高深的電腦專業知識，如果電腦具有維護簡易性，萬一有了故障使用者便可作簡易的維護。如此，不但可提升電腦的使用效能，並可節省維護的資源。

3. **穩定性高**：指資訊系統品質穩定性，一個資訊系統除了應具備功能性要強、操作性容易等特性外，更應具有穩定性佳的品質。如果一個資訊系統時常在出狀況，則無法發揮系統的效率；更會讓使用者喪失對該資訊系統的信心與興趣。因此，擁有一個信賴度高、穩定性佳的資訊設備，必成爲評估的重要因素之一。

4. **功能性強**：指資訊系統所擁有的功能應具有廣泛性與完整性，除具有使用者日常所需功能外，還需擁有將來可能會使用到的功能或機構，可隨時增添及追加。尤其面對變化快速的環境下，可能一些功能及機件，是當初在選購資訊設備時無法考慮到的，所以資訊系統是否具有隨時可追加或增設的彈性化，必然成爲購買者所思考與評估的重要準則之一。

(二)「管理面」層面下的各項準則

1. **供應商評價佳**：所謂供應商即指資訊設備硬體的供應廠商、資訊軟體的服務提供者，一般而言在資訊系統引進策略中，供應商的評價一直爲企業導入資訊系統評估的重要指標之一環，尤其一些資訊設備所花費的成本都相當高，供應商後續的服務持續性、快速與否，都會關係到整體系統的引進成功與否。

2. **設備品牌口碑佳**：一般高單價之資訊設備都非常重視品牌知名度，購買者購買該資訊設備時，可能爲第一次採用資訊設備或購買該品牌之產品。因此，欲購買者必然透過同業間、異業間作品牌信賴度的探訪，以求得採購資訊設備之正確性、適當性，使資訊科技設備與企業作最佳化的結合；進而發揮資訊設備投資之最大綜效。因此，設備品牌口碑佳與否，成爲採購資訊設備重要考量因素之一。

3. **設備成本低**：資訊設備成本，爲企業引進資訊設備時之重要考量因素之一，一般而言資訊設備的有形成本與無形成本都相當昂貴，尤其對產業來說都是一項重大負擔，所以資訊設備的成本必然成爲企業引進設備時之重要評估因素之一。

4. **設備效率高**：產業界引進資訊設備最終的目的在降低人事成本、提高工作效率。因此，企業在引進資訊設備除考量供應商評價、設備品牌口碑、設備成本等因素外，必將設備效率性納入重要考量因素之一。而且資訊設備的效率高與否，直接會影響使用者之情緒與興趣，進一步會影響公司的整體效能與效率。

(三)「資訊提供面」層面下的各項準則

1. **資訊提供快速**：資訊科技設備的引進主要目的在於提升員工作業效率，因此，在資訊提供的速度上必須非常迅速與便捷，一般企業在採用資訊科技設備時，都會將資訊提供速度列入主要考量的因素，所以資訊提供廠商或資訊提供者，應在其所提供資訊速度上作最佳的改善與提升，以符合客戶的需求，進而掌握顧客的忠誠度。因此，資訊提供速度當然成爲資訊系統引進策略評估的要因之一。

2. **資訊來源穩定**：資訊科技的進步非常迅速，並隨時在更新，今日的最新科技設備有可能將成爲明日落後的絆腳石。因此，資訊設備引進後最重要的是，隨時可更新系統或功能，確保原有資訊科技設備的競爭力及特色。所以企業在引進資訊設備時，對於設備之資訊提供的穩定性非常重視。

3. **資訊正確度高**：資訊設備的引進除了考量資訊提供速度、資訊來源穩定性等要素外，如何提升資訊正確度，使資訊科技設備的效率發揮最大化。所以對於提供給廠商的資訊是否擁有高度的正確性，必須隨時檢討與改進，以符合顧客的需求。當然產業在思索引進資訊設備策略時，會將其列入評估的重要因素之一。

(四)「設備維護面」層面下的各項準則

1. **維護性容易**：一般使用資訊設備經常性發生的問題，可分爲操作性、設備本身及新功能不明瞭等問題。如果這些問題點可以透過教導或維護手冊，讓使用者可以輕易上手作維護，不但可以節省很多維護人力，並可提升使用者對機器設備的興趣及學習能力，進而改善使用者對資訊設備的排斥感。

2. **維護成本低**：由於微利的時代已來臨，一般產業的高獲利時代已消失，因此，產業無時無刻莫不想辦法節省成本與提升效率，而資訊科技設備的維護成本也占一般費用的重要項目之一，所以如何降低資訊科技設備之維護成本，必成爲產業界評估資訊系統引進策略的重要考量因素之一。

3. **零件供應穩定**：資訊系統引進後，因機器故障的發生、功能的更新等情形，而需要換零件的情形勢必經常發生，所以如何保有零件供應的穩定性可說非常重要，所以資訊設備供應商如提供設備維護者穩定的零件，成爲一項非常重要的課題。產業在引進資訊科技設備時，必將零件供應穩定性納入重要考量因素之一。

4. **設備品質優良**：資訊設備除維護性容易、維護成本低及零件供應穩定外，另一項重要考量因素即設備本身的品質是否優良，如果資訊設備的本身品質不優良，雖然具備有以上三項的優勢條件，而機器經常性的出問題，那麼也會讓使用者卻步，當然企業老闆也不會考慮繼續採用該設備。因此，資訊設備的品質優良與否，將成爲重要考量因素之一。

五、第四層級下之各評估方案

經過上面各評估準則的詳細說明後，接下來將進行各方案的評估，而本個案各方案細項之決定乃透過對「A公司」之行銷主管、財務主管、總管理處、總經理室及供應商等單位之主管作訪談，彙整群體意見及與學者專家討論後所擬定之方案，共有行銷支援資訊、財務資訊、存貨資訊之三大資訊系統。同時，在每一個主系統下皆有三個子系統；如行銷支援資訊系統下有市場資訊提供、產品定價、通路資訊之三子系統。財務資訊系統下有會計、財務、資金規劃之三子系統。而存貨資訊系統下有貨物管理、物料規劃、貨物配送之三個子系統，其它有關各系統的功能說明如下：

六、行銷支援資訊系統

行銷支援資訊系統即是輔助產品定價、產品行銷、市場開拓及通路管理等相關活動之資訊系統，其中包含了三個子系統：

1. **市場資訊提供系統**：由於市場的環境瞬息萬變，如何正確掌握市場的訊息，便成爲市場經營成功與否的關鍵因素，尤其身爲市場行銷之中、高階主管，對於市場動態與資訊需求非常渴望。而市場資訊系統正好可提供相關市場資訊；包括同業間、異業間及其它相關產業等市場資訊服務，以利行銷人員與主管作行銷決策時之參考。

2. **產品定價系統**：提供產品定價的模式、準則、同類型產品相關資訊等服務，尤其是新產品在推上市之前必須有一合理的定價系統，譬如：產品定價太低可能會影響爾後公司的獲利情形，但如定價太高可能直接或間接影響該產品往後的銷售績效。因此，新產品的定價可說非常重要，透過產品定價系統的詳細分析將可得到一個適當與合理的定價，如此，不只可以提升公司銷售業績，並且讓公司可獲得合理的銷售利潤。

3. **通路資訊系統**：由於市場競爭日益激烈，以往生產導向的時代已成過去式，轉而以消費者爲導向，在以顧客爲導向的環境下，如何便利顧客與提升服務顧客的品質，便成爲非常重要之關鍵因素。因此，行銷通路即成爲市場經營成敗的決戰點。所以如何管理行銷通路更顯得重要，而通路資訊系統便可以提供各經銷商、代理商、賣場及配銷網路等銷售資訊服務。

七、財務資訊系統

財務資訊系統是用來輔助公司短期資金、長期資金與資金規劃等相關財務規劃之輔助，其中包含了三個子系統：

1. **會計系統**：會計爲公司經常性之結構化工作，雖然工作困難度不高但一些繁瑣的細節需要龐大的人力資源，何況會計爲公司的基本進出入帳，每一項目都必須非常清楚，不可有因人爲的疏忽而發生錯誤情形，而且因會計工作的繁雜，很容易造成工作人員的疲憊。因此，會計系統正可幫人處理公司會計、出納等相關出入帳細項，並隨時可提供相關人員所需之會計資訊。

2. **財務系統**：生產、行銷、人力資源、研發、財務爲企業日常運作之五大要素，由此可見財務的管理與規劃，和公司的發展及永續經營息息相關，一家財務建全的公司自然而然可獲得好的信譽，對於公司的永續經營有正相關，相對一家財務不建全的公司可能無法獲得市場上的好評，更無法適時獲得銀行的奧援；也無法獲得上、下產業間的信任，勢必造成該企業在經營上極大的困難。因此，如何管理好公司財務，進而將公司財務資源規劃作最佳化，便成爲公司財務主管首要之任務，而財務系統即可提供公司營運、財務規劃與公司財務管理等相關資訊服務。

3. **資金規劃系統**：資金可謂公司營運極重要的必備條件之一，如果將公司譬喻爲一個人；那麼資金即是人的血液，一個人如果缺乏血液則健康上必遭受到嚴酷的考驗，相對的，一家公司如果資金不足也很容易造成失血，可見資金管理對公司來說極爲重要。而資金又可分爲短期資金、長期資金，短期與長期資金如規劃運用得宜，不但可發揮公司資金的最大綜效，同時也可讓公司經營順利，獲利相對提升。而資金規劃系統便可提供公司作短期資金、長期資金與財務規劃等工作，進一步提供財務主管資金規劃相關資訊服務。

八、存貨資訊系統

存貨資訊系統是用來協助公司進貨、銷貨、物料規劃與貨品銷售配送等相關活動之輔助，其中包含了三個子系統：

1. **貨物管理系統**：經營企業就像一場嚴酷的長期戰，如果將市場行銷譬喻爲作戰的前鋒部隊，那麼貨物管理即爲後勤支援部隊，一場成功的戰役必須後勤支援與前線部隊密切配合才能屢建奇功。如何將貨品適時提供顧客所需，已成爲近代供應鏈所討論的熱門話題，管理好公司的貨品庫存量，不只可提升供貨速度與顧客的滿意度，進而可降低公司的庫存壓力，並改善公司財務結構。而貨物管理系統將可幫公司管理進貨、銷貨、存貨等工作，進一步可提供行銷人員正確貨品庫存量等相關資訊服務，讓行銷人員作最有利的行銷。

2. **物料規劃系統**：物料規劃在生產流程中佔有相當重要之地位，正確的物料規劃不但可節省生產成本，並可提升生產效率與品質。反之不適確的物料規劃不只會造成生產進度的落後，更會直接影響員工士氣、產品品質及增加額外的生產成本。因此，如何掌握物料的正確規劃、及時的供應生產線所需、配合前線業務的銷售情況，必需有一套完整的資訊系統來提供所需，而物料規劃系統正可提供物料的採購、品管、儲存與上線等相關物料資訊服務。

3. **貨物配送系統**：銷售系統中除了先期的業務推廣外，再接下來即如何將貨品快速送達客戶手中，因此在快速回應系統中貨物的配送佔有非常重要之地位，如何將正確貨品、在正確時間、安全的送達正確客戶手中，這是完整顧客服務的其中一環，更是提升顧客滿意度的不二法門。所以已有許多學者專家在研究，如何將適當的產品、適時、適地、依銷售的需求作貨物配送，而貨物配送系統正可提供貨品配送等相關資訊服務，譬如：車輛分派、到貨時間、送貨成本等相關資訊，以提升顧客滿意度與公司形象，進而降低公司營運成本。

九、準則權重評估結果分析

利用AHP分析法分別求取「使用者」、「管理者」、「資訊提供者」及「設備維護者」之四種不同層面對於標的與各準則之權重，以各層面之變異係數代表成員之共識度，變異係數越小者，其共識度越高，結果如表12-1、12-2所示說明如下：

(一) 引進資訊系統架構

分析結果發現該公司成員比較重視「資訊提供層面」平均權重爲（0.302）、依次爲「使用層面」（0.299）、「管理層面」（0.243）及「設備維護層面」（0.156）之重視程度（見表12-1），而以層面觀點來看，整體準則平均權重也是比較重視「資訊提供層面」，平均權重爲（0.101），依序爲「使用層面」（0.075）、「管理層面」（0.061）及「設備維護層面」（0.039）之重視程度（見表12-2）。

由以上兩種不同角度來評估跨足兩岸產業在規劃引進資訊系統架構下所重視的層面程度，都獲得一致性的結果，以「資訊提供層面」爲最受重視。由此可驗證，產業在資訊科技設備的導入成功與否，與資訊供應商息息相關，尤其跨足兩岸企業在資訊設備導入後，在兩岸如何獲得快速的售後服務工作更爲重要，譬如：軟體的更新、零件的提供、教育訓練及新資訊的提供等工作，並非公司本身所能掌握的，由研究資料發現「A公司」爲一非常務實的公司。

再依序爲「使用層面」、「管理層面」及「設備維護層面」之層面，由此也可見該公司除了首先重視「資訊提供層面」外，也相當重視「使用層面」，兩者只有些微的差異（見表12-1）。

共識度方面以「資訊提供層面」變異係數（0.490）爲最佳，而以層面觀點來看整體準則變異係數也是以「資訊提供層面」變異系數（0.664）爲最佳，其它層面「使用層面」、「管理層面」及「設備維護層面」的變異係數爲0.654、0.693及0.505。由於當初本個案所設計的問卷調查對象，以行銷部門、財務部門、資訊部門、總經理室及資訊設備供應商等不同單位之重要關鍵人員，因爲他們所處的工作角色與所負擔的職責有差異性，可能會影響他們的感觀認知，所以在資料分析上發現受測者對於四種不同層面的認知上有顯著的差異。

表12-1　四種不同層面權重彙總表

項目 層面	平均權重	標準差	變異數	變異係數
使用層面	0.299	0.195	0.038	0.654
管理層面	0.243	0.168	0.028	0.693
資訊提供層面	0.302	0.148	0.022	0.490
設備維護層面	0.156	0.079	0.006	0.505

所以本個案只是藉由「A公司」的案例探討，作爲建立資訊系統規劃模式的驗證，並期望藉由案例的實作而來驗證該資訊系統規劃模式的可行性，經由規劃引進資訊系統之模式，所評選出最受重視的評估層面，也得到合理性的驗證結果。因此，該規劃引進資訊系統之模式，可作爲其它相關產業在引進資訊科技設備時參考之用。

(二) 資訊系統引進策略之各評估準則

本個案透過與A公司各高階主管訪談，以群體決策模式並利用群體腦力激盪方式列出最客觀之評估準則，同時請教學者專家之意見後，再彙總出操作性容易、維護性簡易、穩定性高、功能性強、供應商評價佳、設備品牌口碑佳、設備成本低、設備效率高、資訊提供快速、資訊來源穩定、資訊正確度高、維護性容易、維護成本低、零件供應穩定及設備品質優良共十五項評估準則。

就單項評估準則而言，以使用層面考量之「穩定性高」評量最受到重視，其平均權重爲（0.124），資訊提供層面的「資訊正確度高」（0.114）評價準則爲次之，同層面的「資訊來源穩定」（0.108）準則爲第三受重視程度，其它依次序爲使用層面的「操作容易」（0.088）、管理層面的「設備品牌口碑佳」（0.085）、資訊提供層面的「資訊提供快速」（0.080）及設備維護層面的「維護性容易」之平均權重（0.027）爲最不受重視（詳細資料見表12-2）。

由資料分析中發現受測者，一致性認爲以使用層面的「穩定性高」爲最重要的考量因素，該點的評估考量非常符合實際現況的需求，因爲資訊設備爲公司的日常性操作機器，設備的穩定性是否良好非常重要。穩定性良好與否會直接影響到使用者的效率、間接也會對員工的使用興趣與士氣有所影響。所以如何保有一穩定性良好的資訊系統是最重要的考量因素。其次就是資訊提供面的「資訊正確度高」與「資訊來源穩定」兩項評估準則，列爲次優先及第三優先之考量因素。

本個案經實際案例之探討，彙集出一套引進資訊系統規劃模式的評估準則，該評估準則之內容可能會隨著不同公司或不同產業別，而會產生不同的評估準則，但其步驟與模式是有一規則性可循。因此，藉由本個案的探討期望尋求一個可遵循的評估模式，作爲相關產業在規劃引進資訊科技設備之參考。

表12-2 各準則平均權重及依層面觀點整體準則平均權重彙總表

層面	準則（項目）	平均權重	標準差	變異數	變異係數	以層面觀點探討整體準則權重		
						平均權重	標準差	變異係數
使用層面	操作性容易	0.088 (4)	0.073	0.0053	0.8328	0.075 (2)	0.0710	0.9530
	維護性簡易	0.049 (11)	0.044	0.0019	0.8912			
	穩定性高	0.124 (1)	0.087	0.0076	0.7058			
	功能性強	0.039 (13)	0.030	0.0009	0.7853			
管理層面	供應商評價佳	0.052 (9)	0.034	0.0012	0.6646	0.061 (3)	0.0525	0.8651
	設備品牌口碑佳	0.085 (5)	0.075	0.0056	0.8847			
	設備成本低	0.053 (8)	0.044	0.0019	0.8262			
	設備效率高	0.054 (7)	0.040	0.0016	0.7419			
資訊提供層面	資訊提供快速	0.080 (6)	0.075	0.0056	0.9264	0.101 (1)	0.0668	0.6640
	資訊來源穩定	0.108 (3)	0.046	0.0021	0.4236			
	資訊正確度高	0.114 (2)	0.072	0.0051	0.6293			
設備維護層面	維護性容易	0.027 (15)	0.017	0.0003	0.6434	0.039 (4)	0.0306	0.7839
	維護成本低	0.031 (14)	0.034	0.0011	1.0904			
	零件供應穩定	0.051 (10)	0.027	0.0007	0.5178			
	設備品質優良	0.047 (12)	0.034	0.0012	0.7316			

註：括號內之數字表示重視程度之排序順序，如：(1)為第一重視。

(三) 方案評估與篩選流程

由於產業競爭日益激烈，即使留在臺灣的產業也面臨從大陸、東南亞等地區進口之廉價產品所衝擊。所以，業者是否能適時引進適確的資訊科技設備；來輔助公司提升競爭力，是一項經營成功與否之關鍵性因素。本個案以「A企業公司」做爲SWOT分析、AHP及QFD整合性應用之探討案例，進行流程採用沈進清（1993）之建議，六步驟：

1. **探討企業之願景**：針對公司作背景的瞭解與探討，進一步訪談經營者經營理念與公司願景，使得在引進資訊設備方案選擇時能適確地配合公司願景。
2. **內在環境之評估**：瞭解公司組織內部擁有之資源、資訊技術及各種人力結構等情形，作到眞正能掌握公司內部資源，以期將來資訊科技設備導入時能與公司資源作最有效的結合，使資訊設備的效率及效能發揮最大之綜效。
3. **外在環境之評估**：利用Porter（1985）五力分析作外在環境分析與評估，並瞭解公司的優勢、弱點、威脅及機會等因素在哪裡，善用資訊科技優勢；補強公司的弱勢，以期使企業外在環境的改善，確保公司最有利的競爭位置，進一步善用資訊科技來排除外界環境的威脅，並可即時掌握住外在環境的有利商機。
4. **探討企業標的**：經由公司主管訪談而確立組織之首要標的，爲引進資訊科技設備進一步規劃，以利建立後續的系統架構圖。
5. **選擇適當之評估準則策略以達成組織標的**：好的準則策略對工作效率有直接的效益，不好的準則策略對評估資訊科技設備工作也會有不利的影響。因此，選擇適當的準則策略對公司標的達成有正相關。
6. **引進適當之資訊科技設備**：依上述的分析結果並配合公司的發展需求，彙集成三大資訊系統與九個子系統，再由前項所歸納出的評估準則策略，作進一步的分析及彙總，進而篩選出最佳的資訊系統方案。

本個案中，1至3步驟乃以較廣泛性與全面性的角度，收集相關資料、彙集及整理分析，並根據「A公司」之SWOT分析作細部調整。而步驟4至6藉由兩個QFD表的應用，可清楚瞭解相關之轉換過程（見圖12-3所示）。

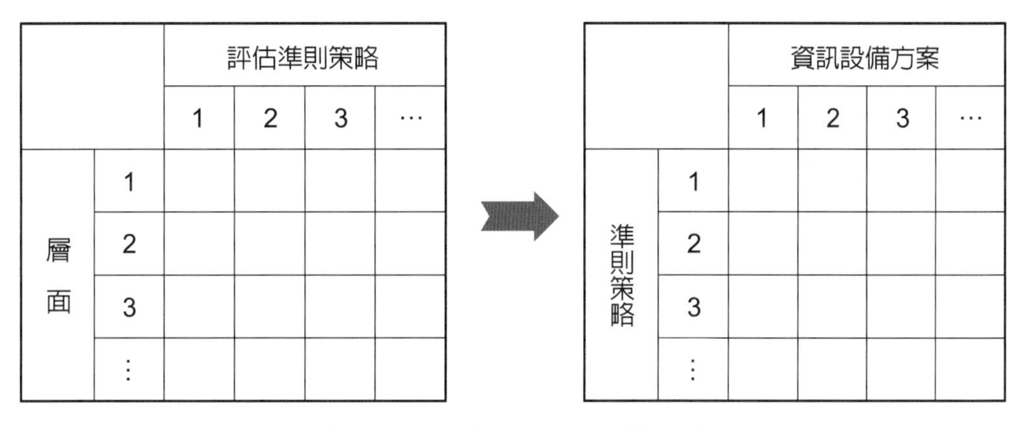

圖12-3　應用QFD表之轉換圖

各個表內的相關數據，均應用AHP法綜合問卷意見所得，經過層層成對比較與轉換後，在層面及準則策略明確下，可清晰分析「A公司」對各個資訊科技設備需求之優先順序。最後，將分析所得結果再與SAW、TOPSIS分析法所得結果，做彙總比較。

十、方案績效評估與最佳方案選取

評選方案程序產生後，隨即進行方案績效評估與最佳方案選取，選定資訊科技領域幾位學者專家組成評估小組，並設計問卷進行調查，並利用SAW法與TOPSIS法評選出最佳方案，詳細過程如下說明：

(一) 問卷設計與方案績效值之處理

本個案在進行問卷設計時，爲考量在有限資源限制下及避免引進錯誤的資訊系統。因此，規劃過程所找成員都是在「使用者」、「管理者」、「資訊提供者」與「設備維護者」之四個層面的專家。分別在個別專業領域內，針對各領域之專業準則項、各規劃方案、未來可能產生效果之績效值作主觀認知。

因此，引入模糊理論隸屬函數之語意尺度作轉換處理，處理方式是將具有模糊特性的資料轉爲模糊數。再根據Chen & Hwang（1992）所提出模糊多屬性決策之方法，利用模糊數F之右評點值$\mu_R(F)$與左評點值$\mu_L(F)$，計算模糊數之總得點值$\mu_T(F)$，將模糊數轉爲明確值。

將方案績效值評價採用極高、稍高、中等、稍低與極低共五個等級之語意變數，並提供受訪者二種語意變數隸屬函數，一爲本個案所預設之語意變數隸屬函數，同時受訪者也可以自行定義符合本身之語意變數隸屬函數，以期精確獲得受訪者對方案績效的評價，至於模糊數轉爲明確之計算方式說明如下：

(1) 定義方案i準則j之模糊最大化（fuzzy maximum）與模糊最小化（fuzzy minimum）

$$\mu_{\max}(\chi_{ij}) = \begin{cases} \chi_{ij}, & 0 \le \chi_{ij} \le 1 \\ 0, & otherwise \end{cases} \quad (1)$$

$$\mu_{\min}(\chi_{ij}) = \begin{cases} 1-\chi_{ij}, & 0 \le \chi_{ij} \le 1 \\ 0, & otherwise \end{cases} \quad (2)$$

(2) 計算方案i準則j下模糊數F_{ij}之左右評點值

$$\mu_R(F_{ij}) = \sup_{\chi_{ij}}\left[\mu_F(\chi_{ij}) \Lambda\, \mu_{\max}(\chi_{ij})\right] \quad (3)$$

$$\mu_L(F_{ij}) = \sup_{\chi_{ij}}\left[\mu_F(\chi_{ij}) \Lambda\, \mu_{\min}(\chi_{ij})\right] \quad (4)$$

註：$a \Lambda b = \min(a, b)$

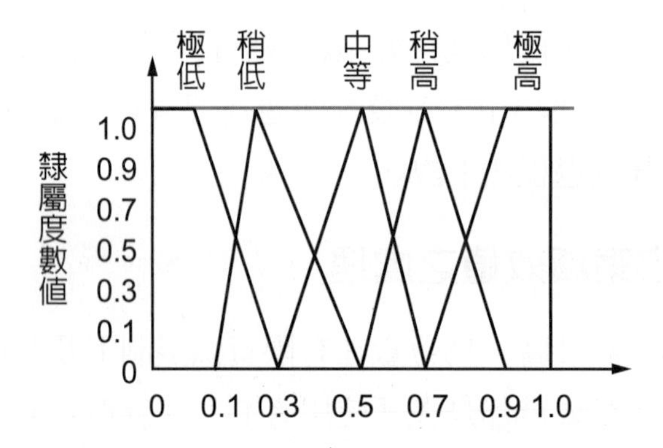

圖12-4　預設語意變數之隸屬函數

(3) 計算方案i準則j下模糊數F_{ij}之總評點值

$$\mu_T(F_{ij}) = \frac{\left[\mu_R(F_{ij}) - \mu_L(F_{ij}) + 1\right]}{2} \quad (5)$$

經由上述方式將本個案所採五個等級之語意變數隸屬函數轉成明確值，各方案績效值經正規化爲0～1之尺度與李斯特五點尺度對應值(見表12-3)，將各方案下的評估準則之模糊數轉成量化評點值，再結合前述求取各準則之權重，即可得到各方案在各準則下之SAW法績效值，其運算方式如下所述：

$$P_{ij} = w_f \times \mu_T(F_{ij}) \quad (6)$$

p_{ij}：方案i準則j下之績效值

w_j：決策群體給予評估準則j之權重

$\mu_T(F_{ij})$：方案i準則j下模糊數F_{ij}之總評點值

表12-3　五等級語意變數對應之評點值

語意變值	三角模糊平均數	解模糊數值	正規化後值	SAW評點值
極　高	(72.9, 87.5, 100)	86.8	0.868	5
稍　高	(60 , 74.2, 88.3)	74.2	0.742	4
中　等	(44.6, 58.3, 74.2)	59.0	0.590	3
稍　低	(29.2, 42.5, 58.8)	43.5	0.435	2
極　低	(12.9, 25 , 40.4)	26.1	0.261	1

(二) 方案選擇排序

透過上面的運算公式，首先求出各個資訊下之子系統SAW值，同時作SAW值的方案選擇的排序，並把語意變數的評點值結合SAW值後的數據作方案選擇排序的另一種參考，詳細情形如表12-4所示。

表12-4　各方案SAW法與綜合評點值後之排序

各方案與排序 / 各子系統	SAW法評點值	SAW法排序	整體SAW平均值	綜合評點值	綜合排序	整體綜合評點值
A1.(行銷-市場資訊提供系統)	3.837	(1)	(1) 3.702	0.657	(1)	(1) 0.639
A2.(行銷-產品定價系統)	3.554	(8)		0.623	(8)	
A3.(行銷-通路資訊系統)	3.715	(3)		0.638	(4)	
B1.(財務-會計系統)	3.636	(5)	(3) 3.590	0.633	(5)	(3) 0.623
B2.(財務-財務系統)	3.533	(9)		0.610	(9)	
B3.(財務-資金規劃系統)	3.600	(7)		0.627	(7)	
C1.(存貨-貨物管理系統)	3.608	(6)	(2) 3.685	0.633	(6)	(2) 0.643
C2.(存貨-物料管理系統)	3.687	(4)		0.643	(3)	
C3.(存貨-貨物配送系統)	3.760	(2)		0.653	(2)	

註：括號內的數字表示排序順序，如：(1)為第一優先次序。

經SAW法計算與彙整後，由資料分析結果發現以三大資訊系統角度觀之，以行銷支援資訊系統SAW整體平均值（3.702）爲最高，即最優先考量引進之資訊系統；其次爲存貨資訊系統SAW整體平均值（3.685）爲次之，及財務資訊系統SAW整體平均值（3.590）爲最低。而結合語意模糊隸屬函數值後的結果，其排序爲行銷支援資訊系統整體綜合評點值（0.639）爲最高，即爲最優先考量引進之資訊系統；存貨資訊系統整體綜合評點值（0.643）爲次之，即第二優先考量引進之資訊系統；財務資訊系統整體綜合評點值（0.623）爲最低，即最後考量引進之資訊系統。

但以各個資訊子系統之角度作評估，由研究資料發現利用SAW法分析，以市場資訊提供系統（3.837）爲最高，即最優先考量引進之資訊子系統；其次爲貨物配送系統（3.760）爲次之，即第二優先考量引進之資訊子系統；財務系統（3.533）爲最低，即最後考量引進之資訊子系統。

而結合語意模糊隸屬函數值後的結果，也同樣以市場資訊提供系統（0.657）爲最高，即最優先考量引進之資訊子系統；貨物配送系統（0.653）爲次之，即第二優先考量引進之資訊子系統；財務系統（0.610）爲最低，即最後考量引進之資訊子系統。

而以SAW法與結合語意模糊隸屬函數評點值兩種方法評估結果作比較，方案選擇優先順序排列，只有通路資訊系統（3.715, 0.638）及貨物管理系統（3.687, 0.643）兩資訊子系統有所差異，而且相差數據非常小，其它各資訊子系統方案選擇排序皆獲得一致的結果。因此，可驗證兩種分析方法所評估的結果有一致性，其餘各資訊子系統的數值與方案選擇排序詳細資料請參照表12-4。

(三) 方案選擇排序之TOPSIS法

求取各方案在不同評估準則下之績效值（見表12-5），並結合AHP法分析所得之準則權重，即可進行方案選擇決策之排序，本個案採用Hwang及Yoon（1981）所發展之TOPSIS法，進行方案決策之績效值與排序。此法之觀念在於最佳方案應爲距離正理想解最近，而且距負理想解爲最遠，詳細如下說明。

圖表12-5　九個系統方案與十五個評估準則對應績效值

評估準則＼方案績效值	A1. 市場資訊提供系統	A2. 產品定價系統	A3. 通路資訊系統	B1. 會計系統	B2. 財務系統	B3. 資金規劃系統	C1. 貨物管理系統	C2. 物料管理系統	C3. 貨物配送系統	PIS 最佳值	NIS 最差值
操作性容易	0.767	0.699	0.725	0.749	0.736	0.757	0.775	0.775	0.778	0.778	0.699
維護性簡易	0.689	0.693	0.650	0.697	0.692	0.683	0.681	0.672	0.710	0.710	0.650
穩定性高	0.772	0.706	0.733	0.758	0.742	0.731	0.706	0.714	0.760	0.772	0.706
功能性強	0.710	0.724	0.676	0.667	0.715	0.704	0.718	0.729	0.742	0.742	0.667
供商評價佳	0.583	0.653	0.643	0.635	0.589	0.622	0.625	0.661	0.692	0.692	0.583
設備品牌口碑	0.672	0.594	0.638	0.610	0.614	0.636	0.650	0.643	0.658	0.672	0.594
設備成本低	0.694	0.672	0.681	0.686	0.693	0.663	0.721	0.736	0.665	0.736	0.663
設備效率高	0.721	0.713	0.717	0.756	0.675	0.732	0.726	0.718	0.732	0.756	0.675
資訊提供快速	0.664	0.725	0.742	0.693	0.642	0.692	0.693	0.732	0.697	0.742	0.642
資訊來源穩定	0.735	0.667	0.721	0.721	0.693	0.724	0.699	0.685	0.718	0.735	0.667
資訊正確度高	0.742	0.760	0.758	0.753	0.758	0.722	0.719	0.736	0.711	0.760	0.711
維護性容易	0.682	0.708	0.721	0.679	0.688	0.690	0.719	0.699	0.708	0.721	0.679
維修成本低	0.694	0.638	0.710	0.664	0.650	0.713	0.724	0.731	0.699	0.731	0.638
零件供應穩定	0.663	0.679	0.696	0.693	0.668	0.628	0.665	0.638	0.704	0.704	0.628
設備品質優良	0.757	0.711	0.763	0.692	0.719	0.708	0.708	0.711	0.721	0.763	0.692

Hwang and Yoon（1981）發表的TOPSIS（technique for order preference by similarity to ideal solution）是在尋找與「正理想解（positive ideal solution, PIS）距離最近，及與「負理想解（negative ideal solution, NIS）距離最遠的最佳方案解。可針對不同問題點，在計算各方案之*PIS*及*NIS*的最佳距離時，可依發展出的Minkowski's *Lp* metric，針對不同問題採用不同的距離計算方式。

例如：若要選擇在各個評估準則下，都有最佳績效表現之最佳方案時（majority rule），可令Minkowski's *Lp* metric的$p = 1$，但若要選擇在各個評估準則下，所有績效表現都不是最差的方案時（minimum individual regret of opponent），可令Minkowski's *Lp* metric的$p = \infty$。

因此，針對不同評估準則的重要性，TOPSIS在計算各方案之*PIS*及*NIS*的距離時，可結合AHP所得之權重。因此，本個案應用TOPSIS多目標規劃法依該公司的特質與需求，評選出最佳的資訊系統方案，作爲該公司規劃引進資訊科技設備考量時之參考。

(四) 利用TOPSIS法作選擇方案之排序

TOPSIS之觀念，在於求最佳之方案時：應距離正理想解爲最近，且距負理想解爲最遠，假設有*n*個方案，*j*個評估準則其分析步驟如下：

(1) 求取方案*i*在準則*j*之績效値p_{ij}

(2) 決定準則*j*之理想解p_j^+與負理想解p_j^-

$$p_j^+ = \max p_{ij} \qquad p_j^- = \min p_{ij}$$

(3) 分別計算方案*i*距正理想解s_i^+值與負理想解s_i^-值之距離。

$$s_i^+ = \left\{ \sum_{i=1}^{j} \left(p_{ij} - p_j^+ \right)^2 \right\}^{1/2} \text{，} i = 1, 2, \cdots, n \qquad (7)$$

$$s_i^- = \left\{ \sum_{i=1}^{j} \left(p_{ij} - p_j^- \right)^2 \right\}^{1/2} \text{，} i = 1, 2, \cdots, n \qquad (8)$$

方案排序s_i^+值離ideal point越近越好，表示該方案越佳；s_i^-值離ideal point越遠越好，表示該方案越佳，負理想值愈接近0.9最好，但實際上不太可能。

(4) 計算方案*i*之接近理想解指標値，綜合指標c_i^+值與綜合指標c_i^-值。

$$c_i^+ = \frac{s_i^+}{s_i^+ + s_i^-} \text{，} i = 1, 2, \cdots, n \qquad (9)$$

$$c_i^- = \frac{s_i^-}{s_i^+ + s_i^-} \text{，} i = 1, 2, \cdots, n \qquad (10)$$

(5) 方案排序c_i^+值越小，表示該方案越佳；c_i^-值越大，表示該方案越佳。

透過以上之運算式可求出s_i^+, s_i^-, c_i^+, c_i^-等值，請參閱表12-6所示：

圖表12-6 TOPSIS 理想解值(s_i^+)與負理想解值(s_i^-)、選擇方案排序

子系統 \ 各項值與排序	理想解值 s_i^+	負理想解值 s_i^-	綜合指標 c_i^+	綜合指標 c_i^-	TOPSIS排序以(s_i^+)	TOPSIS排序以(s_i^-)	綜合理想解值s_i^+
A1.(行銷-市場資訊提供系統)	0.377	0.791	0.323	0.677	(1)	(1)	(1) 0.538
A2.(行銷-產品定價系統)	0.734	0.613	0.545	0.455	(9)	(4)	
A3.(行銷-通路資訊系統)	0.504	0.693	0.421	0.579	(3)	(3)	
B1.(財務-會計系統)	0.645	0.583	0.525	0.475	(6)	(6)	(3) 0.659
B2.(財務-財務系統)	0.707	0.497	0.587	0.413	(8)	(9)	
B3.(財務-資金規劃系統)	0.626	0.510	0.551	0.449	(5)	(8)	
C1.(存貨-貨物管理系統)	0.648	0.536	0.547	0.453	(7)	(7)	(2) 0.550
C2.(存貨-物料規劃系統)	0.543	0.589	0.480	0.520	(4)	(5)	
C3.(存貨-貨物配送系統)	0.459	0.705	0.395	0.605	(2)	(2)	

註：括號內的數字表示排序順序，如：(1)為第一優先次序。

由資料分析發現以理想解之值(s_i^+)角度觀之，以行銷資訊系統下的市場資訊提供子系統理想解值（0.377）爲最小，也就是距離正理想點（ideal point）最近，所以被評估爲最佳之選擇方案，即公司目前應最優先規劃引進之資訊子系統；次要最佳選擇方案爲存貨資訊系統下的貨物配送子系統，其理想解值爲（0.459）；第三優先順序爲行銷資訊系統下的通路資訊子系統，其理想解值爲（0.504）；而最後考量的選擇方案爲行銷資訊系統下之產品定價子系統，其理想解值（0.734）爲最大，也就是距離正理想點（ideal point）最遠，所以被評估爲最差之選擇方案，即公司最後考量引進之資訊子系統。

同理以負理想解值所得之前三選擇方案優先順序也相同，以行銷資訊系統下的市場資訊提供子系統，其理想解值（0.791）爲最大，也就是距離負理想點（negative ideal point）最遠，即公司目前應最優先規劃引進之資訊子系統；次要最佳選擇方案爲存貨資訊系統下的貨物配送子系統，其負理想解值爲（0.705）；第三優先順序爲行銷資訊系統下的通路資訊子系統，其負理想解值爲（0.693）；而最後考量的選擇方案爲財務資訊系統下之財務子系統，其負理想解值（0.497）

爲最小，也就是距離負理想點（negative ideal point）最近，所以被評估爲最差之選擇方案，即公司最後考量規劃引進之資訊子系統。

由上面以正理想解與負理想解兩種不同角度作最佳方案評量，雖然在最差的方案評選與某些次要方案的排序上有一些差異，但前三名優先選擇方案所得的分析結果都一致性，所以對選擇方案的評估上並不會影響對引進資訊系統之規劃。反而可作爲規劃引進資訊系統策略時的逆向思考。譬如：因本個案問卷調查採用半開放式的填卷方式，幾組不同單位的受測者可依本身單位最需要的資訊系統作答，所以在引進資訊系統之考量時難免有些認知上的差異，如此的分析結果可作爲決策者在作決策時的重要參考依據，並可避免忽略不同層面的需求聲音，以求取方案決策時的最佳方案解。

同時本個案也以整體資訊系統架構（如行銷支援系統、財務資訊系統、存貨資訊系統）作評量分析，由資料分析發現不管以最佳理想解值或綜合指標值，所得的答案是一致性的；以行銷支援資訊系統爲最佳方案（s_i^+; 0.538, c_i^+; 0.430），也是該公司當前最優先考量引進之資訊系統；貨物管理資訊系統爲次佳方案（s_i^+; 0.550, c_i^+; 0.474），爲公司次要優先考量引進之資訊系統；財務資訊系統爲最差方案（s_i^+; 0.659, c_i^+; 0.554），爲公司最後考量引進之資訊系統，詳細請參閱表12-6、12-7所示。

表12-7　TOPSIS綜合指標與SAW法排序比較

各項值與排序 / 子系統	綜合指標c_i^+	綜合指標c_i^-	SAW值	整體綜合指標c_i^+	整體SAW平均值	負理想解值s_i^-
A1.(行銷-市場資訊提供系統)	0.323 (1)	0.677 (1)	3.837 (1)	(1) 0.430	(1) 3.702	(1) 0.699
A2.(行銷-產品定價系統)	0.545 (6)	0.455 (6)	3.554 (8)			
A3.(行銷-通路資訊系統)	0.421 (3)	0.579 (3)	3.715 (3)			
B1.(財務-會計系統)	0.525 (5)	0.475 (5)	3.636 (5)	(3) 0.554	(3) 3.590	(3) 0.530
B2.(財務-財務系統)	0.587 (9)	0.413 (9)	3.533 (9)			
B3.(財務-資金規劃系統)	0.551 (8)	0.449 (8)	3.599 (7)			
C1.(存貨-貨物管理系統)	0.547 (7)	0.453 (7)	3.608 (6)	(2) 0.474	(2) 3.685	(2) 0.610
C2.(存貨-物料規劃系統)	0.480 (4)	0.520 (4)	3.687 (4)			
C3.(存貨-貨物配送系統)	0.395 (2)	0.605 (2)	3.760 (2)			

註：括號內的數字表示排序順序，如：(1)為第一優先次序。

(五) 討論

由表12-7中資料顯示以TOPSIS綜合指標（c_i^+, c_i^-）作分析，發現兩者的方案優先順序都相同，以行銷支援資訊系統下的市場資訊提供子系統為最佳選擇方案（c_i^+; 0.323, c_i^-; 0.678）；存貨資訊系統下的貨物配送子系統為次佳選擇方案（c_i^+; 0.395, c_i^-; 0.605）；行銷支援資訊系統下的通路資訊子系統為第三優先考量選擇方案（c_i^+; 0.421, c_i^-; 0.579）；而以財務資訊系統下的財務子系統為差選擇方案（c_i^+; 0.587, c_i^-; 0.413），其它選擇方案評估值如表6所示。

同時，本個案將以整體資訊系統引進考量，利用TOPSIS綜合指標與SAW法兩者作比較，也得到相同的驗證：以行銷支援資訊系統為最佳方案（c_i^+; 0.430, SAW; 3.702），為公司最優先考量引進之資訊系統，貨物管理資訊系統為次佳方案（c_i^+; 0.474, SAW; 3.685），為公司次要優先考量引進之資訊系統，財務資訊系統為最差方案（c_i^+; 0.554, SAW; 3.590），為公司最後考量引進之資訊系統，詳細資料請參閱表12-7所示。

本個案透過「A公司」個案作研究，來驗證跨足兩岸產業引進資訊系統之規劃模式的正確性，譬如：目前該公司最弱的一環為市場行銷體系的建立與行銷資訊系統的建置，由資料研究發現不管用SAW、TOPSIS或綜合指標法所得結果，都以行銷支援資訊系統為最優先考量引進之資訊系統，與該公司的目標規劃有契合之處。

而以單一子系統角度觀察之，使用上面三種排序方法中之任一方法都得到一致的結果，即皆以行銷支援資訊系統下的市場資訊提供子系統為第一優先考量引進之子系統。由此可驗證該產業規劃引進資訊系統之模式是符合現有跨足兩岸產業之所需，也可將該規劃模式應用到不同跨足兩岸產業，在引進其它資訊科技設備規劃上。

(六) 結論與建議

本個案期望建立一套「跨足兩岸產業規劃引進資訊系統」之模式，以利相關跨足兩岸產業在引進其它資訊科技設備時可依循之規劃模式，並透過「A公司」實際個案的操作來驗證該模式的可行性。本文藉由群體腦力激盪法，建立資訊系統評估階層體系圖（見圖12-2），依學者專家所建議；來擬定適合跨足兩岸產業引進資訊系統之評估準則，應用AHP法設計問卷，並向該公司之行銷、財務、操作、維護與資訊設備提供商等單位人員進行問卷調查，以求取準則權重。

另整合策略規劃（strategy planning）理論與品質機能展開（QFD）方法，擬定適合公司之目標規劃，並選取較具有發揮效能與效率之三種資訊系統，作爲選擇方案之評選。接著引入模糊理論設計資訊系統績效評估問卷，向十五位公司各關鍵性人員進行問卷調查，並運用SAW、TOPSIS與綜合指標分析法，評選出最適合公司引進資訊系統之最佳選擇方案解，結論如下：

1. 結果

(1) 經由評估資料發現最受重視層面爲「資訊提供層面」，依序爲「使用層面」、「管理層面」及「設備維護層面」之順序。在評估準則中以使用層面下的「穩定性高」最受重視，資訊提供層面下的「資訊正確度高」爲次之，同層面的「資訊來源穩定」爲第三受重視程度。

(2) 在群體共識度，四個層面中以「資訊提供層面」共識度最高，依次爲「設備維護層面」、「使用層面」、「管理層面」之順序。評估準則共識度以「資訊來源穩定」最高，依序爲「零件供應穩定」、「資訊正確度高」、「維護性容易」等評估準則，以「維護成本低」共識度最差。

而該項準則差異性較大的原因，可能該公司尚未正式引進資訊系統，未實際發生維護成本；再加上資訊科技產品技術與品質的提升，相對維護成本也會有明顯下降之趨勢，所以成員中會有較大不同的觀點。

(3) 配合公司目標之規劃與達成，考量引進資訊系統來協助公司目標之達成，經資料分析結果顯示在引進資訊系統選擇方案中，以引進行銷支援資訊系統爲最優先考量，善用資訊科技的優勢與便利，隨時提供市場資訊及建置完善的銷售通路系統。以SAW、綜合指標及TOPSIS負理想解值三種分析法，分別爲（SAW, 3.702; c_i^+, 0.430; s_i^-, 0.699）皆爲第一優先考量方案，依序爲存貨資訊系統（SAW, 3.685; c_i^+, 0.474; s_i^-, 0.610）、財務資訊系統（SAW, 3.590; c_i^+, 0.554; s_i^-, 0.530）之順序，其中以財務資訊系統爲最後考量（見表12-6）。這點與該公司自有資金較高不必處處仰賴銀行，同時在短、中、長期的資金規劃上較沒問題有關，所以財務資訊系統被列爲最後考量引進之資訊系統，而以目前開拓市場最需要的行銷支援資訊系統爲最優先考量引進。存貨資訊系統因有貨物管理、物料規劃、貨物配送三子系統，其中每一項子系統都與市場行銷息息相關，尤其貨物配送系統更直接影響貨品的配送速度與品質，可謂市場銷售之後勤主力部隊，所以在各子系統的排序中都被列爲第二優先考量引進之子系統，可見貨物配送子系統極爲重要。

(4) 以各資訊子系統選擇方案之排序，以行銷資訊系統下之市場資訊提供子系統爲最佳方案（SAW, 3.837; c_i^+, 0.323; s_i^-, 0.791），依次爲貨物配送（SAW, 3.760; c_i^+, 0.395; s_i^-, 0.705）、通路資訊（SAW, 3.715; c_i^+, 0.421; s_i^-, 0.693）二項子系統爲優先考量引進。其它依順序爲物料管理、會計、產品定價、貨物管理、財務等子系統（詳細見表12-5, 12-6）。雖然各資訊子系統在三種選擇方案優先順序上有些微的差異，但就整體資訊系統而言都以行銷支援資訊系統，爲最優先考量引進皆有一致性的結果。因此，對公司引進資訊系統之規劃上並不會影響。

經本個案透過個案操作驗證，擬定「跨足兩岸產業規劃引進資訊系統」模式，並將該模式流程彙集成圖12-5，該規劃模式與Drakopoulos（1999）所提出企業網路規劃與設計之模式有異曲同工之效。但本規劃模式加上模糊多屬性之決策，以提升產業整體規劃能力，使得跨足兩岸產業在引進資訊系統規劃上達到更完整性，以規避引進資訊系統時之風險，增進評估資訊系統選擇方案之精確性。

2. 建議

資訊系統設備的規劃引進有助益組織目標、公司策略的達成，但經由實地的訪談瞭解後，發現一般產業因礙於財力考量，在規劃引進資訊系統時都抱著既期待又怕失敗的矛盾心態;徘徊在引進與不引進的沉思中，以致喪失諸多提升競爭力之機會。這是一個嚴肅的問題，因此，產業在規劃引進資訊系統設備時必須思索瓶頸在那裡呢？以下分別針對策略面、一般產業與後續研究者給予建議：

(1) 策略面

當跨足兩岸產業在引進資訊系統設備時，可參考此「跨足兩岸產業規劃引進資訊系統」模式，進行規劃評估活動。隨產業之不同一些評估準則或評選方案會有所不同，但規劃程序與評選方案流程是可參考的，進而減少規劃時之錯誤決策，以促進公司目標之達成。並可將該規劃模式應用在其它方面如：生產、行銷、研發、財務、人力資源等規劃決策上，以提升跨足兩岸產業之競爭力。

(2) 跨足兩岸一般產業

雖然跨足兩岸一般產業大多爲低附加價值產品，而且公司財務狀況並非很好，在資訊人才方面更是匱乏，尤其跨足兩岸投資產業又必須面對內、外界環境的激烈競爭，但爲了企業生存仍需尋求突破之道。近年來，由於電子生產技術的進步及大量生產使資訊科技設備成本大幅下降，加上政府積極的推動高等教育培育不少科技人才，使得資訊科技環境更加成熟。所以，建議跨足兩岸一般產業之經營者，如有心想提升公司之競爭力，引進資訊科技是最佳途徑之一。可應用如本個案「跨足兩岸產業規劃引進資訊系統」之模式，公司在引進資訊設備評選方案上得到最佳選擇；並結合公司整體策劃與相關配套措施，將促進公司目標之達成，進而提升公司持續的競爭優勢。

(3) 後續研究者

本個案利用三種研究方法作爲規劃引進資訊系統之方案評選，雖然整體上評選成效不錯，但因環境變化迅速仍有諸多的環境因素並非明確，所以建議後續研究者可以加上模糊積分、模糊灰關聯等方法，以使方案評選效果更爲客觀與完善。

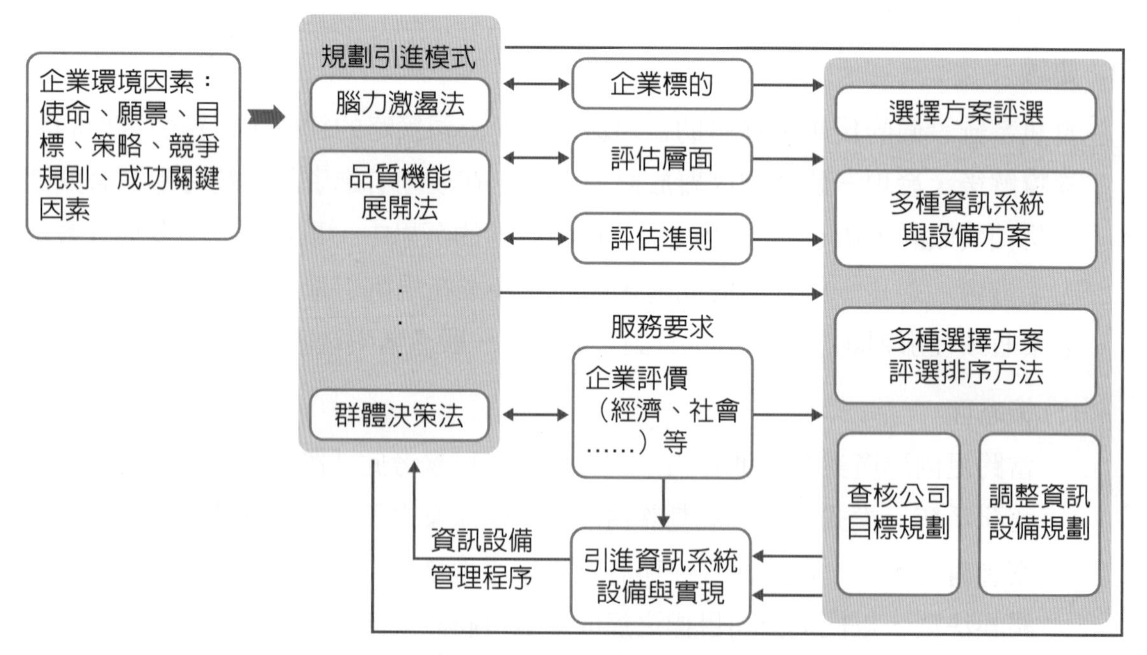

圖12-5　規劃引進資訊系統設備之程序模式

問題與討論

1. 何謂群體決策分析法？個案中如何透過群體決策分析法來評選所需的資訊系統呢？
2. 何謂AHP方法論？個案中如何利用AHP方法來達到企業所需導入的資訊系統？AHP方法論可以應用在日常生活中嗎？
3. 何謂資訊系統？資訊系統對於企業經營上有何幫助呢？
4. 何謂行銷支援系統？行銷支援系統其最終的目的爲何呢？

資料來源

1. Ball, M. J., Douglas, J. V., O'Desky, R. I. and J. W. Albright, editors, *Healthcare Information Management Systems: A Practice Guide*, New York Inc. Springer-Verlag, 1991.
2. Chen, S. J. and C. L. Hwang, *Fuzzy Multiple Attribute Decision Making: Method and Application,* New York Inc. Springer-Verlag, 1992.
3. Davenport, T., "Putting the Enterprise into the Enterprise System." *Harvard Business Review*, July-August 1998, 121-131.
4. Drakopoulos, E., "Enterprise network planning & design: methodology and application." *Computer Communications*, 22(4), March 1999, 340-352.
5. Hwang, C. L. and K. Yoon, *Fuzzy Multiple Attribute Decision Making: Method and application, a state of the art survey*, New York Inc. Springer-Verlag, 1981.
6. Kumar, V., Maheshwari, B. and U. Kumar, "ERP systems implementation: Best Practices in Canadian government organizations." *Government Information Quarterly*, 19(2), 2002, 147-172.
7. Lewis, W. R., "Strategic Planning." *Hospital Material Management Quarterly*, 10(4), 1989, 57-63.
8. Makus, M. L., "Learning from Adopters Experience with ERP: Problems Encountered and Success Achieved." *Journal of Information Technology*, 15(4), 2000, 245-265.
9. Mentzas, G., Halaris, C. and S. Kavadias, "Modeling Business Processes with Workflow Systems: an evaluation of alternative approaches." *International Journal of Information Management,* 21(2), 2001, 123-135.
10. Pratt, J. R., "Strategic Planning A How to Guide." *Trustee,* 12(2), 1991, 16-17.
11. Porter, M. E., *Competitive Advantage*, New York: Free Press, 1985.
12. Porter, M. E., *Competitive Advantage: Creating and Sustaining Superior Performance*, New York and London: Free Press, 1985.
13. Porter, M. E., *Competitive Advantage; Creating and Sustaining Superior Performance: with a new introduction*, 1st Free Press edition. New York: Free Press, 1998.

14. Palma-dos-reis, Antonio and F. Zahedi, "Optimal policies under risk for changing software systems based on customer satisfaction." *European Journal of Operation Research,* 123(1), may 1999, 175-194.
15. Saaty, T. L. and G. Hu, "Ranking by Eigenvector Versus Other Methods in the Analytic Hierarchy Process." *Applied Mathematics Letters*, 11(4), 1998, 121-125.
16. Wainwright, David. and Teresa. Waring, "Three Domains for Implementing Integrated Information Systems: redressing the balance between technology, strategic and organizational analysis." *International Journal of Information Management*, 24(4), 2004, 329-346.
17. Zahedi, F., *Quality Information Systems*, Boyd & Fraser Publish Company, 1995.
18. 司徒達賢，企業政策與策略規劃，臺北：東華書局，1985。
19. 林文源，百貨業電腦化需求特性分析與規劃之研究，管理與系統，第二卷，第一期，1995年1月，9-29。
20. 沈進清，醫學中心引進資訊系統之決策分析－以成大醫院為例，成大碩士論文，1993。
21. 黃舒鈴，品質機能展開與系統規劃工作程結合之研究，雲科大碩士論文，1997。
22. 徐育民，我國電信服務產業成功因素之探討－以行動電話服務業為例，中央大學碩士論文，1997。
23. 陳友忠，我國電腦網路製造產業關鍵成功因素研究，交通大學碩士論文，1997。
24. 曾國雄、鄧振源，層級分析法之內函特性與應用（上），中國統計學報，第六卷，第二十七期，1987a，13707-13724。
25. 曾國雄、鄧振源，層級分析法之內函特性與應用（下），中國統計學報，第七卷，第二十七期，1987b，13767-13786。
26. 屠益民、謝宏賜，企業策略規劃，中山大學碩士論文，1998。
27. 張力元，零售業電腦輔助品質機能展開系統之研發，管理與系統，第二卷，第一期，1995年，31-49。
28. 劉春初，公共部門效率衡量－DEA與AHP之應用，中華管理評論，第一卷，第二期，1998年，120-137。

國家圖書館出版品預行編目資料

管理學個案－研究與分析 / 陳坤成.編著. - - 初版. - -
新北市：全華.
2019.05
面 ； 公分
參考書目：面
ISBN 978-986-503-066-7 (平裝)
1.企業管理 2.個案研究
494 108003474

管理學個案－研究與分析

作者 / 陳坤成
發行人 / 陳本源
執行編輯 / 陳翊淳
封面設計 / 曾霈宗
出版者 / 全華圖書股份有限公司
郵政帳號 / 0100836-1 號
印刷者 / 宏懋打字印刷股份有限公司
圖書編號 / 08276
初版四刷 / 2023 年 9 月
定價 / 新台幣 480 元
ISBN / 978-986-503-066-7
全華圖書 / www.chwa.com.tw
全華網路書店 Open Tech / www.opentech.com.tw
若您對書籍內容、排版印刷有任何問題，歡迎來信指導 book@chwa.com.tw

臺北總公司(北區營業處)
地址：23671 新北市土城區忠義路 21 號
電話：(02) 2262-5666
傳真：(02) 6637-3695、6637-3696

中區營業處
地址：40256 臺中市南區樹義一巷 26 號
電話：(04) 2261-8485
傳真：(04) 3600-9806(高中職)
(04) 3601-8600(大專)

南區營業處
地址：80769 高雄市三民區應安街 12 號
電話：(07) 381-1377
傳真：(07) 862-5562

歡迎加入

全華會員

● **會員獨享**

會員享購書折扣、紅利積點、生日禮金、不定期優惠活動…等。

● **如何加入會員**

填妥讀者回函卡直接傳真（02）2262-0900 或寄回，將由專人協助登入會員資料，待收到 E-MAIL 通知後即可成為會員。

如何購買　全華書籍

1. 網路購書

全華網路書店「http://www.opentech.com.tw」，加入會員購書更便利，並享有紅利積點回饋等各式優惠。

2. 全華門市、全省書局

歡迎至全華門市（新北市土城區忠義路 21 號）或全省各大書局、連鎖書店選購。

3. 來電訂購

(1) 訂購專線：(02) 2262-5666 轉 321-324
(2) 傳真專線：(02) 6637-3696
(3) 郵局劃撥（帳號：0100836-1　戶名：全華圖書股份有限公司）
※ 購書未滿一千元者，酌收運費 70 元。

全華網路書店 www.opentech.com.tw
E-mail: service@chwa.com.tw

※ 本會員制如有變更則以最新修訂制度為準，造成不便請見諒。

廣　告　回　信
板橋郵局登記證
板橋廣字第540號

行銷企劃部　收

全華圖書股份有限公司
23671 新北市土城區忠義路21號

（請由此線剪下）

讀者回函卡

填寫日期：　/　/

姓名：＿＿＿＿　生日：西元＿＿年＿＿月＿＿日　性別：□男 □女

電話：（　）＿＿＿＿　傳真：（　）＿＿＿＿　手機：＿＿＿＿

e-mail：（必填）＿＿＿＿

註：數字零，請用 Φ 表示，數字 1 與英文 L 請另註明並書寫端正，謝謝。

通訊處：□□□□□

學歷：□博士　□碩士　□大學　□專科　□高中・職

職業：□工程師　□教師　□學生　□軍・公　□其他

學校／公司：＿＿＿＿　科系／部門：＿＿＿＿

・需求書類：

□ A. 電子 □ B. 電機 □ C. 計算機工程 □ D. 資訊 □ E. 機械 □ F. 汽車 □ I. 工管 □ J. 土木

□ K. 化工 □ L. 設計 □ M. 商管 □ N. 日文 □ O. 美容 □ P. 休閒 □ Q. 餐飲 □ B. 其他

・本次購買圖書為：＿＿＿＿　書號：＿＿＿＿

・您對本書的評價：

封面設計：□非常滿意　□滿意　□尚可　□需改善，請說明＿＿＿＿

內容表達：□非常滿意　□滿意　□尚可　□需改善，請說明＿＿＿＿

版面編排：□非常滿意　□滿意　□尚可　□需改善，請說明＿＿＿＿

印刷品質：□非常滿意　□滿意　□尚可　□需改善，請說明＿＿＿＿

書籍定價：□非常滿意　□滿意　□尚可　□需改善，請說明＿＿＿＿

整體評價：請說明＿＿＿＿

・您在何處購買本書？

□書局　□網路書店　□書展　□團購　□其他＿＿＿＿

・您購買本書的原因？（可複選）

□個人需要　□幫公司採購　□親友推薦　□老師指定之課本　□其他＿＿＿＿

・您希望全華以何種方式提供出版訊息及特惠活動？

□電子報　□ DM　□廣告（媒體名稱＿＿＿＿）

・您是否上過全華網路書店？（www.opentech.com.tw）

□是　□否　您的建議＿＿＿＿

・您希望全華出版那方面書籍？＿＿＿＿

・您希望全華加強那些服務？＿＿＿＿

～感謝您提供寶貴意見，全華將秉持服務的熱忱，出版更多好書，以饗讀者。

全華網路書店 http://www.opentech.com.tw　　客服信箱 service@chwa.com.tw

2011.03 修訂

親愛的讀者：

感謝您對全華圖書的支持與愛護，雖然我們很慎重的處理每一本書，但恐仍有疏漏之處，若您發現本書有任何錯誤，請填寫於勘誤表內寄回，我們將於再版時修正，您的批評與指教是我們進步的原動力，謝謝！

全華圖書　敬上

勘誤表

書號		書名		作者	
頁數	行數	錯誤或不當之詞句		建議修改之詞句	

我有話要說：（其它之批評與建議，如封面、編排、內容、印刷品質等・・・）